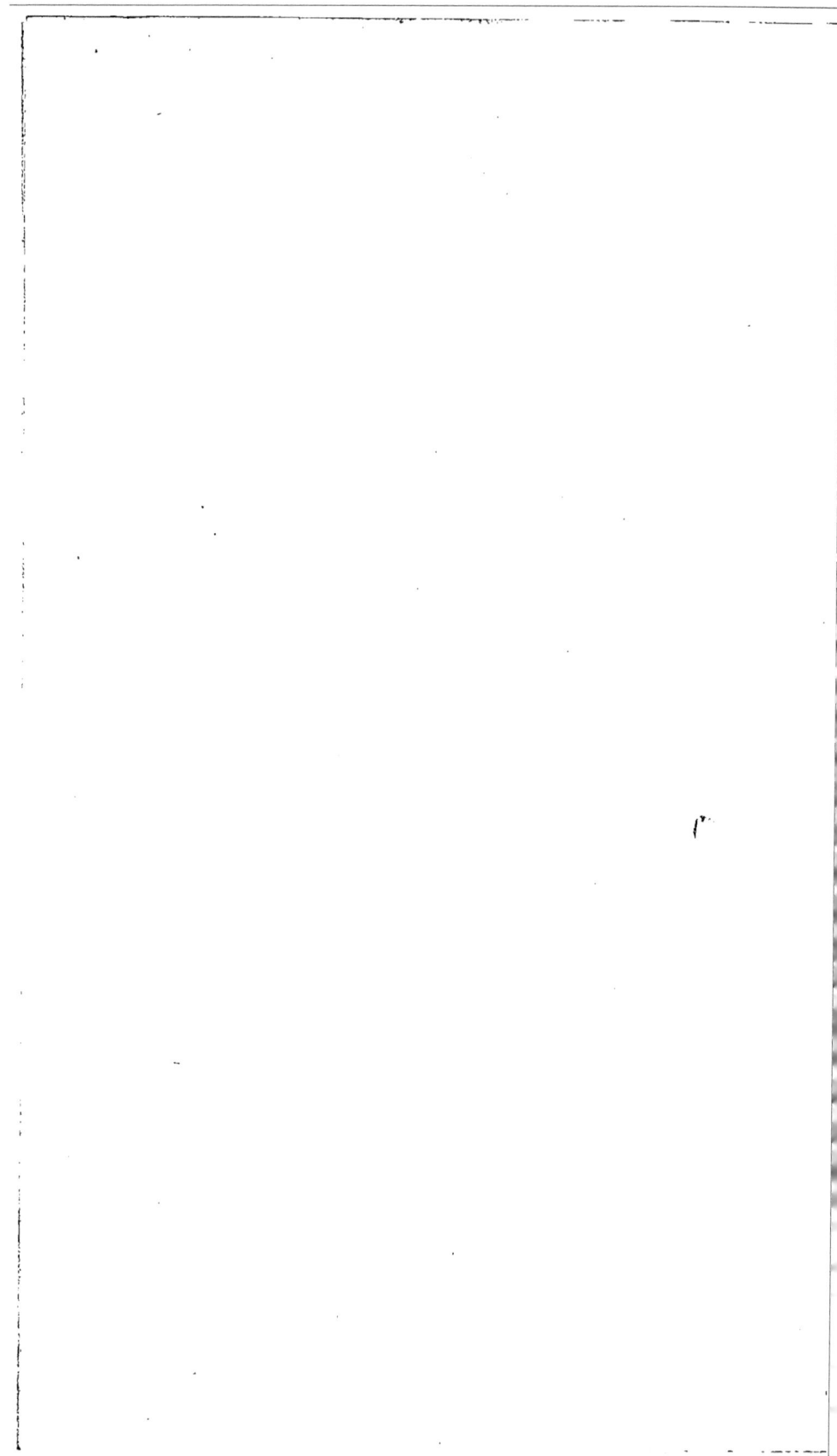

TRAITÉ

DE

MÉCANIQUE GÉNÉRALE.

ΑΕΙ Ο ΘΕΟΣ ΓΕΩΜΕΤΡΕΙ

TRAITÉ

DE

MÉCANIQUE GÉNÉRALE

COMPRENANT

LES LEÇONS PROFESSÉES A L'ÉCOLE POLYTECHNIQUE
ET A L'ÉCOLE NATIONALE DES MINES,

PAR H. RESAL,

MEMBRE DE L'INSTITUT,
INGÉNIEUR EN CHEF DES MINES, ADJOINT AU COMITÉ D'ARTILLERIE POUR LES ÉTUDES SCIENTIFIQUES.

TOME CINQUIÈME.

Résistance des matériaux. Constructions en bois. Maçonneries.
Fondations. Murs de soutènement. Réservoirs.

PARIS,

GAUTHIER-VILLARS, IMPRIMEUR-LIBRAIRE
DU BUREAU DES LONGITUDES, DE L'ÉCOLE POLYTECHNIQUE,
SUCCESSEUR DE MALLET-BACHELIER,
Quai des Augustins, 55.

1880

AVANT-PROPOS.

En se reportant au commencement et à la fin de l'Avant-Propos du premier Volume de cet Ouvrage, le lecteur reconnaîtra que mon programme primitif, auquel je crois avoir d'ailleurs satisfait, peut se résumer ainsi qu'il suit :

1° Introduction aux applications industrielles de la Mécanique, à la Mécanique analytique, à la Mécanique céleste et aux branches de la Physique mathématique qui se rapportent à la Mécanique;

2° Théorie des machines proprement dites;

3° Théories des moteurs et des machines motrices.

J'étais loin de penser, immédiatement après la publication de mon quatrième Volume (1876), que je serais conduit plus tard, par diverses circonstances, à m'occuper d'une manière spéciale de la construction et à en faire l'objet de deux nouveaux Volumes, où l'on trouvera spécialement les matières enseignées dans mon Cours de construction de l'École des Mines.

Dans le deuxième Volume, je m'étais contenté de faire un exposé sommaire de la théorie de la résistance des matériaux, exposé qui ne comporte pas les développements nécessaires pour aborder toutes les questions auxquelles conduit l'art de l'ingénieur.

C'est ainsi que j'ai dû reprendre d'une manière complète, pour en faire l'objet du premier Chapitre du cinquième Volume, la théorie de la résistance des matériaux, que je crois avoir mise à jour, en y intercalant de nombreuses applications, parmi lesquelles je citerai les suivantes, dont la plupart ont un caractère de nouveauté : poutres rectilignes étagées;

ressorts de suspension du matériel roulant des chemins de fer; tensions développées par le serrage des bandages des roues; résistance des chaînes; tracé des arcs de cercle au moyen de lames élastiques; torsion et flexion simultanées d'une pièce; rivets, boulons, etc.

Le deuxième Chapitre est consacré à l'étude de la constitution et de la préparation des bois, des planchers, pans de bois et cloisons, des couvertures, de la répartition des pressions dans les charpentes.

Le troisième Chapitre a pour titre *Des maçonneries*, et comporte ce qui est relatif à la fabrication des enduits et du béton, au choix et à la taille des pierres, et à l'exécution des maçonneries.

Le Chapitre IV est consacré aux fondations; le Chapitre V, à la poussée et à la butée des terres, et à la stabilité des murs de soutènement; le Chapitre VI, qui est le dernier du Volume, à la construction et à la stabilité des réservoirs.

Le sixième Volume, qui est en cours de publication, comprendra les matières suivantes : voûtes et ponts en pierre; ponts en charpente; planchers, toitures et ponts métalliques; ponts suspendus; ponts-levis; construction, stabilité et tirage des cheminées; fondations de machines diverses; aménagement des eaux motrices; navigation intérieure ; ports de mer.

Parmi les nombreux Recueils, Documents et Ouvrages que j'ai consultés, je citerai les *Annales des Ponts et Chaussées*, les collections de dessins de l'École des Ponts et Chaussées, et l'excellent *Manuel du conducteur des Ponts et Chaussées* de M. l'ingénieur en chef Endrès. Je termine en remerciant cet éminent ingénieur d'avoir bien voulu mettre à ma disposition ses gravures sur bois, ce dont j'ai largement usé, notamment en ce qui concerne les cintres des voûtes, les ponts en pierre et en charpente, les écluses des canaux et divers appareils disposés dans les rades des ports de mer.

TABLE DES MATIÈRES.

SEPTIÈME PARTIE.

PRINCIPES DE LA CONSTRUCTION.

CHAPITRE I.

DE LA RÉSISTANCE DES MATÉRIAUX.

§ I. — *Généralités.*

§ II. — *De la traction et de la compression des prismes.*

§ III. — *Formules relatives à la déformation d'une pièce élastique sous l'action de forces quelconques.*

CHAPITRE II.

DES CONSTRUCTIONS EN BOIS.

§ I. — *Des bois.*

§ II. — *Des outils du charpentier.*

§ III. — *Du travail des bois.*

§ IV. — *Des planchers, plafonds. — Des pans de bois et cloisons.*

§ V. — *Des combles en charpente.*

§ VI. — *Des couvertures.*

§ VII. — *De la répartition des pressions dans les charpentes en bois.*

CHAPITRE III.

DES MAÇONNERIES.

§ I. — *Des mortiers, ciments, plâtres et bétons.*

§ II. — *Du choix des pierres et de leur taille.*

§ III. — *De la préparation des pierres.*

§ IV. — *De l'organisation des chantiers.*

CHAPITRE VI.

DES BARRAGES DÉTERMINANT DES RÉSERVOIRS.

TRAITÉ

DE

MÉCANIQUE GÉNÉRALE.

SEPTIÈME PARTIE.

PRINCIPES DE LA CONSTRUCTION.

CHAPITRE PREMIER.

DE LA RÉSISTANCE DES MATÉRIAUX.

§ I. — *Généralités.*

1. La théorie de la *résistance des matériaux,* appelée aussi *théorie ordinaire de l'élasticité,* est une science mixte dans laquelle on fait intervenir, en outre des principes de la Mécanique, des hypothèses plus ou moins plausibles qui ont pour objet de faciliter les solutions des problèmes que l'on a à résoudre et de permettre d'arriver à des formules d'une facile application.

2. *De l'élasticité.* — Lorsqu'un corps solide reçoit l'action de forces extérieures, ses molécules entrent en mouvement; il se déforme successivement jusqu'au moment où l'équilibre se rétablit entre les forces moléculaires, modifiées par la variation des intervalles des molécules, et les forces extérieures.

Si les intensités de ces dernières forces ne dépassent pas

une certaine limite, dès que leur action vient à cesser, le corps reprend sa forme primitive à la suite d'une série de vibrations exécutées par ses molécules. Cette propriété des corps, de reprendre, après avoir été déformés, leur forme primitive, dès que la cause qui avait donné lieu à la déformation a disparu, a reçu le nom d'*élasticité*.

Tous les corps solides sont élastiques, dans certaines limites variables avec leur nature; mais, en général, cette propriété ne subsiste que pour des déformations très-petites par rapport aux dimensions des corps, ou pour des écartements ou rapprochements des molécules très-faibles relativement à leurs distances primitives. C'est pourquoi, dans ce qui suit, nous ne tiendrons compte que des premières puissances de pareils déplacements. Nous ne considérerons d'ailleurs que des corps qui, à l'état naturel, c'est-à-dire soustraits à l'action de toute force extérieure, sont homogènes dans toutes leurs parties.

3. *De la traction et de la compression en général.* — Soient

ω un élément plan compris dans la masse d'un corps solide déformé par l'action de forces extérieures;

(A) et (A′) les deux portions du corps déterminées par le plan indéfini auquel ω appartient;

m, m' deux molécules appartenant respectivement à (A) et (A′), situées sur une droite qui traverse ω.

La résultante des actions de toutes les molécules telles que m sur les molécules telles que m' sera de la forme $p\omega$ et sera généralement oblique à ω. On voit que l'équilibre de (A′) ne sera pas troublé, en ce qui concerne l'élément ω, en remplaçant fictivement (A) par cette résultante, à la considération de laquelle on peut substituer p ou sa valeur rapportée à l'unité de surface.

Si la direction de p traverse (A′), cette résultante est une *compression;* dans le cas contraire, c'est une *traction*.

La composante de p dans le plan de l'élément ω est ce que l'on appelle la *composante de glissement,* pour un motif que nous ferons connaître plus loin.

§ II. — *De la traction et de la compression des prismes.*

4. *Traction.* — Considérons un prisme ou cylindre fixé par une de ses extrémités et soumis à l'action de forces, uniformément réparties sur sa base libre, parallèles aux arêtes ou génératrices et dans le sens même de ces droites. Ces forces auront une résultante Q dirigée suivant l'*axe* de la pièce, en désignant ainsi le lieu des centres de gravité des sections droites.

Soient

Ω l'aire de ces sections;
l la longueur primitive de la pièce;
u l'allongement qu'elle éprouve sous l'action de Q.

Admettons que le corps soit formé de files de molécules parallèles à l'axe, indépendantes les unes des autres. Soient

q la fraction de Q correspondant à une file;
m, m' deux molécules consécutives de cette file;
r_0 leur distance à l'état naturel;
$r = r_0 + \delta r$ ce qu'elle devient après la déformation;
$mm'f(r)$ l'attraction mutuelle de m et m'.

Il est clair que l'on a

$$q = mm'f(r) = mm'f(r_0) + mm'f'(r_0)\delta r$$

ou

$$q = mm'f'(r_0)\delta r,$$

puisque q est nul avec δr.

Or toutes les masses telles que m et m' sont égales, par suite de l'hypothèse faite sur la constitution des corps que nous devons exclusivement considérer; il en est de même de toutes les valeurs de r_0, et par suite de celles de δr.

Si n est le nombre des molécules comprises dans la file, nous aurons $u = n\delta r$, et nous pourrons, par suite, écrire

$$q = k\frac{u}{n},$$

k étant une constante dépendant uniquement de la nature du corps.

En désignant par N le nombre des files, nous aurons

$$Q = Nq = k\frac{N}{n}u.$$

Or N est proportionnel à Ω, n à l, de sorte que cette relation peut s'écrire sous la forme suivante :

$$(1) \qquad Q = E\Omega\frac{u}{l},$$

E étant une constante dépendant de la nature du corps et à laquelle on a donné le nom de *coefficient d'élasticité*.

L'allongement rapporté à l'unité de longueur du prisme, c'est-à-dire $\frac{u}{l}$, est ce que l'on appelle une *dilatation*.

La formule (1), quoique basée sur l'hypothèse inexacte de l'indépendance des files de molécules, est néanmoins celle à laquelle conduit la théorie mathématique de l'élasticité; mais, d'après cette dernière théorie, et conformément à une expérience de Cagniard-Latour, les sections droites éprouvent dans toutes les directions une contraction linéaire égale au quart de la dilatation longitudinale $\frac{u}{l}$, ce qu'il nous est impossible d'expliquer avec notre point de départ.

5. *Limite de l'élasticité. Condition d'équarrissage.* — Au delà d'une certaine valeur de la dilatation $\frac{u}{l}$, les molécules, comme nous l'avons fait observer plus haut, ne reprennent plus exactement leurs positions primitives lorsque l'on supprime l'action de l'effort extérieur; mais, si cette action continuait, le corps se désagrégerait successivement et finirait par se rompre.

Soit $\mathfrak{R}$ l'effort de traction par unité de surface correspondant à la limite d'élasticité, définie par celle de $\frac{u}{l}$; il faut, pour que la formule (1) soit applicable, que l'on ait

$$\frac{Q}{\Omega} < \mathfrak{R},$$

ce qui fera connaître une limite inférieure de la section (*équarrissage*) que l'on doit donner à un prisme pour qu'il puisse résister à l'effort de traction Q.

Mais, en restant trop près de cette limite, on serait exposé à une rupture sous l'action de causes accidentelles. Aussi, pour parer à toutes les éventualités et obtenir une sécurité convenable, emploie-t-on la formule

$$(2) \qquad \Omega \geqq \frac{Q}{\Gamma},$$

Γ étant ce que l'on appelle improprement l'effort auquel on doit faire travailler la matière, et qui est généralement le $\frac{1}{5}$ et même le $\frac{1}{10}$ de $\mathfrak{R}$. La Table I, placée à la fin de ce Chapitre, donne les valeurs de $\mathfrak{R}$ et celles que l'on doit attribuer à Γ pour les matériaux les plus usuels.

6. *Mise en charge d'un prisme vertical sous l'action d'un poids.* — Considérons un prisme ou cylindre vertical, fixé par une de ses extrémités et que l'on doit soumettre, au moyen d'un crochet, adapté à sa base inférieure, et sans vitesse initiale, à l'action d'un poids Q, de telle manière que le centre de gravité de ce poids se trouve sur l'axe du prisme.

A la suite de la mise en charge, tout le système éprouvera des oscillations qui seront bientôt détruites par les résistances passives.

Nous supposerons, comme cela a lieu le plus généralement, que la masse du prisme est assez petite par rapport à Q pour qu'on puisse en négliger l'inertie.

En conservant les notations du numéro précédent et remarquant que la vitesse de Q est $\frac{du}{dt}$, nous avons

$$Q - \frac{Q}{g}\frac{d^2u}{dt^2} = E\Omega\frac{u}{l}$$

ou

$$(3) \qquad \frac{d^2u}{dt^2} = \frac{E\Omega g}{Ql}\left(\frac{Ql}{E\Omega} - u\right).$$

On déduit de là, en remarquant que, par hypothèse, u et

$\frac{du}{dt}$ sont nuls pour $t = 0$,

$$u = \frac{Ql}{E\Omega}\left(1 - \cos\sqrt{\frac{E\Omega g}{Ql}}\,t\right).$$

Mais, $\frac{Ql}{E\Omega}$ n'étant autre chose que la valeur de u correspondant à l'équilibre, on voit que Q éprouvera un mouvement oscillatoire de part et d'autre de sa position d'équilibre, et dont la demi-amplitude sera $2\frac{Ql}{E\Omega}$.

L'allongement maximum pendant le mouvement étant égal à cette valeur, l'effort élastique maximum développé est double de celui qui correspond à l'équilibre.

La mise en charge est ainsi l'une des causes pour lesquelles on doit faire travailler la matière bien au-dessous de la résistance à la rupture.

Remarques. — 1° La force, variable à chaque instant, nécessaire pour faire subir un allongement au prisme étant $E\Omega\frac{u}{l}$, on a, pour son travail,

$$\frac{E\Omega}{l}\int_0^u u\,du = \frac{E\Omega}{l}\,\frac{u^2}{2},$$

expression qui, aussi, représente évidemment le travail moléculaire développé dans le prisme lorsqu'on augmente sa longueur de u.

2° La *raideur* d'un ressort relativement à l'allongement se mesure par la valeur de $\frac{u}{l}$.

7. *Compression.* — Considérons un prisme reposant par une de ses bases sur un plan fixe, supposé horizontal pour fixer les idées, et dont la base supérieure supporte un poids dont le centre de gravité se trouve sur l'axe de la pièce.

Si u représente le raccourcissement éprouvé par cette pièce et $\mathfrak{R}$ la résistance à l'écrasement, tout ce que nous avons dit plus haut pour la traction s'applique ici; l'équarrissage du prisme se calculera de la même manière.

Pour une même matière, les valeurs de $\mathfrak{R}$ relatives à la traction et à la compression diffèrent souvent assez l'une de l'autre pour qu'il y ait lieu de ne pas les confondre. Ainsi, par exemple, le fer résiste mieux à la traction qu'à la compression; l'inverse a lieu pour la fonte. Nous renverrons d'ailleurs, à ce sujet, à la Table I, placée à la fin de ce Chapitre.

8. *Rupture simultanée par écrasement et par glissement.* — En exerçant une pression suffisante sur la base supérieure de prismes en fonte reposant sur l'autre base sur un plan horizontal, MM. Hodkinson et Fairbairn [1] ont obtenu

Fig. 1.

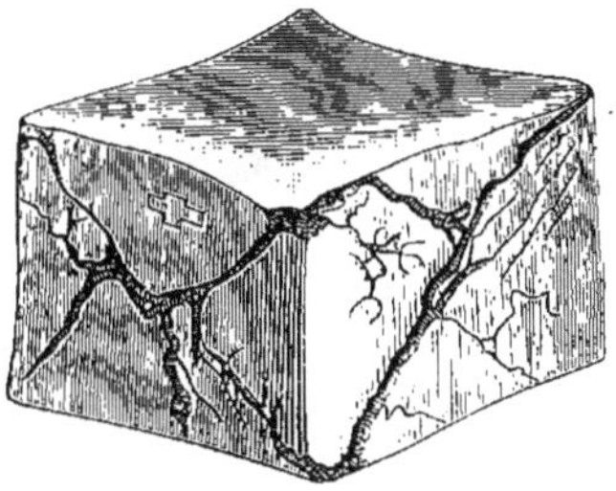

Fig. 2.

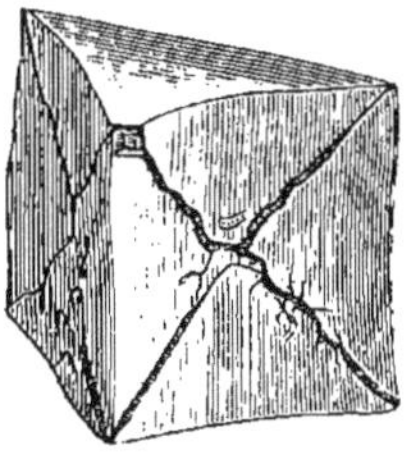

Fig. 3.

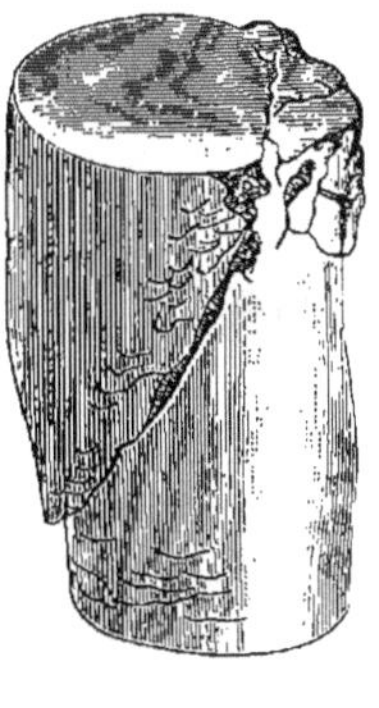

Fig. 4.

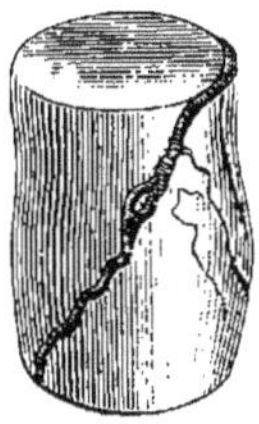

Fig. 5.

des ruptures, soit suivant un plan incliné, soit suivant plusieurs plans déterminant des pyramides (*fig.* 1, 2, 3, 4, 5).

---

[1] *Voir* le Mémoire de M. E. Couche publié dans les *Annales des Mines* de 1851, second volume, intitulé *Analyse et discussion des nouvelles expériences faites principalement en Angleterre sur la résistance de la fonte et du fer et de quelques autres métaux.*

L'inclinaison de ces plans a varié de 48 à 58 degrés. On peut expliquer ce fait de la manière suivante.

Soient

α l'inclinaison d'un plan quelconque sur l'horizon, déterminant la section $\frac{\Omega}{\cos\alpha}$ dans le prisme;

$\mathfrak{R}'$ la résistance à la rupture par unité de surface suivant ce plan, c'est-à-dire la résistance au glissement;

Q la pression totale exercée sur la base supérieure du prisme.

La résistance au glissement $\frac{\Omega\mathfrak{R}'}{\cos\alpha}$ suivant le plan doit être supérieure à la composante $Q\sin\alpha$ de Q, suivant ce plan, pour qu'il n'y ait pas rupture ou tendance à la rupture, d'où la condition

$$Q\sin\alpha < \frac{\Omega\mathfrak{R}'}{\cos\alpha}$$

ou

$$\frac{Q}{\Omega} < \frac{2\mathfrak{R}'}{\sin 2\alpha}.$$

Quel que soit α, le second membre de cette inégalité est minimum pour $\alpha = 45°$; il faut donc que l'on ait

$$\frac{Q}{\Omega} < 2\mathfrak{R}'.$$

Si cette inégalité n'était pas satisfaite, le prisme devrait se rompre suivant un plan ou plusieurs plans inclinés de 45 degrés, angle qui diffère notablement du maximum obtenu par les ingénieurs anglais; mais la différence s'explique si l'on considère que la fonte n'est pas un corps essentiellement homogène et qu'il est possible que la résistance au glissement soit supérieure à la résistance à l'écrasement, et que, dès lors, l'écrasement ayant précédé le glissement, la constitution de la matière se soit trouvée modifiée.

9. *Distribution des pressions sur le plan d'appui d'un prisme rectangulaire dont la base supérieure supporte une charge.* — Nous supposerons que la charge totale soit la résultante des charges partielles sur les éléments de la base supé-

rieure, réparties sur une zone symétrique par rapport à un plan perpendiculaire au plan d'appui AA′ (*fig.* 6), censé horizontal

Fig. 6.

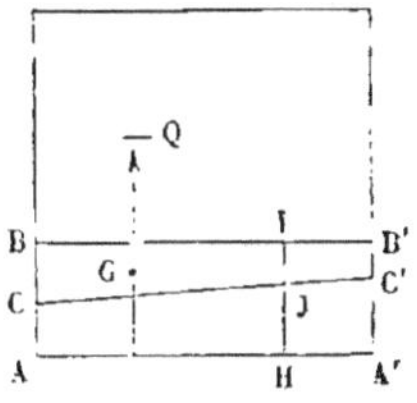

pour fixer les idées, et passant par les milieux de deux côtés opposés de la base. Nous prendrons pour plan de la figure le plan vertical ci-dessus désigné.

Soient

Q la résultante de la charge, qui n'est pas forcément répartie d'une manière uniforme sur la base supérieure du prisme;
Ω l'axe de cette base;
l la largeur AA′;
BB′ une section horizontale du prisme à l'état naturel, censée très-voisine de AA′.

Lorsque la force Q interviendra, les molécules qui se trouvaient dans le plan BB′ se déplaceront, et bientôt il se déterminera un nouvel état d'équilibre. Les molécules primitivement situées dans ce plan formeront, après la déformation, une surface cylindrique dont la forme ne pourrait être déterminée que par la théorie mathématique de l'élasticité, problème qui n'est pas sans présenter de grandes difficultés. Mais nous nous contenterons d'une approximation, en remplaçant la portion de la surface comprise dans le prisme par un plan moyen dont nous représenterons la trace par CC′.

Soient I, J, H les projections sur le plan de la figure des intersections d'une verticale avec les plans BB′, CC′, AA′. La pression rapportée à l'unité de surface sur un élément superficiel de CC′ en J étant proportionnelle au raccourcissement relatif $\frac{\mathrm{IJ}}{\mathrm{IH}}$ ou simplement à IJ pour tous les points de CC′, la résultante égale et contraire à Q des réactions normales du plan fixe suivant les différents éléments de la base AA′ passe par le centre de gravité G du volume ou du trapèze BCB′C′.

Soient maintenant a la distance connue de Q ou du point G à la verticale du point A, $p = K.BC$, $p' = K.B'C'$ les pressions en A et A′. K étant une constante pour tous les points de CC′; nous aurons, d'après ce que l'on vient de voir,

$$(1) \qquad Q = K\,\frac{(BC + B'C')}{2}\,\Omega = \frac{p+p'}{2}\,\Omega.$$

Maintenant, si l'on prend les moments, par rapport à la droite AB, du trapèze BCB′C′ et des triangles BB′C, BCC′, dans lesquels il se décompose, on trouve

$$\frac{a(BC + B'C')}{2} = l\,\frac{BC}{2}\,\frac{l}{3} + l\,\frac{B'C'}{2}\,\frac{2l}{3},$$

d'où, en multipliant par K et ayant égard aux valeurs de p et p',

$$(2) \qquad a(p+p') = \frac{l}{3}(p + 2p').$$

Des équations (1) et (2) on déduit

$$(3) \qquad \left\{ \begin{aligned} p &= \frac{2Q}{\Omega}\left(2 - \frac{3a}{l}\right), \\ p' &= \frac{2Q}{\Omega}\left(\frac{3a}{l} - 1\right). \end{aligned} \right.$$

Pour que le corps s'appuie par tous les points de sa base inférieure sur le plan AA′, il faut que l'on obtienne pour p et p' des valeurs positives, ou que l'on ait

$$a < \frac{2l}{3},$$

$$a > \frac{l}{3};$$

en d'autres termes, il faut que la direction de Q rencontre la droite AA′ entre les deux points qui divisent cette droite en trois parties égales, condition que nous supposerons d'abord remplie; on voit d'ailleurs que, en désignant par a' la distance $l-a$ de Q à A'B', on a

$$(3') \qquad p = \frac{2Q}{\Omega}\left(\frac{3a'}{l} - 1\right).$$

Admettons que a' soit supérieur à a, et désignons par Γ la pression maximum par mètre carré que l'on ne doit pas dépasser, en vue d'obtenir une sécurité convenable; la condition

$$\frac{2Q}{\Omega}\left(\frac{3a'}{l} - 1\right) \leqq \Gamma$$

devra être satisfaite.

Si l'on a $a = a' = \frac{l}{2}$, il vient

$$p = p' = \frac{Q}{\Omega},$$

et, comme on devait le prévoir, la pression est uniformément répartie sur la base AA'.

Supposons maintenant $a < \frac{l}{3}$: la valeur négative obtenue pour p' signifie que le plan CC' (*fig.* 7) ne reste pas constam-

Fig. 7.

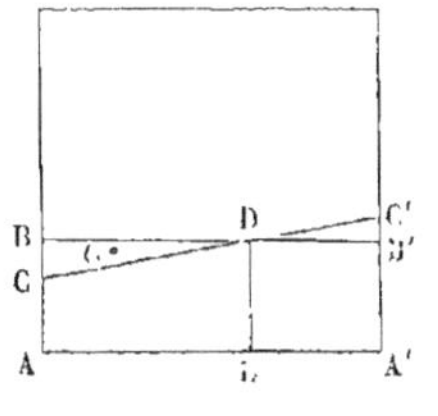

ment au-dessous du plan BB' et qu'il coupe ce dernier suivant une horizontale projetée en D, pour les différents points de laquelle la pression est nulle; en d'autres termes, la portion du plan d'appui comprise entre A' et la projection horizontale L de D ne supporte aucune pression. On verrait, comme plus haut, que la force Q est proportionnelle au volume du prisme BCD et passe par son centre de gravité G, ou que $BD = 3a$. Soit l' la dimension de la base AA' perpendiculaire au plan de la figure. Le volume BCD étant égal à $\frac{BC \times 3al'}{2}$, en le multipliant par K pour l'égaler à Q, on trouve

$$p = \frac{2}{3}\frac{Q}{al'}. \tag{5}$$

Au point de vue de la résistance à l'écrasement, il faut que l'inégalité

$$\frac{2}{3}\frac{Q}{al'} \leqq \Gamma$$

soit satisfaite.

10. *Des constructions d'égale résistance à l'écrasement lorsqu'elles sont uniquement soumises à l'action de la pesanteur.* — Le problème que nous nous proposons de résoudre est le suivant : Déterminer les conditions que doivent remplir les surfaces qui limitent une construction pour que, sous l'action de son poids, chaque assise supporte la même pression par unité de surface, c'est-à-dire par mètre carré.

Soient

A la surface d'une assise située à la distance x du sommet de la construction;
Π le poids du mètre cube de maçonnerie;
Γ la pression que l'on doit faire supporter aux assises par mètre carré;
A_0 la valeur de A au sommet.

La condition que l'on s'impose est la suivante :

$$\frac{\Pi}{A}\int_0^x A\,dx = \Gamma.$$

Si l'on pose

$$\frac{\Gamma}{\Pi} = k,$$

l'équation précédente donne

$$dx = k\frac{dA}{A},$$

d'où

$$A = A_0 e^{\frac{x}{k}} \text{ (}^1\text{)}, \tag{1}$$

(1) En prenant $\Pi = 2000^{kg}$, $\Gamma = 6 \times 100^2 = 60000$, $\log e = 0,4343$, on a, pour une construction de 50 mètres de hauteur,

$$A = 5,29\,A_0.$$

Nous allons examiner maintenant les deux cas qui offrent le plus d'intérêt.

1° *Mur.* — Soient η_0, η les épaisseurs du mur à son sommet et à la profondeur x, lesquelles sont proportionnelles à A et A_0. La formule (1) nous donne la suivante :

$$\eta = \eta_0 e^{\frac{x}{k}}. \tag{2}$$

En supposant η_0 connu, on pourra se donner arbitrairement la forme de l'un des profils, et la formule (2) permettra de déterminer l'autre profil; mais il faut choisir la forme du premier profil de telle façon que le poids de la portion du mur supérieure à une assise quelconque rencontre l'épaisseur de l'assise dans le tiers du milieu, si l'on ne veut pas qu'il y ait une tendance au renversement; il faut donc que, si le profil est rectiligne, il ait du fruit, ou au moins qu'il soit vertical, et que, s'il affecte une forme courbe, les abscisses horizontales de cette courbe aillent en augmentant avec la profondeur.

Le volume de la maçonnerie par unité de longueur du mur, supérieur à l'assise considérée, a pour expression

$$V = k\eta_0\left(e^{\frac{x}{k}} - 1\right) = k(\eta - \eta_0). \tag{3}$$

Proposons-nous maintenant de déterminer la position du centre de gravité de ce volume. Considérons une section droite du mur. Soient

O un point déterminé de la direction Oy du sommet;

Ox la verticale de ce point;

y, y' les ordonnées des deux profils correspondant à l'abscisse x, y étant censé supérieur à y';

x_1 et y_1 les coordonnées du centre de gravité cherché.

Nous avons d'abord

$$\begin{aligned} Vx_1 &= \int_0^x \eta x\,dx = \eta_0 \int_0^x e^{\frac{x}{k}} x\,dx \\ &= k\eta_0\left(xe^{\frac{x}{k}} - ke^{\frac{x}{k}} + k\right) = k[\eta x - k(\eta - \eta_0)], \end{aligned}$$

d'où

$$(4) \qquad x_1 = \frac{\eta x}{\eta - \eta_0} - k.$$

En prenant les moments par rapport à l'axe des x, on trouve

$$\mathrm{V} y_1 = \int_0^x \eta\left(\frac{y + y_1}{2}\right) dx = \frac{\eta_0}{2}\int_0^x e^{\frac{x}{k}}(y + y')\,dx.$$

Supposons que l'on se donne l'ordonnée y en fonction de x; comme on a $y' = y - \eta = y - \eta_0 e^{\frac{x}{k}}$, il vient

$$\begin{aligned}\mathrm{V} y_1 &= \eta_0\left[\int_0^x y e^{\frac{x}{k}} dx - \frac{\eta_0 k}{4}\left(e^{\frac{2x}{k}} - 1\right)\right]\\ &= \eta_0 \int_0^x y e^{\frac{x}{k}} dx - \frac{k}{4}(\eta^2 - \eta_0^2),\end{aligned}$$

d'où

$$(5) \qquad y_1 = \frac{\eta_0 \displaystyle\int_0^x y e^{\frac{x}{k}} dx}{k(\eta - \eta_0)} - \frac{\eta + \eta_0}{4},$$

et l'on n'a plus qu'à effectuer une intégration dépendant de la forme de la courbe donnée.

2° *Tour de révolution.* — Soient y, y' les ordonnées horizontales des profils extérieur et intérieur à la distance x du sommet, mesurées à partir de l'axe ; nous avons

$$\mathrm{A} = \frac{\pi}{2}(y^2 - y'^2),$$

et la formule (1), en affectant de l'indice o les quantités qui se rapportent au sommet, donne

$$y^2 - y'^2 = (y_0^2 - y_0'^2)e^{\frac{x}{k}}.$$

En donnant du fruit à l'intérieur, on perdrait inutilement de l'espace; il convient donc de supposer que y est constant. Les tours de certains phares ont une forme qui se rapproche de celle qui est représentée par l'équation

$$y^2 - y_0'^2 = (y_0^2 - y_0'^2)e^{\frac{x}{k}}.$$

§ III. — *Formules générales relatives à la déformation d'une pièce élastique sous l'action de forces quelconques.*

11. *Généralités.* — Quoique les pièces qui entrent comme éléments dans la construction présentent dans leurs formes une grande variété, on peut néanmoins dire pour toutes que, lorsqu'elles sont à l'état naturel, leur surface est engendrée par un profil plan fermé, de forme invariable ou variable, se déplaçant normalement à une courbe à simple ou à double courbure, que le centre de gravité de son aire est assujetti à décrire.

Nous ne considérerons, dans ce qui suit, que les corps de cette forme.

Nous désignerons sous le nom de *fibre moyenne* le lieu géométrique des centres de gravité de l'aire du profil, et sous celui de *section transversale* toute section du corps correspondant à une position quelconque du profil.

On peut considérer la pièce comme composée de *files* de molécules, ou *fibres*, parallèles à la fibre moyenne, chaque élément d'une fibre étant ainsi celui d'un cercle dont le centre est situé sur l'intersection des plans de deux sections consécutives à laquelle son plan est perpendiculaire. Cette intersection a reçu le nom d'*axe de courbure*.

On dit qu'une pièce est *encastrée* suivant une section transversale lorsqu'elle est maintenue par un système de corps fixes de telle manière que le périmètre de la section et les plans tangents, suivant les points du périmètre, à la surface latérale du corps restent complétement invariables, quelle que soit la déformation produite par les forces extérieures.

La position de la pièce peut d'ailleurs être définie autrement que par un encastrement, par exemple au moyen de supports fixes sur lesquels elle reposerait.

Lorsqu'une pièce s'est déformée sous l'action de forces extérieures, on admet que :

1° Les sections transversales restent planes;

2° Les périmètres de ces sections n'ont pas subi de déformation.

Nous ferons connaître en temps et lieu les quelques autres hypothèses, plausibles d'ailleurs, auxquelles on a encore recours.

12. *Expression de la résultante des forces élastiques longitudinales ou normales à une section.* — Soient, avant la déformation (*fig.* 8),

Fig. 8.

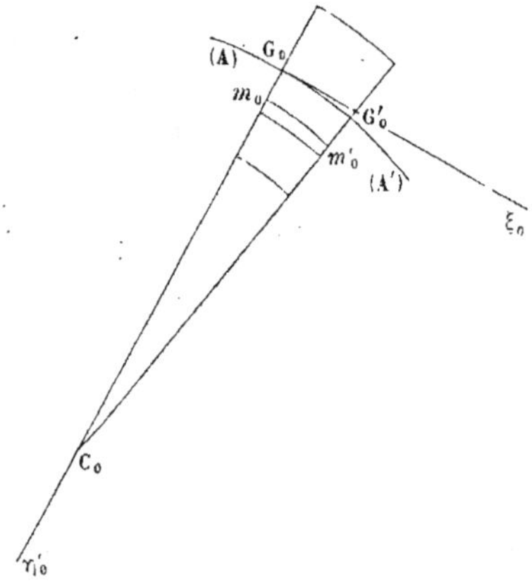

G_0, G'_0 deux points consécutifs de la fibre moyenne;
Ω la section transversale en G_0;
C_0 le centre de courbure;
ρ_0 le rayon de courbure G_0C_0;
$G_0\eta'_0$ sa direction;
$G_0\xi_0$ celle de la tangente en G_0 à la fibre moyenne;
ds_0 l'élément $G_0G'_0$ de cette fibre;
m_0 un point de la section normale en G_0 de la pièce, point que l'on peut considérer en projection sur le plan $\eta'_0G_0\xi_0$;
$d\sigma_0 = m_0m'_0$ l'élément de la fibre passant par m_0 et limité par les deux plans normaux G_0C_0, G'_0C_0 en G_0 et G'_0;
η'_0 l'ordonnée de m_0 parallèle à $G_0\eta'_0$.

Nous avons, en raison de la similitude des arcs $m_0m'_0$, $G_0G'_0$,

$$(a_0) \qquad d\sigma_0 = ds_0\,\frac{\rho_0 - \eta'_0}{\rho_0} = ds_0\left(1 - \frac{\eta'_0}{\rho_0}\right).$$

Pour la pièce déformée, nous conserverons les notations

précédentes, en nous bornant à supprimer l'indice o. Nous supposerons que les sections transversales faites primitivement en G_0, G'_0 restent normales aux fibres après la déformation, ce qui n'a pas lieu en réalité, car GG', mm' font de petits angles avec les normales aux mêmes sections; mais, en faisant cette hypothèse dans ce numéro et le suivant, nous ne ferons que négliger des termes de l'ordre du produit de deux déplacements toujours assez petits pour qu'on puisse, sans erreur appréciable, s'en tenir aux premières puissances de ces déplacements.

Nous aurons ainsi, de la même manière que plus haut,

$$(a) \qquad d\sigma = ds\left(1 - \frac{\eta}{\rho}\right).$$

Soient

$$(b) \qquad \begin{cases} \delta_0 = \dfrac{ds - ds_0}{ds_0}, \\ \delta = \dfrac{d\sigma - d\sigma_0}{d\sigma_0} \end{cases}$$

les dilatations positives ou négatives éprouvées par la fibre moyenne en G_0 et par la fibre $m_0 m'_0$ en m_0.

On déduit facilement des formules (a_0) et (a)

$$\delta = \frac{\delta_0\left(1 - \dfrac{\eta'}{\rho}\right) + \dfrac{\eta'_0}{\rho_0} - \dfrac{\eta}{\rho}}{1 - \dfrac{\eta'_0}{\rho_0}}.$$

Comme nous ne considérerons que des pièces dont les sections transversales ont des dimensions relativement petites par rapport à ρ_0, par suite à ρ, nous pourrons prendre très-approximativement

$$(1) \qquad \delta = \delta_0 + \frac{\eta'_0}{\rho_0} - \frac{\eta}{\rho},$$

en remarquant que δ_0 est toujours une très-petite fraction.

Soient $d\omega$ la section en m_0 de la fibre élémentaire $m_0 m'_0$ ou un élément de la section transversale de la pièce en G_0; (A) et (A') les portions du corps, extérieures à l'élément déterminé par la section précédente et la section semblable en G', limitées respectivement par ces deux sections; comme conséquence de l'hypothèse du n° 4, nous pouvons admettre que l'influence de (A) sur (A'), due à l'allongement positif ou négatif de la fibre élémentaire $m_0 m'_0$, se traduit par une force $-\mathrm{E}\delta d\omega$ dirigée suivant $G\xi$, et l'on a, pour la résultante des actions moléculaires normales à la section Ω exercées par (A) sur (A'), en ayant égard à la formule (1) et à la propriété caractéristique du centre de gravité d'une aire plane,

$$-\mathrm{E}\int \delta\, d\omega = -\mathrm{E}\Omega\delta_0.$$

Soient P la résultante des forces extérieures appliquées à (A'), P_ξ sa composante parallèle à $G\xi$; on a, pour l'une des conditions d'équilibre de (A),

$$P_\xi - \mathrm{E}\Omega\delta_0 = 0$$

ou

$$P_\xi = \mathrm{E}\Omega\delta_0, \tag{2}$$

formule qui fera connaître δ_0 lorsque P_ξ sera donné. On déduit notamment de cette formule qu'un élément de la fibre moyenne reste invariable si les forces extérieures ne donnent pas de composantes suivant cet élément.

13. *De la flexion en général.* — La conservation du parallélisme des fibres en même temps que le changement de courbure de la fibre moyenne caractérise la déformation à laquelle on a donné le nom de *flexion*. On appelle *plan de flexion*, en un point, le plan osculateur de la fibre moyenne déformée en ce point.

La courbure de la fibre moyenne déformée et l'orientation du plan de flexion sont les deux inconnues de la question que nous nous proposons de résoudre.

Conservons les notations du numéro précédent, et soient, de plus (*fig.* 9), dans le plan de la section normale en G_0,

$G_0\zeta'_0$, $G_0\zeta'$ les perpendiculaires en ce point à $G_0\eta'_0$ et à $G_0\eta'$, en supposant que l'on ait fait coïncider les sections en G_0 et G;

ζ'_0, ζ' les ordonnées de m parallèles à ces droites;

$G_0\eta$, $G_0\zeta$ les axes principaux d'inertie de la section;

I_η, I_ζ les moments d'inertie de cette section par rapport aux mêmes axes;

φ_0, φ les angles $\zeta G_0 \zeta'_0$, $\zeta G_0 \zeta'$;

η, ζ les coordonnées de m parallèles à $G\eta$ et $G\zeta$.

Fig. 9.

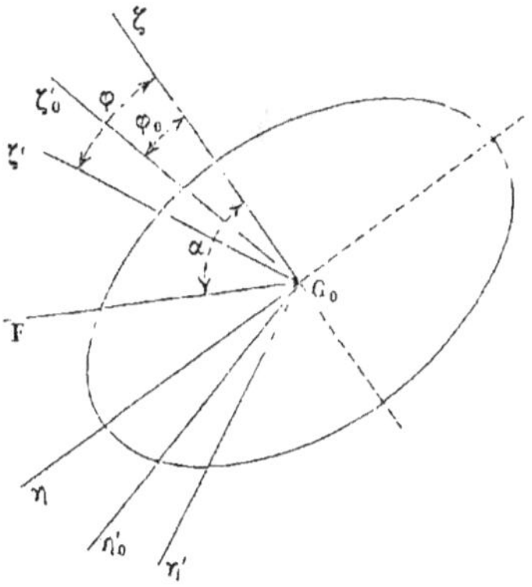

Il ne faut pas perdre de vue que les droites $G_0\zeta'_0$, $G_0\zeta'$ sont normales aux plans des cercles osculateurs de la fibre moyenne avant et après la déformation.

En vertu de la formule (1) du numéro précédent, nous avons, pour les moments des forces élastiques longitudinales,

$$\int E\,\delta\eta\,d\omega = \quad E\int\left(\frac{\eta'_0}{\rho_0} - \frac{\eta}{\rho}\right)\eta\,d\omega, \quad \text{par rapport à } O\zeta,$$

$$-\int E\,\delta\zeta\,d\omega = -E\int\left(\frac{\eta'_0}{\rho_0} - \frac{\eta}{\rho}\right)\zeta\,d\omega, \qquad \text{»} \qquad O\eta.$$

Les composantes élastiques comprises dans le plan de la section Ω, dont nous ne nous sommes pas encore occupé, ne donnant aucun moment semblable, il faut que ces moments, ajoutés respectivement aux moments correspondants $\mathfrak{M}_\zeta$, $\mathfrak{M}_\eta$ des forces extérieures agissant sur (A'), donnent des résultats nuls; nous avons ainsi

$$(1) \qquad \begin{cases} \mathfrak{M}_\zeta = -E\displaystyle\int\left(\frac{\eta'_0}{\rho_0} - \frac{\eta}{\rho}\right)\eta\,d\omega, \\ \mathfrak{M}_\eta = \quad E\displaystyle\int\left(\frac{\eta'_0}{\rho_0} - \frac{\eta}{\rho}\right)\zeta\,d\omega. \end{cases}$$

D'autre part, on a

$$\eta'_0 = \eta \cos\varphi_0 - \zeta \sin\varphi_0,$$
$$\eta' = \eta \cos\varphi - \zeta \sin\varphi.$$

En substituant ces valeurs dans les formules précédentes et se rappelant la propriété caractéristique des axes principaux d'inertie, on trouve

$$(2)\quad \left\{\begin{aligned} \mathfrak{M}_\zeta &= \mathrm{EI}_\zeta\left(\frac{\cos\varphi}{\rho} - \frac{\cos\varphi_0}{\rho_0}\right),\\ \mathfrak{M}_\eta &= \mathrm{EI}_\eta\left(\frac{\sin\varphi}{\rho} - \frac{\sin\varphi_0}{\rho_0}\right),\end{aligned}\right.$$

d'où l'on déduit

$$(3)\quad \left\{\begin{aligned} \frac{1}{\rho} &= \frac{1}{\mathrm{E}}\sqrt{\left(\frac{\mathfrak{M}_\zeta + \dfrac{\mathrm{EI}_\zeta\cos\varphi_0}{\rho_0}}{\mathrm{I}_\zeta}\right)^2 + \left(\frac{\mathfrak{M}_\eta + \dfrac{\mathrm{EI}_\eta\sin\varphi_0}{\rho_0}}{\mathrm{I}_\eta}\right)^2},\\ \operatorname{tang}\varphi &= \frac{\dfrac{\mathfrak{M}_\eta}{\mathrm{EI}_\eta} + \dfrac{\sin\varphi_0}{\rho_0}}{\dfrac{\mathfrak{M}_\zeta}{\mathrm{EI}_\zeta} + \dfrac{\cos\varphi_0}{\rho_0}}.\end{aligned}\right.$$

Le moment résultant de $\mathfrak{M}_\eta$ et $\mathfrak{M}_\zeta$, appelé *moment fléchissant*, et que nous désignerons par $\mathfrak{M}_f$, peut être considéré comme dû à un couple normal à la section Ω, situé dans un plan dont la trace GF sur celui de cette section serait perpendiculaire à la droite qui représente $\mathfrak{M}_f$. Soit α l'angle que forme GF avec $G\zeta$; on a

$$\mathfrak{M}_\zeta = \mathfrak{M}_f \sin\alpha, \quad \mathfrak{M}_\eta = -\mathfrak{M}_f \cos\alpha,$$

d'où

$$(4)\quad \left\{\begin{aligned} \frac{1}{\rho} &= \frac{1}{\mathrm{E}}\sqrt{\left(\frac{\mathfrak{M}_f\sin\alpha + \dfrac{\mathrm{EI}_\zeta\cos\varphi_0}{\rho_0}}{\mathrm{I}_\zeta}\right)^2 + \left(\frac{\mathfrak{M}_f\cos\alpha - \dfrac{\mathrm{EI}_\eta\sin\varphi_0}{\rho_0}}{\mathrm{I}_\eta}\right)^2},\\ \operatorname{tang}\varphi &= -\frac{\dfrac{\mathfrak{M}_f\cos\alpha}{\mathrm{EI}_\eta} - \dfrac{\sin\varphi_0}{\rho_0}}{\dfrac{\mathfrak{M}_f\sin\alpha}{\mathrm{EI}_\zeta} + \dfrac{\cos\varphi_0}{\rho_0}}.\end{aligned}\right.$$

Remarque. — Le déplacement angulaire éprouvé par le plan osculateur de la fibre moyenne par rapport au plan de la section transversale est $\varphi - \varphi_0$ dans le sens de la droite vers la gauche. Si l'on considère comme fixe le plan osculateur, le déplacement relatif de la section sera $\varphi - \varphi_0$ de la gauche vers la droite pour l'observateur couché suivant $G\xi$, en ayant les pieds en G, c'est-à-dire dans le sens positif des moments.

Cas particulier. — Supposons que l'on ait $\rho_0 = \infty$, ce qui a lieu notamment lorsque la pièce est prismatique; les formules (4) deviennent

$$(4')\qquad \left\{\begin{aligned} \frac{1}{\rho} &= \frac{\mathfrak{M}_f}{E}\sqrt{\left(\frac{\sin\alpha}{I_\zeta}\right)^2 + \left(\frac{\cos\alpha}{I_\eta}\right)^2},\\ \operatorname{tang}\varphi\,\operatorname{tang}\alpha &= -\frac{I_\zeta}{I_\eta}. \end{aligned}\right.$$

On voit, d'après la seconde de ces équations, que *la trace du plan du couple fléchissant et la parallèle* $G_0\zeta$ *à l'axe de flexion sont deux diamètres conjugués de l'ellipse d'inertie de la section* (théorème de Percy), et, comme corollaire, que l'angle du plan de flexion avec le plan du couple atteint son maximum quand le dernier de ces plans passe par l'une des diagonales du rectangle circonscrit à l'ellipse; le plan de flexion passe alors par l'autre diagonale.

Considérons, par exemple, le cas d'un prisme horizontal ayant pour section droite un rectangle, encastré de manière que l'une des diagonales de la section d'encastrement soit verticale; si le prisme est chargé, à son extrémité libre, par un poids, l'autre diagonale sera parallèle à l'axe de flexion à l'encastrement; on voit alors que la pièce sera *faussée,* suivant une locution admise.

Revenons maintenant à la première des formules (4').

Si l'on a $I_\zeta < I_\eta$, le maximum et le minimum de la courbure, en faisant varier α, sont

$$\frac{1}{\rho} = \frac{\mathfrak{M}_f}{EI_\zeta},\quad \frac{1}{\rho} = \frac{\mathfrak{M}_f}{EI_\eta},$$

et les deux positions correspondantes de $G\eta'$ sont les traces sur le plan de la section des plans *de plus facile et de moins facile flexion.*

14. *Flexion simple.* — On dit que la flexion est *simple* quand, dans toute l'étendue de la pièce, le plan de flexion et celui du couple fléchissant coïncident, ou lorsque les directions des droites GF, $G\eta'$ se confondent. Dans ce cas, la seconde des équations (4') donne

$$\alpha = \varphi + 90°,$$

ou encore

$$\frac{E}{\rho_0}\sin(\varphi - \varphi_0) + \mathfrak{M}_f\left(\frac{1}{I_\zeta} + \frac{1}{I_\eta}\right)\sin\varphi\cos\varphi = 0,$$

ce qui ne peut avoir lieu qu'autant que l'on a

$$\varphi = \varphi_0 = 0; \qquad \text{d'où} \quad \alpha = 90°,$$
$$\varphi = \varphi_0 = 90°; \qquad \alpha = 180°.$$

Donc, *pour que la flexion soit simple, il faut que, pour chaque point de la fibre moyenne à l'état naturel, le plan osculateur coïncide avec le plan du couple de flexion, et que ce plan passe par l'un des axes principaux d'inertie de la section transversale.*

Dans le cas de la flexion simple, la première des formules (4) se réduit à la suivante :

$$(5) \qquad EI\left(\frac{1}{\rho} - \frac{1}{\rho_0}\right) = \mathfrak{M}_f,$$

I étant le moment d'inertie de la section par rapport à l'axe principal perpendiculaire au plan de flexion (¹).

15. *De la résistance à la rupture par flexion.* — Comme les limites de l'élasticité de la matière à la traction et à la compression diffèrent généralement peu l'une de l'autre, que le plus grand effort à l'extension que l'on veut faire supporter à une pièce est une fraction assez faible de la première de ces limites, on peut, sans inconvénient, admettre pour la compression le même effort maximum Γ.

Il faut donc, en se reportant aux notations du n° 12, que la

(¹) *Voir* la Table III placée à la fin de ce Chapitre, relative à la détermination de la valeur de I dans quelques cas particuliers.

plus grande des valeurs absolues de $E\delta$ soit au plus égale à Γ; d'où les conditions

$$(6)\quad \left\{\begin{aligned} \frac{\Gamma}{E} &> \max.\left(\frac{\eta'_0}{\rho_0} - \frac{\eta'}{\rho} + \delta_0\right), \\ \frac{\Gamma}{E} &> \max.\left(\frac{\eta'}{\rho} - \frac{\eta'_0}{\rho_0} - \delta_0\right). \end{aligned}\right.$$

Pour déterminer chacun de ces maxima, qui correspond nécessairement au périmètre d'une certaine section, on remplacera d'abord η' par sa valeur en fonction de η, ζ et φ, puis on calculera d'abord le maximum qui se rapporte à une section quelconque correspondant à une longueur s de la fibre moyenne, mesurée à partir d'un point déterminé de cette fibre, en regardant s comme constant dans l'équation donnée $f(\eta, \zeta, s) = 0$ des sections de la pièce; on substituera à ρ et φ leurs valeurs connues, qui, de même que $\mathfrak{M}_\eta$, $\mathfrak{M}_\zeta$, I_η, I_ζ, peuvent être considérées comme des fonctions d'une seule variable; soit s cette variable; on obtiendra ainsi une certaine fonction de s dont on cherchera le maximum.

Dans le cas d'une flexion simple, les conditions (6) se réduisent aux suivantes :

$$\frac{\Gamma}{E} > \max.\left[\delta_0 - \eta\left(\frac{1}{\rho} - \frac{1}{\rho_0}\right)\right],$$
$$\frac{\Gamma}{E} > \max.\left[\eta\left(\frac{1}{\rho} - \frac{1}{\rho_0}\right) - \delta_0\right],$$

ou, en désignant par β et β' les valeurs maxima de $-\eta$ et η', à

$$\frac{\Gamma}{E} > \max.\left[\delta_0 + \beta\left(\frac{1}{\rho} - \frac{1}{\rho_0}\right)\right],$$
$$\frac{\Gamma}{E} > \max.\left[\beta'\left(\frac{1}{\rho} - \frac{1}{\rho_0}\right) - \delta_0\right].$$

Si l'on se reporte à la formule (2) du n° **12** et à la formule (5) du n° **14**, ces dernières inégalités deviennent

$$(7)\quad \left\{\begin{aligned} \Gamma &> \max.\left(\frac{\beta\mathfrak{M}_f}{I} + \frac{P_\xi}{\Omega}\right), \\ \Gamma &> \max.\left(\frac{\beta'\mathfrak{M}_f}{I} - \frac{P_\xi}{\Omega}\right), \end{aligned}\right.$$

les maxima n'étant plus relatifs qu'au passage d'une section à une autre ou à la variable s.

16. *Solides d'inégale résistance à la flexion lorsque la flexion est simple.* — Supposons que les profils d'une pièce sollicitée par des forces qui produisent une flexion simple soient représentés par l'équation

$$\varphi(\eta, \zeta, a) = 0,$$

φ étant une fonction donnée, et a un paramètre uniquement fonction de s et dont la forme est indéterminée.

Supposons que la force P_ξ soit une traction ou qu'elle soit positive, et proposons-nous de déterminer la forme de la fonction a qui satisfait à la condition que la traction élastique maximum soit constante et égale par suite à Γ.

Nous aurons

$$\Gamma = \frac{\beta \mathfrak{M}_f}{I} + \frac{P_\xi}{\Omega};$$

or, β, Ω, I, P_ξ, $\mathfrak{M}_f$ ne peuvent dépendre que de la position de la section ou de s; nous avons donc une équation qui fera connaître a en fonction de cette variable.

Les pièces dont la surface est déterminée de cette manière ont reçu le nom de *solides d'égale résistance*.

Nous donnerons dans le paragraphe suivant quelques applications des considérations qui précèdent.

17. *Résultante des composantes des forces élastiques comprises dans le plan d'une section.* — Reportons-nous au n° 12 [1], où nous avons déjà fait remarquer que mm' n'était généralement plus normal à la section transversale en m, et que cet élément faisait avec la normale à la section un petit angle que nous désignerons par γ; cet angle est du même ordre de grandeur que la dilatation, dont nous ferons abstraction dans ce qui suit, pour le même motif qu'au numéro précité nous avons négligé γ devant δ.

---

[1] Il faut considérer ici les points m_0, ..., non plus en projection sur le plan osculateur de la fibre moyenne, mais bien dans leurs positions réelles.

Concevons que l'on ait ramené la section en G à coïncider avec ce qu'elle était en G_0; le point m viendra se placer en m_0, et le point m'_0 viendra occuper une certaine position m''_0 sur le plan de la section en m'_0; l'angle $m''_0 m_0 m'_0$ ne sera autre chose que γ.

Pour produire la déviation γ de la fibre passant par m_0 sur la longueur $m_0 m'_0$, il faut que (A') ait exercé sur elle une certaine action dirigée suivant $m'_0 m''_0$, nulle avec γ, et naturellement proportionnelle à la section $d\omega$ de la fibre. En négligeant les termes du second ordre, cette action ne peut être représentée que par une expression de la forme

$$\mu\gamma\, d\omega,$$

μ étant une constante.

Nous supposerons que les dimensions transversales de la pièce sont assez petites, relativement au rayon de courbure de la fibre moyenne, pour que l'on puisse, sans erreur sensible, négliger le maximum des rapports $\frac{\eta_0}{\rho_0}$ devant l'unité, ce qui revient à considérer les plans des sections en m et m' comme parallèles.

Le déplacement de la section $d\omega'$ de la fibre moyenne en m' par rapport à $d\omega$ ou le glissement du premier de ces éléments sur le second est γds; en d'autres termes, γ représente le *glissement* rapporté à l'unité de distance des aires élémentaires $d\omega$ et $d\omega'$ l'une sur l'autre, d'où les dénominations d'*angle*, de *coefficient*, de *composante de glissement* données respectivement à γ, μ, $\mu\gamma\, d\omega$.

Or le déplacement de la section transversale en m' ne peut résulter que d'une translation γ_0 de son centre de gravité G'_0 et d'une rotation autour de ce centre que nous désignerons par θ.

Si, pour représenter la projection d'une droite sur un axe, on met en indice la lettre qui caractérise cet axe, nous aurons

$$(8)\qquad \begin{cases} \gamma_\eta = \gamma_{0_\eta} - \theta\zeta, \\ \gamma_\zeta = \gamma_{0_\zeta} + \theta\eta. \end{cases}$$

Soient P_η, P_ζ les composantes des forces extérieures agissant sur (A'), et qui font respectivement équilibre à toutes les réactions, telles que

$$(c) \qquad -\mu\gamma_\eta\, d\omega, \quad -\mu\gamma_\zeta\, d\omega,$$

de (A) sur (A′); nous aurons

$$P_\eta = \mu \int \gamma_\eta\, d\omega,$$
$$P_\zeta = \mu \int \gamma_\zeta\, d\omega,$$

ou, en vertu des formules (8),

$$(9) \qquad \begin{cases} P_\eta = \mu\gamma_{0\eta}, \\ P_\zeta = \mu\gamma_{0\zeta}. \end{cases}$$

La résultante de P_η et de P_ζ a reçu le nom d'*effort tranchant*, et l'on voit qu'en chaque point de la fibre moyenne le glissement est parallèle et proportionnel à cet effort.

La théorie mathématique de l'élasticité conduit au résultat suivant :

$$(10) \qquad \frac{\mu}{E} = \frac{2}{5} = 0,4,$$

pour les corps *isotropes;* ce résultat est d'accord avec ceux des expériences de M. Cornu sur le cristal et de M. Kirchhoff sur l'acier fondu. En nous servant des résultats d'expériences sur la traction et la torsion dont il sera question ci-après, faites respectivement par des expérimentateurs différents, et par conséquent sur des matériaux qui pouvaient présenter quelques différences dans leur composition, nous sommes arrivé aux résultats suivants, que l'on ne doit considérer que comme approximatifs :

Fer forgé..........	$\frac{\mu}{E} = 0,33$
Acier..............	$\frac{\mu}{E} = 0,39$
Acier fondu........	$\frac{\mu}{E} = 0,40$
Cuivre.............	$\frac{\mu}{E} = 0,38$
Bronze.............	$\frac{\mu}{E} = 0,35$

chiffres qui s'éloignent peu de la valeur théorique 0,4, que nous continuerons à admettre.

Pour le fer laminé, nous avons trouvé $\frac{\mu}{E} = 0,29$; mais on sait que cette matière, essentiellement fibreuse, est loin d'être isotrope. Pour la fonte, qui l'est encore moins, on a seulement 0,22.

La résistance au glissement, ou *résistance transverse*, d'après Vicat, n'est autre chose que celle que nous avons désignée par $\mathcal{R}'$ au n° 8, où nous l'avons estimée, à défaut de résultats de l'expérience, aux $\frac{4}{5}$ de la résistance à la traction, résultat auquel Navier a été conduit par une induction théorique.

18. *Lorsqu'une pièce, dont la section est constante et dont la fibre moyenne est plane, éprouve une flexion simple, l'effort tranchant, entre les points d'application de forces discontinues, est égal à la dérivée, changée de signe, du moment fléchissant par rapport à l'arc de la fibre moyenne.*

Soient, en effet (*fig.* 10),

Fig. 10.

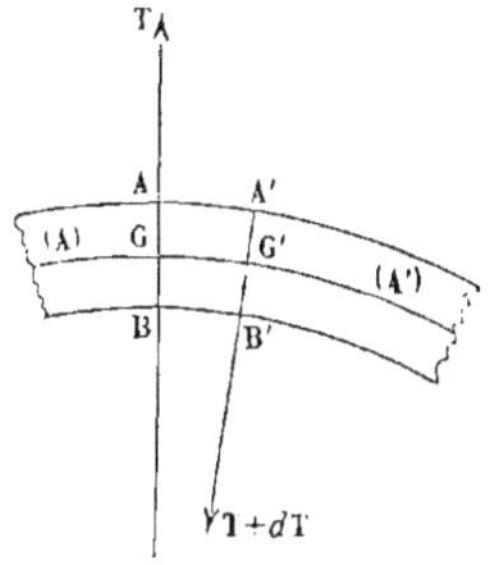

AB, A'B' deux sections consécutives;

G, G' leurs centres de gravité;

ds l'élément GG';

$\mathfrak{M}$, $\mathfrak{M} + d\mathfrak{M}$ les moments des forces qui sollicitent (A') par rapport à G et G';

T, T + dT les efforts tranchants dans les sections AB, A'B', considérés comme positifs lorsqu'ils sont dirigés vers le centre de courbure.

Nous continuerons à attribuer à E, I, ρ, ρ_0 les mêmes significations que ci-dessus.

Nous allons exprimer que les forces qui sollicitent l'élément ABA'B' se font équilibre autour de la droite projetée en G.

Les couples élastiques développés dans les sections AB, A'B' ont respectivement pour moments

$$-\mathfrak{M}, \quad \mathfrak{M} + d\mathfrak{M},$$

qui se réduisent au suivant :

$$(d) \qquad \frac{d\mathfrak{M}}{ds}\, ds.$$

Le moment de la résultante élastique développée dans A'B' est

$$(e) \qquad (\mathrm{T} + d\mathrm{T})\, ds = \mathrm{T}\, ds.$$

Si, comme nous l'avons supposé, l'élément ABA'B' n'est sollicité que par des forces de même ordre de grandeur que sa masse, ces forces ne donnent qu'un moment du second ordre, et il faut alors que la somme des deux expressions (d) et (e) soit nulle, ou que

$$(11) \qquad \mathrm{T} = -\frac{d\mathfrak{M}}{ds},$$

ce que démontre le théorème énoncé.

Si l'on remarque que

$$\mathfrak{M} = \mathrm{EI}\left(\frac{1}{\rho} - \frac{1}{\rho_0}\right),$$

la formule précédente devient

$$(12) \qquad \mathrm{T} = \mathrm{EI}\left(\frac{1}{\rho^2}\frac{d\rho}{ds} - \frac{1}{\rho_0^2}\frac{d\rho_0}{ds}\right)$$

et montre que T est nul avec $\frac{d\rho}{ds}$ et $\frac{d\rho_0}{ds}$, d'où ce nouveau théorème :

Si un point de la fibre moyenne est un sommet avant et après sa déformation, l'effort tranchant est nul dans la section passant par ce point.

Soient $\gamma_0 = \rho_0 \frac{d\rho_0}{ds}$, $\gamma = \rho \frac{d\rho}{ds}$ les rayons de courbure des développées de la fibre moyenne avant et après sa déformation; la formule (12) peut se mettre sous la forme

$$T = EI\left(\frac{\gamma}{\rho^3} - \frac{\gamma_0}{\rho_0^3}\right),$$

ce qui donne lieu à un autre théorème, qu'il est facile d'énoncer.

19. *De la torsion.* — Soient $\mathfrak{M}_\xi$ le moment des forces extérieures qui sollicitent (A') par rapport à la tangente $G\xi$ à la fibre moyenne, I_ξ le moment d'inertie de la section en G relatif à cet axe.

Le moment $\mathfrak{M}_\xi$ a pour effet de contourner les fibres et de produire un déplacement qui a reçu, pour ce motif, le nom de *torsion*.

La somme de ce moment, dit *de torsion*, et des moments de toutes les forces (*c*) du n° 17 devant être nulle, nous devons avoir

$$\mathfrak{M}_\xi + \mu \int \gamma_\eta \zeta \, d\omega - \mu \int \gamma_\zeta \eta \, d\omega = 0,$$

d'où, en substituant les valeurs (8) du même numéro,

(13) $$\mathfrak{M}_\xi = \mu I_\xi \theta.$$

Si γ_0 est nul ou si l'on en fait abstraction, les formules (8) donnent

$$\gamma = \theta\sqrt{\zeta^2 + \eta^2} \text{ (1)},$$

et θ est ainsi, pour la section considérée, le glissement rapporté à l'unité de distance par rapport à la fibre moyenne, comme on devait le prévoir.

Si Γ' est l'effort de glissement que l'on ne veut pas faire dépasser à la matière, R la distance maximum du périmètre d'une section quelconque au centre de gravité de la section,

(1) Cauchy, pour le prisme carré, et M. de Saint-Venant, pour des prismes de différentes formes, ne sont pas arrivés à cette formule, due à Colomb, formule qui n'est rigoureusement exacte que pour un cylindre circulaire; néanmoins, l'approximation à laquelle elle conduit suffit pour les applications.

on a, pour la condition de résistance ou d'équarrissage,

$$\Gamma' > \max. \mu R \theta,$$

ou, en vertu de la formule (13),

$$\Gamma' > \max. \frac{R \mathfrak{M}_\xi}{I_\xi}.$$

Considérons, par exemple, le cas d'un prisme encastré par une extrémité, et dont l'autre extrémité est sollicitée par un couple perpendiculaire aux arêtes : on a $\gamma_0 = 0$, comme on l'a supposé plus haut; la condition précédente devient

$$\Gamma' > \frac{R \mathfrak{M}_\xi}{I_\xi}.$$

Si la section est circulaire, on a

$$I_\xi = \frac{\pi R^4}{2},$$

d'où, pour la condition d'équarrissage,

$$R \geqq \sqrt[3]{\frac{2 \mathfrak{M}_\xi}{\pi \Gamma'}}.$$

Une fibre déformée, située à la distance r de l'axe, coupant en direction primitive sous un angle constant $r\theta$, affecte par cela même la forme d'une hélice.

20. *De la déformation de la fibre moyenne due à la torsion.* — Nous ne considérerons que le cas où les rayons de courbure de la fibre moyenne à l'état naturel font un angle constant avec les axes principaux d'inertie, de l'une ou l'autre série, des sections transversales.

Soient (*fig.* 11)

Aa, aa', $a'a''$ trois éléments consécutifs, égaux à ds, de la fibre moyenne;

pp, $p'p'$ les sections transversales de la pièce en a, a';

τ_0, τ les rayons de seconde courbure en A avant et après la déformation.

Comme nous n'avons à nous occuper que de déplacements

relatifs, nous pouvons supposer que le plan osculateur Aaa' reste fixe. Le déplacement angulaire du plan $aa'a''$ entraînant

Fig. 11.

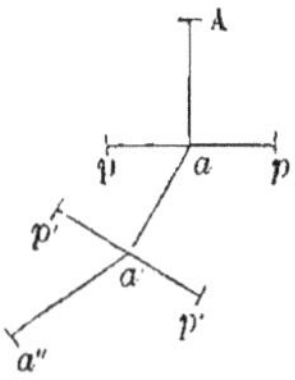

avec lui $p'p'$, par rapport à Aaa', est, en négligeant la dilatation longitudinale,

$$\frac{ds}{\tau} - \frac{ds}{\tau_0}.$$

Mais, nous reportant à une remarque faite au n° 13, pp a tourné de l'angle $\varphi - \varphi_0$ par rapport au plan Aaa' ; $p'p'$ a tourné de même par rapport à $aa'a''$ de l'angle $\varphi - \varphi_0 + \frac{d\varphi}{ds}ds$; d'où il suit que le déplacement angulaire total de $p'p'$ par rapport à pp a pour expression

$$\frac{ds}{\tau} - \frac{ds}{\tau_0} + \frac{d\varphi}{ds}ds;$$

et l'on a, par suite, pour l'angle de torsion,

$$\theta = \frac{1}{\tau} - \frac{1}{\tau_0} + \frac{d\varphi}{ds}.$$

La formule (13) du numéro précédent devient alors

$$\mathfrak{M}_\xi = \mu I_\xi \left(\frac{1}{\tau} - \frac{1}{\tau_0} + \frac{d\varphi}{ds} \right), \tag{14}$$

et permettra de déterminer τ. Nous ferons plus loin quelques applications de cette formule, qui est due à M. de Saint-Venant.

21. *Du travail moléculaire développé dans la flexion simple d'une pièce.* — Soient (*fig.* 12)

AB, A'B' deux sections normales consécutives de la pièce;

G, G′ leurs centres de gravité ;

ds l'élément GG′ avant la déformation ;

$\frac{1}{\Delta} = \frac{1}{\rho} - \frac{1}{\rho_0}$ la variation éprouvée par la courbure de la fibre moyenne en G ;

Fig. 12.

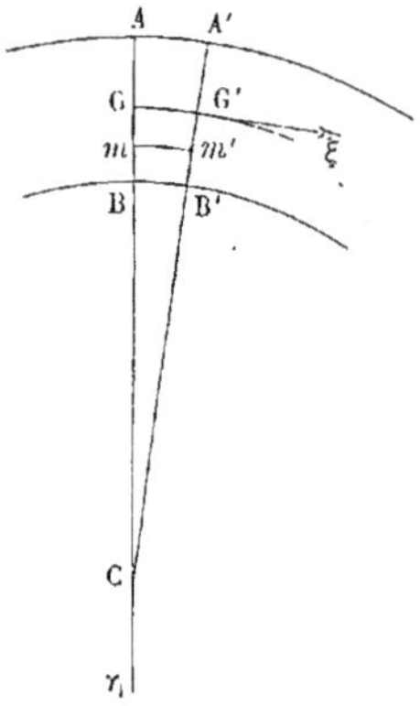

mm' l'élément d'une fibre élémentaire en projection sur le plan de flexion, limité aux sections AB, A′B′ ;

$d\omega$ sa section ;

$d\sigma$ la longueur mm' lorsque la pièce n'est soumise à l'action d'aucune force ;

δ_0, δ les dilatations en G et en m.

On a

$$d\sigma = ds\left(1 - \frac{\eta}{\rho_0}\right), \quad \delta = \delta_0 - \frac{\eta}{\Delta}.$$

D'après le n° 6, le travail développé dans l'élément matériel mm' a pour valeur

$$\frac{E\delta^2}{2}\,d\sigma\,d\omega = \frac{E}{2}\left(\delta_0^2 - \frac{2\delta_0\eta}{\Delta} + \frac{\eta^2}{\Delta^2}\right)\left(1 - \frac{\eta}{\rho_0}\right)ds\,d\omega.$$

En intégrant pour toute la section et remarquant que $\int \eta\,d\omega = 0$, $\int \eta^2\,d\omega = I$, on trouve

$$(1) \qquad \frac{E}{2}\left(\Omega\delta_0^2 + \frac{2\delta_0 I}{\Delta\rho_0} + \frac{1}{\Delta^2}\int \eta^3\,d\omega\right)ds.$$

On obtiendra le travail cherché en intégrant cette expression par rapport à s pour toute la longueur l de la pièce.

Supposons, par exemple, que la fibre moyenne soit plane, que la section soit constante et symétrique par rapport au plan de flexion; nous aurons

$$\int \eta^3 d\omega = 0,$$

et, en intégrant l'expression (1) par rapport à s, on trouve, pour le travail dû à l'élasticité,

$$(2) \qquad \mathcal{C} = \frac{E}{2}\left(\Omega \int_0^l \delta_0^2\, ds + 2 I \int_0^l \frac{\delta_0}{\Delta \rho_0} ds + I \int_0^l \frac{ds}{\Delta^2}\right);$$

mais on a

$$\frac{EI}{\Delta} = \mathfrak{M}, \quad \delta_0 = \frac{P_\xi}{E\Omega};$$

par suite,

$$(3) \qquad \mathcal{C} = \frac{1}{2E\Omega}\int_0^l P_\xi^2\, ds + \frac{1}{E\Omega}\int_0^l \frac{P_\xi \mathfrak{M}\, ds}{\rho_0} + \frac{1}{2EI}\int_0^l \mathfrak{M}^2 . ds$$

22. *Des faibles déformations.* — Les matériaux employés dans la construction, y compris celle des machines [1], ne sont généralement susceptibles que de faibles déformations, lors même que l'on atteindrait la limite de l'élasticité. Ces déformations sont alors caractérisées par des éléments dont on peut, sans grande erreur, négliger les puissances d'un ordre supérieur au premier.

Si on laisse de côté quelques cas particuliers, la solution des problèmes relatifs à l'équilibre d'élasticité des corps se simplifie considérablement et se ramène généralement à l'intégration d'équations linéaires.

Comme nous le verrons dans ce qui suit, la première simplification consiste à évaluer ses composantes des forces extérieures et des moments comme si la pièce n'avait pas subi de déformation. Ces généralités seront éclaircies par les exemples qui forment l'objet des paragraphes suivants.

---

[1] Les lames d'acier employées dans l'horlogerie font exception à cette règle (*voir* le troisième Volume de l'Ouvrage). Il ne peut être question ici du caoutchouc, qui, par sa constitution même, échappe aux formules de la résistance des matériaux.

§ IV. — *De la flexion des prismes.*

23. Dans ce qui suit, nous supposerons que le prisme est uniquement soumis à l'action de forces comprises dans un plan passant par la fibre moyenne à l'état naturel et par un axe principal d'inertie d'une section quelconque, ce qui revient à dire que nous ne considérerons que le cas d'une flexion simple.

Nous prendrons la fibre moyenne du prisme à l'état naturel pour axe des x et pour origine un point O de cet axe, dont la position dépendra de la nature de la question que l'on aura à résoudre.

Le sens de la courbure ou le signe du rayon de courbure de la fibre moyenne pouvant changer, nous conviendrons de regarder le rayon de courbure en un point comme positif ou négatif, selon qu'en ce point la courbe présentera sa convexité ou sa concavité vers l'axe des x. Ce rayon portera ainsi le signe de $\frac{d^2y}{dx^2}$.

Comme conséquence, nous devrons regarder le moment d'une force par rapport à un point de la fibre moyenne comme positif ou négatif, selon qu'il tendra ou non à produire la convexité en ce point vers l'axe des x.

Nous ne considérerons que des flexions assez faibles pour que l'on puisse négliger $\frac{dy^2}{dx^2}$ devant l'unité, de sorte que nous prendrons

$$\frac{1}{\rho} = \frac{\frac{d^2y}{dx^2}}{\left(1 + \frac{dy^2}{dx^2}\right)^{\frac{3}{2}}} = \frac{d^2y}{dx^2},$$

24. *Relation entre l'effort tranchant et le moment fléchissant.* — Reportons-nous au n° 18; nous avons ici $ds = dx$, $\rho_0 = \infty$, $\frac{1}{\rho} = \frac{d^2y}{dx^2}$; les formules (11) et (12) de ce numéro

deviennent alors

$$T = -\frac{d\mathfrak{M}}{dx}, \quad T = -EI\frac{d\frac{1}{\rho}}{dx} = -EI\frac{d^3y}{dx^3}.$$

Si une portion de la fibre moyenne déformée est symétrique par rapport à l'ordonnée de l'un de ses points, l'effort tranchant est nul dans la section passant par ce point.

25. *Formules générales relatives aux faibles flexions des prismes produites par des efforts transversaux.* — Nous ne ferons, quant à présent, aucune hypothèse sur la manière dont la pièce est maintenue.

Soient

A_0 un point déterminé de la fibre moyenne non déformée que nous prendrons pour axe des x, et que nous supposerons horizontale, pour fixer les idées;

A_0y la verticale de A_0;

$A_1, A_2, \ldots, A_i, \ldots, A_n$ les points successifs de A_0x où sont appliquées les forces verticales positives ou négatives $P_1, P_2, \ldots, P_i, \ldots, P_n$ qui agissent sur la pièce censée limitée en A_n;

p une charge verticale par unité de longueur uniformément répartie sur la fibre moyenne;

x_i, y_i les coordonnées de A_i;

x, y les coordonnées d'un point quelconque m de la fibre moyenne déformée, censé situé entre A_i et A_{i-1}.

Il résulte du n° 12 que la fibre moyenne n'éprouve aucune dilatation ou contraction dans le sens de la longueur, d'où le nom d'*axe* ou de *fibre neutre* qu'on lui donne souvent dans le cas qui nous occupe.

La charge uniformément répartie sur mA_n donne la résultante $\frac{p}{2}(x_n - x)$, appliquée au milieu de cette longueur; le moment de cette résultante par rapport à m a évidemment pour expression

$$\frac{p}{2}(x_n - x)^2.$$

En nous reportant aux notations du n° 14, nous avons,

pour le point m, et supprimant une fois pour toutes l'indice de $\mathfrak{M}$,

$$\mathfrak{M} = P_n(x_n - x) + P_{n-1}(x_{n-1} - x) + \ldots + P_i(x_i - x) + \frac{p}{2}(x_n - x)^2$$
$$= \sum_i^n P_i(x_i - x) + \frac{p}{2}(x_n - x)^2.$$

Comme nous avons $\rho_0 = \infty$ et

$$\frac{1}{\rho} = \frac{d^2y}{dx^2},$$

l'équation (5) du numéro précité devient

$$EI\frac{d^2y}{dx^2} = \sum_i^n P_i(x_i - x) + \frac{p(x_n - x)^2}{2}$$

et s'intègre facilement.

On voit, d'après cette équation, que la forme de l'axe A_iA_{i-1} varie avec i, de sorte que, si les P_i sont constants, la fibre moyenne déformée est formée d'arcs de paraboles différentes, mais qui se raccordent aux points de jonction.

Si e est l'ordonnée maximum, en valeur absolue, du profil de la section de la pièce, la plus grande force élastique développée dans la section en m est

$$(1) \qquad \frac{Ee}{\rho} = Ee\frac{d^2y}{dx^2} = \frac{e}{I}\left[\sum_i^n P_i(x_i - x) + \frac{p(x_n - x)^2}{2}\right],$$

d'où, pour la condition d'équarrissage,

$$(2) \qquad \Gamma \geqq \frac{e}{I}\max.\left[\sum_i^n P_i(x_i - x) + \frac{p}{2}(x_n - x)^2\right].$$

26. *Du travail moléculaire développé dans un prisme fléchi par des forces perpendiculaires à son axe.* — Reportons-nous au n° **21**, et notamment à la formule (3); nous avons ici $P_\xi = 0$, $ds = dx$ et

$$\mathfrak{T} = \frac{1}{2EI}\int_0^l \mathfrak{M}^2 dx, \quad EI\left(\frac{dv}{dx} - \text{tang}\,\theta_0\right) = \int_0^l \mathfrak{M}\,dx,$$

θ_0 étant l'inclinaison de la tangente à l'origine sur l'axe des x.

Mais, en posant

$$du = \mathfrak{M}\,dx,$$

on a, eu égard au n° 24,

$$\int \mathfrak{M}^2 dx = \int \mathfrak{M}\, du = u\mathfrak{M} - \int u\, d\mathfrak{M} = \mathfrak{M} \int \mathfrak{M}\, dx + \int u \mathrm{T}\, dx$$

$$= \mathfrak{M}\mathrm{EI}\left(\frac{dy}{dx} - \operatorname{tang}\theta_0\right) + \int \mathrm{T}\, dx \int \mathfrak{M}\, dx$$

$$= \mathfrak{M}\mathrm{EI}\left(\frac{dy}{dx} - \operatorname{tang}\theta_0\right) + \mathrm{EI}\int\left(\frac{dy}{dx} - \operatorname{tang}\theta_0\right)\mathrm{T}\, dx$$

$$= \mathfrak{M}\mathrm{EI}\left(\frac{dy}{dx} - \operatorname{tang}\theta_0\right) + \mathrm{EI}\int \mathrm{T}\, dy + \mathrm{EI}\mathfrak{M} \operatorname{tang}\theta_0$$

$$= \mathfrak{M}\mathrm{EI}\frac{dy}{dx} + \mathrm{EI}\int \mathrm{T}\, dy,$$

et enfin

$$\mathfrak{T} = \frac{1}{2}\left(\mathfrak{M}\frac{dy}{dx}\right)_0^l + \frac{1}{2}\int_0^l \mathrm{T}\frac{dy}{dx}\, dx.$$

27. *Du glissement longitudinal des fibres.* — Soient (*fig.* 13)

Fig. 13.

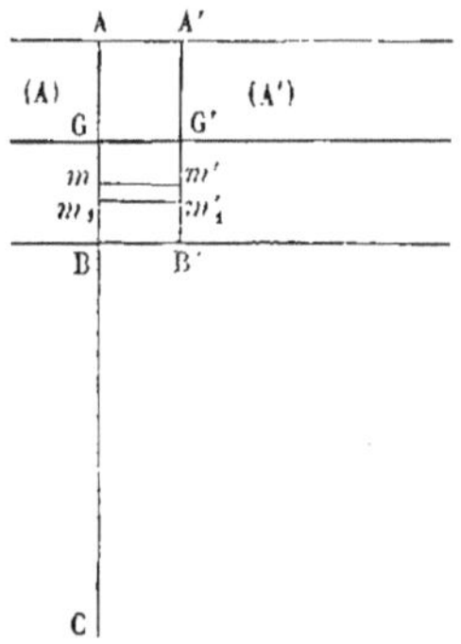

AB, A'B' deux sections consécutives du prisme, dont G et G' sont les centres de gravité;

dx leur distance;

m, m' les traces des intersections de ces sections avec un plan (P) perpendiculaire au plan de flexion;

m_1, m'_1 les traces semblables relatives à un plan infiniment voisin de (P);

$\mathrm{G}m = \mathrm{G}'m' = \zeta$;

$mm_1 = m'm'_1 = d\zeta$;

u la largeur de la pièce en m.

L'action exercée par (A) sur l'élément de section correspondant à mm_1 a pour valeur

$$\frac{E\zeta u\,d\zeta}{\rho} = \frac{\mathfrak{M}\zeta u\,d\zeta}{I}.$$

L'action exercée par (A') sur la face $m'm'_1$ est

$$-\frac{\mathfrak{M}\zeta u\,d\zeta}{I} - \frac{\zeta u}{I}\frac{d\mathfrak{M}}{dx}dx\,d\zeta,$$

d'où la résultante

(1) $$-\frac{\zeta u}{I}\frac{d\mathfrak{M}}{dx}dx\,d\zeta.$$

Si nous désignons par ε la résistance au glissement par unité de surface, à la distance ζ de GG', qui ne peut être qu'une fonction de ζ pour les sections considérées, la résultante des résistances suivant les faces mm', $m_1m'_1$ est

(2) $$-\varepsilon u\,dx + \varepsilon u\,dx + \frac{d\varepsilon u}{d\zeta}d\zeta\,dx = \frac{d\varepsilon u}{d\zeta}d\zeta\,dx.$$

En exprimant que cette résultante fait équilibre à la force (1), on a l'équation

$$\frac{d\varepsilon u}{d\zeta} = \frac{\zeta u}{I}\frac{d\mathfrak{M}}{dx},$$

ou, en continuant à désigner par T l'effort tranchant, qui est uniquement fonction de x,

$$\frac{d\varepsilon u}{d\zeta} = -\frac{\zeta u T}{I};$$

on déduit de là, en distinguant par l'indice zéro les quantités qui se rapportent à la fibre moyenne,

(3) $$\varepsilon u = \varepsilon_0 u_0 - \frac{T}{I}\int_0^u \zeta u\,d\zeta.$$

La constante ε_0 doit se déterminer par la condition que ε soit nul aux points A et B, ce qui exige que l'on ait $GA = GB = e$, par suite

(4) $$\varepsilon u = \frac{T}{I}\int_\zeta^e \zeta u\,d\zeta.$$

Si la largeur de la section est constante, on a

$$(4') \qquad \varepsilon = \frac{\mathrm{T}u}{2\mathrm{I}}(c^2 - \zeta^2).$$

Dans le cas d'une section circulaire d'un rayon e, on a

$$u = 2\sqrt{c^2 - \zeta^2},$$

d'où

$$(4'') \qquad \varepsilon = \frac{2}{3}\,\frac{\mathrm{T}}{\mathrm{I}}(c^2 - \zeta^2)^{\frac{3}{2}}.$$

28. *De la répartition des efforts de glissement transversal dans une section.* — Si nous désignons par τ la résistance au glissement transversal en m, les actions élastiques développées dans les sections mm_1, mm' ont respectivement pour valeurs

$$\tau u d\zeta, \quad \varepsilon u dx,$$

aux termes du second ordre près.

En exprimant que toutes les forces qui sollicitent l'élément $mm'm_1m'_1$ se font équilibre autour de l'axe projeté en m', on a la relation

$$\tau u d\zeta dx - \varepsilon u dx d\zeta = 0, \quad \text{d'où} \quad \tau = \varepsilon.$$

29. *Prisme encastré à une extrémité et fléchi par un poids agissant à son autre extrémité.* — En nous reportant au n° 25, si nous désignons par l la longueur de la pièce, en supposant que A_0 soit l'encastrement, nous avons ici $p = 0$, $n = 1$, $x_n = l$, et, en supprimant l'indice en P, devenu inutile, nous avons

$$\mathrm{EI}\frac{d^2y}{dx^2} = \mathrm{P}(l - x),$$

d'où, en remarquant que l'on a $y = 0$, $\frac{dy}{dx} = 0$ pour $x = 0$,

$$(1) \qquad \mathrm{EI}y = \frac{\mathrm{P}x^2}{2}\left(l - \frac{x}{3}\right).$$

Si f désigne la *flèche*, c'est-à-dire la hauteur dont l'extrémité libre du prisme s'est abaissée, ou encore la valeur de y

correspondant à $x = l$, la formule (1) donne

$$f = \frac{Pl^3}{3EI}.$$

On déduit de là

$$P = \frac{3EIf}{l^3},$$

et, pour le travail moléculaire résistant que l'on a à vaincre pour produire la flèche f,

$$\int_0^f P\,df = \frac{3}{2}\,\frac{EIf^2}{l^3}.$$

Supposons qu'après avoir accroché le poids à l'extrémité du prisme on l'abandonne à lui-même sans vitesse initiale, et proposons-nous de déterminer la loi du mouvement que prendra ce poids en négligeant l'inertie du prisme. Si V est la vitesse de P au bout du temps t, le principe des forces vives donne

$$\frac{PV^2}{2g} = Pf - \frac{3}{2}\,\frac{EIf^2}{l^3},$$

d'où, en différentiant, et remarquant que l'on a $V = \dfrac{df}{dt}$,

$$\frac{P}{g}\,\frac{d^2f}{dt^2} = P - \frac{3EIf}{l^3},$$

équation analogue à celle du n° 6 et dont on déduit les mêmes conséquences, et notamment que la flèche maximum, et par suite la traction ou compression élastique maximum développée, est double de celle qui correspond à l'état statique.

30. *Même problème, en supposant en outre une charge uniformément répartie sur la longueur du prisme.* — Il est facile de voir que l'on a

$$EI\,\frac{d^2y}{dx^2} = P(l-x) + \frac{p}{2}(l-x)^2,$$

d'où

$$EIy = \frac{Px^2}{2}\left(l - \frac{x}{3}\right) + \frac{p}{24}(l-x)^4 + \frac{pl^3x}{6} - \frac{pl^4}{24}.$$

La flèche a pour valeur

$$f = \frac{l^3}{EI}\left(\frac{P}{3} + \frac{pl}{8}\right).$$

Enfin on a, pour la condition d'équarrissage,

$$\Gamma = \frac{el}{I}\left(P + \frac{pl}{2}\right).$$

Supposons, par exemple, que la section du prisme soit un rectangle dont la base horizontale b soit donnée ; on a

$$I = \frac{2be^3}{3},$$

d'où

$$e = \sqrt{\frac{3l}{2b\Gamma}\left(P + \frac{pl}{2}\right)}.$$

31. *Prisme posé sur deux appuis de niveau, soumis à une charge uniformément répartie sur sa longueur et à l'action d'une force verticale.* — Soient (*fig.* 14)

Fig. 14.

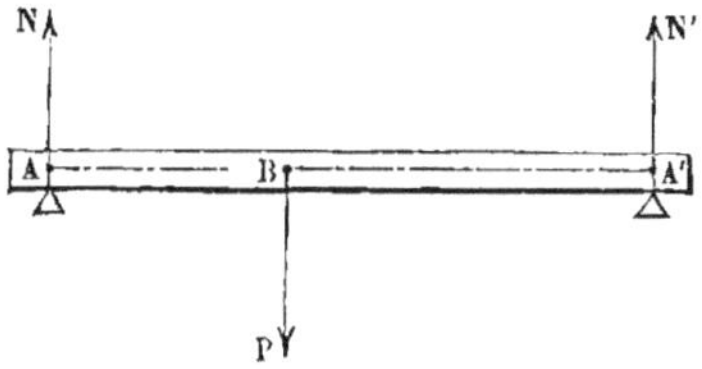

A, A′ les centres de gravité des sections correspondant aux appuis;

B le point de la fibre moyenne où est appliquée la force verticale P;

a, a' les distances AB, A′B.

Conservons d'ailleurs les notations précédentes. Les forces extérieures qui agissent sur le prisme se décomposent en deux autres appliquées en A et A′, égales et contraires aux réactions N, N′ de ces appuis; nous avons ainsi

$$(1) \qquad N = \frac{a'P}{a + a'} + \frac{p(a + a')}{2},$$

$$(1') \qquad N' = \frac{aP}{a + a'} + \frac{p(a + a')}{2}.$$

Quoique la position dans le sens vertical du point B après la déformation doive résulter de la solution du problème, nous la prendrons néanmoins pour origine; le sens positif des y sera celui de la partie supérieure de la verticale du point B; le sens positif de l'axe ou x sera dirigé vers A pour l'arc BA et vers A' pour l'arc BA'.

Il est facile de reconnaître que l'on a

$$(2)\quad \mathrm{EI}\frac{d^2y}{dx^2} = \left[\frac{a'\mathrm{P}}{a+a'} + \frac{p(a+a')}{2}\right](a-x) - \frac{p}{2}(a-x)^2 \text{ pour BA,}$$

$$(2')\quad \mathrm{EI}\frac{d^2y}{dx^2} = \left[\frac{a\mathrm{P}}{a+a'} + \frac{p(a+a')}{2}\right](a'-x) - \frac{p}{2}(a-x)^2 \text{ pour BA'.}$$

Soient η la distance du point B à l'horizontale AA', θ l'angle formé par la tangente commune en B aux deux arcs avec l'horizontale de B dirigée du côté de l'appui A.

L'équation (2) donne successivement

$$\mathrm{EI}\left(\frac{dy}{dx} - \operatorname{tang}\theta\right)$$
$$= \left[\frac{a'\mathrm{P}}{a+a'} + \frac{p(a+a')}{2}\right]\left(a - \frac{x}{2}\right)x - \frac{p}{6}[(x-a)^3 + a^3],$$

$$\mathrm{EI}(y - x\operatorname{tang}\theta)$$
$$= \left[\frac{a'\mathrm{P}}{a+a'} + \frac{p(a+a')}{2}\right]\left(a - \frac{x}{3}\right)\frac{x^2}{2} - \frac{p}{24}[(a-x)^4 - a^4 + 4a^3x].$$

Mais on doit avoir $y = \eta$ pour $x = a$, d'où

$$(3)\qquad \mathrm{EI}(\eta - a\operatorname{tang}\theta) = \left[\frac{a'\mathrm{P}}{a+a'} + \frac{p(a+a')}{2}\right]\frac{a^2}{2} - \frac{pa^4}{8}.$$

La condition semblable fournie par l'équation (2') s'obtiendra en y remplaçant a par a' et inversement, et $\operatorname{tang}\theta$ par $-\operatorname{tang}\theta$, ce qui donne

$$(3')\qquad \mathrm{EI}(\eta + a'\operatorname{tang}\theta) = \left[\frac{a\mathrm{P}}{a+a'} + \frac{p(a+a')}{2}\right]\frac{a'^2}{2} - \frac{pa'^4}{8}.$$

Les équations (3) et (3') permettront de déterminer η et $\operatorname{tang}\theta$, et par suite la forme des arcs AB et A'B.

Si la force P se trouve à égale distance des appuis ou si l'on a $a = a'$, les équations (3) et (3') ne sont compatibles qu'autant que l'on a $\theta = 0$, ce qui était visible *a priori;* mais on n'a plus alors qu'à considérer l'une de ces équations.

Revenons au cas général en vue de l'équarrissage; le maximum du second membre de l'équation (2) correspond à

$$(a - x)p = \frac{a'P}{a + a'} + \frac{(a + a')p}{2},$$

et l'on a alors

$$\frac{E}{\rho} = \frac{1}{2pI}\left[\frac{a'P}{a + a'} + \frac{(a + a')p}{2}\right]^2.$$

Cette valeur n'est admissible que si x est positif; s'il n'en est pas ainsi, la plus grande valeur de x correspondra à $x = 0$, d'où

$$\frac{E}{\rho} = \frac{1}{I}\left(\frac{a'P}{a + a'} + \frac{aa'p}{2}\right).$$

On arriverait à des résultats semblables pour l'arc BA'. Quoi qu'il en soit, on devra calculer l'équarrissage de la pièce en prenant les plus grandes des valeurs de $\frac{Ee}{\rho}$ pour les deux arcs.

32. *Prisme encastré à l'une de ses extrémités sous un petit angle avec l'horizon, reposant par son autre extrémité sur un appui horizontal, soumis à l'action d'une force verticale et d'une charge également verticale uniquement répartie sur la longueur.* — Soient (*fig.* 15)

Fig. 15.

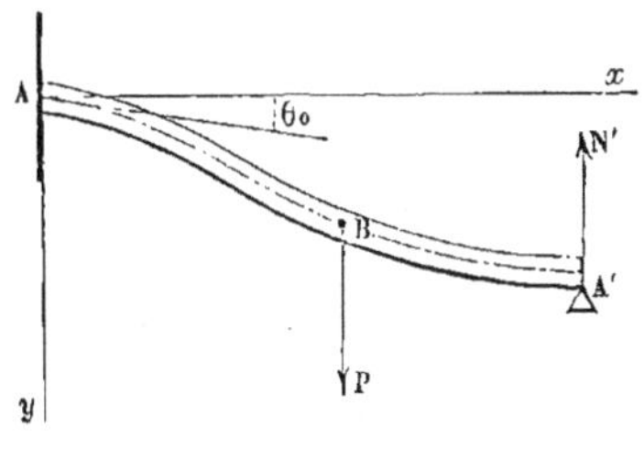

θ_0 l'angle formé par l'encastrement A avec l'horizontale Ax;
N' la réaction du point d'appui A';

h la hauteur de ce point en contre-bas de A';
B le point d'application de la force P;
a son abscisse.

Nous conserverons à p la même signification que ci-dessus, et, en continuant à désigner par l la longueur du prisme, nous supposerons que $\frac{h}{l}$ est de l'ordre de grandeur de $\operatorname{tang}\theta$, de manière à pouvoir en négliger les puissances supérieures à la première.

Nous aurons, pour un point quelconque de l'arc AB,

$$(1)\qquad \mathrm{EI}\frac{d^2y}{dx^2} = \mathrm{P}(a-x) + \frac{p(l-x)^2}{2} - \mathrm{N}'(l-x),$$

et, pour BA',

$$(1')\qquad \mathrm{EI}\frac{d^2y}{dx^2} = \frac{p(l-x)^2}{2} - \mathrm{N}'(l-x).$$

L'équation (1) donne successivement

$$(2)\quad \mathrm{EI}\left(\frac{dy}{dx} - \operatorname{tang}\theta_0\right) = \mathrm{P}\left(a-\frac{x}{2}\right)x + \frac{p}{6}[(x-l)^3+l^3] - \mathrm{N}'\left(l-\frac{x}{2}\right)x,$$

$$(3)\quad \left\{\begin{aligned} &\mathrm{EI}(y - x\operatorname{tang}\theta_0)\\ &\quad = \mathrm{P}\left(a-\frac{x}{3}\right)\frac{x^2}{2} + \frac{p}{24}[(x-l)^4 - l^4 + 4l^3x] - \mathrm{N}'\left(l-\frac{x}{3}\right)\frac{x^2}{2}.\end{aligned}\right.$$

En désignant par C une constante arbitraire, on trouve de même, pour l'arc BA',

$$(2')\qquad \mathrm{EI}\frac{dy}{dx} = \frac{p}{6}[(x-l)^3+l^3] - \mathrm{N}'\left(l-\frac{x}{2}\right)x + \mathrm{C},$$

$$(3')\quad \left\{\begin{aligned} \mathrm{EI}(y-h) &= \frac{p}{24}[(l-x)^4 - l^4 + 4l^3x]\\ &\quad - \frac{pl^4}{8} - \mathrm{N}'\left(l-\frac{x}{3}\right)\frac{x^2}{2} + \frac{\mathrm{N}'l^3}{3} + \mathrm{C}(x-l).\end{aligned}\right.$$

Les constantes C et N' se détermineront en exprimant que les valeurs de $\frac{dy}{dx}$, y fournies par les équations (2) et (2'), (3) et (3') sont égales pour $x = a$.

Le problème se trouve ainsi complétement résolu.

33. *Prisme posé sur trois appuis de niveau soumis à l'action d'une charge verticale uniformément répartie sur sa longueur, et sollicité par deux forces également verticales appliquées respectivement entre le point d'appui intermédiaire et les points d'appui extrêmes.* — Soient (*fig.* 16)

Fig. 16.

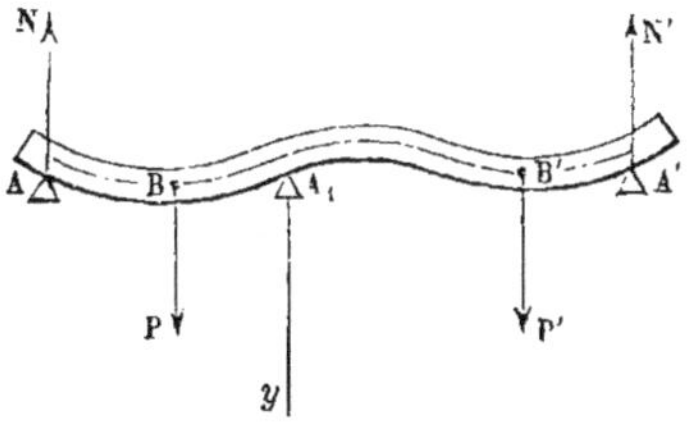

A, A' les points d'appui extrêmes;
A_1 le point d'appui intermédiaire;
B, B' les points d'application des forces P, P' situés entre A_1 et A, A_1 et A';
$A_1 y$ la verticale du point A_1;
a, a' les distances A_1A, A_1A';
b, b' les distances A_1B, A_1B';
N_1, N, N' les réactions des appuis A_1, A, A'.

Le sens positif des abscisses pour A_1A' sera la partie de l'horizontale de A_1 dirigée vers A; ce sera l'inverse pour A_1A'.

Nous avons, pour la courbe A_1B,

$$(1)\qquad \mathrm{EI}\frac{d^2y}{dx^2} = \mathrm{P}(b-x) + \frac{p(a-x)^2}{2} - \mathrm{N}(a-x),$$

d'où, en désignant par θ_0 l'inclinaison sur l'horizon de la tangente en A_1,

$$(2)\quad \mathrm{EI}\left(\frac{dy}{dx} - \operatorname{tang}\theta_0\right) = \mathrm{P}\left(b-\frac{x}{2}\right)x + \frac{p}{6}[(x-a)^3 + a^3] - \mathrm{N}x\left(a-\frac{x}{2}\right),$$

$$(3)\quad \left\{\begin{aligned} &\mathrm{EI}(y - x\operatorname{tang}\theta_0)\\ &\quad = \mathrm{P}\left(b-\frac{x}{3}\right)\frac{x^2}{2} + \frac{p}{24}[(x-a)^4 + 4a^3x - a^4] - \frac{\mathrm{N}x^2}{2}\left(a-\frac{x}{3}\right).\end{aligned}\right.$$

Pour l'arc AB, nous avons

$$(1') \qquad EI\frac{d^2y}{dx^2} = \frac{p}{2}(a-x)^2 - N(a-x),$$

d'où, en appelant C une constante, et remarquant que $y=0$ pour $x=a$,

$$(2') \qquad EI\frac{dy}{dx} = \frac{p}{6}[(x-a)^3+a^3] - Nx\left(a-\frac{x}{2}\right) + C,$$

$$(3') \qquad \begin{cases} EIy = \dfrac{p}{24}[(x-a)^4+4a^3x-a^4] \\ \qquad - \dfrac{Nx^2}{2}\left(a-\dfrac{x}{3}\right) - \dfrac{pa^4}{8} + \dfrac{Na^3}{3} + C(x-a). \end{cases}$$

En exprimant que les formules (2) et (2′), (3) et (3′) donnent les mêmes valeurs pour $\frac{dy}{dx}$ et y lorsqu'on y fait $x=b$; on obtiendra deux relations entre $\tang\theta_0$, N et C; en éliminant C entre ces deux relations, il n'en restera qu'une seule entre N et $\tang\theta_0$. Une relation semblable relative à A_1A' s'obtiendra en changeant, dans la précédente, $\tang\theta_0$, a, b, N en $-\tang\theta_0$, a', b', N′.

D'autre part, nous avons, en prenant les moments par rapport au point A_1,

$$(4) \qquad Pb + \frac{pa^2}{2} - Na = P'b' + \frac{pa'^2}{2} - N'a'.$$

Nous aurons ainsi trois relations qui permettront de déterminer N, N′ et l'angle θ_0, par suite la condition d'équarrissage.

Enfin, la relation évidente

$$N_1 + N + N' = p(a+a') + P + P'$$

fera connaître N_1.

Pour que l'équilibre soit possible, il faut que l'on obtienne pour N, N_1, N′ des valeurs positives; si l'une de ces réactions est nulle, l'appui correspondant est complétement inutile.

Cas particulier où la pièce est uniquement soumise à l'action de la charge. — Nous avons $P=0$, $P'=0$ et, pour $A_1 A$,

$$(5)\quad \begin{cases} \mathrm{EI}\dfrac{d^2y}{dx^2} = \dfrac{p}{2}(a-x)^2 - \mathrm{N}(a-x), \\ \mathrm{EI}\left(\dfrac{dy}{dx} - \operatorname{tang}\theta_0\right) = \dfrac{p}{6}[(x-a)^3 + a^3] - \mathrm{N}x\left(a - \dfrac{x}{2}\right), \\ \mathrm{EI}(y - x\operatorname{tang}\theta_0) = \dfrac{p}{24}[(x-a)^4 - a^4 + 4a^3x] - \dfrac{\mathrm{N}x^2}{2}\left(a - \dfrac{x}{3}\right), \end{cases}$$

en remarquant que y est nul pour $x = 0$; mais la dernière de ces équations doit être vérifiée par $x = a$, $y = 0$, d'où la condition

$$(6)\qquad -\mathrm{EI}\operatorname{tang}\theta_0 = \frac{pa^3}{8} - \frac{\mathrm{N}a^2}{3}.$$

La condition semblable relative à l'arc $A_1 A'$ s'obtiendra en remplaçant, dans la précédente, a, N, θ_0 par a', N', $-\theta_0$, ce qui donne

$$(6')\qquad \mathrm{EI}\operatorname{tang}\theta_0 = \frac{pa'^3}{8} - \frac{\mathrm{N}'a'^2}{3}.$$

Des deux équations (6) et (6') on déduit

$$(7)\qquad \mathrm{N}a^2 + \mathrm{N}'a'^2 = \tfrac{3}{8}p(a^3 + a'^3) = \tfrac{3}{8}p(a+a')(a^2 - aa' + a'^2).$$

D'ailleurs, en prenant les moments par rapport au point A_1, on a

$$(8)\qquad \mathrm{N}a - \mathrm{N}'a' = \frac{p}{2}(a^2 - a'^2) = \frac{p}{2}(a+a')(a-a').$$

De cette équation et de la précédente on tire

$$(9)\qquad \begin{cases} \mathrm{N} = \dfrac{p}{8}\left(3a + a' - \dfrac{a'^2}{a}\right), \\ \mathrm{N}' = \dfrac{p}{8}\left(3a' + a - \dfrac{a^2}{a'}\right). \end{cases}$$

Nous avons, en projetant les forces sur la verticale,

$$\mathrm{N} + \mathrm{N}' + \mathrm{N}_1 = p(a+a'),$$

d'où

$$(10)\qquad \mathrm{N}_1 = \frac{(a+a')}{8}\left[4 + \frac{1}{aa'}(a^2 - aa' + a'^2)\right].$$

Lorsque l'appui intermédiaire se trouve à égale distance des appuis extrêmes, on a $a = a'$ et

(9') $$N = N' = \tfrac{3}{8} pa,$$

(10') $$N_1 = \tfrac{5}{4} pa.$$

34. *Théorème de Clapeyron, ou des trois moments.* — Supposons que AA_1A', au lieu d'être une pièce isolée, soit le tronçon d'une poutre à plusieurs travées limitée par les sections correspondant à A et A' et soumise à l'action de deux charges uniformément réparties p, p' respectivement sur A_1A et A_1A'.

Soient μ, μ_1, μ' les moments des couples élastiques développés dans les sections en A, A_1, A', ou, si l'on veut, les moments fléchissants sur les appuis correspondants. Nous considérerons N et N' comme ne représentant que les quotes-parts des réactions des appuis de A et A' qui reviennent au tronçon considéré.

Il suffit d'ajouter μ au second membre de la première des équations (5) pour avoir son équivalente dans le cas actuel, ce qui introduira le terme $\dfrac{\mu x^2}{2}$ dans le second membre de la troisième de ces équations.

L'équation (6) se trouvera ainsi remplacée par la suivante :

$$-\,\mathrm{EI}\tang\theta_0 = \frac{pa^3}{8} - \frac{Na^2}{3} + \frac{\mu a}{2}.$$

On a de même, au lieu de l'équation (6'),

$$\mathrm{EI}\tang\theta_0 = \frac{p'a'^3}{8} - \frac{N'a'^2}{3} + \frac{\mu' a'}{2},$$

d'où, par l'élimination de $\tang\theta_0$,

(11) $$Na^2 + N'a'^2 = \tfrac{3}{8}(pa^3 + p'a'^3) + \tfrac{3}{2}(\mu a + \mu' a').$$

Mais on a évidemment

(12) $$\begin{cases} \mu_1 = \mu + \dfrac{pa^2}{2} - Na, \\ \mu_1 = \mu' + \dfrac{p'a'^2}{2} - N'a'. \end{cases}$$

En ajoutant membre à membre ces deux dernières équations multipliées respectivement par a et a', il est facile d'éliminer N et N' au moyen de la formule (11), et l'on trouve ainsi la relation suivante :

$$(13) \qquad \mu a + \mu' a' + 2\mu_1(a + a') - \tfrac{1}{4}(pa^3 + p'a'^3) = 0,$$

ce qui constitue le théorème des trois moments. Nous ferons ressortir plus loin l'utilité de ce théorème.

35. *Aiguilles verticales.* — On désigne sous ce nom des planches ou madriers placés verticalement côte à côte, soutenus par des appuis horizontaux, et qui ont pour objet de former un barrage plus ou moins étanche.

Considérons une aiguille sous l'unité de largeur, et soient (*fig.* 17)

Fig. 17.

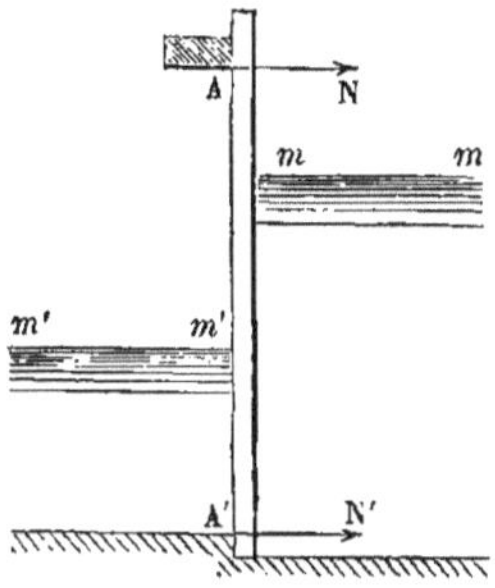

A, A' ses appuis supérieur et inférieur;

h, h' les hauteurs du niveau d'amont mm et du niveau d'aval $m'm'$ au-dessus de l'appui inférieur;

N, N' les réactions de A, A';

Π le poids du mètre cube d'eau;

a la distance des deux appuis;

x la distance d'un point quelconque de la fibre moyenne au point A'.

On a d'abord

$$(1) \qquad N + N' = \frac{\Pi}{2}(h^2 - h'^2),$$

pour exprimer que la résultante de N et N' est égale à la pression totale du liquide.

Si l'on se rappelle que le bras de levier de la poussée de l'eau sur un rectangle se trouve au $\frac{1}{3}$ de sa hauteur à partir de la base, on a, en prenant les moments par rapport au point A',

$$(2) \qquad \mathrm{N}a = \frac{\Pi}{6}h^3 - \frac{\Pi}{6}h'^3,$$

d'où l'on déduit N, par suite N', au moyen de l'équation (1).

Nous prendrons le point A' pour origine des coordonnées, la direction de AA' pour axe des x, et pour axe des y la partie de l'horizontale de A' comprise dans le bief d'aval.

On a :

Pour mA,

$$(3) \qquad \mathrm{EI}\frac{d^2y}{dx^2} = -\mathrm{N}(a-x) = -\frac{\Pi}{6a}(h^3 - h'^3)(a-x);$$

Pour mm',

$$(3') \quad \left\{ \begin{aligned} \mathrm{EI}\frac{d^2y}{dx^2} &= -\mathrm{N}(a-x) + \frac{\Pi}{6}(h-x)^3 \\ &= \frac{\Pi}{6}\left[(h-x)^3 - (h^3 - h'^3)\left(\frac{a-x}{a}\right)\right]; \end{aligned} \right.$$

Pour m'A',

$$(3'') \quad \left\{ \begin{aligned} \mathrm{EI}\frac{d^2y}{dx^2} &= -\mathrm{N}(a-x) + \frac{\Pi}{6}(h-x)^3 - \frac{\Pi}{6}(h'-x)^3 \\ &= \frac{\Pi}{6}\left[(h-x)^3 - (h'-x)^3 - (h^3 - h'^3)\left(\frac{a-x}{a}\right)\right]. \end{aligned} \right.$$

L'intégration de l'équation (3) n'introduira qu'une constante arbitraire C, puisque l'on a $y = 0$ pour $x = a$; les deux constantes introduites par l'intégration de (3') se détermineront en fonction de C, en exprimant que pour $x = h$ les ordonnées de Am et mm' sont égales, ainsi que les inclinaisons des tangentes. En intégrant l'équation (3''), on n'introduira qu'une constante C', puisque l'on a $y = 0$ pour $x = 0$. Enfin, on trouvera les valeurs de C et C' en exprimant que pour $x = h'$ les ordonnées de mm' et A'm' sont égales, ainsi que les inclinaisons des tangentes.

Le point dangereux se trouvera généralement sur mm', et le maximum du second membre de l'équation (3′) correspond à

$$x = h - \sqrt{\frac{h^3 - h'^3}{3a}}.$$

Mais, pour que cette valeur soit admissible, il faut qu'elle soit supérieure à h', car, autrement, le point dangereux se trouverait entre A′ et m'.

Considérons maintenant le cas où l'aiguille s'appuie sur trois traverses horizontales équidistantes situées dans un plan vertical; nous supposerons que le niveau du bief d'amont affleure l'appui supérieur et qu'il n'y a pas d'eau dans le bief d'aval. Soient N, N_1, N′ (*fig.* 18) les réactions des appuis supérieur A, moyen A_1, inférieur A′; b la distance $AA_1 = A_1A'$. Nous choisirons pour axe des y la portion de l'horizontale de A_1 comprise dans le bief d'amont; nous prendrons respectivement A_1A et A_1A' pour parties positives de l'axe des x, selon qu'il s'agira de l'une ou l'autre portion de la pièce.

Fig. 18.

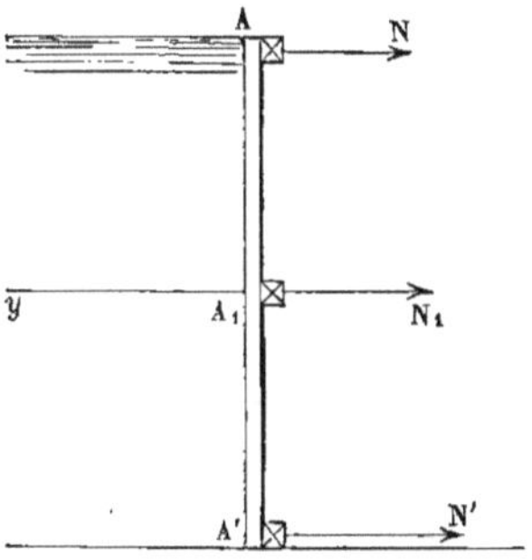

Nous avons pour A_1A, en désignant par θ_0 l'angle que forme la tangente en A_1 avec A_1A et en exprimant que y est nul pour $x = 0$,

$$EI\frac{d^2y}{dx^2} = -N(b-x) + \frac{\Pi}{6}(b-x)^3,$$

$$EI\left(\frac{dy}{dx} - \text{tang}\,\theta_0\right) = -Nx\left(b - \frac{x}{2}\right) - \frac{\Pi}{24}(x-b)^4 + \frac{\Pi}{24}b^4,$$

$$EI(y - x\,\text{tang}\,\theta_0) = -\frac{Nx^2}{2}\left(b - \frac{x}{3}\right) - \frac{\Pi}{120}(x-b)^5 + \frac{\Pi}{24}b^4x - \frac{\Pi}{120}b^5.$$

Mais, pour $x = b$, on doit avoir $y = 0$, d'où la condition

$$(1) \qquad -\mathrm{EI}b \operatorname{tang}\theta_0 = -\frac{\mathrm{N}b^3}{3} + \frac{\Pi b^5}{30}.$$

En exprimant que $\frac{dy}{dx} = -\operatorname{tang}\theta_0$, $y = 0$ pour $x = 0$, nous avons de même, pour $A'A_1$,

$$\mathrm{EI}\frac{d^2y}{dx^2} = -\mathrm{N}'(b-x) + \frac{\Pi}{6}(b+x)^3,$$

$$\mathrm{EI}\left(\frac{dy}{dx} + \operatorname{tang}\theta_0\right) = -\mathrm{N}'x\left(b - \frac{x}{2}\right) - \frac{\Pi}{24}(x+b)^4 - \frac{\Pi}{24}b^4,$$

$$\mathrm{EI}(y + x\operatorname{tang}\theta_0) = -\frac{\mathrm{N}'x^2}{2}\left(b - \frac{3}{x}\right) - \frac{\Pi}{120}(x+b)^5 - \frac{\Pi}{24}b^4x - \frac{\Pi b^5}{120};$$

mais on a $y = 0$ pour $x = b$, ce qui donne

$$(2) \qquad \mathrm{EI}b \operatorname{tang}\theta_0 = -\frac{\mathrm{N}'b^3}{3} + \frac{13\Pi b^5}{20}.$$

Des relations (1) et (2) on déduit la suivante :

$$(3) \qquad \mathrm{N} + \mathrm{N}' = \tfrac{3}{4}\Pi b^2;$$

mais, en prenant les moments par rapport au point A_1 de toutes les forces qui sollicitent la pièce, on a

$$-\mathrm{N}b + \mathrm{N}'b - \Pi\frac{b^2}{2}2^2\frac{b}{3} = 0,$$

d'où

$$(4) \qquad \mathrm{N}' - \mathrm{N} = \tfrac{2}{3}\Pi b^2.$$

Les formules (3) et (4) donnent alors

$$\mathrm{N}' = \tfrac{17}{24}\Pi b^2,$$

$$\mathrm{N} = \tfrac{1}{24}\Pi b^2.$$

Il est maintenant facile d'établir la condition d'équarrissage.

De la relation évidente

$$N + N' + N_1 = \Pi \frac{b^2}{2} \times 2^2,$$

on tire

$$N_1 = \frac{5}{4} \Pi b^2.$$

36. *Poutre supportant une charge uniformément répartie sur sa longueur et reposant sur quatre appuis de niveau.* — Soient (*fig.* 19)

Fig. 19.

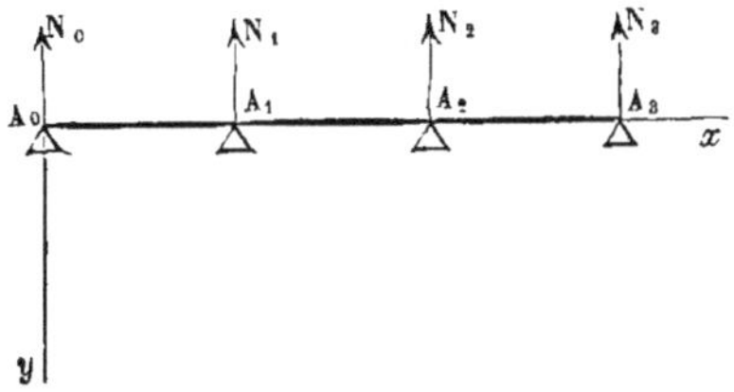

N_0, N_1, N_2, N_3 les réactions normales des appuis A_0, A_1, A_2, A_3;
b_1, b_2, b_3 les distances A_0A_1, A_0A_2, A_0A_3;
p la charge.

Nous prendrons la direction A_0A_3 pour axe des x et la verticale de A_0 pour axe des y.

Nous avons :

Pour A_0A_1,

$$(1) \quad \mathrm{EI}\frac{d^2y}{dx^2} = \frac{p}{2}(b_3 - x)^2 - N_3(b_3 - x) - N_2(b_2 - x) - N_1(b_1 - x);$$

Pour A_1A_2,

$$(1') \quad \mathrm{EI}\frac{d^2y}{dx^2} = \frac{p}{2}(b_3 - x)^2 - N_3(b_3 - x) - N_2(b_2 - x);$$

Pour A_2A_3,

$$(1'') \quad \mathrm{EI}\frac{d^2y}{dx^2} = \frac{p}{2}(b_3 - x)^2 - N_3(b_3 - x);$$

d'où, en désignant par C_1, C_2, C_3 trois constantes :

Pour $A_0 A_1$,

$$(2)\qquad \begin{cases} EI\dfrac{dy}{dx} = -\dfrac{p}{6}(b_3 - x)^3 - N_3 x\left(b_3 - \dfrac{x}{2}\right) \\ \qquad\qquad - N_2 x\left(b_2 - \dfrac{x}{2}\right) - N_1 x\left(b_1 - \dfrac{x}{2}\right) + C_1; \end{cases}$$

Pour $A_1 A_2$,

$$(2')\qquad EI\frac{dy}{dx} = -\frac{p}{6}(b_3 - x)^3 - N_3 x\left(b_3 - \frac{x}{2}\right) - N_2 x\left(b_2 - \frac{x}{2}\right) + C_2;$$

Pour $A_2 A_3$,

$$(2'')\qquad EI\frac{dy}{dx} = -\frac{p}{6}(b_3 - x)^3 - N_3 x\left(b_3 - \frac{x}{2}\right) + C_3.$$

La première et la seconde de ces équations doivent donner les mêmes valeurs de $\dfrac{dy}{dx}$ pour $x = b_1$, et la seconde et la troisième pour $x = b_2$, d'où les conditions

$$(3)\qquad \begin{cases} -N_1\dfrac{b_1^2}{2} + C_1 = C_2, \\ -N^2\dfrac{b_2^2}{2} + C_2 = C_3. \end{cases}$$

En désignant par D_1, D_2, D_3 trois nouvelles constantes, les équations (2), (2′), (2″) donnent :

Pour $A_0 A_1$,

$$(4)\qquad \begin{cases} EIy = \dfrac{p}{24}(b_3 - x)^4 - N_3\dfrac{x^2}{2}\left(b_3 - \dfrac{x}{3}\right) - N_2\dfrac{x^2}{2}\left(b_2 - \dfrac{x}{3}\right) \\ \qquad\qquad - N_1\dfrac{x^2}{2}\left(b_1 - \dfrac{x}{2}\right) + C_1 x + D_1; \end{cases}$$

Pour $A_1 A_2$,

$$(4')\qquad EIy = \frac{p}{24}(b_3 - x)^4 - N_3\frac{x^2}{2}\left(b_3 - \frac{x}{3}\right) - N_2\frac{x^2}{2}\left(b_2 - \frac{x}{3}\right) + C_2 x + D_2;$$

Pour A_2A_3,

$$(4'') \qquad EIy = \frac{p}{24}(b_3 - x) - N_3\frac{x^2}{2}\left(b_3 - \frac{x}{3}\right) + C_3 x + D_3.$$

La première de ces équations doit être vérifiée par $y = 0$ pour $x = 0$ et $x = b_1$, la seconde par $y = 0$ pour $x = b_1$, $x = b_2$, la troisième par $y = 0$ pour $x = b_2$, $x = b_3$; d'où les conditions

$$(5) \quad \left\{ \begin{aligned} & \frac{p}{24}b_3^4 + D_1 = 0, \\ & \frac{p}{24}(b_3 - b_1)^4 - N_3\frac{b_1^2}{2}\left(b_3 - \frac{b_1}{3}\right) - N_2\frac{b_1^2}{2}\left(b_2 - \frac{b_1}{3}\right) \\ & \qquad\qquad\qquad - N_2\frac{b_1^3}{3} + C_1 b_1 + D_1 = 0, \\ & \frac{p}{24}(b_3 - b_1)^4 - N_3\frac{b_1^2}{2}\left(b_3 - \frac{b_1}{3}\right) - N_2\frac{b_1^2}{2}\left(b_2 - \frac{b_1}{3}\right) + C_1 b_1 + D_2 = 0, \\ & \frac{p}{24}(b_3 - b_2)^4 - N_3\frac{b_2^2}{2}\left(b_3 - \frac{b_2}{3}\right) - N_2\frac{b_2^3}{3} + C_1 b_2 + D_2 = 0, \\ & \frac{p}{24}(b_3 - b_2)^4 - N_3\frac{b_2^2}{2}\left(b_3 - \frac{b_2}{3}\right) + C_3 b_2 + D_3 = 0, \\ & \qquad\qquad - N_3\frac{b_3^3}{3} + C_3 b_3 + D_3 = 0. \end{aligned} \right.$$

Si l'on élimine les constantes D_i par soustraction, on trouve

$$(6) \quad \left\{ \begin{aligned} & \frac{p}{24}[b_3^4 - (b_3 - b_2)^4] + N_3\frac{b_1^2}{2}\left(b_3 - \frac{b_1}{3}\right) \\ & \qquad + N_2\frac{b_2^2}{3}\left(b_2 - \frac{b_1}{3}\right) + N_1\frac{b_1^3}{3} - C_1 b_1 = 0, \\ & \frac{p}{24}[(b_3 - b_1)^4 - (b_3 - b_2)^4] + \frac{N_3}{2}\left[b_2^2\left(b_3 - \frac{b_2}{3}\right) - b_1^2\left(b_3 - \frac{b_1}{3}\right)\right] \\ & \qquad + \frac{N_2}{2}\left[\frac{2b_2^3}{3} - b_1^2\left(b_2 - \frac{b_1}{3}\right)\right] - C_2(b_2 - b_1) = 0, \\ & \frac{p}{24}(b_3 - b_2)^4 + \frac{N_3}{2}\left[\frac{2}{3}b_3^3 - b_2^2\left(b_3 - \frac{b_2}{3}\right)\right] - C_3(b_3 - b_1) = 0. \end{aligned} \right.$$

Si l'on exprime C_2, C_3 en fonction de C_1 au moyen des relations (3), ces équations deviennent

$$(7)\quad \left\{\begin{aligned}
&\frac{p}{24}[b_3^4-(b_3-b_1)^4]+N_3\frac{b_1^2}{2}\left(b_3-\frac{b_1}{3}\right)\\
&\qquad+N_2 b_2^2\left(b_2-\frac{b_1}{3}\right)+N_1\frac{b_1^3}{3}-C_1 b_1=0,\\
&\frac{p}{24}[(b_2-b_1)^4-(b_3-b_2)^4]+\frac{N_3}{2}\left[b_2^2\left(b_3-\frac{b_2}{3}\right)-b_1^2\left(b_3-\frac{b_1}{3}\right)\right]\\
&\qquad+\frac{N_2}{2}\left[\frac{2b_2^3}{3}-b_1^2\left(b_2-\frac{b_1}{3}\right)\right]+N_1\frac{b_1}{2}(b_2-b_1)-C_1(b_2-b_1)=0,\\
&\frac{p}{24}(b_3-b_2)^2+\frac{N_3}{2}\left[\tfrac{2}{3}b_3^3-b_2\left(b_3-\frac{b_2}{2}\right)\right]\\
&\qquad+\frac{N_2}{2}b_2^2(b_3-b_2)+N_1\frac{b_1^2}{2}(b_3-b_2)-C_1(b_3-b_2)=0.
\end{aligned}\right.$$

Nous avons, de plus, la relation

$$(8)\qquad \frac{pb_3^2}{2}=N_1 b_1+N_2 b_2+N_3 b_3,$$

en prenant les moments par rapport au point O.

Les équations (7) et (8) permettront d'éliminer C_1 et de calculer les réactions N_1, N_2, N_3. On trouvera ensuite la valeur N_0 au moyen de l'équation

$$(9)\qquad N_0+N_1+N_2+N_3=pb_3.$$

Mais les expressions générales des réactions sont trop compliquées pour que nous croyions devoir les écrire.

Une fois les réactions connues, on posera la condition d'équarrissage.

37. *Détermination du moment fléchissant dans chaque section d'une poutre uniformément chargée lorsqu'elle repose sur plus de trois appuis de niveau.* — Nous venons de voir que, dans le cas de quatre appuis, la recherche des conditions de solidité d'une poutre chargée uniformément conduit à des calculs très-compliqués lorsque l'on applique la méthode qui se présente le plus naturellement à l'esprit, qui consiste à introduire, calculer ou éliminer les réactions des appuis. Il est clair que la complication augmente avec le nombre des

appuis, et, à plus forte raison, si la charge varie d'une travée à l'autre, comme on est souvent obligé de le supposer dans les questions relatives à l'établissement des ponts métalliques.

Mais on arrive facilement au résultat, quel que soit ce nombre, en déterminant préalablement les moments fléchissants aux joints des appuis à l'aide du théorème des trois moments, et c'est ce dont nous allons nous occuper.

1° *Du calcul des moments fléchissants aux joints des appuis.* — Soient

$A_0, A_1, \ldots, A_n$ les $n+1$ points d'appui d'une poutre de n travées;
μ_k le moment fléchissant au joint de l'appui A_k;
a_k la longueur de la travée $A_k A_{k+1}$;
p_k la charge par mètre courant sur cette travée.

En remarquant que μ_0, μ_n, a_n sont nuls, on a, en vertu du théorème des trois moments,

$$(1)\quad \begin{cases} 2\mu_1(a_0+a_1)+\mu_2 a_1 = H_1, \\ \mu_1 a_1 + 2\mu_2(a_1+a_2)+\mu_3 a_2 = H_2, \\ \mu_2 a_2 + 2\mu_3(a_2+a_3)+\mu_4 a_3 = H_3, \\ \ldots\ldots\ldots\ldots\ldots\ldots\ldots\ldots, \\ \mu_{n-3}a_{n-3}+2\mu_{n-2}(a_{n-3}+a_{n-2})+\mu_{n-1}a_{n-2} = H_{n-2}, \\ \mu_{n-2}a_{n-2}+2\mu_{n-1}(a_{n-2}+a_{n-1}) = H_{n-1}, \end{cases}$$

en posant, pour abréger,

$$H_k = \tfrac{1}{4}(p_{k-1}a_{k-1}^3 + p_k a_k^3).$$

Nous avons ainsi $n-1$ équations entre autant d'inconnues $\mu_1, \mu_2, \ldots, \mu_{n-1}$; il suffit d'avoir calculé la valeur de l'une des extrêmes de ces inconnues pour que les autres s'en déduisent successivement; car, si μ_1, par exemple, est connu, μ_2 se déduira de la première équation, μ_3 de la seconde, et ainsi de suite.

Pour obtenir μ_1, nous ajouterons, à la dernière équation, les $n-2$ autres multipliées respectivement et successivement, à partir de la première, par les indéterminées $\lambda_1, \lambda_2, \ldots, \lambda_{n-2}$, et nous égalerons à zéro les coefficients des inconnues autres que μ_1. Nous obtiendrons ainsi les équations suivantes :

$$(2)\quad \begin{cases} \lambda_1 a_1 + 2\lambda_2(a_1+a_2)+\lambda_3 a_2 = 0,\\ \lambda_2 a_2 + 2\lambda_3(a_2+a_3)+\lambda_4 a_3 = 0,\\ \dots\dots\dots\dots\dots\dots\dots\dots,\\ \lambda_{n-3}a_{n-3}+2\lambda_{n-2}(a_{n-3}+a_{n-2})+a_{n-2}=0,\\ \lambda_{n-2}a_{n-2}+2(a_{n-2}+a_{n-1})=0.\end{cases}$$

En portant dans l'avant-dernière de ces équations la valeur de λ_{n-2} déduite de la dernière, elle fera connaître λ_{n-3}, et ainsi de suite, de proche en proche, jusqu'à λ_1.

Nous avons maintenant, pour déterminer μ_1, la formule suivante :

$$(3)\qquad \mu_1 = \frac{\lambda_1 H_1 + \lambda_2 H_2 + \ldots + \lambda_{n-2} H_{n-2} + H_{n-1}}{2\lambda_1(a_0+a_1)+\lambda_2 a_1}.$$

2° *Détermination du moment fléchissant en un point quelconque d'une travée.* — Nous considérerons comme positif l'effort tranchant T dans la section passant par un point quelconque m dû à l'action de $A_n m$ sur $m A_0$, lorsqu'il sera dirigé dans le sens des y positifs.

Supposons que le point m se trouve sur la travée $A_k A_{k+1}$. Soient

x sa distance au point A_k;
μ le moment fléchissant;
T_k, T'_k les efforts tranchants dans les sections de la travée infiniment voisines de celles qui passent par les points d'appui ou points d'application des réactions normales.

Nous avons, en considérant successivement la portion $A_k m$ de la travée et la travée entière, et remarquant que T_k doit être pris avec le signe —,

$$\mu = \mu_k + \frac{p_k x^2}{2} - T_k x,$$

$$\mu_{k+1} = \mu_k + \frac{p_k a_k^2}{2} - T_k a_k.$$

La seconde de ces équations fera connaître T_k; par l'élimination de cette quantité, on trouve, pour le moment cherché,

$$(4)\qquad \mu = \frac{\mu_k(a_k - x) + \mu_{k+1} x}{a_k} + \frac{p_k x}{2}(x - a_k).$$

La parabole ayant x pour abscisse et μ pour ordonnée est la *parabole* des *moments fléchissants;* il est facile de déduire de là le maximum de la valeur absolue de μ, et c'est évidemment le plus grand de ces maxima, pour toutes les travées, qui devra servir de base à l'établissement de la condition d'équarrissage.

Dans les études de ponts métalliques, on porte du même côté de l'axe des abscisses les ordonnées, quel que soit leur signe. On obtient ainsi une ligne doublement brisée, et dont la plus grande ordonnée représente le moment de rupture relatif à la travée considérée.

L'effort tranchant est donné par la formule

$$T = -\frac{d\mu}{dx} = \frac{\mu_k - \mu_{k+1}}{a_k} + p\left(\frac{a_k}{2} - x\right);$$

par suite,

$$T_k = \frac{\mu_k - \mu_{k+1}}{a_k} + \frac{p}{2}a_k,$$

$$T'_k = \frac{\mu_k - \mu_{k+1}}{a_k} - \frac{p}{2}a_k.$$

On déterminera facilement la plus grande de toutes les valeurs de T, puis la condition de résistance au glissement. Ces valeurs de T sont d'ailleurs représentées graphiquement par une droite. La réaction normale N_k de l'appui A_k étant la résultante de T_k et de $-T_{k-1}$, on a

$$N_k = T_k - T'_{k-1}.$$

Avant d'aller plus loin, nous ferons remarquer que, lorsqu'il s'agit de poutres à double T, on ne tient compte, dans la considération de résistance relative à la flexion, que des plates-bandes, c'est-à-dire que l'on calcule le moment d'inertie de la section comme si l'âme verticale n'existait pas, parce qu'effectivement elle ne joue qu'un rôle secondaire et que, en opérant ainsi, on obtient un surcroît de sécurité. C'est l'inverse qui a lieu quand on établit la condition d'équarrissage relative à l'effort tranchant, c'est-à-dire que l'on prend pour section de la pièce celle de l'âme.

38. *De la répartition du métal dans une poutre au point de vue économique.* — Il est clair qu'il serait avantageux de répartir le métal dans une poutre de telle façon que la résistance élastique maximum développée fût la même dans toutes les sections, ce qui reviendrait, en définitive, à obtenir une poutre d'égale résistance. On cherche à arriver à ce résultat en calculant les moments fléchissants comme si la poutre avait une section constante; cela fait, on exprime ensuite que la section est variable, de manière à obtenir un solide d'égale résistance. Conservant les notations du numéro précédent, soient, de plus,

I le moment d'inertie d'une section quelconque;

e l'ordonnée maximum du contour de cette section par rapport à la perpendiculaire en son centre de gravité au rayon de courbure de la fibre moyenne;

Γ la tension ou compression élastique maximum que l'on veut développer.

On pose

$$\frac{\mu . e}{I} = \Gamma.$$

Il s'en faut que le procédé ci-dessus soit exempt de tout reproche.

39. *Solides d'égale résistance.* — Considérons un solide engendré par un profil de forme variable ayant deux axes de symétrie, et qui se déplace de manière que son centre de gravité décrive une droite et que l'un des axes de symétrie, par suite l'autre, reste dans un même plan.

Supposons que cette pièce soit encastrée horizontalement à l'une de ses extrémités O, que l'un de ses plans de symétrie soit vertical et qu'à l'état naturel sa fibre moyenne Ox soit horizontale, enfin qu'elle soit sollicitée par une force verticale P. Soient

l la longueur de la pièce;

2e son épaisseur maximum dans la section correspondant à l'abscisse x;

I et ρ le moment d'inertie et le rayon de courbure correspondant à cette section.

On a, comme dans le cas d'un prisme,

$$\frac{EI}{\rho} = P(l - x).$$

La plus grande tension ou compression élastique développée dans la section considérée est

$$\frac{Ee}{\rho} = \frac{Pe}{I}(l - x).$$

Supposons que l'on veuille faire varier la forme du profil de manière que cet effort reste constant et égal à Γ; on aura un solide d'égale résistance dont les dimensions des sections devront satisfaire à la condition

$$(1) \qquad e(l - x) = \frac{\Gamma I}{P}.$$

Considérons, par exemple, le cas d'une section rectangulaire dont la largeur serait constante et égale à b. On a

$$I = \tfrac{2}{3} b e^3,$$

et la formule (1) donne

$$e^2 = \frac{3}{2b}\frac{P}{\Gamma}(l - x).$$

Cette équation, qui est celle que doit avoir le profil longitudinal de la pièce, représente une parabole dont l'ordonnée est e et dont le sommet se trouve à l'extrémité libre.

Dans le cas d'une section circulaire de rayon e, on a

$$I = \frac{\pi e^4}{4} \quad \text{et} \quad e^3 = \frac{4}{\pi}\frac{P}{\Gamma}(l - x).$$

Considérons maintenant une pièce dont la section soit rectangulaire et ait une largeur constante b, reposant par ses extrémités sur deux appuis de niveau, sollicitée par une force verticale P agissant en son milieu et soumise à une surcharge uniforme p. Soient $2a$ la longueur de la pièce; Ox, Oy l'horizontale et la verticale du milieu O de la fibre moyenne.

On a, pour l'une des moitiés de la pièce,

$$\frac{EI}{\rho} = \left(\frac{P}{2} + pa\right)(a - x) - \frac{p}{2}(a - x)^2;$$

mais on a

$$I = \tfrac{2}{3} bc^3,$$

et, pour exprimer que le solide est d'égale résistance,

$$\frac{Ec}{\rho} = \Gamma,$$

d'où

$$c^2 = \frac{3}{2\Gamma b}\left[\left(\frac{P}{2} + pa\right)(a - x) - \frac{p}{2}(a - x)^2\right],$$

équation d'une parabole passant par l'extrémité de la moitie considérée de la pièce. Le profil de la pièce entière se composera ainsi de deux portions de parabole identiques, symétriquement situées, et qui se couperont sur Oy.

40. *Profil des lames du dynamomètre de Poncelet.* — Quoique Poncelet recommande d'employer des lames d'une épaisseur uniforme, il arrive souvent qu'on leur donne une forme parabolique à l'extérieur, en croyant ainsi obtenir un solide d'égale résistance. Il y a donc là une question qu'il y a lieu d'examiner.

La largeur de la lame devant se trouver en facteur commun dans les formules que nous allons établir, en rapportant les efforts extérieurs à l'unité de largeur, on peut supposer cette largeur égale à l'unité, et alors on est ramené à considérer une section longitudinale faite dans la lame. Soient (*fig.* 20)

$A_0A'_0$ la section transversale du milieu de la lame;

A_0A_1, $A'_0A'_1$ le profil curviligne et le profil rectiligne censé horizontal de l'une des moitiés de la pièce;

P la force verticale agissant dans la section extrême A_1, A'_1;

l la longueur $A'_0A'_1$;

A'_0x, A'_0y l'horizontale et la verticale de A'_0, la verticale étant prise en sens inverse de la direction de la pesanteur;

AA' une section quelconque;

C son milieu, dont nous désignerons par x, y les coordonnées;

$2e$ son épaisseur.

Nous continuerons à attribuer à ρ, ρ_0, Γ les mêmes significations que ci-dessus.

Fig. 20.

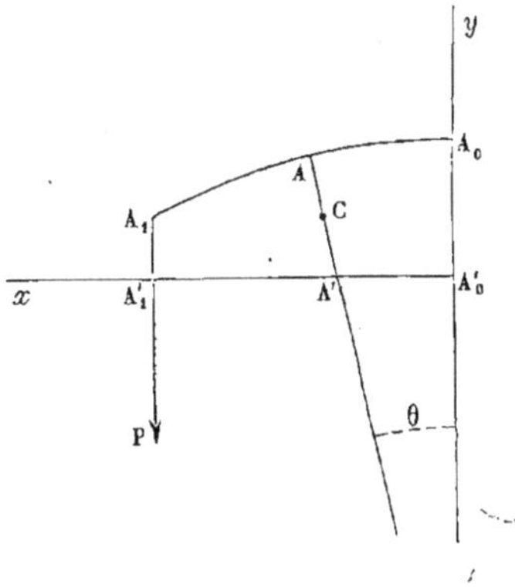

Le moment d'inertie de la section AA' par rapport à C étant égal à $\frac{2}{3}e^3$, nous avons

$$\frac{2}{3}e^3\left(\frac{1}{\rho}-\frac{1}{\rho_0}\right)=P(l-x).$$

En exprimant que le solide est d'égale résistance ou que $e\left(\frac{1}{\rho}-\frac{1}{\rho_0}\right)=\Gamma$, et désignant par e_0 la valeur de e correspondant à $x=0$, on a

$$(1)\qquad e^2=\frac{3}{2}\frac{P}{\Gamma}(l-x)=e_0^2\left(1-\frac{x}{l}\right).$$

Si nous supposons, comme on le fait d'habitude, que AA' est vertical, le lieu des points C est une parabole ayant e pour ordonnée et x pour abscisse. Le profil A_0A_1 est aussi, par suite, une parabole. Mais, en procédant ainsi, on se met en désaccord avec l'un des principes fondamentaux de la résistance des matériaux, qui exige que AA' soit normale au lieu géométrique des points C, ce que nous allons maintenant supposer.

Soit θ l'angle formé par CA' avec la verticale, donné par la relation

$$\frac{dy}{dx}=-\operatorname{tang}\theta.$$

Nous avons ici

$$c = \frac{y}{\cos\theta},$$

et la formule (1) devient

$$(2)\qquad \frac{y^2}{\cos^2\theta} = c_0^2\left(1 - \frac{x}{l}\right),$$

d'où, en éliminant θ au moyen de la relation (2), et remarquant que y est positif et $\frac{dy}{dx}$ négatif,

$$(3)\qquad \frac{dy^2}{dx} = -2\sqrt{c_0^2\left(1 - \frac{x}{l}\right) - y^2}.$$

Si nous posons

$$(4)\qquad y^2 = u,\quad c_0^2\left(1 - \frac{x}{l}\right) = v,$$

l'équation (3) devient

$$\frac{du}{dv} = \frac{2l}{c_0^2}\sqrt{v - u},$$

ou, en posant encore $v - u = w^2$,

$$dv = \frac{2w\,dw}{1 - \frac{2lw}{c_0^2}}.$$

On a donc, en désignant par C une constante,

$$(5)\qquad v + C = -\frac{c_0^2}{l}\left[w + \frac{c_0^2}{2l}\log\left(1 - \frac{2l}{c_0^2}w\right)\right],$$

ou

$$(6)\qquad v + C = -\frac{c_0^2}{l}\left[\pm\sqrt{v - u} + \frac{c_0^2}{2l}\log\left(1 \mp \frac{2l}{c_0^2}\sqrt{v - u}\right)\right].$$

Mais, pour $x = l$, on a $v = 0$; il faut donc en même temps que u soit nul pour que le second membre de l'équation (6) ne soit pas imaginaire; on a ainsi $e = 0$ pour $x = l$, et si l'on exprime que v est positif pour de petites valeurs de $v - u$, on est conduit à prendre

$$(5)\qquad v = \frac{c_0^2}{l}\left[\sqrt{v - u} - \frac{c_0^2}{2l}\log\left(1 + \frac{2l}{c_0^2}\sqrt{v - u}\right)\right].$$

L'équation finale s'obtiendra en remplaçant dans cette formule u et v par leurs valeurs en fonction de x, y; mais le résultat auquel on arrive est trop compliqué pour qu'on puisse l'utiliser. Il nous semble que ce qu'il y a de mieux à faire, dans cette occurrence, est de s'en tenir aux lames d'égale épaisseur que Poncelet a toujours préconisées.

41. *Flexion des prismes produite par des efforts longitudinaux.* — 1° Considérons un prisme encastré verticalement à son extrémité inférieure O, et dont l'autre extrémité A, après une flexion préalable, reçoit l'action d'un poids Q. Soient (*fig.* 21)

Fig. 21.

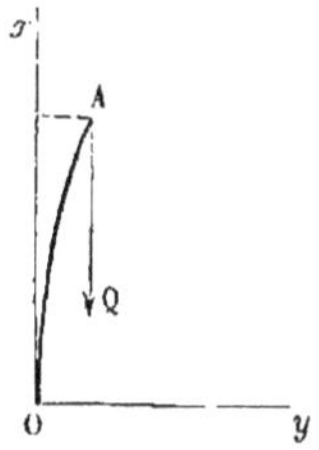

Ox la verticale du point O;
Oy l'horizontale du même point dans le plan de flexion;
x et y les coordonnées d'un point quelconque m de AO;
θ l'inclinaison de la tangente en ce point sur Ox;
ds l'élément d'arc de la courbe OA;
f la *flèche*, c'est-à-dire l'ordonnée du point A;
l la longueur du prisme.

Nous avons

$$\frac{\mathrm{EI}}{\rho} = \mathrm{Q}(f - y), \tag{1}$$

et l'on voit de suite que le point dangereux se trouve à la naissance O.

Il n'est plus permis ici de poser approximativement $\frac{1}{\rho} = \frac{d^2y}{dx^2}$, car, en opérant ainsi, on arriverait à conclure que f est indéterminé.

L'équation (1) peut se mettre sous la forme suivante :

$$\text{(2)} \qquad \mathrm{EI}\frac{d\theta}{ds} = \mathrm{Q}(f-y),$$

d'où, en différentiant et remarquant que $\frac{dy}{ds} = \sin\theta$,

$$\text{(3)} \qquad \mathrm{EI}\frac{d^2\theta}{ds^2} = -\mathrm{Q}\sin\theta.$$

En multipliant par $d\theta$, intégrant et désignant par C une constante, on trouve

$$\text{(4)} \qquad \frac{\mathrm{EI}}{2}\frac{d\theta^2}{ds^2} = \mathrm{Q}(\cos\theta + \mathrm{C}).$$

Si l'on exprime que les formules (2) et (4) donnent les mêmes valeurs de $\frac{d\theta}{ds}$ lorsqu'on y suppose respectivement $y = 0$, $\theta = 0$, on trouve la relation suivante :

$$\text{(5)} \qquad 1 + \mathrm{C} = \frac{\mathrm{Q}f^2}{\mathrm{EI}}.$$

De l'équation (4) on tire

$$\text{(6)} \qquad ds = \sqrt{\frac{\mathrm{EI}}{2\mathrm{Q}}}\frac{d\theta}{\sqrt{\cos\theta + \mathrm{C}}},$$

d'où

$$\text{(7)} \qquad dx = \sqrt{\frac{\mathrm{EI}}{2\mathrm{Q}}}\frac{\cos\theta\, d\theta}{\sqrt{\cos\theta + \mathrm{C}}},$$

$$\text{(8)} \qquad dy = \sqrt{\frac{\mathrm{EI}}{2\mathrm{Q}}}\frac{\sin\theta\, d\theta}{\sqrt{\cos\theta + \mathrm{C}}},$$

et

$$\text{(9)} \qquad y = \sqrt{\frac{2\mathrm{EI}}{\mathrm{Q}}}\sqrt{1+\mathrm{C}} - \sqrt{\cos\theta + \mathrm{C}}.$$

Désignons par θ_1 la valeur de θ au point A, c'est-à-dire celle qui correspond à $s = l$; si nous négligeons la contraction de la fibre moyenne, les équations (6) et (9) donnent, en ayant égard à la formule (5),

$$(10)\qquad l = \sqrt{\frac{EI}{2Q}} \int_0^{\theta_1} \frac{d\theta}{\sqrt{\frac{Qf^2}{2EI} - 1 + \cos\theta}},$$

$$(11)\qquad \cos\theta_1 = 1 - \frac{Qf^2}{2EI};$$

par suite,

$$(12)\qquad l = \sqrt{\frac{EI}{Q}} \int_0^{\theta_1} \frac{d\theta}{\sqrt{\cos\theta - \cos\theta_1}}.$$

Or, l'intégrale qui entre dans cette formule n'est autre que celle dont dépend la loi des oscillations du pendule simple. Si donc nous posons

$$1 - \cos\theta = u, \quad 1 - \cos\theta_1 = u_1,$$

nous aurons

$$l = \sqrt{\frac{EI}{2Q}} \int_0^{u_1} \frac{du}{\left(1 - \frac{u}{2}\right)^{\frac{1}{2}} \sqrt{u_0 u - u^2}}$$
$$= \pi \sqrt{\frac{EI}{2Q}} \left[1 + \left(\frac{1}{2}\right)^2 \frac{u_1}{2} + \left(\frac{1.3}{2.4}\right)^2 \left(\frac{u_1}{2}\right)^2 + \ldots\right].$$

Si l'on néglige les puissances de θ supérieures à la quatrième, nous aurons

$$(13)\qquad l = \pi \sqrt{\frac{EI}{2Q}} \left(1 + \frac{\theta_1^2}{16}\right),$$

d'où l'on déduira θ_1. L'équation (11) donne, par suite, au même degré d'approximation,

$$f = 4 \sqrt{\frac{2EI}{Q} \left(\frac{l}{\pi} \sqrt{\frac{2Q}{EI}} - 1\right)}.$$

2° Supposons maintenant que le prisme repose simplement sur le sol, et que la force Q le fasse fléchir sans que son extrémité quitte la verticale du point O (*fig.* 22).

Nous avons

$$\frac{\mathrm{EI}}{\rho} = \mathrm{Q}y, \tag{1}$$

et le point dangereux correspond à la plus grande valeur de y. Comme θ diminue quand s augmente, on doit prendre $\frac{1}{\rho} = -\frac{d\theta}{ds}$, d'où

$$\mathrm{EI}\frac{d\theta}{ds} = -\mathrm{Q}y,$$

et, en différentiant,

$$\mathrm{EI}\frac{d^2\theta}{ds^2} = -\mathrm{Q}\sin\theta.$$

Si nous désignons par θ_0 la valeur de θ au point O, nous

Fig. 22.

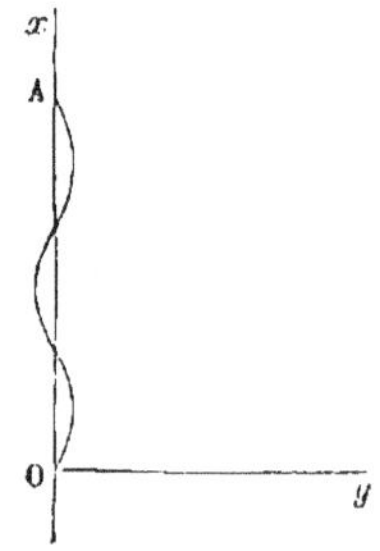

obtenons, par une intégration,

$$\frac{\mathrm{EI}}{2}\frac{d\theta^2}{ds^2} = \mathrm{Q}(\cos\theta - \cos\theta_0). \tag{2}$$

Soient θ_1 la valeur de θ au point A, x_1 la distance OA. Nous aurons

$$(3)\quad \begin{cases} l = -\sqrt{\dfrac{\mathrm{EI}}{2\mathrm{Q}}}\displaystyle\int_{\theta_0}^{\theta_1}\frac{d\theta}{\sqrt{\cos\theta - \cos\theta_0}}, \\ x_1 = -\sqrt{\dfrac{\mathrm{EI}}{2\mathrm{Q}}}\displaystyle\int_{\theta_0}^{\theta_1}\frac{\cos\theta\,d\theta}{\sqrt{\cos\theta - \cos\theta_0}}, \\ \displaystyle\int_{\theta_0}^{\theta_1}\frac{\sin\theta\,d\theta}{\sqrt{\cos\theta - \cos\theta_0}} = 0. \end{cases}$$

La dernière de ces formules donne

$$\cos\theta_1 - \cos\theta_0 = 0,$$

d'où

$$(4) \qquad \theta_1 = \pm\,\theta_0.$$

Il résulte de là que θ décroîtra d'abord à partir de θ_0 jusqu'à $-\theta_0$, puis croîtra jusqu'à θ_0, et ainsi de suite; la courbe sera donc formée d'un nombre entier de boucles identiques alternativement situées de part et d'autre de Ox. En passant d'une boucle à l'autre, il faudra changer le signe du radical qui entre dans les expressions de ds, dx et dy.

Mais, en définitive, il suffit de considérer une boucle, et par conséquent la première; si l'on désigne par l' sa longueur, il est facile de voir, à l'inspection de la première des équations (3), que l'on a

$$(5) \qquad l' = -\sqrt{\frac{EI}{2Q}}\int_{\theta_0}^{-\theta_0}\frac{d\theta}{\sqrt{\cos\theta - \cos\theta_0}}.$$

Or,

$$\int_{\theta_0}^{-\theta_0}\frac{d\theta}{\sqrt{\cos\theta - \cos\theta_0}} = \int_{\theta_0}^{0}\frac{d\theta}{\sqrt{\cos\theta - \cos\theta_0}} + \int_{0}^{-\theta}\frac{d\theta}{\sqrt{\cos\theta - \cos\theta_0}}$$

$$= -2\int_{0}^{\theta_0}\frac{d\theta}{\sqrt{\cos\theta - \cos\theta_0}};$$

par suite,

$$(6) \qquad l' = 2\sqrt{\frac{EI}{2Q}}\int_{0}^{\theta_0}\frac{d\theta}{\sqrt{\cos\theta - \cos\theta_0}},$$

et nous sommes ainsi ramené à l'une des intégrales du numéro précédent.

Si l'on néglige les puissances de θ et de θ_0 d'un ordre supérieur à la seconde, on a

$$l' = 2\pi\sqrt{\frac{EI}{2Q}}\left(1 + \tfrac{1}{16}\theta_0^2\right).$$

En négligeant d'abord θ_0^2, on a

$$l' = 2\pi\sqrt{\frac{EI}{2Q}}.$$

Mais l' ne peut être qu'une partie aliquote de l. Nous prendrons donc pour sa valeur la fraction $\frac{l}{n}$ de l, n étant un nombre entier immédiatement inférieur à celui qui est fourni par l'équation ci-dessus, et nous aurons alors, pour calculer θ_0, la formule suivante :

$$\frac{\theta_0^2}{16} = \frac{1}{2n\pi}\sqrt{\frac{2Q}{EI}} - 1.$$

La flèche f, c'est-à-dire le maximum de y, sera donnée par la formule

$$f = \pm\sqrt{\frac{EI}{2Q}}\int_{\theta_0}^{0}\frac{\sin\theta\,d\theta}{\sqrt{\cos\theta - \cos\theta_0}} = 2\sqrt{\frac{EI}{Q}}\sin\frac{\theta_0}{2}.$$

42. *Des poutres étagées.* — Considérons une poutre AB (*fig.* 23) reposant sur un système de poutres étagées ou *sous-*

Fig. 23.

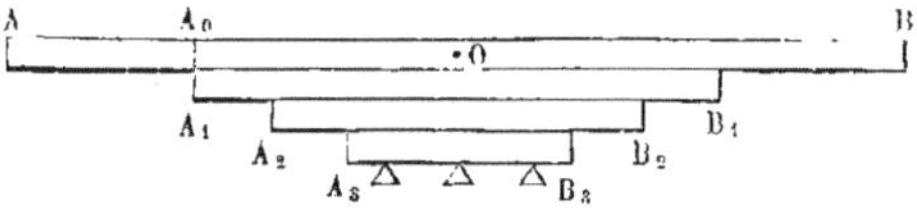

poutres $\mathbf{A}_1\mathbf{B}_1$, $\mathbf{A}_2\mathbf{B}_2$, ..., $\mathbf{A}_n\mathbf{B}_n$, en saillie les unes sur les autres; la dernière poutre repose sur des points d'appui. Soient

O un point de la fibre moyenne de la poutre supérieure dont la verticale rencontre toutes les poutres;

Ox l'horizontale de ce point;

E_i, I_i le coefficient d'élasticité et le moment d'inertie de la section de la poutre $\mathbf{A}_i\mathbf{B}_i$;

$\mathfrak{M}$ le moment des forces extérieures par rapport au point (x, y);

N_i la réaction de la poutre $\mathbf{A}_{i+1}\mathbf{B}_{i+1}$ sur $\mathbf{A}_i\mathbf{B}_i$ au point (x', y'), rapportée à l'unité de longueur.

Nous avons, pour la première poutre, en dehors du système des autres,

$$(1) \qquad E_0 I_0 \frac{d^2y}{dx^2} = \mathfrak{M}, \quad \text{de A en } A_0.$$

Concevons maintenant une section traversant la saillie $A_i A_{i+1}$ de la poutre $A_i B_i$. Nous aurons, pour les poutres successives, en remarquant que $N_{i+1} = 0$ (¹),

$$\frac{E_0 I_0}{\rho} = \mathfrak{M} + \int_0^x N_1(x - x')\,dx,$$

$$\frac{E_1 I_1}{\rho} = -\int_0^x N_1(x - x')\,dx' + \int_0^x N_2(x - x')\,dx',$$

$$\dots\dots\dots\dots\dots\dots\dots\dots\dots\dots\dots,$$

$$\frac{E_i I_i}{\rho} = -\int_0^x N_i(x - x')\,dx',$$

d'où, en ajoutant,

$$(2)\qquad \frac{(E_0 I_0 + E_1 I_1 + \ldots + E_i I_i)}{\rho} = \mathfrak{M}, \quad \text{de } A_0 \text{ à } A_{i+1}.$$

Soit $\mathfrak{M}'$ le moment des réactions des appuis de la poutre $A_n B_n$ par rapport à un point de Ox dont la verticale rencontre cette poutre. En opérant comme plus haut, on trouve

$$(3)\qquad \frac{(E_0 I_0 + \ldots + E_n I_n)}{\rho} = \mathfrak{M} + \mathfrak{M}'.$$

Si nous désignons ce moment, comme on le fait quelquefois, sous le nom de *moment d'élasticité de la pièce*, les équations (2) et (3) se résument dans le théorème suivant :

La flexion est la même que si la poutre supérieure reposait directement sur la poutre inférieure, en supposant que, pour une section déterminée, son moment d'élasticité soit égal à la somme des moments d'élasticité de toutes les pièces traversées par le plan de cette section.

Le problème des poutres superposées se résoudra, dans chaque cas particulier, presque aussi facilement que celui des simples poutres.

(¹) Le poids des sous-poutres est censé négligeable.

Exemple. — Une poutre (*fig.* 24) reçoit une charge uniformément répartie sur sa longueur et repose sur trois systèmes de deux poutres de même équarrissage et de même nature que la première; les gradins sont de même largeur; les sys-

Fig. 24.

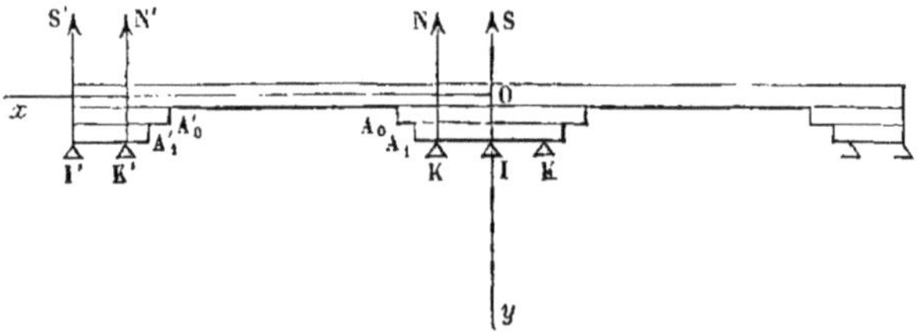

tèmes extrêmes sont également éloignés du système moyen, dont ils représentent chacun une moitié. La poutre inférieure du système moyen repose sur trois appuis K, I, K, dont l'un, I, se trouve au milieu; les deux autres poutres inférieures reposent sur deux appuis K', I', dont le premier se trouve à la naissance.

Il nous suffit évidemment de considérer une moitié du système total, et nous placerons l'origine au milieu de la poutre supérieure; nous distinguerons par des accents les lettres qui se rapportent au support extrême. Soient

I et K le point d'appui du milieu du système moyen et l'un des autres points d'appui;

N, S leurs réactions;

$2a$, $2b$ les longueurs de la poutre principale et de la première sous-poutre du système moyen;

ε la largeur du gradin A_0A_1;

ε' la distance A_1K;

p la charge uniformément répartie sur la longueur.

Nous aurons, en conservant, au surplus, les notations qui précèdent,

$$E(I_0 + 2I_1)\frac{d^2y}{dx^2} = \frac{p(a-x)^2}{2} - S'(a-x) - N'(a+\varepsilon+\varepsilon'-b-x)$$
$$- N(b-\varepsilon-\varepsilon'-x) \quad \text{entre K et I,}$$

d'où, en remarquant que $y = 0$, $\frac{dy}{dx} = 0$ pour $x = 0$,

$$(1)\quad \left\{\begin{aligned} E(I_0 + 2I_1)\frac{dy}{dx} &= -\frac{p(a-x)^3}{6} - S'x\left(a - \frac{x}{2}\right)\\ &\quad - N'x\left(a + \varepsilon + \varepsilon' - b - \frac{x}{2}\right)\\ &\quad - Nx\left(b - \varepsilon - \varepsilon' - \frac{x}{2}\right) + \frac{pa^3}{6},\\ E(I_0 + 2I_1)y &= \frac{p}{24}(a-x)^4 - S'\frac{x^2}{2}\left(a - \frac{x}{3}\right)\\ &\quad - N'\frac{x^2}{2}\left(a + \varepsilon + \varepsilon' - b - \frac{x}{3}\right)\\ &\quad - N\frac{x^2}{2}\left(b - \varepsilon - \varepsilon' - \frac{x}{3}\right) + \frac{pa^3x}{6} - \frac{pa^4}{24}. \end{aligned}\right.$$

Si nous désignons par A_0, B_0 deux constantes arbitraires, nous aurons, entre K et A_1,

$$(2)\quad \left\{\begin{aligned} E(I_0 + 2I_1)\frac{d^2y}{dx^2} &= \frac{p}{2}(a-x)^2 - S'(a-x)\\ &\quad - N'(a + \varepsilon + \varepsilon' - b - x),\\ E(I_0 + 2I_1)\frac{dy}{dx} &= -\frac{p}{6}(a-x)^3 - S'x\left(a - \frac{x}{2}\right)\\ &\quad - N'x\left(a + \varepsilon + \varepsilon' - b - \frac{x}{2}\right) + A_0,\\ E(I_0 + 2I_1)y &= \frac{p}{24}(a-x)^4 - S'\frac{x^2}{2}\left(a - \frac{x}{3}\right)\\ &\quad - N'\frac{x^2}{2}\left(a + \varepsilon + \varepsilon' - b - \frac{x}{3}\right) + A_0x + B_0. \end{aligned}\right.$$

En exprimant que les équations (1) et (2) donnent les mêmes valeurs de $\frac{dy}{dx}$ et de y pour $x = b - \varepsilon - \varepsilon'$, nous aurons

$$(I)\quad \left\{\begin{aligned} &-\frac{N}{2}(b - \varepsilon - \varepsilon') + \frac{pa^3}{6} = A_0,\\ &-\frac{N}{3}(b - \varepsilon - \varepsilon')^2 - \frac{pa^2}{6}\left[(b - \varepsilon - \varepsilon')^2 + \frac{a^2}{4}\right] = A_0(b - \varepsilon - \varepsilon') + B_0. \end{aligned}\right.$$

Nous avons de la même manière, entre A_1 et A_0,

$$
(3)\quad
\begin{cases}
E(I_0+I_1)\dfrac{d^2y}{dx^2} = \dfrac{p}{2}(a-x)^2 - S'(a-x) \\
\qquad\qquad - N'(a+\varepsilon+\varepsilon'-b-x); \\
E(I_0+I_1)\dfrac{dy}{dx} = -\dfrac{p}{6}(a-x)^3 - S'x\left(a-\dfrac{x}{2}\right) \\
\qquad\qquad - N'x\left(a+\varepsilon+\varepsilon'-b-\dfrac{x}{2}\right) + A_1. \\
E(I_0+I_1)y = \dfrac{p}{24}(a-x)^3 - S'\dfrac{x^2}{2}\left(a-\dfrac{x}{3}\right) \\
\qquad\qquad - N'\dfrac{x^2}{2}\left(a+\varepsilon+\varepsilon'-b-\dfrac{x}{3}\right) + A_1x + B_1.
\end{cases}
$$

En exprimant que cette courbe et la précédente ont un point et un élément de commun en A_1 ou pour $x = b-\varepsilon$, on obtient la relation suivante :

$$
(II)\quad
\begin{cases}
A_0(I_0+I_1) = I_1\left\{-\dfrac{(a-b+\varepsilon)^3p}{6} - S'\left(a-\dfrac{b-\varepsilon}{2}\right)\right. \\
\qquad\qquad \left. - N'\left[a+\varepsilon'-\dfrac{3}{2}(b-\varepsilon)\right](b-\varepsilon)\right\} \\
\qquad\qquad + A_1(I_0+2I_1); \\
[A_0(b-\varepsilon)+B_0](I_0+I_1) = I_1\left\{\dfrac{(a-b+\varepsilon)^4p}{24} - S'\left(a-\dfrac{b-\varepsilon}{3}\right)\dfrac{(b-\varepsilon)^2}{2}\right. \\
\qquad\qquad \left. - N'\left[a+\varepsilon'-\tfrac{1}{3}(b-\varepsilon)\dfrac{(b-\varepsilon)^2}{2}\right]\right\} \\
\qquad\qquad + [A_1(b-\varepsilon)+B_1](I_0+2I_1).
\end{cases}
$$

Nous avons maintenant, entre A_0 et A'_0,

$$
(4)\quad
\begin{cases}
EI_0\dfrac{d^2y}{dx^2} = \dfrac{p}{2}(a-x)^2 - S'(a-x) \\
\qquad\qquad - N'(a+\varepsilon+\varepsilon'-b-x). \\
EI_0\dfrac{dy}{dx} = -\dfrac{p}{6}(a-x)^3 - S'x\left(a-\dfrac{x}{2}\right) \\
\qquad\qquad - N'x\left(a+\varepsilon+\varepsilon'-b-\dfrac{x}{2}\right) + A_2. \\
EI_0y = \dfrac{p}{24}(a-x)^4 - S'\dfrac{x^2}{2}\left(a-\dfrac{x}{3}\right) \\
\qquad\qquad - N'\dfrac{x^2}{2}\left(a+\varepsilon+\varepsilon'-b-\dfrac{x}{3}\right) + A_2x + B_2.
\end{cases}
$$

En exprimant que les formules (3) et (4) donnent les mêmes valeurs de $\frac{dy}{dx}$, y pour $x = b$, on trouve

$$
\text{(III)}\quad \left\{
\begin{aligned}
I_0 A_1 &= I_1 \Big[-\frac{p}{6}(a-b)^3 p - S'\Big(a - \frac{b}{2}\Big) b \\
&\qquad - N'(a + \varepsilon + \varepsilon' - 2b) \Big] + A_2 (I_0 + I_1), \\
I_0 (A_0 b + B_1) &= I_1 \Big[\frac{(a-b)^4 p}{24} - S' \frac{b^2}{2}\Big(a - \frac{b}{3}\Big) \\
&\qquad - N' \frac{b^2}{2}\big(a + \varepsilon + \varepsilon' - \tfrac{4}{3} b\big) \Big] + (A_2 b + B_2)(I_0 + I_1).
\end{aligned}
\right.
$$

Les équations (3) reçoivent leur application entre A'_0 et A'_1, en changeant toutefois les indices des arbitraires; nous avons ainsi

$$
(5)\quad \left\{
\begin{aligned}
E(I_0 + I_1)\frac{dy}{dx} &= -\frac{p}{6}(a-x)^3 - S'x\Big(a - \frac{x}{2}\Big) \\
&\qquad - N'x\Big(a + \varepsilon + \varepsilon' - b - \frac{x}{2}\Big) + A_3, \\
E(I_0 + I_1) y &= \frac{p}{24}(a-x)^4 - \frac{S'x^2}{2}\Big(a - \frac{x}{3}\Big) \\
&\qquad - \frac{N'x^2}{2}\Big(a + \varepsilon + \varepsilon' - b - \frac{x}{3}\Big) + A_3 x + B_3.
\end{aligned}
\right.
$$

Si l'on exprime que les équations (4) et (5) donnent les mêmes valeurs de $\frac{dy}{dx}$, y pour le point A'_0, c'est-à-dire pour $x = a - b$, on trouve

$$
\text{(IV)}\quad \left\{
\begin{aligned}
I_0 A_3 &= -\frac{I_1}{2}\Big[\frac{pb^3}{3} + S'(a^2 - b^2) \\
&\qquad + N'(a-b)(a + 2\varepsilon + 2\varepsilon' - b) \Big] + (I_0 + I_1) A_2, \\
I_0[A_3(a-b) + B_3] &= \frac{I_0}{6}\Big\{ \frac{pb^4}{4} - S'(a-b)^2(2a+b) \\
&\qquad - N'(a-b)^2[2(a-b) + 3(\varepsilon + \varepsilon')] \Big\} \\
&\qquad + (I_0 + I_1)[A_2(a-b) + B_2].
\end{aligned}
\right.
$$

Les équations (2) étant applicables à $A'_1 K'$, en changeant les indices des constantes, on a

$$(6)\quad \left\{\begin{aligned} E(I_0+2I_1)\frac{dy}{dx} &= -\frac{p}{6}(a-x)^3 - S'x\left(a-\frac{x}{2}\right)\\ &\quad - N'x\left(a+\varepsilon-\varepsilon'-b-\frac{x}{2}\right)+A_4,\\ E(I_0+2I_1)y &= \frac{p}{24}(a-x)^4 - \frac{S'x^2}{2}\left(a-\frac{x}{3}\right)\\ &\quad - \frac{N'x^2}{2}\left(a+\varepsilon+\varepsilon'-b-\frac{x}{3}\right)+A_4x+B_4. \end{aligned}\right.$$

En exprimant que les équations (5) et (6) donnent les mêmes valeurs pour $\frac{dy}{dx}$, y lorsqu'on y fait $x = a - b + \varepsilon$, abscisse du point A'_1, on trouve

$$(\mathrm{V})\quad \left\{\begin{aligned} &A_4(I_0+I_1) = -\frac{I_1}{2}\left\{\frac{p}{3}(b-\varepsilon)^3 - S'[a^2-(b-\varepsilon)^2]\right.\\ &\qquad\qquad \left. - N'(a-b+\varepsilon)(a-b+\varepsilon+2\varepsilon')\right\}\\ &\qquad\qquad + A_3(I_0+2I_1),\\ &[A_4(a-b+\varepsilon)+B_4](I_0+I_1)\\ &\quad = \frac{I_1}{6}\left\{\frac{p}{4}(b-\varepsilon)^3 - S'(a-b+\varepsilon)^2(2a+b-\varepsilon)\right.\\ &\qquad\qquad \left. - N'(a-b+\varepsilon)^2[2(a-b)+2\varepsilon+3\varepsilon']\right\}\\ &\qquad + A_3(I_0+2I_1). \end{aligned}\right.$$

Enfin nous avons, pour I'K',

$$(7)\quad \left\{\begin{aligned} E(I_0+2I_1)\frac{d^2y}{dx^2} &= \frac{p(a-x)^2}{2} - S'(a-x),\\ E(I_0+2I_1)\frac{dy}{dx} &= -\frac{p}{6}(a-x)^3 - S'x\left(a-\frac{x}{2}\right)+A_5,\\ E(I_0+2I_1)y &= \frac{p}{24}(a-x)^4 - \frac{S'x^2}{2}\left(a-\frac{x}{3}\right)+A_5x+B_5. \end{aligned}\right.$$

En exprimant que les équations (6) et (7) donnent les mêmes valeurs de $\frac{dy}{dx}$ et y pour $x = a - b + \varepsilon + \varepsilon'$, c'est-à-dire pour le point K', on trouve

$$(\text{VI})\quad \begin{cases} A_5 = A_6 - \dfrac{N'}{2}(a - b + \varepsilon + \varepsilon')^2, \\ A_5(a - b + \varepsilon + \varepsilon') + B_5 \\ \quad = A_4(a - b + \varepsilon + \varepsilon') + B_6 - \dfrac{N'}{3}(a - b + \varepsilon + \varepsilon')^3. \end{cases}$$

En prenant les moments par rapport au point O de toutes les forces qui sollicitent le système total, on trouve

$$(\text{VII})\quad \frac{pa^2}{2} - S'a - N'(a + \varepsilon + \varepsilon' - b) - N(b - \varepsilon - \varepsilon') = 0.$$

Les treize équations (I), ..., (VII) permettront de déterminer les inconnues en même nombre $A_1, \ldots, A_5, B_1, \ldots, B_5, N, N', S'$.

Enfin, la relation évidente

$$N + N' + S + S' = pa$$

fera connaître S.

§ V. — *Flexion des pièces courbes.*

43. Nous ne considérons dans ce paragraphe que les pièces dont la section est constante et dont la fibre moyenne est comprise dans un plan passant par l'un des axes principaux de cette section quelle que soit sa position. Nous supposerons que la pièce n'est sollicitée que par des forces comprises dans le plan de la fibre moyenne, de manière qu'elle n'éprouve qu'une flexion simple et de plus que cette flexion est petite. Nous pourrons alors calculer le moment fléchissant comme si la pièce n'avait pas éprouvé de déformation.

44. *Méthode générale pour déterminer les coordonnées de la fibre moyenne, quelle que soit sa forme primitive.* — Soient

Ox, Oy deux axes rectangulaires tracés dans le plan de la fibre moyenne, et auxquels on rapporte cette fibre avant et après la déformation;

x, y les coordonnées d'un point m de la fibre déformée;
φ l'angle que forme la tangente en m avec Ox;
x_0, y_0, φ_0 les valeurs de x, y, φ avant la déformation;
$\Delta\varphi = \varphi - \varphi_0$.

Si l'on néglige la dilatation de la fibre moyenne, on a

$$\frac{1}{\rho} = \frac{d\varphi}{ds}, \quad \frac{1}{\rho_0} = \frac{d\varphi_0}{ds},$$

et l'équation (5) du n° **14** prend la forme suivante :

$$EI\left(\frac{d\varphi}{ds} - \frac{d\varphi_0}{d_3}\right) = \mathfrak{M},$$

en supprimant l'indice de la lettre qui représente le moment fléchissant. On déduit de là

$$(1) \qquad \varphi - \varphi_0 = \Delta\varphi = \frac{1}{EI}\int \mathfrak{M}\, ds.$$

Supposons que $\Delta\varphi$ ait été ainsi obtenu en fonction de s ou de φ_0; on calculera x et y au moyen des formules suivantes :

$$x = \int \cos\varphi\, ds = \int (\cos\varphi_0 - \sin\varphi_0 \Delta\varphi)\, ds,$$
$$y = \int \sin\varphi\, ds = \int (\sin\varphi_0 + \cos\varphi_0 \Delta\varphi)\, ds,$$

ou

$$(2) \qquad \begin{cases} x - x_0 = -\int \sin\varphi_0 \Delta\varphi\, ds, \\ y - y_0 = \quad \int \cos\varphi\ \Delta\varphi\, ds. \end{cases}$$

Si la pièce est circulaire, on a, en prenant le centre pour origine, $ds = \rho_0\, d\varphi_0$, et les éléments de la déformation s'expriment en fonction de la variable φ_0; mais il vaut mieux avoir recours aux considérations suivantes, qui sont d'une plus facile application.

45. *Formules applicables aux faibles flexions des pièces circulaires.* — Soient

O le centre du cercle;
Ox une direction de droite déterminée menée par ce point;
ρ_0 le rayon de la fibre moyenne à l'état naturel;

θ_0 l'angle polaire $m_0 O x$ déterminant la position de l'un de ses points m_0;
θ ce que devient cet angle après la déformation;
$r = Om$ le rayon vecteur correspondant;
V l'angle que forme la tangente en m avec ce rayon.

Nous pourrons poser

$$r = \rho_0(1 + u),$$

u étant une fonction de θ. Nous supposerons que cette fonction et ses dérivées par rapport à θ ne prennent que des valeurs assez petites pour que l'on puisse se contenter de tenir compte de leurs premières puissances. Nous aurons ainsi

$$\operatorname{tang} V = r\frac{d\theta}{dr} = \frac{1}{\frac{du}{d\theta}},$$

d'où

$$V = 90^\circ - \frac{du}{d\theta}. \tag{3}$$

L'angle que forme la tangente avec l'axe Ox a pour valeur

$$V + \theta = 90^\circ - \frac{du}{d\theta} + \theta.$$

Nous avons, pour l'élément de l'arc,

$$ds = \sqrt{r^2 d\theta^2 + dr^2} = \rho_0(1 + u)\,d\theta,$$

d'où, pour la courbure de la fibre moyenne,

$$\frac{1}{\rho} = \frac{d(V + \theta)}{ds} = \frac{1}{\rho_0}\left(1 - u - \frac{d^2 u}{d\theta^2}\right).$$

L'équation (5) du n° **14** devient donc

$$\frac{d^2 u}{d\theta^2} + u = -\frac{\rho_0}{EI}\mathfrak{M}, \tag{4}$$

Nous supposerons que $\mathfrak{M}$ est une fonction de θ.

---

(1) En faisant $y = -u\rho_0$, $x = \rho_0\theta$, puis supposant $\theta = 0$ et $\rho_0 = \infty$, on retombe sur la formule de la flexion des prismes.

Si u_1 est une intégrale particulière de l'équation (4), l'intégrale générale de cette équation peut se mettre sous la forme

$$(5)\qquad u = -\frac{A\rho_0}{EI}(M\cos\theta + N\sin\theta) + u_1,$$

M, N étant deux constantes que l'on déterminera par les considérations relatives aux extrémités de la pièce.

Pour obtenir une intégrale particulière, posons

$$f(\theta) = \frac{\mathfrak{M}_f}{EI}, \quad u = U\cos\theta,$$

U étant une fonction de θ; nous aurons

$$\frac{d^2U}{d\theta^2} - \frac{2\,dU}{d\theta}\tang\theta + \frac{f(\theta)}{\cos\theta} = 0,$$

équation que l'on sait intégrer et qui est satisfaite par

$$\frac{dU}{d\theta} = -\frac{1}{\cos^2\theta}\int f(\theta)\cos\theta\,d\theta.$$

On peut donc prendre

$$(6)\qquad u_1 = -\cos\theta\int\frac{d\theta}{\cos^2\theta}\int f(\theta)\cos\theta\,d\theta.$$

Pour calculer la variation $\theta - \theta_0 = \Delta\theta$, continuons à désigner par δ la dilatation de la fibre moyenne en m_0, que l'on déterminera comme on l'a dit au n° **12**, et qui est une fonction connue de θ_0 ou θ. Nous avons

$$(1+u)\frac{d\theta}{d\theta_0} - 1 = \delta$$

ou

$$(7)\qquad \frac{d\Delta\theta}{d\theta} + u = \delta;$$

mais, comme le plus généralement les effets de la flexion sont bien plus considérables que ceux des composantes longitudinales, on peut prendre tout simplement

$$(8)\qquad \frac{d\Delta\theta}{d\theta} + u = 0,$$

et cette équation permettra de déterminer $\Delta\theta$ lorsque l'on aura obtenu l'expression de u et que l'on connaîtra une valeur de θ pour laquelle $\Delta\theta$ devra être nul.

Si la section de la pièce est rectangulaire, et si $2e$ et l représentent les dimensions dans le sens du rayon et perpendiculairement à sa direction, on a, pour la condition d'équarrissage,

$$\Gamma = \frac{1}{2le^2}\,\text{max.}\,(\mathrm{P}_\xi e + 3\mathfrak{M}); \tag{9}$$

mais, comme e est généralement petit, nous prendrons approximativement

$$\Gamma = \frac{3}{2le^2}\,\text{max.}\,\mathfrak{M}, \tag{9'}$$

d'où l'on déduira l'une des dimensions de la section en fonction de l'autre censée donnée.

46. Dans ce qui suit, nous considérerons uniquement des pièces circulaires symétriques par rapport à un rayon Ox (*fig.* 25), censé vertical pour fixer les idées, et nous supposerons que les forces qui sollicitent ses deux parties, séparées par Ox, forment deux groupes symétriques.

Fig. 25.

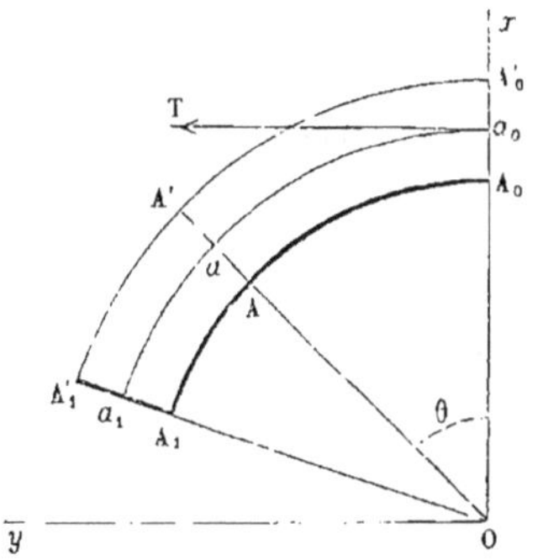

Nous admettrons, de plus, que la pièce, réduite à son profil, se trouve située au-dessus de l'horizontale Oy du centre O.

Les simples lettres majuscules se rapporteront à l'arc intérieur qui limite la pièce, et les mêmes lettres accentuées aux points correspondants de l'arc extérieur. Les lettres ordinaires se rapporteront à la fibre moyenne. Enfin nous distinguerons par les indices o et 1 les lettres qui correspondent respectivement à la section du sommet et à celle de l'une de ses extrémités. Ainsi $A_0 a_0 A'_0$ et $A_1 a_1 A'_1$ représenteront ces deux sections, et $A a A'$ une section quelconque.

Désignons par T l'action (*poussée*), nécessairement horizontale en raison de la symétrie, exercée en a_0 par la seconde moitié de l'arc sur celle que nous considérerons.

Le moment $\mathfrak{M}$, par rapport à a, se composera de celui des forces extérieures agissant sur $A_0 A'_0 A A'$, du moment de T et d'une constante représentant le moment du couple développé dans la section $A_0 A'_0$.

47. *Expressions du moment $\mathfrak{M}$ dans différents cas : 1° Moment de la poussée et du couple élastique développé dans la section du sommet.* — La force T tendant à diminuer la courbure de la pièce, son moment est négatif et a pour valeur

$$(a) \qquad -T\rho_0(1-\cos\theta).$$

En y ajoutant une constante représentant le moment du couple développé dans la section $A_0 A'_0$, on voit que le résultat obtenu est de la forme

$$(A) \qquad \mathfrak{M}_1 = \rho_0(\tau + T\cos\theta),$$

τ étant une constante arbitraire dont la détermination, comme celle de T, doit résulter de la solution de la question.

2° *Moment d'une charge verticale uniformément répartie sur la corde de l'arc.* — Soit p la valeur de cette charge par unité de longueur; la résultante des forces agissant sur $a_0 a$ est

$$(b) \qquad p\rho_0\sin\theta$$

et passe au milieu de l'ordonnée $y = \rho_0 \sin\theta$; son moment a, par suite, pour valeur

$$(B) \qquad \mathfrak{M}_2 = \frac{p\rho_0^2}{4}(1-\cos 2\theta).$$

3° *Moment d'une charge verticale uniformément répartie sur l'arc.* — Soit p' la valeur de cette charge par unité de longueur. La charge totale sur $a_0 a$ a pour expression

$$(c) \qquad p\rho_0\theta.$$

Si a' est un point quelconque de l'arc $a_0 a$ et φ l'angle formé par Oa' avec Oa_0, on a, pour le moment cherché,

$$(\mathrm{C}) \qquad \mathfrak{M}_3 = p'\rho_0^2 \int_0^\theta (\sin\theta - \sin\varphi)\,d\varphi = p'\rho_0^2(\theta\sin\theta + \cos\theta - 1).$$

4° *Moment d'une pression normale uniformément répartie sur l'arc.* — Si nous désignons par p'' cette pression par unité de longueur, la pression totale sur l'arc $a_0 a$ a pour valeur

$$(d) \qquad 2p''\rho_0 \sin\frac{\theta}{2}$$

et est dirigée suivant la bissectrice de l'angle $a_0 O a$. Son moment par rapport au point a a pour expression

$$2p''\rho_0^2 \sin^2\frac{\theta}{2}$$

ou

$$(\mathrm{D}) \qquad \mathfrak{M}_4 = p''\rho_0^2(1 - \cos\theta).$$

48. *Solution du problème dans un cas très-étendu.* — Les forces extérieures que nous venons de considérer sont à peu près les seules que l'on rencontre dans les applications, et encore n'a-t-on à faire intervenir dans chaque question que l'un des trois groupes de forces, à l'exclusion des deux autres. Mais, pour obtenir une formule générale applicable à tous les cas, supposons d'abord que toutes les forces agissent simultanément. Si dans l'équation (4) du n° 45 nous substituons à $\mathfrak{M}$ la somme des expressions (A), (B), (C), (D) du numéro précédent, cette équation prend la forme suivante :

$$(10) \qquad \frac{d^2 u}{d\theta^2} + u = -\frac{\rho_0}{\mathrm{EI}}(\mathcal{A} + \mathcal{B}\cos\theta + \mathcal{C}\cos 2\theta + \mathcal{D}\theta\sin\theta);$$

elle est satisfaite par

$$u_1 = -\frac{\rho_0}{\mathrm{EI}}\left[\mathcal{A} + \frac{\mathcal{B}}{2}\theta\sin\theta - \frac{\mathcal{C}}{3}\cos 2\theta + \frac{\mathcal{D}}{4}(\theta^2\cos\theta - \theta\sin\theta)\right].$$

Si nous désignons par M et N deux constantes arbitraires, l'intégrale générale de l'équation (10) pourra se mettre sous la forme suivante :

$$u = -\frac{\rho_0}{\mathrm{EI}}\left[\mathcal{A} + \frac{\mathcal{B}\,\theta\sin\theta}{2} - \frac{\mathcal{C}}{3}\cos 2\theta + \frac{\mathcal{D}}{4}(\theta^2\cos\theta - \theta\sin\theta) + \mathrm{M}\cos\theta + \mathrm{N}\sin\theta\right].$$

Comme la tangente au sommet est horizontale, on doit avoir $\frac{du}{d\theta} = 0$ pour $\theta = 0$, d'où la condition $\mathrm{N} = 0$, et l'on a, dans tous les cas,

$$(11)\quad u = -\frac{\rho_0}{\mathrm{EI}}\left[\mathcal{A} + \frac{\mathcal{B}\,\theta\sin\theta}{2} - \frac{\mathcal{C}}{3}\cos 2\theta + \frac{\mathcal{D}}{4}(\theta^2\cos\theta - \theta\sin\theta) + \mathrm{M}\cos\theta\right].$$

Les équations (8) et (11) donnent, en remarquant que $\Delta\theta$ est nul pour $\theta = 0$,

$$(12)\quad \Delta\theta = \frac{\rho_0}{\mathrm{EI}}\left\{\mathcal{A}\theta + \frac{\mathcal{B}}{2}(-\theta\cos\theta + \sin\theta) - \frac{\mathcal{C}}{6}\sin 2\theta + \frac{\mathcal{D}}{4}[\theta^2\sin\theta + 3(\theta\cos\theta - \sin\theta)] + \mathrm{M}\sin\theta\right\}.$$

En remontant au numéro précédent, on voit que les coefficients $\mathcal{A}$, $\mathcal{B}$, $\mathcal{C}$, $\mathcal{D}$ dépendent de deux inconnues T et τ. Nous avons, de plus, l'arbitraire M. Nous avons donc trois équations à établir pour déterminer ces inconnues, équations qui ne peuvent résulter que de la manière dont la pièce repose par ses extrémités. Nous étudierons les deux cas suivants, en désignant par 2Θ l'ouverture de l'arc.

1° *La pièce repose simplement sur deux appuis de niveau.* — Si nous négligeons le frottement, la réaction des appuis étant verticale, il faut, pour l'équilibre de chaque demi-arc, que la poussée soit nulle. Nous avons ainsi

$$(13)\qquad \mathrm{T} = 0.$$

La somme des moments des forces qui sollicitent $a_0 a_1$ par rapport à a_1 doit être nulle, ce que nous exprimerons en égalant à zéro le second membre de l'équation (10), et en y remplaçant θ par Θ, ce qui donne

$$(13') \qquad \mathcal{A} + \mathcal{B}\cos\Theta + \mathcal{C}\cos 2\Theta + \mathcal{D}\,\Theta\sin\Theta = 0.$$

Il faut maintenant exprimer que le point a_1 n'a éprouvé qu'un déplacement horizontal ou que $u\rho_0 = \rho_0\Delta\theta\,\mathrm{tang}\,\theta$ pour $\theta = \Theta$, soit

$$(13'') \qquad u = \Delta\theta\,\mathrm{tang}\,\Theta \quad \text{pour} \quad \theta = \Theta.$$

Il nous paraît inutile d'indiquer autrement cette condition, à cause de la longueur de la formule à laquelle elle donne lieu.

2° *La pièce repose sur deux appuis de niveau et est maintenue latéralement aux deux extrémités.* — Nous avons

$$(14) \qquad u = 0 \quad \text{pour} \quad \theta = \Theta.$$

L'équation (13') des moments subsiste encore dans le cas actuel; mais, comme l'angle $a_0 O a_1$ n'a pas subi d'altération, nous avons, pour la troisième des conditions cherchées,

$$(14') \qquad \Delta\theta = 0 \quad \text{pour} \quad \theta = \Theta.$$

La réaction horizontale des appuis latéraux ou la tension du tirant, selon les cas, est évidemment égale à la poussée.

La réaction verticale de chaque appui horizontal est égale à la moitié de la résultante des forces extérieures qui sollicitent la pièce.

Nous nous bornerons à appliquer les formules générales, eu égard aux conditions ci-dessus, au cas particulier suivant.

49. *La pièce est soumise à l'action d'une charge verticale uniformément répartie sur sa corde.* — On a, dans ce cas,

$$(15) \qquad \frac{d^2u}{d\theta^2} + u = -\frac{\rho_0}{\mathrm{EI}}\left[(\tau + \mathrm{T}\cos\theta)\rho_0 + \frac{p\rho_0^2}{4}(1 - \cos 2\theta)\right];$$

par suite,

$$\mathcal{A} = \rho_0\left(\tau + \frac{p\rho_0}{4}\right), \quad \mathcal{B} = \mathrm{T}\rho_0, \quad \mathcal{C} = -\frac{p\rho_0^2}{4}, \quad \mathcal{D} = 0.$$

Nous pouvons substituer $\mathcal{A}$, $\mathcal{B}$ aux inconnues τ et T, et nous avons alors

$$(16)\qquad u = -\frac{\rho_0}{\mathrm{EI}}\left(\mathcal{A} + \frac{\mathcal{B}\,\theta\sin\theta}{2} + \frac{p\rho_0^2}{12}\cos 2\theta + \mathrm{M}\cos\theta\right).$$

1° *La pièce repose simplement sur deux appuis de niveau.* — Si l'on néglige le frottement sur ces appuis, la condition d'équilibre de translation horizontale donne $\mathrm{T} = 0$, par suite $\mathcal{B} = 0$, et nous avons simplement

$$u = -\frac{\rho_0}{\mathrm{EI}}\left(\mathcal{A} + \frac{p\rho_0^2}{12}\cos 2\theta + \mathrm{M}\cos\theta\right).$$

Les formules (13′) et (13″) nous donnent les relations

$$\mathcal{A} = \frac{p\rho_0^2\cos 2\Theta}{4},$$

$$\mathrm{M} = -p\rho_0^2\left(\frac{\cos\Theta\cos 2\Theta}{3} + \frac{\Theta\sin\Theta\cos 2\Theta}{4} + \frac{\sin\Theta\sin 2\Theta}{24}\right).$$

Il est facile maintenant de déterminer la valeur maximum du moment fléchissant et d'établir, par suite, la condition d'équarrissage de la pièce.

2° *La pièce, tout en reposant sur deux appuis de niveau, est maintenue latéralement.* — Ce cas est le seul qui se présente dans la pratique. Nous avons toujours l'équation des moments

$$(17)\qquad \mathcal{A} + \mathcal{B}\cos\Theta - \frac{p\rho_0^2}{4}\cos 2\Theta = 0,$$

puis, pour exprimer que u est nul pour les appuis,

$$(18)\qquad \mathcal{A} + \frac{\mathcal{B}\,\Theta\sin\Theta}{2} + \frac{p\rho_0^2}{12}\cos 2\Theta + \mathrm{M}\cos\Theta = 0.$$

L'équation (11) donne

$$\Delta\theta = \frac{\rho_0}{\mathrm{EI}}\left[\mathcal{A}\theta + \frac{\mathcal{B}}{2}(-\theta\cos\theta + \sin\theta) + \frac{p\rho_0^2}{24}\sin 2\theta + \mathrm{M}\sin\theta\right],$$

et la condition (14′) donne

$$(19)\qquad \mathcal{A}\Theta + \frac{\mathcal{B}}{2}(-\Theta\cos\Theta + \sin\Theta) + \frac{p\rho_0^2}{24}\sin^2\Theta + \mathrm{M}\sin\Theta = 0;$$

cette dernière équation, jointe aux deux précédentes (17) et (18), fera connaître les inconnues $\mathcal{A}$, $\mathcal{B}$, M.

50. *Solides d'équilibre.* — On désigne sous ce nom des pièces qui, sous l'action de forces extérieures déterminées, n'éprouvent aucune tendance à la rupture par flexion, glissement et torsion. Il faut, en conséquence, que chaque section transversale ne soit soumise qu'à l'action d'une force dont la direction est tangente à la fibre moyenne. On voit alors que la forme de cette fibre n'est autre chose qu'une courbe funiculaire dans laquelle la tension serait remplacée par une compression, ce qui revient à en changer le signe. Mais, comme l'équation ou les équations de la courbe ne résultent que de l'élimination de cette auxiliaire, la nature de cette courbe est la même dans les deux cas.

Si la courbe est plane, son équation générale renfermera quatre arbitraires, que l'on déterminera par les conditions relatives aux extrémités, à la symétrie, s'il y a lieu, à l'obligation de passer par un point, etc.

Si, en supposant la section constante, la pièce n'est soumise qu'à l'action de la pesanteur ou d'une force parallèle à une direction donnée proportionnelle à la longueur d'arc, la fibre moyenne affectera la forme d'une chaînette renversée.

Dans le cas où les forces extérieures sont verticales et proportionnelles aux projections horizontales des éléments de la fibre moyenne, la courbe est une parabole dont la convexité est tournée vers le haut.

La compression sur chaque section étant obtenue à la suite de l'intégration, eu égard aux conditions auxquelles la pièce est assujettie, rien ne sera plus facile que de déterminer l'équarrissage de la pièce.

51. *De la déformation d'un anneau circulaire dont la section est constante, et qui repose sur un plan horizontal, sous l'action d'une force verticale appliquée à son sommet.* — Nous ne considérerons que les cas où l'anneau est complètement libre de se déformer latéralement et où il est maintenu entre deux plans verticaux fixes; mais, jusqu'à nouvel

ordre, nous ne ferons aucune distinction entre ces deux cas. Soient (*fig.* 26)

Fig. 26.

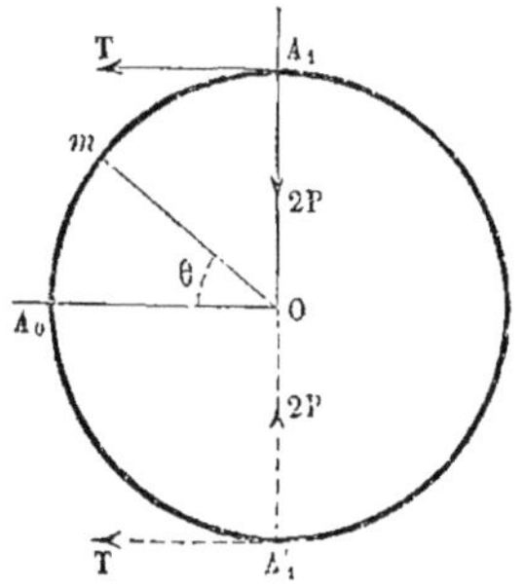

O le centre, A_1 le sommet, R le rayon de la fibre moyenne à l'état naturel;

A_0 l'une des extrémités du diamètre horizontal;

θ l'angle que forme avec OA_0 le rayon mené en un point quelconque m de la fibre moyenne;

2P la force verticale appliquée en A_1;

T la résultante élastique horizontale qui s'exerce en A_1 sur $A_1 A_0$.

La réaction du plan fixe au point de contact A'_1 sur l'anneau étant égale à 2P, on peut faire abstraction du plan fixe et considérer la pièce comme étant soumise à l'action de deux forces égales et de sens contraire dirigées suivant un même diamètre; on peut, par suite, supposer, dans la recherche des conditions d'équilibre d'élasticité, que la position du centre de figure n'a pas varié, sauf à déterminer ensuite la hauteur dont le sommet s'est abaissé par rapport au plan fixe, et qui est égale au raccourcissement éprouvé par $A_1A'_1$. Nous continuerons à attribuer à EI, u les mêmes significations que ci-dessus.

La force 2P se décompose évidemment en deux autres, égales à la moitié de sa valeur, et qui agissent respectivement sur les deux portions de l'anneau réunies en A_1.

On a donc, en prenant les moments par rapport à m et tenant compte du couple élastique développé en A_1,

$$\frac{EI}{R}\left(\frac{d^2 u}{d\theta^2} + u\right) = -PR\cos\theta + TR(1 - \sin\theta) + \text{const.}$$

ou

$$(1)\qquad \frac{d^2u}{d\theta^2} + u = \frac{R^2}{EI}\left(-P\cos\theta - T\sin\theta + \frac{C}{2}\right),$$

C étant une constante arbitraire substituée à celle de l'équation précédente. On déduit de là, par l'intégration,

$$(2)\qquad u = \frac{R^2}{2EI}(-P\theta\sin\theta + T\theta\cos\theta + C + M\cos\theta + N\sin\theta),$$

M et N étant deux nouvelles constantes.

En différentiant l'équation (2), on trouve

$$(3)\qquad \left\{\begin{aligned} \frac{du}{d\theta} = \frac{R^2}{2EI}[&-P(\theta\cos\theta + \sin\theta) \\ &+ T(-\theta\sin\theta + \cos\theta) - M\sin\theta + N\cos\theta].\end{aligned}\right.$$

Les tangentes en A_0 et A_1 étant normales aux rayons vecteurs après comme avant la déformation, le second membre de l'équation (3) doit être nul pour $\theta = 0$ et $\theta = \frac{\pi}{2}$, ce qui exige que l'on ait

$$N = -T,$$
$$M = -\left(P + \frac{\pi}{2}T\right).$$

En portant ces valeurs dans l'équation (2), elle prend la forme suivante :

$$(4)\quad u = \frac{R^2}{2EI}\left[-P(\theta\sin\theta + \cos\theta) + T\left(\theta\cos\theta - \frac{\pi}{2}\cos\theta - \sin\theta\right) + C\right].$$

Si $\Delta\theta$ est la variation éprouvée par l'angle θ, on a, d'après une formule connue, en négligeant la dilatation longitudinale,

$$\frac{d\Delta\theta}{d\theta} + u = 0.$$

L'angle A_0OA_1 n'ayant pas varié, on doit avoir

$$\int_0^{\frac{\pi}{2}} u\,d\theta = 0.$$

Or

$$\int u\,d\theta = \frac{R^2}{2EI}\Big[-P(-\theta\cos\theta + 2\sin\theta) + T\left(\theta\sin\theta + 2\cos\theta - \frac{\pi}{2}\sin\theta\right) + C\theta + \text{const.}\Big];$$

par suite,

$$-2P - 2T + \frac{C\pi}{2} = 0,$$

d'où

$$C = \frac{4}{\pi}(P + T).$$

L'équation (4) devient alors

$$(5)\qquad \left\{ u = \frac{R^2}{2EI}\Big[-P\left(\theta\sin\theta + \cos\theta - \frac{4}{\pi}\right) + T\left(\theta\cos\theta - \frac{\pi}{2}\cos\theta - \sin\theta + \frac{4}{\pi}\right)\Big]. \right.$$

1° *L'anneau n'est pas guidé.* — On a évidemment $T = 0$ car les deux forces élastiques horizontales développées en A_1 et A'_1 seraient égales et de même sens, et, comme elles ne font équilibre à aucune force, chacune d'elles est nulle.

On a donc simplement

$$u = \frac{R^2}{2EI}\Big[-P\left(\theta\sin\theta + \cos\theta - \frac{4}{\pi}\right)\Big].$$

Pour $\theta = 0$ et $\theta = \frac{\pi}{2}$, les valeurs u_0 et u_1 de u sont respectivement

$$u_0 = \frac{PR^2}{2EI}\left(\frac{4}{\pi} - 1\right) = \frac{PR^2}{2EI} \times 0{,}2732,$$

$$u_1 = -\frac{PR^2}{2EI}\left(\frac{\pi}{2} - \frac{4}{\pi}\right) = -\frac{PR^2}{2EI} \times 0{,}2976.$$

L'écartement horizontal maximum par rapport au centre est ainsi légèrement inférieur à l'aplatissement.

La hauteur $h = -2u_1R$, dont le sommet s'est rapproché du plan fixe, a pour valeur

$$(6)\qquad h = \frac{PR^3}{EI} \times 0{,}2976.$$

2° *L'anneau est maintenu latéralement par deux plans verticaux.* — Nous avons ici à exprimer que u est nul pour $\theta = 0$, et la formule (5) nous donne ainsi

$$T = \frac{P\left(\frac{4}{\pi} - 1\right)}{\frac{\pi}{2} - \frac{4}{\pi}}.$$

La réaction de chacun des deux plans verticaux est double de cette valeur.

L'équation (5) devient alors

$$u = \frac{PR^2}{2EI}\left[-\theta\sin\theta - \cos\theta + \frac{4}{\pi} + \frac{\left(\frac{4}{\pi} - 1\right)}{\frac{\pi}{2} - \frac{4}{\pi}}\left(\theta\cos\theta - \frac{\pi}{2}\cos\theta - \sin\theta + \frac{4}{\pi}\right)\right].$$

La valeur de u correspondant à $\theta = \frac{\pi}{2}$ est

$$u'_1 = \frac{PR^2}{2EI}\left[-\frac{\pi}{2} + \frac{4}{\pi} + \frac{\left(\frac{4}{\pi} - 1\right)^2}{\frac{\pi}{2} - \frac{4}{\pi}}\right] = -0,0468\,\frac{PR^2}{2EI}.$$

L'abaissement du sommet a donc pour valeur

$$h' = 0,0468\,\frac{PR^2}{EI}$$

et se trouve inférieur au sixième, environ, de l'abaissement relatif au cas précédent.

Quant aux conditions d'équarrissage de l'anneau, elles sont trop faciles à établir, d'après l'analyse précédente, pour que nous croyions devoir nous y arrêter.

52. *Des ressorts de suspension étagés.* — Un ressort de suspension de véhicule des chemins de fer se compose en général d'un système de lames superposées de même épaisseur, dont les fibres moyennes, à l'état naturel, sont circulaires et concentriques. Les profils de ces lames sont symétriques par rapport à une droite Ox partant du centre O, et que nous supposerons verticale pour fixer les idées. Les lames sont maintenues par une bride qui les réunit, les serre les unes

contre les autres, et qui est placée dans leur région moyenne; elles tournent leur convexité vers le bas et sont en retraite les unes sur les autres à partir de la première, appelée *maîtresse lame*.

Les extrémités de la maîtresse lame sont reliées au châssis, sur lequel repose la partie relativement fixe du véhicule, par des boulons de suspension verticaux ou légèrement obliques. Nous supposerons verticaux ces boulons, qui ne sont généralement soumis qu'à des efforts de traction. Le ressort s'appuie par son point le plus bas sur la boîte à graisse.

D'après cet exposé, on voit que le ressort se trouve dans les mêmes conditions que s'il reposait, par son sommet inférieur, sur un plan horizontal fixe et qu'il fût sollicité à ses deux extrémités par deux forces égales P, verticales, et qui sont censées données.

Les lettres E, I, e continueront à représenter, dans ce qui suit, le moment d'élasticité de la matière, le moment d'inertie de la section de chaque lame et la demi-épaisseur des lames; mais, pour le reste, en vue d'être plus clair, nous sommes obligé de modifier les notations qui se rapportent à la courbure.

Considérons l'une des moitiés du ressort, et soient (*fig.* 27)

$\alpha_1, \alpha_2, \ldots, \alpha_p$ les angles que forment avec Ox les rayons menés aux extrémités de la maîtresse lame, de la deuxième, ..., de la $p^{\text{ième}}$ lame;

$\gamma_1, \ldots, \gamma_p$ les rayons des fibres moyennes de ces lames à l'état naturel;

$\rho_1, \ldots, \rho_p$ les rayons de courbure des fibres moyennes déformées aux points de ces lignes déterminés par un rayon OM rencontrant au moins la $p^{\text{ième}}$ lame et qui fait avec Ox l'angle θ;

$a_1, a_2, \ldots, a_p$ les intersections de OM avec les fibres moyennes des lames successives;

l la largeur du ressort.

Les lames, après comme avant leur déformation, étant limitées par des surfaces cylindriques parallèles, on a, d'une manière générale,

$$(1) \qquad \gamma_p = \gamma_{p-1} + 2e, \quad \rho_p = \rho_{p-1} + 2e.$$

Nous allons maintenant chercher à déterminer la forme que l'on peut donner aux termes qui entrent dans l'équation de la flexion d'une lame et qui sont dus respectivement aux réactions normales de la lame inférieure. Considérons, par exemple,

Fig. 27.

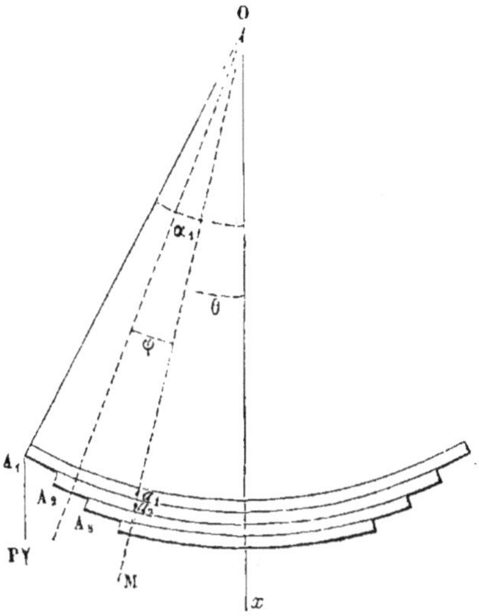

les lames nos **1** et **2** et un point de leur ligne de contact déterminé par un rayon faisant un angle $(\varphi + \theta)$ avec Ox. Soit $\mathfrak{N}$ la réaction par unité de surface en ce point de la réaction du n° **2** sur le n° **1**; la réaction élémentaire sera $\mathfrak{N}(\gamma_1 + e)l\,d\varphi$ et son moment par rapport à a_1

$$\mathfrak{N}(\gamma_1 + e)\gamma_1 l \sin\varphi\, d\varphi.$$

Le moment total sera, par suite,

$$\gamma_1 \int_0^{\alpha_1} \mathfrak{N}(\gamma_1 + e) l \sin\varphi\, d\varphi.$$

La pression exercée par le n° **1** sur le n° **2** donnera de même, par rapport à a_2, le moment

$$-\gamma_2 \int_0^{\alpha_1} \mathfrak{N}(\gamma_1 + e) l \sin\varphi\, d\varphi.$$

Nous pourrons donc représenter ces deux moments respectivement par $\gamma_1 A_2$, $-\gamma_2 A_2$, moments qui devront disparaître dans la solution du problème. D'une manière générale, $\gamma_{p-1} A_p$ et $-\gamma_p A_p$ représenteront les moments relatifs aux actions au contact des $(p-1)^{\text{ième}}$ et $p^{\text{ième}}$ lames.

Cela posé, la théorie ordinaire de la flexion, appliquée aux lames successives jusqu'à la $p^{\text{ième}}$, donne les équations suivantes :

$$(1)\quad \left\{\begin{aligned} &\mathrm{EI}\left(\frac{1}{\rho_1}-\frac{1}{\gamma_1}\right)=-\mathrm{P}\gamma_1(\cos\theta-\cos\alpha_1)+\gamma_1 A_2,\\ &\mathrm{EI}\left(\frac{1}{\rho_2}-\frac{1}{\gamma_2}\right)=-\gamma_2 A_2+\gamma_2 A_3,\\ &\ldots\ldots\ldots\ldots\ldots\ldots\ldots\ldots,\\ &\mathrm{EI}\left(\frac{1}{\rho_{p-1}}-\frac{1}{\gamma_{p-1}}\right)=-\gamma_{p-1} A_{p-1}+\gamma_{p-1} A_p,\\ &\mathrm{EI}\left(\frac{1}{\rho_p}-\frac{1}{\gamma_p}\right)=-\gamma_p A_p, \end{aligned}\right.$$

en supposant que la $p^{\text{ième}}$ lame soit la dernière qui soit traversée par OM.

Si l'on ajoute ces équations après les avoir divisées respectivement par γ_1, γ_2, les A_p disparaissent, et l'on obtient

$$(2)\quad \left\{\begin{aligned} &\mathrm{EI}\left[\frac{1}{\gamma_1}\left(\frac{1}{\rho_1}-\frac{1}{\gamma_1}\right)+\frac{1}{\gamma_2}\left(\frac{1}{\rho_2}-\frac{1}{\gamma_2}\right)+\ldots+\frac{1}{\gamma_p}\left(\frac{1}{\rho_p}-\frac{1}{\gamma_p}\right)\right]\\ &\quad=-\mathrm{P}(\cos\theta-\cos\alpha). \end{aligned}\right.$$

Mais, en négligeant le carré des déplacements angulaires des sections des lames, on a [1], q étant inférieur à p,

$$(3)\qquad \frac{1}{\gamma_q}\left(\frac{1}{\rho_q}-\frac{1}{\gamma_q}\right)=\frac{1}{\gamma_p}\left(\frac{1}{\rho_p}-\frac{1}{\gamma_p}\right)\left(\frac{\gamma_p}{\gamma_q}\right)^3.$$

---

[1] En effet, nous avons d'abord $\rho_p-\gamma_p=\rho_p-\gamma_q$. Si nous posons

$$\frac{1}{\rho_p}-\frac{1}{\gamma_p}=\frac{\Delta}{\gamma_p},$$

il vient

$$\rho_p=\frac{\gamma_p}{1+\Delta}=\gamma_p(1-\Delta),$$

Si donc nous posons

$$(4) \qquad J_p = I\left[1 + \gamma_p^3\left(\frac{1}{\gamma_2^3} + \frac{1}{\gamma_3^3} + \ldots + \frac{1}{\gamma_p^3}\right)\right],$$

l'équation (2) prendra la forme

$$(5) \qquad EJ_p\left(\frac{1}{\rho_p} - \frac{1}{\gamma_p}\right) = -P\gamma_p(\cos\theta - \cos\alpha_1),$$

c'est-à-dire celle de l'équation de la flexion d'une simple lame.

Déformation des lames. — Soit $r_p = \gamma_p(1 + u_p)$ le rayon vecteur du point de la fibre moyenne de la $p^{\text{ième}}$ lame, dont OM est la direction; comme nous le savons, l'équation (5) peut se transformer dans la suivante :

$$(6) \qquad \frac{d^2 u_p}{d\theta} + u_p = \frac{P\gamma_p^2}{EJ_p}(\cos\theta - \cos\alpha_1),$$

dont l'intégrale générale est

$$(7) \qquad u_p = \frac{P\gamma_p}{EJ_p}\left(M_p\cos\theta + N_p\sin\theta + \frac{\theta\sin\theta}{2} - \cos\alpha_1\right),$$

M_p, N_p étant deux constantes arbitraires. Si nous désignons par n le nombre des lames, il nous faut commencer à considérer la $n^{\text{ième}}$ pour calculer successivement les constantes qui se rapportent aux lames supérieures. Comme la distance du centre O au sommet de la lame n'a pas varié après la déformation et que la tangente à ce sommet est restée horizontale,

---

d'où

$$\rho_q - \gamma_q = -\gamma_p\Delta,$$

$$\frac{1}{\rho_q} = \frac{1}{\gamma_q\left(1 - \frac{\gamma_p\Delta}{\gamma_q}\right)} = \frac{1}{\gamma_q}\left(1 + \frac{\gamma_p\Delta}{\gamma_q}\right),$$

et enfin

$$\frac{1}{\gamma_q}\left(\frac{1}{\rho_q} - \frac{1}{\gamma_q}\right) = \frac{\gamma_p\Delta}{\gamma_q^3} = \frac{1}{\gamma_p}\left(\frac{1}{\rho_p} - \frac{1}{\gamma_p}\right)\left(\frac{\gamma_p}{\gamma_q}\right)^3,$$

nous avons les conditions

$$\frac{du_n}{d\theta} = 0, \quad u_n = 0 \quad \text{pour} \quad \theta = 0,$$

et l'équation (7) devient, en y faisant $p = n$,

$$(7') \qquad u_n = \frac{P\gamma_n^2}{EJ_n}[(\cos\theta - 1)\cos\alpha_1 + \theta \sin\theta].$$

Nous poserons, d'une manière générale,

$$(8) \qquad \lambda_p = \frac{du_p}{d\theta}, \quad \delta_p = \gamma_p u_p \quad \text{pour} \quad \theta = \alpha_p,$$

valeurs qui se rapportent à l'extrémité de la $p^{\text{ième}}$ lame.

L'équation (7') nous donne

$$(9) \quad \lambda_n = \frac{P\gamma_n^2}{EJ_n}\alpha_n \cos\alpha_n, \quad \delta_n = \frac{P\gamma_n^3}{EJ_n}[(\cos\alpha_1 - 1)\cos\alpha_1 + \alpha_n \sin\alpha_n].$$

Les constantes M_{n-1}, N_{n-1} se détermineront par les conditions $\frac{du_{n-1}}{d\theta} = \lambda_n$, γ_{n-1}, $u_{n-1} = \delta_n$, qui expriment que les tangentes aux fibres moyennes de la $n-1^{\text{ième}}$ et de la $n^{\text{ième}}$ lame sont parallèles aux points qui correspondent à l'extrémité de cette dernière et que les rayons vecteurs de ces points ont varié de la même quantité. On calculera ensuite λ_{n-1}, δ_{n-1}, et ainsi de suite.

Supposons que l'on connaisse λ_p, δ_p et que l'on veuille obtenir λ_{p-1}, δ_{p-1}. Nous aurons, d'après la formule (7),

$$(10) \left\{ \begin{aligned} \delta_{p-1} &= \frac{P\gamma_{p-1}^3}{EJ_{p-1}}\left(M_{p-1}\cos\alpha_{p-1} + N_{p-1}\sin\alpha_{p-1} + \frac{\alpha_{p-1}\sin\alpha_{p-1}}{2} - \cos\alpha_1\right), \\ \gamma_{p-1}\lambda_{p-1} &= \frac{P\gamma_{p-1}^3}{EJ_{p-1}}(-M_{p-1}\sin\alpha_{p-1} + N_{p-1}\cos\alpha_{p-1} + \tfrac{1}{2}\sin\alpha_{p-1} + \tfrac{1}{2}\alpha_{p-1}\cos\alpha_{p-1}), \\ \delta_p &= \frac{P\gamma_{p-1}^3}{EJ_{p-1}}\left(M_{p-1}\cos\alpha_p + N_{p-1}\sin\alpha_p + \frac{\alpha_p\sin\alpha_p}{2} - \cos\alpha_1\right), \\ \gamma_{p-1}\lambda_p &= \frac{P\gamma_{p-1}^3}{EJ_{p-1}}(-M_{p-1}\sin\alpha_p + N_{p-1}\cos\alpha_p + \tfrac{1}{2}\sin\alpha_p + \tfrac{1}{2}\alpha_p\cos\alpha_p). \end{aligned} \right.$$

Si l'on ajoute à la première de ces formules la troisième et la quatrième multipliées respectivement par $-\cos(\alpha_{p-1} - \alpha_p)$

et $-\sin(\alpha_{p-1}-\alpha_p)$, on trouve

$$(11)\quad \left\{\begin{aligned} \delta_{p-1} = {} & \delta_p \cos(\alpha_{p-1}-\alpha_p) + \gamma_{p-1}\lambda_p \sin(\alpha_{p-1}-\alpha_p) \\ & + \frac{P\gamma_{p-1}^3}{EJ_{p-1}} \left\{ \frac{\alpha_{p-1}\sin\alpha_{p-1}}{2} - \cos\alpha_1[1-\cos(\alpha_{p-1}-\alpha_p)] \right. \\ & \qquad - \frac{\alpha_p \sin\alpha_p}{2}\cos(\alpha_{p-1}-\alpha_p) \\ & \qquad \left. - \tfrac{1}{2}(\sin\alpha_p + \alpha_p\cos\alpha_p)\sin(\alpha_{p-1}-\alpha_p) \right\}. \end{aligned}\right.$$

En ajoutant la deuxième formule à la troisième et à la quatrième multipliées par $\sin(\alpha_{p-1}-\alpha_p)$ et $-\cos(\alpha_{p-1}-\alpha_p)$, on obtient

$$(11')\quad \left\{\begin{aligned} \gamma_{p-1}\lambda_{p-1} = {} & -\delta_p \sin(\alpha_{p-1}-\alpha_p) + \lambda_p\gamma_{p-1}\cos(\alpha_{p-1}-\alpha_p) \\ & + \frac{P\gamma_{p-1}^3}{EJ_{p-1}} \left[\tfrac{1}{2}(\sin\alpha_{p-1} + \alpha_{p-1}\cos\alpha_{p-1}) \right. \\ & \qquad + \left(\frac{\alpha_p\sin\alpha_p}{2} - \cos\alpha_1\right)\sin(\alpha_{p-1}-\alpha_p) \\ & \qquad \left. - \tfrac{1}{2}(\sin\alpha_p + \alpha_p\cos\alpha_p)\cos(\alpha_{p-1}-\alpha_p) \right]. \end{aligned}\right.$$

On peut encore simplifier les formules (11) et (11′) en remarquant que l'angle $\Delta\alpha_p = \alpha_{p-1}-\alpha_p$ est toujours assez petit pour qu'on puisse en négliger la seconde puissance. Il vient alors

$$(12)\qquad \delta_{p-1} = \delta_p + \lambda_p\gamma_{p-1}\Delta\alpha_p,$$

$$(12')\quad \gamma_{p-1}\lambda_{p-1} = -\delta_p\Delta\alpha_p + \lambda_p\gamma_{p-1} - \frac{P\gamma_{p-1}^3}{EJ_{p-1}}(\cos\alpha_1\Delta\alpha_p + \tfrac{1}{2}\sin\alpha_p\cos\alpha_p),$$

formules d'une application facile et qui permettront de déterminer de proche en proche les éléments de la déformation des lames, et par suite la variation éprouvée par la flèche, c'est-à-dire la hauteur dont chaque extrémité de la première lame s'est abaissée.

Conditions de résistance. — La formule (5) ne s'applique, comme nous l'avons vu, qu'à la partie de la $p^{\text{ième}}$ lame qui est extérieure à la $(p+1)^{\text{ième}}$. La plus grande compression élastique développée, que nous désignerons par $\mathcal{R}_p$, correspond à la naissance de cette partie où $\theta = \alpha_{p+1}$, et l'on a

$$(13)\qquad \mathcal{R}_p = \frac{P\gamma_p e}{J_p}(\cos\alpha_{p+1} - \cos\alpha_1).$$

Un ressort se trouvera dans les meilleures conditions si l'on s'arrange de manière que l'effort élastique maximum développé ait la même valeur Γ pour toutes les lames, cette valeur étant une fraction déterminée de la résistance à la rupture. On obtiendra ainsi un ressort d'égale résistance.

Supposons que ρ_n, ρ_1, α_1, e soient donnés [1]; on calculera facilement n, puis on déterminera les largeurs angulaires des retraites successives ou les valeurs des angles $\alpha_2, \alpha_3, \ldots, \alpha_n$, de manière à satisfaire à la formule

$$(14) \qquad \cos\alpha_{p+1} = \cos\alpha_1 + \frac{\Gamma J_p}{P e q_p},$$

qui se déduit de la formule (13).

Il faudra avoir soin de choisir ρ_n, ρ_1, α_1 de manière à ne pas obtenir pour α_p une valeur inférieure à une certaine limite. Le calcul ne présente aucune difficulté, même pour des ressorts de dix lames, nombre au-dessous duquel on se tient le plus souvent.

53. *Tensions et compressions élastiques développées par le serrage des bandages des roues du matériel des chemins de fer.* — Pour placer sur le *faux cercle* ou *jante* (relié au moyeu par les rais) le bandage d'une roue et donner à ces deux pièces une solidarité suffisante, on emploie un procédé très-connu, et que nous nous bornerons à décrire d'une manière sommaire, uniquement en vue de bien poser la question que nous nous proposons de traiter.

---

(1) Généralement, lorsqu'on veut établir un ressort, on se donne la distance $2d$ des extrémités de la maîtresse lame et la hauteur h de chacune d'elles au-dessus du point d'appui de la lame inférieure, ce qui donne les relations

$$(a) \qquad \begin{cases} \rho_1 \sin\alpha_1 = d, \\ \rho_n - \rho_1 \cos\alpha_1 = h. \end{cases}$$

Si l'on se donne l'une des inconnues ρ_n, ρ_1, α_1, ces formules permettront de déterminer les deux autres.

L'épaisseur totale du ressort en son milieu étant $\rho_n - \rho_1(1 - \cos\alpha_1)$, on aura pour calculer n, connaissant e, la formule

$$ne = \rho_n - \rho_1(1 - \cos\alpha_1).$$

Le diamètre intérieur du bandage à froid est un peu inférieur au diamètre extérieur de la jante; on l'agrandit sous l'action de la chaleur, de manière que son ouverture puisse recevoir, comme noyau, le système formé par la jante, les rais et le moyeu.

Par le refroidissement, le bandage se contracte, tend à revenir à sa forme primitive, en même temps qu'il comprime le noyau de la circonférence au centre. Il est clair que, lorsque le refroidissement est complet, la courbe des joints des deux pièces ci-dessus est comprise entre la circonférence intérieure du bandage à l'état naturel et à froid et la circonférence extérieure de la jante également à l'état naturel. Il s'est ainsi développé une tension élastique dans le bandage et une compression dans la jante. Comme conséquence, les rais se trouvent soumis à une compression de la circonférence au centre.

Déterminer, pour le serrage du bandage, une limite maximum sous le rapport de la résistance, telle est la question que nous allons chercher à résoudre.

Nous pouvons supposer que la largeur de la roue, parallèlement à l'axe, est égale à l'unité, pour ne pas introduire inutilement un facteur qui disparaîtrait à la fin des calculs.

Fig. 28.

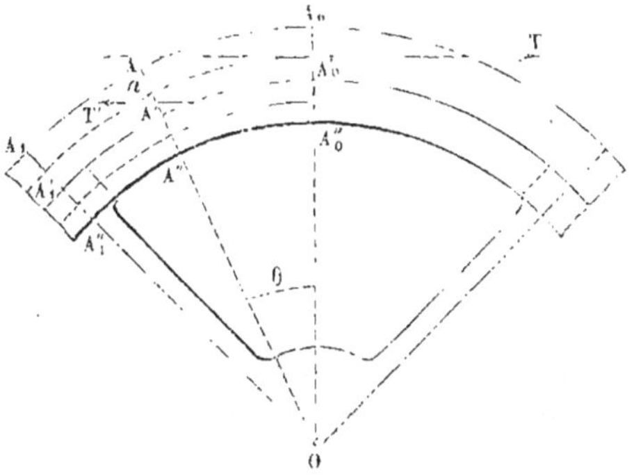

La *fig.* 28 représente la section faite dans la roue, censée cylindrique, par son plan moyen perpendiculaire à l'axe O.

Les lettres affectées des indices o et 1 se rapportent respectivement à la bissectrice de l'angle formé par les axes de figure de deux rais consécutifs et à l'un de ces axes; les lettres sans indice se rapportent à un rayon quelconque, les lettres sans accent à la circonférence extérieure du bandage, les lettres simplement accentuées à la jonction du bandage et de la jante, les lettres doublement accentuées à la circonférence intérieure de la jante.

Soient

$2e$, $2e'$ les épaisseurs du bandage et de la jante;
I, I' les moments d'inertie des sections de ces deux pièces;
$2e_1 = 2(e + e')$ l'épaisseur totale de la roue;
2α l'angle formé par les axes de deux rais consécutifs;
$\theta = A_0OA$ l'angle formé par un rayon quelconque OA avec la bissectrice OA_0 de l'angle 2α;
ρ, γ les rayons de courbure de la fibre moyenne du bandage, au point correspondant à l'angle θ, après et avant la déformation;
ρ', γ' les rayons semblables relatifs à la fibre moyenne de la jante;
φ l'angle formé avec OA par un rayon compris dans l'angle A_0OA;
$\mathfrak{N}$ la réaction normale, par unité de surface, de la jante sur le bandage au point correspondant à l'angle φ;
T, T' les efforts de traction et de compression développés respectivement dans les sections $A_0A'_0$ du bandage et $A'_0A''_0$ de la jante;
C, C' les couples élastiques développés dans ces sections.

On a

$$(1) \qquad \rho' = \rho - e_1,$$

et l'on peut poser

$$(2) \qquad \gamma' = \gamma - e_1 + \varepsilon,$$

ε étant les différences des rayons extérieur de la jante et intérieur du bandage avant la pose; nous avons

$$EI\left(\frac{1}{\rho} - \frac{1}{\gamma}\right) = T\gamma(1 - \cos\theta) + C - \int_0^\theta \mathfrak{N}(\gamma_0 - e)\gamma \sin\varphi\, d\varphi,$$

$$EI'\left(\frac{1}{\rho'} - \frac{1}{\gamma'}\right) = -T'\gamma'(1 - \cos\theta) + C' + \int_0^\theta \mathfrak{N}(\gamma_0 - e)\gamma' \sin\varphi\, d\varphi,$$

d'où, par l'élimination de l'intégrale,

$$(3)\qquad \frac{EI}{\gamma}\left(\frac{1}{\rho}-\frac{1}{\gamma}\right)+\frac{EI'}{\gamma'}\left(\frac{1}{\rho'}-\frac{1}{\gamma'}\right)=(T-T')(1-\cos\theta)+\frac{C}{\gamma}+\frac{C'}{\gamma'}.$$

Mais, comme $T-T'$, $\frac{C}{\gamma}+\frac{C'}{\gamma'}$ sont des arbitraires, on voit facilement que cette équation peut se mettre sous la forme

$$(4)\qquad \frac{EI}{\gamma}\left(\frac{1}{\rho}-\frac{1}{\gamma}\right)+\frac{EI'}{\gamma-e_1-\varepsilon}\left(\frac{1}{\rho-e_1}-\frac{1}{\gamma-e_1+\varepsilon}\right)=-\frac{\mathcal{A}}{\gamma^2}-\frac{\mathcal{B}}{\gamma^2}\cos\theta,$$

$\mathcal{A}$, $\mathcal{B}$ étant deux nouvelles arbitraires que l'on substitue aux précédentes.

Si l'on néglige le carré de la fraction très-petite $\frac{\varepsilon}{\gamma-e_1}$, l'équation ci-dessus devient

$$(4')\qquad \left\{\begin{aligned}&\frac{EI}{\gamma}\left(\frac{1}{\rho}-\frac{1}{\gamma}\right)+\frac{EI'}{\gamma-e_1}\left(1-\frac{\varepsilon}{\gamma-e_1}\right)\left(\frac{1}{\rho-e_1}-\frac{1}{\gamma-e_1}\right)\\&\qquad+\frac{EI'\varepsilon}{(\gamma-e_1)^2}=-\frac{\mathcal{A}}{\gamma^2}-\frac{\mathcal{B}}{\gamma^2}\cos\theta.\end{aligned}\right.$$

Mais on a (¹)

$$(a)\qquad \frac{1}{\gamma-e_1}\left(\frac{1}{\rho-e_1}-\frac{1}{\gamma-e_1}\right)=\frac{1}{\gamma}\left(\frac{1}{\rho}-\frac{1}{\gamma}\right)\left(\frac{\gamma}{\gamma-e_1}\right)^3;$$

si donc on pose

$$(5)\qquad J=I+I'\left(1-\frac{\varepsilon}{\gamma-e_1}\right)\left(\frac{\gamma}{\gamma-e_1}\right)^3,$$

l'équation (4′) prend la forme

$$(6)\qquad EJ\left(\frac{1}{\rho}-\frac{1}{\gamma}\right)=-\frac{\mathcal{A}}{\gamma}-\frac{\mathcal{B}}{\gamma}\cos\theta,$$

en comprenant dans $\frac{\mathcal{A}}{\gamma}$ le terme $\frac{EI'\varepsilon}{(\gamma-e_1)^2}$.

Si nous représentons, comme plus haut (45), par $\gamma(1+u)$ le rayon vecteur de la fibre moyenne du bandage après sa dé-

(¹) Voir la note du n° 52.

formation, cette équation devient

$$\mathrm{EJ}\left(\frac{d^2u}{d\theta^2}+u\right)=\mathcal{A}+\mathcal{B}\cos\theta,$$

ou, en remplaçant $\mathcal{A}$ et $\mathcal{B}$ par $\mathcal{A}\mathrm{EJ}$, $2\mathcal{B}\mathrm{EJ}$,

$$(7)\qquad \frac{d^2u}{d\theta^2}+u=\mathcal{A}+2\mathcal{B}\cos\theta.$$

L'intégrale générale de cette équation est

$$(8)\qquad u=\mathrm{A}\cos(\theta+\lambda)+\mathcal{A}+\mathcal{B}\theta\sin\theta,$$

A et λ étant deux nouvelles arbitraires.

Comme la tangente à la fibre moyenne du bandage reste normale à OA_0 après la déformation, on a $\frac{du}{d\theta}=0$ pour $\theta=0$, par suite $\lambda=0$ et

$$(9)\qquad u=\mathrm{A}\cos\theta+\mathcal{A}+\mathcal{B}\theta\sin\theta.$$

Si nous négligeons la faible contraction éprouvée par le rais, nous aurons $u=0$ pour $\theta=\alpha$, ou

$$(b)\qquad \mathrm{A}\cos\alpha+\mathcal{A}+\mathcal{B}\alpha\sin\alpha=0,$$

et l'équation (9) se réduit à la suivante :

$$(10)\qquad u=\mathrm{A}(\cos\theta-\cos\alpha)+\mathcal{B}(\theta\sin\theta-\alpha\sin\alpha).$$

Comme l'angle $\mathrm{A}_0\mathrm{OA}_1$ n'a pas varié, nous avons, d'après la formule (8) du n° **45**,

$$\int_0^\alpha u\,d\theta=0,$$

d'où

$$(c)\qquad \mathrm{A}=-\mathcal{B}\left(1+\frac{\alpha^2\sin\alpha}{\alpha\cos\alpha-\sin\alpha}\right),$$

et enfin

$$(11)\quad u=\mathcal{B}\left[-(\cos\theta-\cos\alpha)\left(1+\frac{\alpha^2\sin\alpha}{\alpha\cos\alpha-\sin\alpha}\right)+\theta\sin\theta-\alpha\sin\alpha\right].$$

La tangente à la fibre moyenne du bandage au point situé sur l'axe de figure du rais restant, par une raison de symétrie, normale au rayon après la déformation, on doit avoir $\frac{du}{d\theta} = 0$ pour $\theta = \alpha$, ce qui exige que $\mathfrak{B}$ soit nul. Ainsi donc, si la compressibilité des rais est négligeable, le bandage et le faux cercle n'éprouvent pas de flexion; par suite, les fibres moyennes de ces deux pièces restent des circonférences; mais le rayon γ de la première de ces fibres est devenu $\gamma + \varepsilon$, tandis que celui γ' de la seconde n'a pas varié, de sorte qu'il ne s'est développé aucune action élastique dans le faux cercle. Le bandage a éprouvé la dilatation $\frac{\varepsilon}{\gamma}$ déterminant une tension élastique $E\frac{\varepsilon}{\gamma}$ dont on doit fixer d'avance la valeur Γ. On a ainsi, pour déterminer ε,

$$\varepsilon = \gamma \frac{\Gamma}{E}. \tag{12}$$

Considérons deux sections infiniment voisines du bandage comprenant entre elles l'angle $d\theta$; si l'on exprime que l'élément de volume qu'elles déterminent avec la surface extérieure du faux cercle est en équilibre sous l'action des deux tractions égales à $2eE\frac{\varepsilon}{\gamma}$ et de la réaction normale $\mathfrak{N}(\gamma' + e')d\theta$, on trouve

$$\mathfrak{N}(\gamma' + e')d\theta = 4eE\frac{\varepsilon}{\gamma}d\theta = 4\Gamma e\,d\theta,$$

d'où

$$\mathfrak{N} = \frac{4\Gamma e}{\gamma' + e'} = \frac{4\Gamma e}{\gamma - e + \varepsilon}. \tag{13}$$

Si f est le coefficient de frottement du fer glissant à sec sur du fer, pour déterminer une tendance au glissement du bandage sur le faux cercle, il faudrait développer un effort dont le moment serait

$$\mathfrak{N}f \times 2\pi(\gamma' + e') = 8\pi f \Gamma e, \tag{13'}$$

expression qui doit être considérée comme étant la mesure de l'adhérence de la première de ces pièces sur la seconde.

Considérons maintenant le cas où le système de liaison de la jante avec le moyeu est flexible, ce qui a lieu notamment lorsque ce système détermine un ensemble d'hexagones accolés dont les cinq côtés extérieurs ont été obtenus en pliant à chaud une barre de fer plat. Nous ferons abstraction du remplissage intérieur; en d'autres termes, nous supposerons que le bandage a été adapté sur le faux bandage, censé complétement libre. La jante reste évidemment circulaire. Nous avons d'abord

$$(d) \qquad \gamma' + e' - (\gamma - e) = \varepsilon.$$

Soient $\gamma + x$, $\gamma' - x'$ ce que sont devenus γ et γ' après la mise en place du bandage sur le faux bandage. Comme nous avons

$$\gamma' + e' - x' = \gamma - e + x,$$

il vient, en vertu de la relation précédente,

$$(14) \qquad x + x' = \varepsilon.$$

Concevons un plan quelconque mené par l'axe de la roue; nous aurons, normalement à ce plan, la traction $2Ee\dfrac{x}{\gamma}$ et la compression $2Ee'\dfrac{x'}{\gamma'}$, et ces deux forces doivent être égales, car autrement, en considérant un élément de la jante déterminé par le plan ci-dessus et un plan infiniment voisin, on arriverait à conclure qu'il y a un effort tranchant, ce qui n'a pas lieu, puisque le moment fléchissant est nul pour le bandage et le faux cercle. Nous avons donc

$$(14') \qquad \frac{e'x'}{\gamma'} = \frac{ex}{\gamma},$$

et cette équation, jointe à la précédente, donne

$$(15) \qquad \left\{ \begin{aligned} x &= \frac{\varepsilon}{1 + \dfrac{e}{e'}\,\dfrac{\gamma'}{\gamma}}, \\ x' &= \frac{\varepsilon}{1 + \dfrac{e'}{e}\,\dfrac{\gamma}{\gamma'}}, \end{aligned} \right.$$

expressions dans lesquelles on pourra supposer

$$\gamma = \gamma' + e + e', \tag{16}$$

en négligeant ainsi le carré de $\frac{\varepsilon}{\gamma'}$.

On devra prendre pour ε la plus petite des valeurs données par les équations suivantes :

$$\left\{\begin{aligned} &\frac{E}{\gamma}\,\frac{\varepsilon}{\left(1+\frac{e}{e'}\,\frac{\gamma'}{\gamma}\right)} = \mathrm{r}, \\ &\frac{E}{\gamma'}\,\frac{\varepsilon'}{\left(1+\frac{e'}{e}\,\frac{\gamma}{\gamma'}\right)} = \mathrm{r}. \end{aligned}\right. \tag{17}$$

Quoi qu'il en soit, la limite de ε sera bien supérieure à celle qui est donnée par la formule (12).

Enfin, en opérant comme plus haut, on trouve

$$\mathfrak{N} = 4Ee\frac{x}{\gamma(\gamma'+e')} = \frac{4Eee'\varepsilon}{(\gamma e' + \gamma' e)(\gamma' + e')},$$

et l'on déduit facilement de là la mesure de l'adhérence du bandage et du faux bandage.

54. *De la résistance des chaînes à maillons plats.* — Considérons d'abord un maillon à l'état naturel, et soient (*fig.* 29)

O le centre de la fibre moyenne de l'une des parties circulaires qui terminent le maillon;

C le centre de figure du maillon;

A_0 le point de la fibre moyenne circulaire situé sur la direction de OC;

B_0 une des naissances de la même fibre;

ρ_0 son rayon;

a le rayon de la section de la pièce;

$\Omega = \pi a^2$ l'aire de cette section;

$I = \frac{\pi a^4}{4}$ son moment d'inertie par rapport à un diamètre;

A un point quelconque de l'arc A_0B_0;

θ l'angle AOA_0;

D_0 le milieu de la fibre moyenne rectiligne aboutissant au point B_0;

l la longueur $B_0 D_0$;

Prenons respectivement les directions de CO et CD_0 pour axes des x et des y.

Représentons par $2P$ l'intensité des efforts égaux et de sens contraires qui agissent dans la section de A_0 et dans son opposée.

Fig. 29.

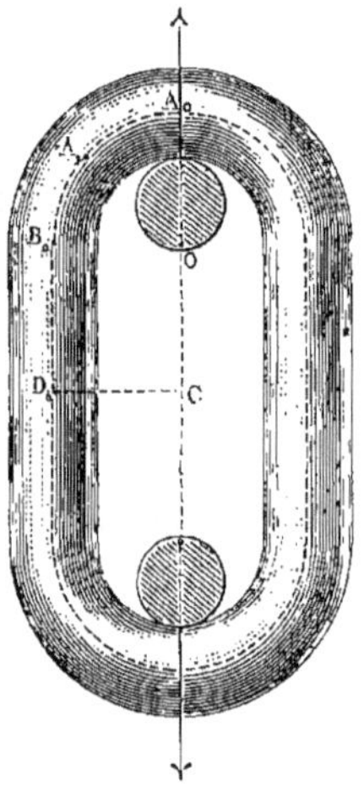

Il est clair que, en raison de la symétrie par rapport au point D_0, il n'y a pas de glissement dans la section correspondant à ce point.

L'effort longitudinal suivant $B_0 D_0$ étant égal à P, on a, pour la dilatation dans cette partie du maillon,

$$\delta_1 = \frac{P}{E\Omega}. \tag{1}$$

L'une des conditions d'équilibre de la portion AB_0 de la pièce donne, en appelant δ la dilatation en A,

$$P \sin\theta = E\Omega\delta,$$

d'où

$$(2) \qquad \delta = \delta_1 \sin\theta,$$

et la dilatation en A_0 est ainsi nulle.

Soient maintenant

$\mathfrak{M}$ le moment du couple élastique dans la section menée par le point A;

$d\omega$ un élément superficiel de cette section;

ζ sa distance à la droite dont la trace est A, considérée comme positive lorsque sa projection sur OA se trouve au delà du point A;

ρ le rayon de courbure de la fibre moyenne déformée au point A.

Le rapport $\frac{\zeta}{\rho_0}$ n'étant pas très-petit, nous devons préalablement établir une équation de la flexion plus exacte que celle dont nous avons fait usage jusqu'à présent. D'après une formule du n° **12**, dans laquelle on doit remplacer, comme il est facile de le reconnaître, η'_0, η par $-\zeta$, on a, pour la dilatation à la distance ζ de l'axe A,

$$\delta = \delta_0 + \frac{\left(\frac{1}{\rho_0} - \frac{1}{\rho}\right)\zeta}{1 + \frac{\zeta}{\rho_0}},$$

et pour le moment fléchissant

$$\begin{aligned}
\mathfrak{M} &= E\left(\frac{1}{\rho} - \frac{1}{\rho_0}\right)\int \frac{\zeta^2\, d\omega}{1 + \frac{\zeta}{\rho_0}} \\
&= E\left(\frac{1}{\rho} - \frac{1}{\rho_0}\right)\rho_0^2 \int\left(\frac{\zeta}{\rho_0} - 1 + \frac{1}{1 + \frac{\zeta}{\rho_0}}\right) d\omega \\
&= E\left(\frac{1}{\rho} - \frac{1}{\rho_0}\right)\rho_0^2\left(-\pi a^2 + \int \frac{d\omega}{1 + \frac{\zeta}{\rho_0}}\right).
\end{aligned}$$

On peut prendre pour $d\omega$ l'élément limité par les circonférences ayant A pour centre et pour rayons χ, $\chi + d\chi$, et par deux rayons infiniment voisins faisant avec la droite projetée en A les angles ψ, $\psi + d\psi$. On a ainsi

$$d\omega = \chi\, d\chi\, d\psi, \quad \zeta = \chi \sin\psi$$

et

$$\int \frac{d\omega}{1+\frac{\zeta}{\rho_0}} = \int_0^a \chi\, d\chi \int_0^{2\pi} \frac{d\psi}{1+\frac{\chi}{\rho_0}\sin\psi}$$

$$= \int_0^a \chi\, d\chi \left(\int_0^{\pi} \frac{d\psi}{1+\frac{\chi}{\rho_0}\sin\psi} + \int_0^{\pi} \frac{d\psi}{1-\frac{\chi}{\rho_0}\sin\psi} \right).$$

En posant $\tan\frac{\psi}{2} = z$, on voit facilement que

$$\int_0^{\pi} \frac{d\psi}{1+\frac{\chi}{\rho_0}\sin\psi} = 2\int_0^{\infty} \frac{dz}{1+z^2+2z\frac{\chi}{\rho_0}}$$

$$= \frac{2}{\sqrt{1-\frac{\chi^2}{\rho_0^2}}} \left(\frac{\pi}{2} + \operatorname{arc\,tang} \frac{\frac{\chi}{\rho_0}}{\sqrt{1-\frac{\chi^2}{\rho_0^2}}} \right).$$

On a de même

$$\int_0^{\pi} \frac{d\psi}{1-\frac{\chi}{\rho_0}\sin\psi} = \frac{2}{\sqrt{1-\frac{\chi^2}{\rho_0^2}}} \left(\frac{\pi}{2} - \operatorname{arc\,tang} \frac{\frac{\chi}{\rho_0}}{\sqrt{1-\frac{\chi^2}{\rho_0^2}}} \right),$$

par suite

$$\int \frac{d\omega}{1+\frac{\zeta}{\rho_0}} = 2\pi \int_0^a \frac{\chi\, d\chi}{\sqrt{1-\frac{\chi^2}{\rho_0^2}}} = 2\pi\rho_0^2 \left(1 - \sqrt{1-\frac{a^2}{\rho_0^2}} \right),$$

et enfin

$$\mathfrak{M} = \mathrm{E}\left(\frac{1}{\rho} - \frac{1}{\rho_0}\right) \pi\rho_0^2 \left[-a^2 + 2\rho_0^2 \left(1 - \sqrt{1-\frac{a^2}{\rho_0^2}} \right) \right]$$

$$= \mathrm{EI}\left(\frac{1}{\rho} - \frac{1}{\rho_0}\right) \frac{4\rho_0^2}{a^2} \left[-1 + \frac{2\rho_0^2}{a^2} \left(1 - \sqrt{1-\frac{a^2}{\rho_0^2}} \right) \right].$$

Si l'on pose

(1) $$\frac{a}{\rho_0} = \sin\gamma,$$

l'expression précédente prend la forme

$$(2) \qquad \mathfrak{M} = \frac{EI}{\cos^4 \frac{\gamma}{2}} \left(\frac{1}{\rho} - \frac{1}{\rho_0}\right).$$

En représentant par $\mathcal{A}\rho_0$ le moment du couple élastique développé dans la section passant par A_0, on a enfin

$$(3) \qquad EI\left(\frac{1}{\rho} - \frac{1}{\rho_0}\right) = -(P\sin\theta + \mathcal{A})\rho_0 \cos^4 \frac{\gamma}{2}.$$

Si α est l'angle que forme la normale en A avec l'axe des x, on a

$$\frac{1}{\rho} = \frac{d\alpha}{(1+\delta)\rho_0 d\theta} = \frac{d\alpha}{(1+\delta_1 \sin\theta)\rho_0 d\theta},$$

et l'équation précédente donne, par suite, en continuant à négliger les termes du second ordre,

$$\frac{d\alpha}{d\theta} = 1 + \delta_1 \sin\theta - \frac{(P\sin\theta + \mathcal{A})}{EI} \rho_0^2 \cos^4 \frac{\gamma}{2},$$

d'où, en remarquant que l'on a $\alpha = 0$ pour $\theta = 0$,

$$\alpha = \theta + 2\delta_1 \sin^2 \frac{\theta}{2} - \left(\frac{2P\sin^2 \frac{\theta}{2} + \mathcal{A}\theta}{EI}\right)\rho_0^2 \cos^4 \frac{\gamma}{2}.$$

En appelant α_1 la valeur de cet angle pour $\theta = \frac{\pi}{2}$, on a

$$\alpha_1 = \frac{\pi}{2} + \delta_1 - \left(\frac{P + \mathcal{A}\frac{\pi}{2}}{EI}\right)\rho_0^2 \cos^4 \frac{\gamma}{2}.$$

On peut prendre

$$(4) \qquad \operatorname{tang}\left(\alpha_1 - \frac{\pi}{2}\right) = \delta_1 - \left(\frac{P + \mathcal{A}\frac{\pi}{2}}{EI}\right)\rho_0^2 \cos^4 \frac{\gamma}{2}.$$

L'équation relative à la flexion des parties droites des maillons s'obtiendra en supposant $\theta = \frac{\pi}{2}$, $\frac{1}{\rho_0} = 0$, $\frac{1}{\rho} = \frac{d^2y}{dx^2}$ dans la formule (3), dont on devra, en outre, changer le signe du second membre, ce qui donne

$$(5)\qquad \mathrm{EI}\frac{d^2y}{dx^2} = (\mathrm{P} + \mathcal{A})\rho_0 \cos^4\frac{\alpha}{2},$$

d'où, en remarquant que $\frac{dy}{dx} = 0$ au point D_0 ou pour $x = 0$,

$$\frac{dy}{dx} = -\frac{(\mathrm{P} + \mathcal{A})}{\mathrm{EI}}\rho_0 x \cos^4\frac{\alpha}{2}.$$

Or on a, pour $x = l$,

$$\frac{dy}{dx} = \operatorname{tang}\left(\alpha_1 - \frac{\pi}{2}\right),$$

d'où

$$(6)\qquad \mathcal{A} = -\mathrm{P}\varepsilon,$$

en posant, pour simplifier l'écriture,

$$(7)\qquad \left\{\begin{aligned} k &= \frac{l}{\rho_0},\\ \varepsilon &= \frac{1 + k - \operatorname{tang}^2\frac{\alpha}{2}}{\frac{\pi}{2} + k}. \end{aligned}\right.$$

Le coefficient ε est inférieur à l'unité et n'approche de cette limite que lorsque les maillons sont très-allongés ou que k est suffisamment grand.

Les équations (3) et (5) prennent, en vertu des notations (7), la forme suivante :

$$(3')\qquad \mathrm{EI}\left(\frac{1}{\rho} - \frac{1}{\rho_0}\right) = -\mathrm{P}(\sin\theta - \varepsilon)\rho_0\cos^4\frac{\alpha}{2},$$

$$(5')\qquad \mathrm{EI}\frac{d^2y}{dx^2} = \mathrm{P}(1 - \varepsilon)\rho_0\cos^4\frac{\alpha}{2}.$$

Conditions de résistance. — La tension élastique développée en un point quelconque d'une partie circulaire du maillon a pour expression

$$E\delta + E\left(\frac{1}{\rho} - \frac{1}{\rho_0}\right)\frac{\zeta}{1 + \frac{\zeta}{\rho_0}} = \frac{P}{\Omega}\sin\theta \mp \frac{P(\sin\theta - \varepsilon)}{I}\rho_0 \cos^4\frac{\gamma}{2}\cdot\frac{\zeta}{1 + \frac{\zeta}{\rho_0}},$$

et l'on voit que son maximum correspond à $\zeta = -a$, $\theta = \frac{\pi}{2}$, de sorte que le maillon tend à s'ouvrir à l'intérieur de la naissance des parties courbes. En exprimant que ce maximum est au plus égal à la limite Γ que l'on se donne *a priori*, on a

$$\frac{P}{\Omega} + \frac{P(1-\varepsilon)}{I}\rho_0 \cos^4\frac{\gamma}{2}\,\frac{a}{1 - \frac{a}{\rho_0}} \leqq \Gamma$$

ou

$$(8) \qquad \frac{\Gamma\pi}{P}\rho_0^2 \sin^3\gamma > \sin\gamma + \frac{4(1-\varepsilon)\cos^4\frac{\gamma}{2}}{1 - \sin\gamma}.$$

L'équation

$$\frac{\Gamma\pi\rho_0^2}{P}\sin^2\gamma - 1 = \frac{4(1-\varepsilon)\cos^4\frac{\gamma}{2}}{(1-\sin\gamma)\sin\gamma}$$

fera connaître la limite inférieure de $\sin\gamma = \frac{a}{\rho_0}$.

En posant

$$\sin\gamma_1 = \sqrt{\frac{P}{\Gamma\pi\rho_0^2}}$$

et remplaçant ε par sa valeur, l'équation ci-dessus devient

$$(9) \qquad \frac{\sin^2\gamma}{\sin^2\gamma_1} - 1 = \frac{4\left(\frac{\pi}{2} - 1 + \tang^2\frac{\gamma}{2}\right)\cos^4\frac{\gamma}{2}}{\left(k + \frac{\pi}{2}\right)(1 - \sin\gamma)\sin\gamma}.$$

On calcule ordinairement γ comme si la chaîne était formée de deux tiges parallèles, ce qui revient à prendre $\gamma = \gamma_1$; mais, d'après l'équation précédente, on voit que cette valeur est trop faible d'une certaine quantité due aux parties courbes des maillons et qu'elle conduit à donner au fer un trop faible équarrissage.

D'autre part, l'équation (9) ne peut être résolue que dans

chaque cas particulier, et encore sa solution présente-t-elle des difficultés sérieuses. Nous éviterons ce double inconvénient en prenant pour $\sin\gamma$ une valeur approximative un peu forte, ce qui ne peut qu'être avantageux au point de vue de la sécurité. A cet effet, remarquons d'abord que le dénominateur du second membre de l'équation (9) croît à partir de $\sin\gamma = 0$ jusqu'à $\sin\gamma = \frac{1}{2}$, valeur que l'on ne dépasse jamais dans la pratique; il est, par suite, supérieur à

$$\left(k + \frac{\pi}{2}\right)(1 + \sin\gamma_1)\sin\gamma_1.$$

Le numérateur décroît, comme il est facile de s'en assurer, lorsque l'on fait croître γ à partir de zéro; il est donc inférieur à

$$4\left(\frac{\pi}{2} - 1\right);$$

de sorte que, si nous posons

$$(9')\quad \left\{ \begin{aligned} \frac{\sin^2\gamma}{\sin^2\gamma_1} &= 1 + \frac{4\left(\frac{\pi}{2} - 1\right)}{\left(k + \frac{\pi}{2}\right)(1 + \sin\gamma_1)\sin\gamma_1} \\ &= 1 + \frac{2,28}{(k + 1,57)(1 + \sin\gamma_1)\sin\gamma_1}, \end{aligned} \right.$$

nous serons certain d'obtenir pour $\sin\gamma$ une valeur plus que suffisante pour assurer la sécurité.

La condition de résistance des branches rectilignes est également donnée par l'inégalité (8), et l'on voit qu'elles ont la même tendance à s'ouvrir le long de leur génératrice intérieure.

Ce qui précède s'applique aux maillons circulaires, en supposant $k = 0$.

Déformation d'un maillon. — Pour les branches rectilignes on a, en intégrant l'équation (5′) et désignant par M une constante arbitraire,

$$(10)\quad y = \frac{P}{2EI}[(1 - \varepsilon)x^2 + M]\rho_0 \cos^4\frac{\gamma}{2} = \frac{P}{8E\pi\rho_0^3 \sin^4\frac{\gamma}{2}}[(1 - \varepsilon)x^2 + M].$$

Soit $r = \rho_0(1+u)$ le rayon vecteur correspondant à l'angle polaire primitif θ de la fibre moyenne demi-circulaire déformée, u et ses dérivées par rapport à cet angle étant censées des quantités assez petites pour qu'il suffise d'en conserver les premières puissances. L'équation (3′) peut se mettre sous la forme

$$\frac{d^2u}{d\theta^2} + u = \frac{P}{EI}(\sin\theta - \varepsilon)\rho_0^2 \cos^4\frac{\gamma}{2} = \frac{P}{4E\pi\rho_0^2 \sin^4\frac{\gamma}{2}}(\sin\theta - \varepsilon),$$

d'où, en intégrant et remarquant que $\frac{du}{d\theta} = 0$ pour $\theta = 0$,

$$(11) \qquad u = \frac{P}{4E\pi\rho_0^2 \sin^4\frac{\gamma}{2}}\left(-\frac{\theta\cos\theta}{2} - \varepsilon + N\cos\theta\right),$$

N étant une autre constante arbitraire.

Si l'on désigne par $\Delta\theta$ la variation éprouvée par l'angle θ à la suite de la déformation, celles de l'ordonnée et de l'abscisse du point considéré ont respectivement pour valeurs

$$\Delta y = \rho_0(1+u)\sin(\theta+\Delta\theta) - \rho_0\sin\theta = \rho_0(u\sin\theta + \cos\theta\,\Delta\theta),$$
$$\Delta x = \rho_0(1+u)\cos(\theta+\Delta\theta) - \rho_0\cos\theta = \rho_0(u\cos\theta - \sin\theta\,\Delta\theta),$$

d'où

$$(12) \qquad \left\{\begin{array}{l} \Delta y = \quad \rho_0 u \\ \Delta x = -\rho_0\Delta\theta \end{array}\right. \quad \text{pour } \theta = \frac{\pi}{2};$$

mais on a

$$\frac{d\Delta\theta}{d\theta} + u = \delta = \delta_1 \sin\theta = \frac{P\sin\theta}{4E\pi\rho_0^2 \sin^2\frac{\gamma}{2}\cos^2\frac{\gamma}{2}},$$

d'où, en remarquant que $\Delta\theta = 0$ pour $\theta = 0$,

$$\Delta\theta = \frac{P}{4E\pi\rho_0^2\sin^2\frac{\gamma}{2}}\left[\frac{2\sin^2\frac{\theta}{2}}{\cos^2\frac{\gamma}{2}} + \frac{1}{\sin^2\frac{\gamma}{2}}\left(\frac{\theta\sin\theta - 2\sin^3\frac{\theta}{2}}{2} + \varepsilon\theta - N\sin\theta\right)\right],$$

et l'on a, pour $\theta = \frac{\pi}{2}$,

$$(13)\quad \left\{\begin{aligned} \Delta\theta &= \frac{P}{4E\pi\rho_0^2 \sin^2\frac{\gamma}{2}}\left\{\frac{1}{\cos^2\frac{\gamma}{2}} + \frac{1}{\sin^2\frac{\gamma}{2}}\left[\frac{\pi}{2}\left(\frac{1}{2}+\varepsilon\right) - \frac{1}{2} - N\right]\right\},\\ \Delta y &= -\frac{P\varepsilon}{4E\pi\rho_0 \sin^4\frac{\gamma}{2}},\\ \Delta x &= -\frac{P}{4E\pi\rho_0 \sin^2\frac{\gamma}{2}}\left\{\frac{1}{\cos^2\frac{\gamma}{2}} + \frac{1}{\sin^2\frac{\gamma}{2}}\left[\frac{\pi}{2}\left(\frac{1}{2}+\varepsilon\right) - \frac{1}{2} - N\right]\right\}. \end{aligned}\right.$$

Or ces dernières valeurs de Δy et Δx sont respectivement égales à celle de $y - \rho_0$, déduite de l'équation (10) pour $x = l$, et à $l\delta_1 = k\rho_0\delta_0$, ce qui permet de déterminer les constantes M et N; mais il nous suffit de connaître la seconde de ces constantes, qui a pour expression

$$(14)\qquad N = (1+k)\,\text{tang}^2\frac{\gamma}{2} + \frac{\pi}{2}\left(\frac{1}{2}+\varepsilon\right) - \frac{1}{2}.$$

Désignant par ξ la valeur de $\rho_0 u$ pour $\theta = 0$, nous avons

$$\xi = \frac{P}{4E\pi\rho_0 \sin^4\frac{\gamma}{2}}(N - \varepsilon),$$

d'où, pour le travail moléculaire développé dans le maillon,

$$(15)\qquad \mathfrak{T} = 4\int P\,d\xi = \frac{(N-\varepsilon)P^2}{2E\pi\rho_0 \sin^4\frac{\gamma}{2}}.$$

Supposons qu'une chaîne composée de n maillons soit fixée par son extrémité supérieure et que son autre extrémité soit élevée à une hauteur H au-dessus de sa position d'équilibre naturel, puis qu'on y accroche un poids Q; si on laisse retomber ce poids, on aura, en appelant V sa vitesse vibratoire et négligeant l'inertie de la chaîne,

$$\frac{QV^2}{2g} = QH - n\mathfrak{T} = QH - \frac{n(N-\varepsilon)P^2}{2E\pi\rho_0 \sin^4\frac{\gamma}{2}}.$$

Le maximum de P correspond à $V = 0$ et a pour valeur

$$P = \sin^2 \frac{\gamma}{2} \sqrt{\frac{2E\pi\rho_0 QH}{n(N-\varepsilon)}}. \tag{16}$$

En portant cette valeur dans l'équation (9) après avoir substitué celle de $\sin\gamma_1$, on calculera $\sin\gamma$, et a sera, par suite, déterminé.

55. *Application aux chaînes de sûreté du matériel des chemins de fer.* — Supposons qu'une barre d'attelage vienne à se briser. Avant que le mécanicien ait pu fermer le régulateur de la machine, le mouvement de la première partie du train s'accélérera; l'inverse aura lieu pour la seconde partie, jusqu'au moment où un choc se produira sur les chaînes de sûreté.

Proposons-nous de déterminer la tension maximum élastique développée dans ces chaînes pendant le choc, en admettant qu'elles ne se rompent pas, hypothèse qui sera ou non justifiée par les résultats du calcul.

Soient

T l'effort de traction, estimé en kilogrammes, en tenant compte des résistances passives de la machine et du tender;

M, m les masses de l'avant et de l'arrière du train, séparées par la barre d'attelage rompue;

S, s les chemins parcourus au bout du temps t après la rupture par M et m avant que les chaînes soient tendues;

φ l'accélération due à T, définie par $T = (M+m)\varphi$;

e l'excès de la longueur des chaînes sur la distance normale des attaches.

Immédiatement après la rupture, le mouvement de m, qui n'est plus sollicité par $m\varphi$, force qui faisait équilibre aux résistances passives développées dans la partie postérieure du train, sera retardé; et comme, pendant un temps aussi court que celui qui s'écoule entre la rupture de la barre et la tension des chaînes, ces résistances ne varient pas sensiblement, nous aurons, en appelant V_0 la vitesse du train au moment où la rupture a lieu,

$$s = V_0 t - \varphi \frac{t^2}{2}.$$

Le mouvement de la masse M s'accélérera, au contraire, sous l'action de l'effort $T - M\varphi = m\varphi$, qui est l'excédant de celui qui est nécessaire pour vaincre les résistances passives développées dans la partie antérieure du train, d'où l'accélération $\frac{m\varphi}{M}$ et par suite

$$S = V_0 t + \frac{1}{2}\frac{m}{M}\varphi t^2.$$

Les chaînes seront tendues lorsque l'on aura $S - s = e$ ou, au bout du temps,

$$t = \sqrt{\frac{2eM}{(M+m)\varphi}},$$

et l'on aura, pour les vitesses correspondantes de M et m,

$$v = V_0 - \varphi t = V_0 - \sqrt{\frac{2eM\varphi}{M+m}},$$

$$V = V_0 + \frac{m}{M}\varphi t = V_0 + \frac{m}{M}\sqrt{\frac{2eM\varphi}{M+m}},$$

d'où

$$(17) \qquad V - v = \sqrt{\frac{2e\varphi(M+m)}{M}} = \sqrt{\frac{2eT}{M}}.$$

Au moment où les chaînes auront atteint leur plus grand allongement, M et m posséderont la même vitesse de translation U, et l'on aura, d'après un théorème connu,

$$MV + mv = (M+m)U.$$

En partant de là, on trouve, en ayant égard à la relation (17) pour la demi-force vive perdue pendant le choc,

$$\frac{MV^2 + mv^2 - (M+m)U^2}{2} = \frac{Mm}{2(M+m)}(V-v)^2 = \frac{m}{M+m}Te.$$

Si n est le nombre des maillons de chacune des chaînes, le travail moléculaire développé dans chaque maillon est

$$\frac{Te}{2n}\frac{m}{M+m}.$$

On a donc, en vertu de l'équation (15),

$$\frac{(N-\varepsilon)P^2}{2E\pi\rho_0\sin^4\frac{\gamma}{2}} = \frac{Te}{2n}\frac{m}{M+m},$$

d'où

$$(18)\qquad P = \sin^2\frac{\gamma}{2}\sqrt{\frac{E\pi\rho_0 Te}{(N-\varepsilon)n}\frac{m}{M+m}}.$$

En portant cette expression dans la formule (9) après y avoir substitué celle de $\sin\gamma_1$, on obtiendra la valeur Γ de la plus grande tension élastique développée.

Nous supposerons dorénavant, ce qui est évidemment permis, que **M** et m représentent les poids, exprimés en tonnes, des deux parties du train, et nous admettrons la formule empirique suivante, due à M. Wyndam Harding,

$$(19)\qquad T = (2{,}72 + 0{,}094W)(M+m) + 0{,}00484\,\mathcal{A}\,W^2,$$

dans laquelle **W** est la vitesse du train par heure, exprimée en kilomètres, et $\mathcal{A}$ la surface maximum du train exposée à la résistance de l'air, estimée en mètres carrés.

Appliquons les considérations qui précèdent à l'exemple suivant, emprunté à la Compagnie des chemins de fer de Paris à Lyon et à la Méditerranée :

Machine mixte, série 700, avec charge maximum....		32 tonnes
Tender....................................		22 »
Charge maximum que peut remorquer la machine..		582 »
Total...............	$M+m=$	636 tonnes
Vitesse maximum du train......................		$W=30^{km}$

$$\mathcal{A} = 2{,}6 \times 2{,}41 = 6{,}266.$$

La formule (19) donne, dans ces conditions,

$$\frac{T}{M+m} = 5{,}58.$$

Nous avons maintenant

$$a = 0^m{,}011,\quad \rho_0 = 0^m{,}034,\quad l = 0{,}052,\quad n = 5,\quad e = 0^m{,}30,$$

d'où

$$k = 1{,}530, \quad \sin\gamma = \frac{a}{\rho_0} = 0{,}323, \quad \varepsilon = 0{,}807, \quad N = 1{,}624.$$

Les formules (18) et (9) donnent respectivement

$$P = 811\sqrt{m},$$
$$\Gamma = 10^6 . 9{,}314\sqrt{m}.$$

Ainsi, en supposant $m = 49$ tonnes, on a

$$\Gamma = 10^6 . 65{,}2,$$

tandis que la résistance à la rupture admise des fers au bois de première qualité est $10^6.60$. En admettant que les chaînes de sûreté soient formées de cette matière, le poids total d'un wagon étant estimé à 9 tonnes, la rupture de la barre d'attelage reliant le sixième au septième wagon de queue sera imminente, entraînera celle des chaînes de sûreté correspondantes.

56. *Application de la flexion circulaire des lames élastiques au tracé des arcs de cercle.* — Si une lame élastique est encastrée par ses extrémités dans deux pièces mobiles à volonté autour de deux axes fixes parallèles, il est facile de voir que, en faisant tourner en sens inverse ces encastrements d'un même angle, le profil de la lame affectera la forme d'un arc de cercle; car, en raison de la symétrie, les encastrements ne donneront lieu qu'à des couples égaux et de sens contraire.

L'instrument représenté par la *fig.* 30 réalise à très-peu près cette conception théorique.

Chacun des encastrements de la lame est formé d'une traverse horizontale CC′ pouvant tourner autour d'un axe vertical U; au-dessous de cette traverse, vers ses extrémités et à égale distance de l'axe U, se trouvent deux roulettes identiques dont les axes sont verticaux. On engage la lame entre les quatre roulettes après avoir réglé la position relative des encastrements, comme nous l'indiquerons plus loin. Les axes U sont maintenus dans une pièce horizontale AA, au-dessous de laquelle se trouvent les encastrements, et qui repose sur trois pieds. Aux extrémités supérieures de ces axes sont adaptées deux roues dentées identiques B, B, engrenant avec une vis sans fin VV dont l'axe passe entre les deux roues et au moyen de laquelle on fait fléchir la lame.

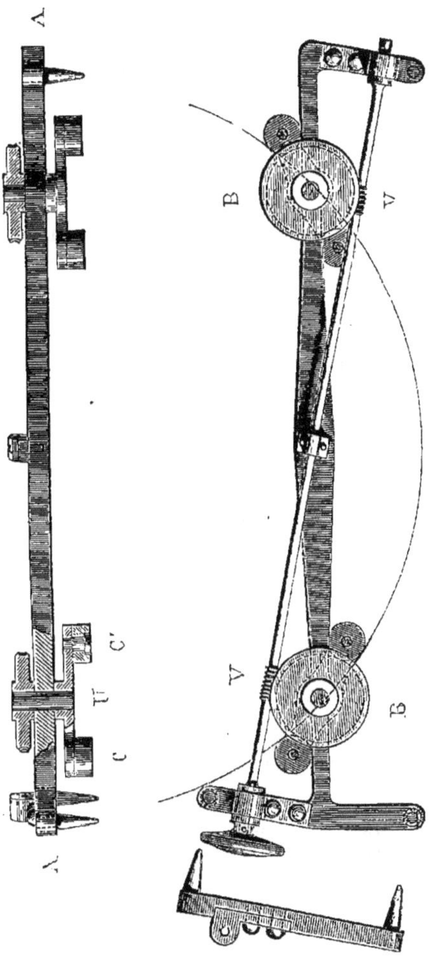

Fig. 30.

Les guides de la vis sans fin sont maintenus sur le support AA par des vis de pression qui permettent de la désembrayer lorsque l'on veut régler la position des encastrements avant la mise en place de la lame; il suffit, à cet effet, de faire en sorte que les quatre galets soient tangents à une règle disposée en conséquence; on engrène ensuite la vis sans fin, puis on serre les vis de pression.

Si l'angle formé par les rayons des roulettes intérieures menés en leurs points de contact avec la lame ne dépasse pas une certaine limite, la courbure des portions de la lame comprises entre les deux couples de roulettes est très-faible et peut être négligée, ce qui revient à considérer le profil de chacune de ces portions comme se confondant avec la tangente commune aux profils des roulettes correspondantes.

Si l'on fait abstraction du frottement, les réactions sur la lame des deux roulettes extérieures, comme celles des roulettes intérieures, sont normales et égales entre elles en vertu de la symétrie. Les réactions d'un couple de roulettes, étant censées parallèles entre elles, d'après ce que nous avons dit plus haut, sont de sens contraire et ont nécessairement la même valeur, car, autrement, les réactions des quatre roulettes auraient une résultante qui ne ferait équilibre à aucune force extérieure. On voit donc que, au degré d'approximation convenu, les réactions des roulettes forment, aux extrémités de la lame, deux couples identiques de sens contraire, et que, par suite, le profil de la lame est circulaire entre les roulettes intérieures.

Nous allons chercher maintenant à pousser plus loin l'approximation, en déterminant les modifications apportées à la forme circulaire par la courbure de la lame dans les encastrements, puis par les frottements.

1° *Influence de la courbure de la lame dans les encastrements.* — La *fig.* 31 représente la section faite par le plan, perpendiculaire aux axes des roulettes, qui contient la fibre moyenne de la lame.

Soient

μ le moment d'élasticité de la lame;

C_0, C_1 les centres des roulettes intérieure et extérieure de l'un des encastrements;

A_0, A_1 les points de contact de celle de leurs tangentes intérieures avec laquelle la lame viendrait coïncider en faisant tourner dans un sens convenable la roulette C_1 autour du centre C_0;

a_0, a_1 les points de contact de la lame avec les roulettes C_0 et C_1;

l la longueur connue A_0A_1;

R le rayon de chacune des roulettes;

μN_1 la réaction de la roulette C_1 sur la lame, dirigée suivant $C_1 a_1$ en négligeant le frottement;

ε_0, ε_1 les angles $A_0C_0a_0$, $A_1C_1a_1$.

Fig. 31.

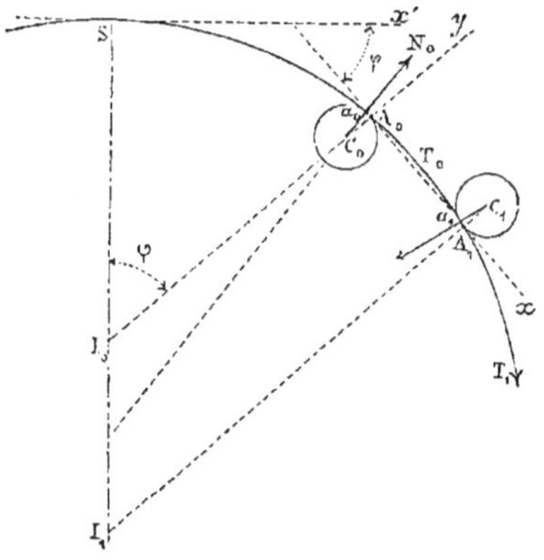

Nous prendrons le point A_0 pour origine des coordonnées, la direction de A_0A_1 pour celle de l'axe des x, et le prolongement au delà de A_0 de C_0A_0 pour partie positive de l'axe des y. Nous désignerons par ρ, α le rayon de courbure et l'inclinaison de la tangente sur A_0x au point m du profil a_1a_0, dont les coordonnées sont x et y.

On a

$$x = -R\sin\varepsilon_0,\quad y = -R(1-\cos\varepsilon_0),\quad \alpha = \varepsilon_0,\quad \text{pour le point } a_0,$$
$$x = l - R\sin\varepsilon_1,\quad y = R(1-\cos\varepsilon_1),\quad \alpha = -\varepsilon_1,\quad \text{pour le point } a_1,$$

et l'équation de la portion a_0a_1 de la lame élastique est

$$\frac{1}{\rho} = N_1\cos\varepsilon_1(l - R\sin\varepsilon_1 - x) + N_1\sin\varepsilon_1[y - R(1-\cos\varepsilon_1)].$$

Comme α décroît constamment à partir de ε_1, nous devons prendre $\frac{1}{\rho} = -\frac{d\alpha}{ds}$, ds étant l'élément d'arc, d'où

$$(1)\quad -\frac{d\alpha}{ds} = N_1\left\{(l - R\sin\varepsilon_1 - x)\cos\varepsilon_1 + [y - R(1-\cos\varepsilon_1)\sin\varepsilon_1]\right\}.$$

Si l'on différentie cette équation en remarquant que $\cos\alpha = \frac{dx}{ds}$, $\sin\alpha = \frac{dy}{ds}$, on obtient la suivante :

$$\frac{d^2\alpha}{ds^2} = N_1\cos(\alpha+\varepsilon_1).$$

Multipliant par $d\alpha$, intégrant et remarquant que l'équation (1) donne $\frac{d\alpha}{ds} = 0$ pour le point a_1 ou pour $\alpha = -\varepsilon_1$, on trouve

$$(2)\quad \frac{1}{2}\frac{d\alpha^2}{ds^2} = N_1\sin(\alpha+\varepsilon_1),$$

d'où

$$ds = -\frac{1}{\sqrt{2N_1}}\frac{d\alpha}{\sqrt{\sin(\alpha+\varepsilon_1)}},$$

par suite

$$dx = -\frac{1}{\sqrt{2N_1}}\frac{\cos\alpha\, d\alpha}{\sqrt{\sin(\alpha+\varepsilon_1)}},$$

$$dy = -\frac{1}{\sqrt{2N_1}}\frac{\sin\alpha\, d\alpha}{\sqrt{\sin(\alpha+\varepsilon_1)}}.$$

Si l'on intègre ces dernières équations entre les points a_0 et a_1, on obtient les suivantes :

$$(3)\quad \begin{cases} l - R(\sin\varepsilon_1 - \sin\varepsilon_0) = \dfrac{1}{\sqrt{2N_1}}\displaystyle\int_{-\varepsilon_1}^{\varepsilon_0}\frac{\cos\alpha\, d\alpha}{\sqrt{\sin(\alpha+\varepsilon_1)}}, \\ R(2 - \cos\varepsilon_1 - \cos\varepsilon_0) = \dfrac{1}{\sqrt{2N_1}}\displaystyle\int_{-\varepsilon_1}^{\varepsilon_0}\frac{\sin\alpha\, d\alpha}{\sqrt{\sin(\alpha+\varepsilon_1)}}, \end{cases}$$

qui permettront de déterminer ε_0 et ε_1 en fonction de N_1. En les ajoutant après les avoir multipliées respectivement par $\sin\varepsilon_1$

et $\cos\varepsilon_1$, puis par $\cos\varepsilon_1$ et $-\sin\varepsilon_1$, on trouve

$$(4)\quad \begin{cases} l\sin\varepsilon_1 - 2R\left[\cos^2\dfrac{(\varepsilon_0+\varepsilon_1)}{2} - \cos\varepsilon_1\right] = \dfrac{1}{\sqrt{2N_1}}\displaystyle\int_{-\varepsilon_1}^{\varepsilon_0}\sqrt{\sin(\alpha+\varepsilon_1)}\,d\alpha, \\ l\cos\varepsilon_1 + R[\sin(\varepsilon_0+\varepsilon_1) - 2\sin\varepsilon_1] = \dfrac{2}{\sqrt{2N_1}}\sqrt{\sin(\varepsilon_0+\varepsilon_1)}, \end{cases}$$

et la solution du problème ne dépend que d'une intégrale elliptique de seconde espèce.

Supposons que ε_0 et ε_1, par suite α, soient assez petits pour que nous puissions en négliger, devant l'unité, les puissances supérieures à la seconde; nous aurons

$$\int_{-\varepsilon_1}^{\varepsilon_0}\sqrt{\sin(\alpha+\varepsilon_1)}\,d\alpha = \int_{-\varepsilon_1}^{\varepsilon_0}\left[\sqrt{\alpha+\varepsilon_1} - \frac{1}{12}(\alpha+\varepsilon_1)^{\frac{5}{2}}\right]$$

$$= \frac{2}{3}(\varepsilon_0+\varepsilon_1)^{\frac{3}{2}}\left[1 - \frac{1}{28}(\varepsilon_0+\varepsilon_1)^2\right],$$

$$\sqrt{\sin(\varepsilon_0+\varepsilon_1)} = \sqrt{\varepsilon_0+\varepsilon_1}\left[1 - \frac{1}{12}(\varepsilon_0+\varepsilon_1)^2\right],$$

et dans ces valeurs nous pourrons négliger les termes du second ordre, non-seulement parce qu'ils sont déjà supposés petits, mais encore parce qu'ils sont affectés de petits coefficients; il vient ainsi

$$(5)\quad \begin{cases} l\varepsilon_1\left(1 - \dfrac{1}{6}\varepsilon_1^2\right) - R\left[\varepsilon_1^2 - \dfrac{1}{4}(\varepsilon_0+\varepsilon_1)^2\right] = \dfrac{2}{3\sqrt{N_1}}(\varepsilon_0+\varepsilon_1)\sqrt{\varepsilon_0+\varepsilon_1}, \\ l\left(1 - \dfrac{\varepsilon_1^2}{2}\right) + R\left\{(\varepsilon_0+\varepsilon_1)\left[1 - \dfrac{(\varepsilon_0+\varepsilon_1)^2}{6}\right] - 2\varepsilon_1\left(1 - \dfrac{\varepsilon_1^2}{6}\right)\right\} = \dfrac{2}{\sqrt{2N_1}}\sqrt{\varepsilon_0+\varepsilon_1}. \end{cases}$$

Si nous négligeons maintenant les termes du second ordre et si nous admettons que R soit assez petit pour que l'on puisse considérer les rapports $\dfrac{R\varepsilon_1}{l}$, $\dfrac{R(\varepsilon+\varepsilon_1)}{l}$ comme étant de cet ordre de grandeur, nous aurons

$$(6)\quad \begin{cases} l\varepsilon_1 = \dfrac{2}{3\sqrt{2N_1}}(\varepsilon_0+\varepsilon_1)\sqrt{\varepsilon_0+\varepsilon_1}, \\ l = \dfrac{2}{\sqrt{2N_1}}\sqrt{\varepsilon_0+\varepsilon_1}, \end{cases}$$

d'où

$$(7)\qquad \begin{cases} \varepsilon_0 = 2\varepsilon_1, \\ N_1 l^2 = 6\varepsilon_1. \end{cases}$$

Si l'on désigne par μN_0 la réaction de la roulette C_0 et si l'on transporte les forces μN_1, μN_0 parallèlement à elles-mêmes au point A_0, on reconnaît, en continuant l'approximation ci-dessus, qu'elles se réduisent à

1° Une force $Y = \mu(N_0 - N_1)$, dirigée suivant $A_0 y$;
2° Une force $X = -\mu(N_0\varepsilon_0 + N_1\varepsilon_1)$, dirigée suivant $A_0 x$;
3° Un couple $\mu N_1 l = \dfrac{6\mu\varepsilon_1}{l}$.

Soient

S le sommet de la portion de la lame comprise entre les roulettes intérieures;
I_0, I_1 les intersections de la normale en ce point avec les prolongements de a_0C_0 et a_1C_1;
a la longueur A_0I_0 et φ l'angle A_0IS, qui sont considérés comme des données de la question.

Pour déterminer la forme de la courbe a_0S, prenons respectivement pour axes des x' et des y' la tangente et la normale en S.

Les deux groupes de forces Y et X se faisant équilibre sur la lame entre les deux roulettes intérieures, on a, en projetant sur SI_0,

$$(a)\qquad (N_1 - N_0)\cos\varphi = (N_0\varepsilon_0 + N_1\varepsilon_1)\sin\varphi,$$

d'où

$$N_0 = N_1\frac{(1 - \varepsilon_1\operatorname{tang}\varphi)}{1 + 2\varepsilon_1\operatorname{tang}\varphi},$$

$$\frac{Y}{\mu} = -\frac{3N_1\varepsilon_1\operatorname{tang}\varphi}{1 + 2\varepsilon_1\operatorname{tang}\varphi} = -\frac{18\varepsilon_1^2\operatorname{tang}\varphi}{l^2(1 + 2\varepsilon_1\operatorname{tang}\varphi)},$$

$$\frac{X}{\mu} = -\frac{3N_1\varepsilon_1}{1 + 2\varepsilon_1\operatorname{tang}\varphi} = -\frac{18\varepsilon_1^2}{l^2(1 + 2\varepsilon_1\operatorname{tang}\varphi)}.$$

Les composantes des forces μN_1, μN_0 parallèles aux axes Sy',

Sx', abstraction faite du facteur μ, ont, par suite, pour expressions

$$(8)\qquad \left\{\begin{aligned} Y' &= \frac{18\varepsilon_1^2(\sin\varphi - \cos\varphi)}{l^2(1+2\varepsilon_1\tang\varphi)},\\ X' &= -\frac{18\varepsilon_1^2}{l^1[\cos\varphi(1+2\varepsilon_1\tang\varphi)]}.\end{aligned}\right.$$

Si donc nous désignons par y'_0 l'ordonnée du point A_0 et par γ l'angle que forme la tangente au point (x', y') avec S_0x', nous aurons

$$(9)\qquad \frac{d\gamma}{ds} = Y'(a\sin\varphi - x') - X'(y'_0 - y) + \frac{6\varepsilon_1}{l}.$$

On tire de là

$$\frac{d^2\gamma}{ds^2} = X'\sin\gamma - Y'\cos\gamma,$$

et, en multipliant par $d\gamma$ et intégrant,

$$(10)\qquad \frac{1}{2}\frac{d\gamma^2}{ds^2} = -X'\cos\varphi - Y'\sin\varphi + C,$$

C étant une constante que l'on déterminera en exprimant que les équations (9) et (10) donnent la même valeur de $\dfrac{d\gamma}{ds}$ pour le point S ou pour $x' = 0$, $y' = 0$, $\gamma = 0$, d'où, en remarquant que X', Y' sont du second ordre,

$$C = X' + \frac{1}{2}\left(Y'a\sin\varphi - X'y'_0 + \frac{6\varepsilon_1}{l}\right)^2 = X' + 18\frac{\varepsilon_1^2}{l^2}.$$

L'équation (10) devient, en y remplaçant X', Y', C par leurs valeurs et désignant par ρ le rayon de courbure,

$$\frac{1}{\rho} = \frac{d\gamma}{ds} = \frac{6\varepsilon_1}{l}\left[1 + \frac{\sin\gamma(\cos\varphi - \sin\varphi) - \dfrac{(1-\cos\gamma)}{\cos\varphi}}{1+2\varepsilon_1\tang\varphi}\right]^{\frac{1}{2}}.$$

Pour que le profil a_0S diffère peu d'un arc de cercle, il faut que, entre $\gamma = 0$ et $\gamma = \varphi - \varepsilon$ ou $\gamma = \varphi$, le second terme entre parenthèses, nul avec γ, reste une petite fraction; en admettant qu'il en soit ainsi, sauf à déterminer ultérieurement les conditions qui doivent être remplies à cet effet, on peut prendre

$$\frac{1}{\rho} = \frac{d\gamma}{ds} = \frac{6\varepsilon_1}{l}\left[1 + \frac{1}{2}\,\frac{\sin\gamma(\cos\varphi - \sin\varphi) - \dfrac{(1-\cos\gamma)}{\cos\gamma}}{1 + 2\varepsilon_1 \operatorname{tang}\varphi}\right],$$

d'où

$$(11) \qquad \rho = \frac{ds}{d\gamma}\left[1 - \frac{1}{2}\,\frac{\sin\gamma(\cos\varphi - \sin\varphi) - \dfrac{(1-\cos\gamma)}{\cos\varphi}}{1 + 2\varepsilon_1 \operatorname{tang}\varphi}\right].$$

Soit

$$(12) \quad v = \frac{1}{\varphi}\int_0^{\varphi} \rho\, d\varphi = \frac{l}{6\varepsilon_1}\left[1 - \frac{(1-\cos\varphi)(\cos\varphi - \sin\varphi) - \dfrac{\varphi - \sin\varphi}{\cos\varphi}}{2\varphi(1 + 2\varepsilon_1 \operatorname{tang}\varphi)}\right]$$

le rayon de courbure moyen; nous aurons

$$(13) \left\{ \begin{aligned} \frac{\rho - v}{v} = \frac{1}{2(1 + 2\varepsilon_1 \operatorname{tang}\varphi)}\Bigg[&\frac{(1-\cos\varphi)(\cos\varphi - \sin\varphi)}{\varphi} + \frac{\operatorname{tang}\varphi}{\varphi} \\ &- \frac{1}{\cos\varphi} - \sin\gamma(\cos\varphi - \sin\varphi) + \frac{1-\cos\gamma}{\cos\varphi}\Bigg]. \end{aligned} \right.$$

Posons

$$\eta = \sin\gamma(\cos\varphi - \sin\varphi) - \frac{(1-\cos\gamma)}{\cos\varphi}.$$

Supposons d'abord que φ soit inférieur à 45 degrés; si l'on fait croître γ à partir de zéro, η d'abord nul croîtra, puis décroîtra et s'annulera pour la valeur de γ donnée par l'équation

$$\operatorname{tang}\frac{\gamma}{2} = \cos\varphi(\cos\varphi - \sin\varphi).$$

Cette valeur ne correspond à un point de l'arc a_0S que si elle est inférieure à $\varphi - \varepsilon_0$, ou si l'on veut à φ, ce qui n'a lieu que si φ est au moins égal à 32 degrés environ. Le maximum η correspondra à la valeur de γ donnée par

$$\operatorname{tang}\gamma = \cos\varphi(\cos\varphi - \sin\varphi)$$

et ne sera admissible que si cette équation donne pour γ une valeur au plus égale à φ, ce qui suppose que ce dernier angle ne soit pas inférieur à 24°25′. Ce maximum sera

$$\eta' = \frac{1}{\cos\varphi}\left[\sqrt{1+\cos^2\varphi(\cos\varphi - \sin\varphi)^2} - 1\right].$$

Pour de plus grandes valeurs de γ, celle de η deviendra négative, et sa plus grande valeur absolue correspondra à $\gamma = \varphi$ et sera

$$\sin\varphi(\sin\varphi - \cos\varphi) + \frac{(1-\cos\varphi)}{\varphi}; \tag{14}$$

il est facile de reconnaître que, entre $\varphi = 24°25'$ et $\varphi = 45°$, elle est supérieure au maximum η'.

Si $\varphi < 24°25'$, la plus grande valeur de η sera donnée par l'expression (14) changée de signe; la même expression donne la plus grande valeur de $-\eta$ pour $\varphi > 45°$, limite à partir de laquelle η reste constamment négatif.

Il résulte de cette discussion que la plus grande valeur absolue du rapport (13) correspond à $\gamma = \varphi$ et qu'il croît avec φ. Cette valeur est

$$\frac{1}{2(1+2\varepsilon_1\tang\varphi)}\left[(\cos\varphi - \sin\varphi)\left(\frac{1-\cos\varphi}{\varphi} - \sin\varphi\right) + \frac{\tang\varphi}{\varphi} - 1\right].$$

En y faisant

$$\varphi = 60°, \quad \text{on trouve} \quad \frac{0,345}{1+3,46\varepsilon_1},$$

$$\varphi = 50°, \quad \text{»} \quad \frac{0,209}{1+2,38\varepsilon_1},$$

$$\varphi = 45°, \quad \text{»} \quad \frac{0,136}{1+2\varepsilon_1},$$

$$\varphi = 40°, \quad \text{»} \quad \frac{0,082}{1+1,67\varepsilon_1},$$

$$\varphi = 30°, \quad \text{»} \quad \frac{0,004}{1+1,55\varepsilon_1}.$$

On voit, d'après ce Tableau, que, pour que l'instrument que nous étudions donne un tracé suffisamment exact, il faut que l'angle 2φ des normales aux extrémités de la partie utile de la lame ne dépasse pas 80 degrés, comme nous le supposerons dorénavant; mais alors, en raison du degré d'approximation adopté, nous pouvons négliger $2\varepsilon_1 \operatorname{tang}\varphi$ devant l'unité, et les équations (11) et (12) se réduisent respectivement aux suivantes :

$$(11') \quad \rho = \frac{ds}{d\gamma} = \left\{ 1 - \frac{1}{2}\left[\sin\gamma(\cos\varphi - \sin\varphi) - \frac{(1-\cos\varphi)}{\cos\varphi} \right] \right\},$$

$$(12') \quad \iota = \frac{l}{6\varepsilon_1}\left\{ 1 - \frac{1}{2\varphi}\left[(1-\cos\varphi)(\cos\varphi - \sin\varphi) - \frac{\varphi - \sin\varphi}{\cos\varphi} \right] \right\}.$$

Il nous reste maintenant à déterminer la valeur de C correspondant à un angle φ donné.

Nous avons $dx' = ds\cos\gamma$, $dy' = ds\sin\gamma$, et, en remplaçant ds par sa valeur donnée par l'équation (11'), puis intégrant entre les limites o et γ, on trouve

$$x' = \frac{l}{6\varepsilon_1}\left[\sin\gamma - \frac{\sin\gamma}{2\cos\varphi} - \frac{(\cos\varphi - \sin\varphi)}{4}\sin^2\gamma + \frac{\gamma}{4\cos\varphi} + \frac{\sin 2\gamma}{8} \right],$$

$$y' = \frac{l}{6\varepsilon_1}\left[2\sin^2\frac{\gamma}{2} - \frac{\sin^2\frac{\gamma}{2}}{\cos\varphi} - \frac{1}{4}\sin^2\gamma - \frac{\gamma}{4}(\cos\varphi - \sin\varphi) + \frac{(\cos\varphi - \sin\varphi)}{8}\sin 2\gamma \right]$$

Il ne faut pas perdre de vue que dans chacune de ces expressions l'ensemble des termes qui suivent le premier est de l'ordre de η.

Pour le point a_0, on a, aux termes du second ordre près en ε_1 et η, en désignant par x'_0 l'abscisse du point A_0,

$$x' = x'_0, \quad y' = y'_0, \quad \text{pour} \quad \gamma = \varphi - \varepsilon_0 = \varphi - 2\varepsilon_1,$$

et, par la substitution de ces valeurs, les deux équations précédentes permettront de déterminer ε_1 et y_0 ; mais il nous suffit de considérer seulement la première qui fait connaître ε_1, la seule quantité qui entre dans l'expression de ρ. En négligeant les termes de l'ordre $\eta\varepsilon_1$, on trouve

$$(15) \quad \varepsilon_1 = \frac{\sin\varphi\left(1 - \frac{1}{2\cos\varphi}\right) - \left(\frac{\cos\varphi - \sin\varphi}{4}\right)\sin^2\varphi + \frac{\varphi}{4\cos\varphi} + \frac{\sin 2\varphi}{8}}{\frac{x'_0}{l} + 2\cos\varphi}.$$

Soient θ l'angle dont on a fait tourner les porte-roulettes ou l'inclinaison de la droite C_1C_0 sur Sx', ω l'angle connu que forme C_1C_0 avec A_1A_0; on a

$$\varphi - \omega = 90^\circ - \theta,$$

d'où

$$(16) \qquad \varphi = 90^\circ + \omega - \theta.$$

Si d est la distance connue à Sy' de l'axe de chaque porte-roulettes, on a

$$d = \frac{l}{2}\cos(\theta + \omega) + x'_0,$$

d'où

$$(17) \qquad x'_0 = d - \frac{l}{2}\cos(\theta + \omega).$$

En mettant les formules (12′) et (15) sous la forme

$$(12'') \qquad \iota = H\frac{l}{\varepsilon_1},$$

$$(15') \qquad \varepsilon_1 = \frac{A}{\frac{x'_0}{l} + B},$$

on trouve

H = 0,1609,	A = 0,1692,	B = 1,969	pour	φ = 10°,
0,1581,	0,3326,	1,819	»	20°,
0,1637,	0,4720,	1,733	»	30°,
0,1719,	0,5574,	1,532	»	40°.

A l'aide de ces données et des formules (12″), (15′), (16), (17), il sera facile de construire pour chaque instrument une Table donnant les valeurs de ι correspondant à des valeurs de θ suffisamment rapprochées les unes des autres; l'angle θ pourra d'ailleurs être indiqué par un système formé d'une aiguille et d'un cadran disposés en conséquence.

2° *Influence du frottement.* — Soient

p le rayon des axes des roulettes;
f le coefficient du frottement des roulettes sur leurs axes;
δ le coefficient du frottement de roulement des roulettes sur la lame;
μT_0, μT_1 les composantes tangentielles des réactions des roulettes C_0 et C_1 sur la lame.

Nous négligerons les termes de l'ordre $f\varepsilon_1$ ou $f\varepsilon_0$, et nous pourrons supposer que les forces μT_0, μT_1 sont dirigées suivant la tangente A_0A_1 commune aux deux roulettes. Les conditions d'équilibre des roulettes donnent

$$(18) \qquad T_0 = N_0 k, \quad T_1 = N_1 k,$$

en posant, pour abréger, $k = \frac{\delta + fp}{R}$.

Au degré d'approximation adopté, l'influence des forces μT_0, μT_1 sur la courbure de la portion $a_1 a_0$ de la lame est négligeable. Le frottement de roulement, résultant, comme on le sait, de ce que les points d'application des réactions μN_0, μN_1 sont portés en avant et à la petite distance δ de a_0 et a_1, n'influe pas non plus d'une manière sensible sur la forme de $a_1 a_0$, de sorte que les équations (6) et (7) peuvent encore s'appliquer dans les conditions actuelles.

Au lieu de l'équation (a), nous avons la suivante :

$$(N_1 - N_0)\cos\varphi = (N_0\varepsilon_0 + N_1\varepsilon_1)\sin\varphi \mp k(N_0 + N_1)\sin\varphi,$$

en prenant le signe — ou le signe + selon que l'on tend à augmenter ou à diminuer la courbure de la lame.

Pour fixer les idées, nous considérerons le premier cas; le second s'en déduira en changeant le signe de k. L'équation précédente donne, aux termes du troisième ordre près en ε_1, k, en ayant égard aux formules (7),

$$N_0 = \frac{6\varepsilon_1}{l^2}[1 - (3\varepsilon_1 - 2k)\operatorname{tang}\varphi],$$

et l'on voit que l'on peut prendre $T_0 = T_1 = \frac{6\varepsilon_1 k}{l^2}$.

Il résulte de là que la déformation de la lame $a_0 S$, due au frottement, est produite par les forces $12\frac{\varepsilon_1 k\mu}{l^2}\operatorname{tang}\varphi$, $12\frac{\varepsilon_1 k\mu}{l^2}$, respectivement dirigées suivant $C_0 a_0$ ou $C_0 A_0$ et $A_0 A_1$, en négligeant le frottement de roulement, qui ne peut pas avoir une influence sensible sur la forme de la courbe.

Le moment des forces précédentes par rapport à un point quelconque de $a_0 S$ peut être évalué, en continuant l'approximation adoptée, comme si cet arc appartenait au cercle de rayon $\mathfrak{r}$, de sorte que, si l'on appelle ρ' le rayon de courbure au point ci-dessus, en réservant la lettre ρ pour désigner le rayon de courbure au même point dans le cas où l'on néglige le frottement, on a

$$\frac{1}{\rho'} - \frac{1}{\rho} = 12\varepsilon_1 k \frac{\mathfrak{r}}{l^2}\left\{ -\sin(\varphi - \theta)\operatorname{tang}\varphi + [1 - \cos(\varphi - \theta)]\right\},$$

d'où

$$\rho' - \rho = 12\varepsilon_1 k \frac{\mathfrak{r}}{l^2}\rho\rho'\left\{ \sin(\varphi - \theta)\operatorname{tang}\varphi - [1 - \cos(\varphi - \theta)]\right\},$$

ou encore, en remplaçant $\rho\rho'$ par $\mathfrak{r}^2$,

$$\rho' - \rho = 12\varepsilon_1 k \frac{\mathfrak{r}^3}{l^2}\left\{ \sin(\varphi - \theta)\operatorname{tang}\varphi - [1 - \cos(\varphi - \theta)]\right\}.$$

Si nous appelons $\mathfrak{r}'$ la valeur moyenne de ρ' ou $\frac{1}{\varphi}\int_0^{\varphi} \rho'\,d\varphi$, l'équation précédente donne, par l'intégration,

$$\mathfrak{r}' - \mathfrak{r} = 12\frac{\varepsilon_1 k}{\varphi}\frac{\mathfrak{r}^2}{l^2}(\operatorname{tang}\varphi - \varphi),$$

ou, en vertu des formules (12″) et (15′),

$$\frac{\mathfrak{r}' - \mathfrak{r}}{\mathfrak{r}} = k\mathrm{L}\left(\frac{x_0}{l} + \mathrm{B}\right),$$

en posant, pour abréger, $\mathrm{L} = 12\mathrm{H}\dfrac{\operatorname{tang}\varphi - \varphi}{\varphi}$.

Si l'on fait le calcul, on trouve que l'on a

$\mathrm{L} = 0{,}0201$	pour	$\varphi = 10°$,
$0{,}0391$	»	$20°$,
$0{,}0710$	»	$30°$,
$0{,}1292$	»	$40°$.

Or, tout en satisfaisant à des conditions convenables de solidité de l'instrument, on peut donner à p une valeur telle que k soit au plus égal à $\frac{1}{200}$, et alors $\dfrac{\mathfrak{r}' - \mathfrak{r}}{\mathfrak{r}}$, tout en croissant avec la courbure, restera toujours une petite fraction dans les limites de φ que nous avons admises; en d'autres termes, le frottement n'aura pas une influence sensible sur la force de la lame, et c'est ce que nous nous proposions d'établir.

57. *De la résistance d'une chaudière cylindrique de forme elliptique soumise à l'action d'une pression intérieure.* — Le profil de la section droite d'une pareille chaudière est déterminé par deux courbes parallèles à une ellipse dont elles sont équidistantes. L'équidistance ou la demi-épaisseur est censée assez faible pour que l'on puisse supposer que la pression est répartie sur la surface du cylindre elliptique moyen.

Nous ne considérerons d'ailleurs que des éléments de la pièce suffisamment éloignés de ses extrémités pour que le mode d'agencement des fonds n'ait aucune influence appréciable sur leurs déplacements transversaux, ce qui revient théoriquement à considérer ces éléments comme appartenant à une chaudière dont la longueur serait infinie.

Concevons que l'on détache de la pièce un tronçon d'une longueur égale à l'unité et limité par deux sections droites; la considération de ce tronçon se ramène évidemment à celle de l'une de ces sections, en supposant que la pression normale soit uniformément répartie sur l'ellipse moyenne.

Soient (*fig.* 32)

Fig. 32.

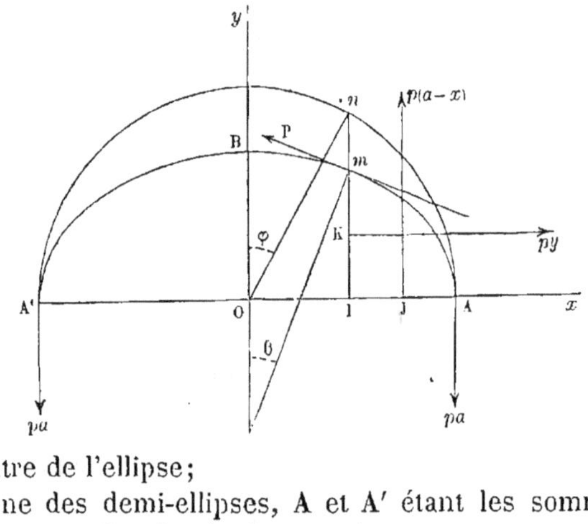

O le centre de l'ellipse;

ABA' l'une des demi-ellipses, A et A' étant les sommets du grand axe, et B celui du demi-petit axe;

OAx, OBy les parties positives des axes des x et des y;

$2a$, $2b$, c le grand axe, le petit axe et l'excentricité relative de la courbe;

$x = OI$, $y = Im$ les coordonnées d'un point m du quart d'ellipse AB considéré en particulier;

θ et φ les angles formés avec Oy par la normale en m et par le rayon On mené à l'intersection du cercle circonscrit avec la direction de Im;

s l'arc Bm de l'ellipse;

p la pression par unité de longueur d'arc;

$2e$ l'épaisseur.

En se rappelant que l'on a $mI = \frac{b}{a} nI = nI\sqrt{1 - c^2}$, la figure donne

$$(a) \qquad \begin{cases} x = a \sin\varphi, \\ y = a\sqrt{1 - c^2}\cos\varphi. \end{cases}$$

On déduit de là

$$(b) \qquad \begin{cases} y^2 + x^2 = a^2(1 - c^2 + c^2 \sin^2\varphi), \\ dx = a\cos\varphi\, d\varphi, \\ dy = -a\sqrt{1 - c^2}\sin\varphi\, d\varphi, \\ ds = a\sqrt{1 - c^2 \sin^2\varphi}\, d\varphi, \\ \cos\theta = \dfrac{dx}{ds} = \dfrac{\cos\varphi}{\sqrt{1 - c^2\sin^2\varphi}}, \\ \sin\theta = \dfrac{\sqrt{1 - c^2}\sin\varphi}{\sqrt{1 - c^2\sin^2\varphi}}. \end{cases}$$

Les tractions égales exercées en A et A′, par l'autre demi-moitié de l'ellipse, ont pour valeur pa, puisqu'elles doivent faire équilibre à la résultante $2pa$ des pressions élémentaires qui agissent sur A′BA. La pression totale sur Am a pour composantes $p.AI = p(a - x)$, $p.mI = py$, respectivement parallèles à Oy et à Ox; la direction de la première passe par le milieu J de AI, et celle de la seconde par le milieu K de Im.

Résultante des forces élastiques normales à une section. — Si nous projetons sur la tangente mP en m les forces qui sollicitent l'arc Am, on trouve, pour cette résultante,

$$P = pa\sin\theta - p(a-x)\sin\theta + py\cos\theta = p(x\sin\theta + y\cos\theta),$$

ou, en remplaçant x, y, $\sin\theta$, $\cos\theta$ par leurs valeurs en fonction de φ que donnent les formules (a) et (b),

$$(1) \qquad P = pa\frac{\sqrt{1-c^2}}{\sqrt{1-c^2\sin^2\varphi}}.$$

Moment fléchissant. — Le moment du couple élastique développé dans la section A est une constante dont la valeur ne peut résulter que de la solution du problème. En prenant les moments par rapport à m des forces pa, $p(a-x)$, py, la première étant la seule qui tende à augmenter la courbure, et ajoutant à la somme obtenue une constante pour représenter le moment du couple élastique en A, on a, pour le moment fléchissant,

$$\mathfrak{M} = p\left[a(a-x) - \frac{y^2}{2} - \frac{(a-x)^2}{2} + \text{const.}\right] = -\frac{p}{2}(y^2 + x^2 + \text{const.}),$$

ou, en ayant égard à la première des formules (b) et désignant par C une constante arbitraire,

$$(2) \qquad \mathfrak{M} = \frac{pa^2c^2}{2}(C - \sin^2\varphi).$$

Équation de condition. — En se reportant à la formule (1) du n° 44, on voit que, pour exprimer que l'angle yOx reste droit après la déformation, il faut poser

$$\int_0^{\frac{\pi}{2}} \mathfrak{M}\frac{ds}{d\varphi}\,d\varphi = 0,$$

ou, en vertu de la quatrième des formules (b) et eu égard à la valeur ci-dessus de $\mathfrak{M}$,

$$C\int_0^{\frac{\pi}{2}}\sqrt{1-c^2\sin^2\varphi}\,d\varphi - \int_0^{\frac{\pi}{2}}\sin^2\varphi\sqrt{1-c^2\sin^2\varphi}\,d\varphi = 0,$$

d'où

$$(3)\qquad C = \frac{\displaystyle\int_0^{\frac{\pi}{2}} \sin^2\varphi\sqrt{1 - c^2\sin^2\varphi}\, d\varphi}{\displaystyle\int_0^{\frac{\pi}{2}} \sqrt{1 - c^2\sin^2\varphi}\, d\varphi}.$$

Chacun des éléments de l'intégrale du numérateur étant plus petit que l'élément correspondant de l'intégrale du dénominateur, la valeur de la première intégrale est inférieure à celle de l'autre, d'où il suit que C est plus petit que l'unité. Dans les cas extrêmes où $c = 0$ et $c = 1$, les intégrations peuvent s'effectuer, et l'on trouve $C = \frac{1}{2}$, $C = \frac{1}{3}$, d'où l'on peut déjà conclure que, pour une valeur quelconque c, C sera compris entre $\frac{1}{2}$ et $\frac{1}{3}$.

En développant suivant la formule du binôme, on a

$$(c)\qquad (1 - c^2\sin^2\varphi)^{\frac{1}{2}} = 1 - \sum_{m=1}^{\infty} \frac{1.3\ldots(2m-3)}{2.4\ldots 2m}\, c^{2m}\sin^{2m}\varphi;$$

d'ailleurs (¹)

$$(d)\qquad \int_0^{\frac{\pi}{2}} \sin^{2m}\varphi\, d\varphi = \frac{1.3.5\ldots(2m-1)}{2.4\ldots 2m}\,\frac{\pi}{2},$$

par suite,

$$(e)\qquad \int_0^{\frac{\pi}{2}} \sqrt{1 - c^2\sin^2\varphi}\, d\varphi = \frac{\pi}{2}\left\{1 - \sum_{m=1}^{\infty} \frac{1}{2m-1}\left[\frac{1.3\ldots(2m-1)c^m}{2.4\ldots 2m}\right]^2\right\}.$$

Maintenant nous avons, en nous reportant au développe-

(¹) Quoique cette formule se trouve dans tous les Traités de Calcul intégral, pour éviter toute recherche de la part du lecteur, nous allons reproduire les considérations au moyen desquelles on y arrive.

On a, en intégrant par parties,

$$\begin{aligned}\int \sin^{2m}\varphi\, d\varphi &= -\int \sin^{2m-1} d\cos\varphi \\ &= -\sin^{2m-1}\varphi\cos\varphi + (2m-1)\int \sin^{2m-2}\varphi\cos^2\varphi\, d\varphi \\ &= -\sin^{2m-1}\varphi\cos\varphi + (2m-1)\int \sin^{2m-2}\varphi(1 - \sin^2\varphi)\, d\varphi \\ &= -\sin^{2m-1}\varphi\cos\varphi + (2m-1)\int \sin^{2m}\varphi\, d\varphi + (2m-1)\int \sin^{2m-2}\varphi\, d\varphi,\end{aligned}$$

ment (c),

$$\sin^2\varphi(1-c^2\sin^2\varphi)^{\frac{1}{2}}=\frac{(1-\cos 2\varphi)}{2}-\sum_{m=1}^{\infty}\frac{1.3\ldots(2m-1)}{2.4\ldots 2m}c^{2m}\sin^{2m+2}\varphi;$$

mais, en remplaçant $2m$ par $2m+2$, la formule (d) nous donne

$$\int_0^{\frac{\pi}{2}}\sin^{2m+2}\varphi\,d\varphi=\frac{1.3.5\ldots(2m+1)}{2.4\ldots(2m+2)}\,\frac{\pi}{2}.$$

On a donc, par suite,

$$(f)\quad\left\{\begin{aligned}&\int_0^{\frac{\pi}{2}}\sin^2\varphi\sqrt{1-c^2\sin^2\varphi}\,d\varphi\\&\quad=\frac{\pi}{2}\left\{\frac{1}{2}-\sum_{m=1}^{\infty}\frac{2m+1}{(2m-1)(2m+2)}\left[\frac{1.3\ldots(2m-1)}{2.4.6\ldots 2m}c^m\right]^2\right\}.\end{aligned}\right.$$

La formule (3) devient alors

$$(4)\quad C=\frac{\frac{1}{2}-\sum_{m=1}^{\infty}\frac{2m+1}{(2m-1)(2m+2)}\left[\frac{1.3\ldots(2m-1)}{2.4.6\ldots 2m}c^m\right]^2}{1-\sum_{m=1}^{\infty}\frac{1}{2m-1}\left[\frac{1.3\ldots(2m-1)}{2.4.6\ldots 2m}c^m\right]^2}.$$

Lorsque l'excentricité est un peu grande, cette formule exige des calculs assez pénibles, en raison du nombre des termes

---

d'où, en posant $\int_0^{\frac{\pi}{2}}\sin^{2m}\varphi\,d\varphi=A_{2m}$,

$$A_{2m}=\frac{2m-1}{2m}A_{2m-2},$$

et de même, successivement, en remarquant que $A_0=\frac{\pi}{2}$,

$$A_{2m-2}=\frac{2m-3}{2m-2}A_{2m-4},$$

$$\ldots\ldots\ldots\ldots\ldots\ldots,$$

$$A_4=\tfrac{3}{4}A_2,$$

$$A_2=\frac{1}{2}\,\frac{\pi}{2}.$$

En multipliant entre elles toutes ces égalités, on trouve la formule (d).

que l'on est obligé de prendre dans chacune des deux séries pour obtenir une approximation suffisante.

Ce qu'il y a de mieux à faire est de calculer au moyen d'une formule de quadrature, par approximation, les valeurs approchées des intégrales (c) et (f) correspondant à des valeurs de c^2 suffisamment rapprochées les unes des autres, et de former une Table donnant les valeurs correspondantes de C fournies par la formule (3). Nous nous sommes borné, en opérant ainsi, à calculer les éléments suivants [1] :

$$C = 0,464 \quad \text{pour} \quad c^2 = \tfrac{7}{16} \quad \text{ou pour} \quad \frac{b}{a} = \tfrac{3}{4},$$

$$C = 0,419 \quad » \quad c^2 = \tfrac{3}{4} \quad » \quad \frac{b}{a} = \tfrac{1}{2},$$

$$C = 0,368 \quad » \quad c^2 = \tfrac{15}{16} \quad » \quad \frac{b}{a} = \tfrac{1}{4}.$$

Au moyen de ces valeurs, nous avons été conduit à poser par approximation

$$(5) \qquad C = 0,333 + 0,167\sqrt{1 - c^2}.$$

L'erreur relative commise en appliquant cette formule est nulle pour $c = 0$, $c = 1$ et sensiblement nulle pour $\frac{b}{a} = \frac{1}{2}$; elle est de $\frac{1}{77}$ pour $\frac{b}{a} = \frac{3}{4}$, et de $\frac{1}{33}$ pour $\frac{b}{a} = \frac{1}{4}$, approximation qui est bien suffisante dans les applications.

Comme C est essentiellement positif et inférieur à l'unité quel que soit c, nous pourrons poser

$$(g) \qquad C = \sin^2 z,$$

---

[1] Nous avons employé la formule de Poncelet, parce qu'elle offre sur les autres le double avantage d'exiger le calcul d'un nombre moindre d'ordonnées et de donner une limite supérieure de l'erreur commise. Nous avons pris $\Delta = \frac{1}{10}\frac{\pi}{2}$ pour l'équidistance. La limite supérieure de l'erreur relative n'a atteint qu'une seule fois $\frac{6}{1000}$ dans l'évaluation de l'intégrale (c) et $\frac{23}{1000}$ dans celle de l'intégrale (d). Nous avons ainsi obtenu une approximation bien suffisante.

α ne pouvant varier avec c qu'entre les limites 46° 30′ et 34° 30′, correspondant à $c = 0$ et $c = 1$. La formule (2) prend alors la forme

$$\mathfrak{M} = \frac{pa^2c^2}{2}(\sin^2\alpha - \sin^2\varphi). \tag{6}$$

On voit ainsi que, par suite de la déformation, la courbure de la fibre moyenne a diminué de A au point m_1 correspondant à $\varphi = \alpha$, point pour lequel il n'y a pas de variation de courbure; entre ce point et B, la courbure a augmenté. En d'autres termes, l'ovalisation a diminué, ce qui est conforme à l'observation et même au sentiment.

Conditions de résistance. — En vertu de la formule (1), la dilatation de la fibre moyenne est donnée par

$$\delta_0 = \frac{P}{2Ec} = \frac{pa}{2Ec}\,\frac{\sqrt{1-c^2}}{\sqrt{1-c^2\sin^2\varphi}}. \tag{7}$$

Si ρ_0, ρ sont les rayons de courbure de la fibre moyenne avant et après la déformation, on a, en remarquant que $I = \frac{2}{3}e^3$,

$$\frac{2}{3}Ee^3\left(\frac{1}{\rho} - \frac{1}{\rho_0}\right) = \frac{pa^2c^2}{2}(\sin^2\alpha - \sin^2\varphi),$$

d'où, pour la dilatation maximum développée dans une section,

$$\mp e\left(\frac{1}{\rho} - \frac{1}{\rho_0}\right) = \frac{3}{4}\,\frac{pa^2c^2}{e^2E}(\sin^2\alpha - \sin^2\varphi), \tag{8}$$

le signe supérieur et le signe inférieur se rapportant respectivement aux arcs Am_1, m_1B.

En multipliant par E la somme des deux expressions (7) et (8), on obtient, pour l'effort élastique maximum développé dans la section,

$$S = \frac{pa}{2e}\left[\frac{\sqrt{1-c^2}}{\sqrt{1-c^2\sin^2\varphi}} \mp \frac{3ac^2}{2e}(\sin^2\alpha - \sin^2\varphi)\right]. \tag{9}$$

La dérivée de cette expression par rapport à φ s'annule pour $\varphi = 90°$ et $\varphi = 0$, et les valeurs maxima correspondantes de S sont respectivement

$$S' = \frac{pa}{2e}\left(1 + \frac{3ac^2}{2e}\cos^2\alpha\right),$$

$$S'' = \frac{pa}{2e}\left(\sqrt{1-c^2} + \frac{3ac^2}{2e}\sin^2\alpha\right).$$

Si l'on exprime que la première est inférieure à la seconde, on trouve

$$\frac{3}{2}\frac{a}{e}(\sin^2\alpha - \cos^2\alpha) > \frac{1}{1+\sqrt{1-c^2}},$$

inégalité qui sera toujours satisfaite, attendu que $\sin^2\alpha > \cos^2\alpha$ et que le rapport $\frac{3}{2}\frac{a}{e}$ est très-grand; d'où il suit que le point B est le point dangereux, et que l'on a, pour déterminer e, l'équation $S'' = \Gamma$, d'où

$$(10) \qquad e = \frac{pa\sqrt{1-c^2} + \sqrt{p^2a^2(1-c^2) + 12pa^2c^2\Gamma\sin^2\alpha}}{4\Gamma}.$$

Cette valeur sera supérieure à celle de

$$\frac{pa\sqrt{1-c^2} + \sqrt{pa^2(1-c^2) + 4pa^2\Gamma c^2}}{4\Gamma},$$

que l'on obtient en remplaçant $\sin^2\alpha$ par sa limite inférieure $\frac{1}{3}$. Il est facile de reconnaître que le minimum de cette expression par rapport à c correspond à $c = 0$.

Ainsi donc, en se plaçant au point de vue de l'économie, la forme circulaire doit être préférée pour une chaudière à la forme elliptique, parce que : 1° pour une même capacité, le périmètre de la section est plus petit; 2° l'épaisseur est plus faible; 3° le travail de chaudronnerie est plus facile.

Quoique la recherche des variations éprouvées par les coordonnées ne présente qu'un médiocre intérêt, nous nous y arrêterons cependant quelques instants. Nous remarquerons d'abord que les formules (2) du n° 44 peuvent se mettre sous la forme suivante :

$$\Delta x = -\frac{1}{\mathrm{EI}}\int dy \int \mathfrak{M}\, ds,$$

$$\Delta y = \frac{1}{\mathrm{EI}}\int dx \int \mathfrak{M}\, ds,$$

ce qui les rend indépendantes du choix de la variable indépendante au moyen de laquelle on est conduit, suivant les circonstances, à exprimer x, y, z et $\mathfrak{M}$.

Revenant à notre forme elliptique, nous avons

$$\int \mathfrak{M}\, ds = \frac{pa^3c^2}{2}\left(\sin^2\alpha \int_0^\varphi \sqrt{1-c^2\sin^2\varphi}\, d\varphi - \int_0^\varphi \sin^2\varphi\sqrt{1-c^2\sin^2\varphi}\, d\varphi\right),$$

et, comme Δx et Δy sont respectivement nuls pour $\varphi = 0$, $\varphi = \frac{\pi}{2}$, il vient

$$\Delta x = \frac{pa^3c^2}{2}\sqrt{1-c^2}\left(\sin^2\alpha \int_0^\varphi \sin\varphi\, d\varphi \int_0^\varphi \sqrt{1-c^2\sin^2\varphi}\, d\varphi \right.$$
$$\left. - \int_0^\varphi \sin\varphi\, d\varphi \int_0^\varphi \sin^2\varphi\sqrt{1-c^2\sin^2\varphi}\, d\varphi\right),$$

$$\Delta y = \frac{pa^3c^2}{2}\left(\sin^2\alpha \int_{\frac{\pi}{2}}^\varphi \cos\varphi\, d\varphi \int_0^\varphi \sqrt{1-c^2\sin^2\varphi}\, d\varphi \right.$$
$$\left. - \int_{\frac{\pi}{2}}^\varphi \cos\varphi\, d\varphi \int_0^\varphi \sin^2\varphi\sqrt{1-c^2\sin^2\varphi}\, d\varphi\right);$$

mais, en intégrant par parties, on trouve

$$\int_0^\varphi \sin\varphi\, d\varphi \int_0^\varphi \sqrt{1-c^2\sin^2\varphi}\, d\varphi$$
$$= -\cos\varphi \int_0^\varphi \sqrt{1-c^2\sin^2\varphi}\, d\varphi + \int_0^\varphi \sqrt{1-c^2\sin^2\varphi}\, d\sin\varphi,$$

$$\int_0^\varphi \sin\varphi\, d\varphi \int_0^\varphi \sin^2\varphi\sqrt{1-c^2\sin^2\varphi}\, d\varphi$$
$$= -\cos\varphi \int_0^\varphi \sin^2\varphi\sqrt{1-c^2\sin^2\varphi}\, d\varphi + \int_0^\varphi \sin^2\varphi\sqrt{1-c^2\sin^2\varphi}\, d\sin\varphi,$$

$$\int_{\frac{\pi}{2}}^{\varphi} \cos\varphi\, d\varphi \int_0^{\varphi} \sqrt{1 - c^2 \sin^2\varphi}\, d\varphi$$

$$= \sin\varphi \int_0^{\varphi} \sqrt{1 - c^2 \sin^2\varphi}\, d\varphi - \int_0^{\frac{\pi}{2}} \sqrt{1 - c^2 \sin^2\varphi}\, d\varphi$$
$$+ \int_{\frac{\pi}{2}}^{\varphi} \sqrt{1 - c^2 + c^2 \cos^2\varphi}\, d\cos\varphi,$$

$$\int_{\frac{\pi}{2}}^{\varphi} \cos\varphi\, d\varphi \int_0^{\varphi} \sin^2\varphi \sqrt{1 - c^2 \sin^2\varphi}\, d\varphi$$

$$= \sin\varphi \int_0^{\varphi} \sin^2\varphi \sqrt{1 - c^2 \sin^2\varphi}\, d\varphi - \int_0^{\frac{\pi}{2}} \sin^2\varphi \sqrt{1 - c^2 \sin^2\varphi}\, d\varphi$$
$$+ \int_{\frac{\pi}{2}}^{\varphi} \sqrt{1 - c^2 + c^2 \cos^2\varphi}\, d\cos\varphi - \int_{\frac{\pi}{2}}^{\varphi} \cos^2\varphi \sqrt{1 - c^2 + c^2 \cos^2\varphi}\, d\cos\varphi.$$

On voit ainsi que la solution du problème se ramène uniquement à l'introduction des deux transcendantes

$$\int \sqrt{1 - c^2 \sin^2\varphi}\, d\varphi, \quad \int \sin^2\varphi \sqrt{1 - c^2 \sin^2\varphi}\, d\varphi,$$

et que, par suite, elle doit être considérée comme complète.

§ VI. — *De la déformation qu'éprouve une pièce à simple ou à double courbure sous l'action de forces qui lui font subir en même temps une flexion et une torsion.*

58. Avant d'aborder cette question, nous croyons devoir reproduire les formules connues qui se rapportent aux deux courbures d'une courbe gauche.

Soient

Ox, Oy, Oz trois axes rectangulaires;
x, y, z les coordonnées d'un point m d'une courbe;
α, β, γ les angles formés par la tangente en m avec Ox, Oy, Oz;

α', β', γ' et α'', β'', γ'' les angles semblables relatifs à la normale principale et la binormale;

ds l'élément de l'arc;

ρ, τ les rayons de courbure et de torsion.

On a [1]

$$(1)\qquad \cos\alpha = \frac{dx}{ds},\qquad \cos\beta = \frac{dy}{ds},\qquad \cos\gamma = \frac{dz}{ds},$$

$$(2)\qquad \cos\alpha' = \rho\frac{d\cos\alpha}{ds},\qquad \cos\beta' = \rho\frac{d\cos\beta}{ds},\qquad \cos\gamma' = \rho\frac{d\cos\gamma}{ds},$$

$$(3)\qquad \cos\alpha' = \tau\frac{d\cos\alpha''}{ds},\qquad \cos\beta' = \tau\frac{d\cos\beta''}{ds},\qquad \cos\gamma' = \tau\frac{d\cos\gamma''}{ds}.$$

---

[1] Pour éviter au lecteur la peine de rechercher ces formules, nous allons en donner une démonstration succincte.

Soient (*fig.* 32)

Fig. 33.

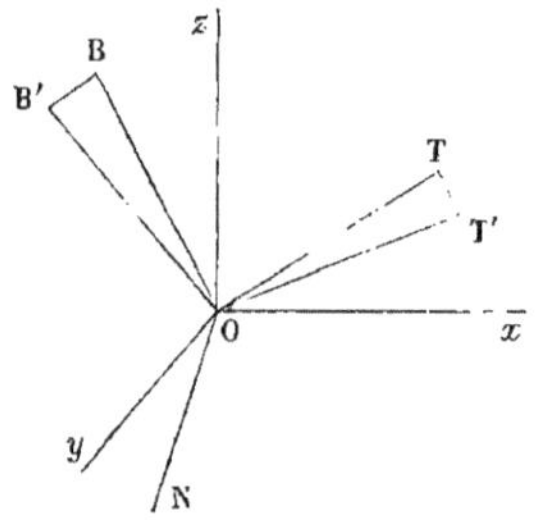

OT, O'T' les parallèles en O aux tangentes menées aux points infiniment voisins *m*, *m'*;

OB la perpendiculaire en O au plan TOT';

OB' la perpendiculaire au plan suivant passant par OT';

ON la normale principale.

Les droites OB, OB' sont des parallèles à deux binormales consécutives.

Portons à partir de O, sur les droites OT, OT', OB, OB', des longueurs égales à l'unité limitées en T, T', B, B'; l'élément TT' est parallèle à N, et l'on a $TT' = \varepsilon$; les coordonnées de T et T', parallèles à Ox, étant $\cos\alpha$, $\cos\alpha + d\cos\alpha$, il vient

$$\varepsilon\cos\alpha' = d\cos\alpha,$$

d'où, en divisant par *ds*,

$$(a)\qquad \cos\alpha' = \rho\frac{d\cos\alpha}{ds}.$$

Les droites OB, OB' étant perpendiculaires à OB', leur plan est perpendi-

Les équations (2) et (3) peuvent être remplacées par les quatre suivantes, obtenues en éliminant $\cos\alpha'$, $\cos\beta'$, $\cos\gamma'$, et en exprimant que la somme des carrés de ces cosinus est égale à l'unité :

$$\frac{d\cos\alpha''}{ds} = \frac{\rho}{\tau}\frac{d\cos\alpha}{ds}, \quad \frac{d\cos\beta''}{ds} = \frac{\rho}{\tau}\frac{d\cos\beta}{ds}, \quad \frac{d\cos\gamma''}{ds} = \frac{\rho}{\tau}\frac{d\cos\gamma}{ds},$$

$$\left(\frac{d\cos\alpha}{ds}\right)^2 + \left(\frac{d\cos\beta}{ds}\right)^2 + \left(\frac{d\cos\gamma}{ds}\right)^2 = \frac{1}{\rho^2}.$$

Si nous posons, pour simplifier,

$$(4) \qquad \begin{cases} \cos\alpha = a, & \cos\beta = b, & \cos\gamma = c, \\ \cos\alpha'' = a'', & \cos\beta'' = b'', & \cos\gamma'' = c'', \end{cases}$$

les équations ci-dessus prendront la forme suivante :

$$(5) \qquad \begin{cases} \dfrac{da''}{ds} = \dfrac{\rho}{\tau}\dfrac{da}{ds}, \quad \dfrac{db''}{ds} = \dfrac{\rho}{\tau}\dfrac{db}{ds}, \quad \dfrac{dc''}{ds} = \dfrac{\rho}{\tau}\dfrac{dc}{ds}, \\ \dfrac{da^2}{ds^2} + \dfrac{db^2}{ds^2} + \dfrac{dc^2}{ds^2} = \dfrac{1}{\rho^2}. \end{cases}$$

---

culaire à cette dernière droite, et par suite au plan TOT'; comme l'intersection de ces deux plans est perpendiculaire à OT, elle est parallèle à TT'; d'où il suit que BB' est parallèle à TT' ou à la normale principale. BB' est égal à ε, et, si l'on remarque que les coordonnées de B, B' parallèles à Ox sont $\cos\alpha''$, $\cos\alpha'' + d\cos\alpha''$, on a

$$\varepsilon' \cos\alpha' = d\cos\alpha'',$$

d'où, en divisant par ds,

$$(b) \qquad \cos\alpha' = \tau\,\frac{d\cos\alpha''}{ds}.$$

Considérons maintenant la droite Ox comme étant rapportée aux trois droites rectangulaires OT, OB, ON considérées comme axes coordonnés. On a

$$\cos^2\alpha + \cos^2\alpha' + \cos^2\alpha'' = 1,$$

d'où

$$\cos\alpha\, d\cos\alpha + \cos\alpha'\, d\cos\alpha' + \cos\alpha''\, d\cos\alpha'' = 0,$$

$$d\cos\alpha' = -\frac{\cos\alpha}{\cos\alpha'}\, d\cos\alpha - \frac{\cos\alpha''}{\cos\alpha'}\, d\cos\alpha''.$$

En remplaçant dans la dernière de ces formules $d\cos\alpha$, $d\cos\alpha''$ par leurs valeurs déduites des formules (a) et (b), on obtient la suivante :

$$d\cos\alpha' = -\left(\frac{\cos\alpha}{\rho} + \frac{\cos\alpha''}{\tau}\right) ds,$$

qui est due à M. Serret; mais nous n'en ferons pas usage.

et l'on aura, de plus,

$$
(6)\qquad \begin{cases} a^2 + b^2 + c^2 = 1, \\ a''^2 + b''^2 + c''^2 = 1. \end{cases}
$$

Si ρ et τ sont donnés en fonction de s, les six équations (5) et (6) feront connaître a, b, c, a'', b'', c'', par suite x, y, z, en fonction de s, ce qui permettra d'obtenir les équations de la courbe.

59. *Faible déformation d'une courbe.* — Supposons que l'on fasse subir aux rayons de courbure et de torsion d'une courbe donnée, et suivant une loi déterminée, des variations assez petites pour qu'on puisse en négliger les puissances d'un ordre supérieur au premier. Nous distinguerons par l'indice o les quantités qui se rapportent à la forme primitive de la courbe, et nous poserons

$$
\begin{aligned}
&\rho = \rho_0 + \delta\rho, \quad \tau = \tau_0 + \delta\tau, \\
&a = a_0 + \delta a, \quad b = b_0 + \delta b, \quad c = c_0 + \delta c, \\
&a'' = a''_0 + \delta a'', \quad b'' = b''_0 + \delta b'', \quad c'' = c''_0 + \delta c'', \\
&x = x_0 + \delta x, \quad y = y_0 + \delta y, \quad z = z_0 + \delta z.
\end{aligned}
$$

Les équations (5) et (6), différentiées par rapport à la caractéristique δ, donnent

$$
(5')\qquad \begin{cases}
\dfrac{d\delta a''}{ds} = \dfrac{\rho_0}{\tau_0}\dfrac{d\delta a}{ds} + \delta\dfrac{\rho}{\tau}\dfrac{da_0}{ds}, \\[2mm]
\dfrac{d\delta b''}{ds} = \dfrac{\rho_0}{\tau_0}\dfrac{d\delta b}{ds} + \delta\dfrac{\rho}{\tau}\dfrac{db_0}{ds}, \\[2mm]
\dfrac{d\delta b''}{ds} = \dfrac{\rho_0}{\tau_0}\dfrac{d\delta c}{ds} + \delta\dfrac{\rho}{\tau}\dfrac{dc_0}{ds}, \\[2mm]
\dfrac{da_0}{ds}\dfrac{d\delta a}{ds} + \dfrac{db_0}{ds}\dfrac{d\delta b}{ds} + \dfrac{dc_0}{ds}\dfrac{d\delta c}{ds} = -\dfrac{\delta\rho}{\rho_0^3},
\end{cases}
$$

$$
(6')\qquad \begin{cases} a_0\,\delta a + b_0\,\delta b + c_0\,\delta c = 0, \\ a''_0\,\delta a'' + b''_0\,\delta b'' + c''_0\,\delta c'' = 0, \end{cases}
$$

formules qui permettront d'obtenir les variations des cosinus.

Les équations (1) donnent

$$
\delta a = \frac{d\delta x}{ds}, \quad \delta b = \frac{d\delta y}{ds}, \quad \delta c = \frac{d\delta z}{ds},
$$

d'où

$$\delta x = \int \delta a ds, \quad \delta y = \int \delta b ds, \quad \delta z = \int \delta c ds.$$

60. *Cas où la courbe est primitivement plane.* — Prenons le plan de cette courbe pour celui des xy. Les formules du numéro précédent ne peuvent pas s'appliquer ici, comme il est facile de le reconnaître.

Nous avons

$$a''_0 = 0, \quad b''_0 = 0, \quad c''_0 = 1, \quad \frac{1}{\tau_0} = 0,$$

$$a'' = \delta a'', \quad b'' = \delta b'', \quad a = a_0 + \delta a, \quad b = b_0 + \delta b, \quad c_0 = 0, \quad c = \delta c.$$

Les deux premières des formules (5) deviennent

$$\frac{d\delta a''}{ds} = \frac{\rho}{\tau}\left(\frac{da_0}{ds} + \frac{d\delta a}{ds}\right),$$
$$\frac{d\delta b''}{ds} = \frac{\rho}{\tau}\left(\frac{db_0}{ds} + \frac{d\delta b}{ds}\right),$$

ou plus simplement

$$(7) \qquad \frac{d\delta a''}{ds} = \frac{\rho_0}{\tau}\frac{da_0}{ds}, \quad \frac{d\delta b''}{ds} = \frac{\rho_0}{\tau}\frac{db_0}{ds},$$

d'où

$$(8) \qquad \delta a'' = \int \frac{\rho_0}{\tau} da_0, \quad db'' = \int \frac{\rho_0}{\tau} db_0.$$

La seconde des équations (6) donne, en conservant les termes du second ordre,

$$c'' = \sqrt{1 - (\delta a''^2 + \delta b''^2)} = 1 - \tfrac{1}{2}(\delta a''^2 + \tfrac{1}{2}\delta b''^2),$$

d'où

$$\delta c'' = -\tfrac{1}{2}(\delta a''^2 + \delta b''^2),$$

et, en ayant égard aux formules (7),

$$\frac{d\delta c''}{ds} = -\frac{\rho_0}{\tau}\left(\delta a''\frac{da_0}{ds} + \delta b''\frac{db_0}{ds}\right).$$

En portant cette valeur dans la troisième des équations (5), on trouve

$$(9) \qquad \delta c = -\int (\delta a'' da_0 + \delta b'' db_0).$$

La quatrième des équations (5) et la première des équations (6) deviennent, en négligeant les termes du second ordre,

$$(10)\qquad \begin{cases} \dfrac{da_0}{ds}\dfrac{d\delta a}{ds} + \dfrac{db_0}{ds}\dfrac{d\delta b}{ds} = -\dfrac{\delta\rho}{\rho_0^3}, \\ a\delta a + b\delta b = 0, \end{cases}$$

et feront connaître δa et δb, qui auront les mêmes valeurs que si la courbe ne s'était pas voilée.

61. *Formules relatives à la flexion et à la torsion simultanées d'une pièce homogène soumise à l'action de forces extérieures.* — Considérons une pièce homogène engendrée par un profil plan invariable, qui reste normal à la courbe décrite par le centre de gravité de son aire, et de manière qu'un même rayon vecteur coïncide constamment avec la direction du rayon de courbure de la fibre moyenne de la pièce.

Concevons une portion de la pièce limitée par une section normale déterminée.

Soient

O le centre de gravité de la section;
$O\eta$, $O\zeta$ ses axes principaux d'inertie;
$O\xi$ la tangente en O à la fibre moyenne;
I_η, I_ζ, I_ξ les moments d'inertie de la section par rapport aux axes $O\eta$, $O\zeta$, $O\xi$;
E, μ les coefficients d'élasticité et de glissement de la matière.

Sous l'action de forces extérieures, la portion considérée de la pièce se déformera; les éléments linéaires et les rayons de courbure et de torsion de la fibre moyenne éprouveront des variations. Mais, dans ce qui suit, nous négligerons les dilatations et contractions de la fibre moyenne, qui sont toujours très-petites.

Si nous transportons les forces extérieures parallèlement à elles-mêmes au point O, nous obtiendrons un couple dont l'axe se décomposera en deux autres : l'un $\mathfrak{M}_\xi$, suivant $O\xi$, l'autre $\mathfrak{M}_f$, situé dans le plan de la section. Le premier de ces moments est le moment de torsion, et l'autre le moment fléchissant. Nous désignerons par ε l'angle formé avec $O\zeta$ par la trace du couple de moment $\mathfrak{M}_f$ sur le plan de la section.

Soient, après la déformation, ρ, τ les rayons de courbure et de torsion de la fibre moyenne, φ l'angle formé par la direction de ρ avec $O\eta$; nous distinguerons par l'indice o les quantités qui se rapportent à l'état naturel de la pièce.

On a, pour déterminer ρ et φ, les formules suivantes (13) :

$$(11)\quad \left\{\begin{aligned} \frac{1}{\rho} &= \frac{1}{E}\sqrt{\frac{\left(\mathfrak{M}_f \sin\varepsilon + \frac{EI_\eta}{\rho_0}\cos\varphi_0\right)^2}{I_\zeta^2} + \frac{\left(\mathfrak{M}_f\cos\varepsilon - \frac{EI_\zeta}{\rho_0}\sin\varphi_0\right)^2}{I_\eta^2}},\\ \operatorname{tang}\varphi &= \frac{\dfrac{\mathfrak{M}_f}{EI_\eta}\cos\varepsilon - \dfrac{\sin\varphi_0}{\rho_0}}{\dfrac{\mathfrak{M}_f}{EI_\zeta}\sin\varepsilon + \dfrac{\cos\varphi_0}{\rho_0}}. \end{aligned}\right.$$

Dans le cas où la direction du rayon de courbure ρ_0 coïncide avec celle de l'axe d'inertie $O\eta$ et où la trace du plan du couple fléchissant sur le plan de la section est perpendiculaire à la même direction, on a $\varepsilon = 0$, $\varphi_0 = 0$, et par suite

$$(11')\qquad \frac{1}{\rho} = \frac{1}{\rho_0}\sqrt{1 + \frac{\mathfrak{M}_f^2\rho_0^2}{EI_\eta^2}},\qquad \operatorname{tang}\varphi = \frac{\mathfrak{M}_f\rho_0}{EI_\eta}.$$

Si $\mathfrak{M}_f$ et $\mathfrak{M}_\xi$ sont du même ordre de grandeur, et si les effets de la torsion sont très-petits, la différence $\frac{1}{\rho} - \frac{1}{\rho_0}$ sera du second ordre, de sorte que l'on pourra considérer la courbure comme n'ayant pas varié.

Nous avons aussi (20) la formule suivante :

$$(12)\qquad \mu I_\xi\left(\frac{1}{\tau} - \frac{1}{\tau_0} - \frac{d\varphi}{ds}\right) = \mathfrak{M}_\xi.$$

62. *Arc de cercle horizontal dont l'une des extrémités est encastrée suivant un rayon et soumis à l'autre extrémité à l'action d'un poids.* — Nous supposerons que l'un des axes principaux d'inertie de la section coïncide avec la direction du rayon de courbure ρ_0 et que les déplacements sont très-petits. D'après la première des formules (11'), on pourra négliger la variation éprouvée par la courbure.

Soient

A l'encastrement;
AB la fibre moyenne à l'état naturel;
P le poids qui est adapté à l'extrémité B;
θ_1 l'angle au centre AOB;
θ l'angle formé avec OA, pris pour axe des x, par un rayon Om mené en un point quelconque m de l'arc;
Oz la verticale du point O.

Nous avons

$$ds = \rho_0 d\theta, \quad \frac{1}{\tau_0} = 0, \quad \varphi_0 = 0, \quad \varepsilon = 0,$$
$$\mathfrak{M}_f = -P\rho_0 \sin(\theta_1 - \theta), \quad \mathfrak{M}_\xi = P\rho_0[1 - \cos(\theta_1 - \theta)],$$

et, d'après la seconde des formules (11'),

$$\operatorname{tang}\varphi = -\frac{P\rho_0^2}{EI_\eta}\sin(\theta_1 - \theta),$$

d'où, en remarquant que, par hypothèse, φ est un petit angle,

$$\frac{d\varphi}{ds} = \frac{P\rho_0}{EI_\eta}\cos(\theta_1 - \theta).$$

Si nous posons

$$(a) \qquad \frac{P\rho_0}{\mu I_\xi} = \frac{1}{h}, \quad P\rho_0\left(\frac{1}{EI_\eta} - \frac{1}{\mu I_\xi}\right) = \frac{1}{k},$$

la formule (12) donne

$$\frac{1}{\tau} = -\frac{1}{h} + \frac{1}{k}\cos(\theta_1 - \theta).$$

Nous avons maintenant

$$\alpha_0 = 90^\circ + \theta, \quad \beta_0 = -\theta, \quad a_0 = -\sin\theta, \quad b_0 = \cos\theta,$$
$$\frac{da_0}{d\theta} = -\cos\theta, \quad \frac{db_0}{d\theta} = -\sin\theta,$$

et, en raison de l'encastrement, les conditions

$$\delta a'' = 0, \quad \delta b'' = 0, \quad \delta c'' = 0, \quad \delta c = 0 \quad \text{pour} \quad \theta = 0.$$

Les formules (8) donnent, par suite,

$$(13)\quad \left\{\begin{aligned} \delta a'' &= -\rho_0\int_0^\theta\left[-\frac{1}{h}+\frac{1}{k}\cos(\theta_1-\theta)\right]\cos\theta\,d\theta \\ &= +\frac{\rho_0}{h}\sin\theta-\frac{\rho_0}{2k}\left[\theta\cos\theta_1-\tfrac{1}{2}\sin(\theta_1-2\theta)+\tfrac{1}{2}\sin\theta_1\right], \\ \delta b'' &= -\rho_0\int_0^\theta\left[-\frac{1}{h}+\frac{1}{k}\cos(\theta_1-\theta)\right]\sin\theta\,d\theta \\ &= -\frac{\rho_0}{h}(1-\cos\theta)-\frac{\rho_0}{2k}\left[\theta\sin\theta_1+\tfrac{1}{2}\cos(\theta_1-2\theta)-\tfrac{1}{2}\cos\theta_1\right]. \end{aligned}\right.$$

En portant ces valeurs dans la formule (9), on trouve

$$\delta c = -\frac{\rho_0}{h}(1-\cos\theta) + \frac{\rho_0}{2k}\left[-\theta\sin(\theta_1-\theta)-\tfrac{1}{6}\cos(\theta_1-3\theta)+\tfrac{3}{2}\cos(\theta_1-\theta)\right],$$

et enfin l'on a

$$\delta z = \rho_0\int_0^\theta \delta c\,d\theta = -\frac{\rho_0^2}{h}(\theta-\sin\theta)+\frac{\rho_0^2}{2k}\left[-\theta\cos(\theta_1-\theta)-\tfrac{5}{2}\sin(\theta_1-\theta) + \tfrac{1}{18}\sin(\theta_1-3\theta)-\tfrac{22}{9}\sin\theta_1\right],$$

équation qui détermine la forme de la courbe en projection sur les plans zOx et zOy.

63. *Cercle reposant par les deux extrémités d'un même diamètre sur deux appuis de niveau et soumis à l'action de deux poids égaux accrochés aux extrémités du diamètre perpendiculaire au précédent.* — Soient

O le centre du cercle;
A l'un des points d'appui;
B le point de l'un des demi-cercles où est suspendu un poids 2P.

Prenons les directions de OA et OB pour celles des axes des x et des y. Comme dans la question précédente, nous pourrons négliger la variation de la courbure.

En raison de la symétrie, il ne se développera pas de couple de torsion dans la section en B. En considérant le demi-cercle limité par le point B et le point qui lui est diamétralement opposé, on reconnaît sans peine qu'il ne se développe dans les deux sections extrêmes ni résultante ni couple élastiques. La force qui agit sur chaque quart de cercle est P, et nous poserons, comme plus haut,

$$\frac{P\rho_0}{\mu I_\zeta} = \frac{1}{h}, \quad P\rho_0\left(\frac{1}{EI_\eta} - \frac{1}{\mu I_\zeta}\right) = \frac{1}{k}.$$

On remarquera que l'axe du plan osculateur au point B reste dans le plan yOz après la déformation, de sorte que, pour $\theta = \frac{\pi}{2}$, $\delta a''$ est nul et $\delta b''$ prend une certaine valeur qui doit résulter de la solution du problème. En partant de là, on déduit facilement des formules (13), en y supposant $\theta_1 = \frac{\pi}{2}$,

$$\delta a'' = -\frac{\rho_0}{h}(1 - \sin\theta) + \frac{\rho_0}{4k}(1 + \cos 2\theta),$$

$$\delta b'' = -\frac{\rho_0}{h}\cos\theta - \frac{\rho_0}{2k}\left(\theta + \tfrac{1}{2}\sin 2\theta\right) + C,$$

C étant une constante.

La formule (9) donne, par suite, en exprimant que δc est nul pour $\theta = 0$ et $\theta = \frac{\pi}{2}$,

$$\delta c = \frac{\rho_0}{h}(1 - \sin\theta - \cos\theta)$$
$$+ \frac{\rho_0}{2k}\left[-\tfrac{1}{2}\sin\theta + \tfrac{1}{6}\sin 3\theta + \theta\cos\theta + \tfrac{2}{3}(1 - \cos\theta)\right].$$

On trouve ensuite, en remarquant que δz est nul pour $\theta = 0$,

$$\delta z = \frac{\rho_0}{h}(\theta + \cos\theta - \sin\theta - 1)$$
$$+ \frac{\rho_0}{2k}\left(\tfrac{3}{2}\cos\theta - \tfrac{1}{18}\cos 3\theta + \theta\sin\theta + \tfrac{2}{3}\theta - \tfrac{2}{3}\sin\theta - \tfrac{13}{9}\right).$$

La flèche f ou la valeur δz pour $\theta = \frac{\pi}{2}$ a pour valeur

$$f = -\frac{\rho_0}{h}\left(2 - \frac{\pi}{2}\right) + \frac{\rho_0}{2k}\left(\frac{\pi}{2} - \frac{19}{9}\right).$$

Les considérations précédentes sont applicables au cas d'un demi-cercle horizontal dont les extrémités seraient encastrées.

64. *Ressort à boudin vertical encastré par son extrémité supérieure et à l'autre extrémité duquel est accroché un poids.* — Nous ne considérerons que le cas des faibles déformations, le seul dans lequel on puisse arriver à quelques résultats intéressants.

Soient

i l'inclinaison de l'hélice sur l'horizon;
R le rayon du cylindre sur lequel elle est tracée;
Ox, Oy deux droites rectangulaires passant par le centre O de la base supérieure du cylindre, comprises dans le plan de cette base, dont la première passe par l'encastrement A;
θ l'angle formé avec Ox par le rayon mené à la projection m_1 sur le plan xOy, d'un point quelconque m de l'hélice;
$2n\pi$ la valeur de θ correspondant à l'extrémité libre du ressort où est accroché le poids P, n étant un nombre entier.

En négligeant la déformation, le point d'application de P est projeté en A.

Nous avons

$$\rho_0 = \frac{R}{\cos^2 i}, \quad \tau_0 = \frac{R}{\sin i \cos i}, \quad \frac{\rho_0}{\tau_0} = \operatorname{tang} i, \quad s = \frac{R\theta}{\cos i}, \quad ds = \frac{R}{\cos i} d\theta,$$

$$a_0 = -\sin\theta \cos i, \quad b_0 = \cos\theta \cos i, \quad c_0 = \sin i,$$

$$\frac{da_0}{d\theta} = -\cos\theta \cos i, \quad \frac{db_0}{d\theta} = -\sin\theta \cos i, \quad \frac{dc_0}{d\theta} = 0,$$

$$a''_0 = \sin\theta \sin i, \quad b''_0 = -\cos\theta \sin i, \quad c''_0 = \cos i.$$

Le moment du couple, obtenu en transportant la force P parallèlement à elle-même en m ou m_1, se décompose en deux autres : l'un, $PR\sin\theta$, dont l'axe est Om_1, et l'autre, $PR(1-\cos\theta)$, dont l'axe est la tangente en m_1 à la circonférence de la base du cylindre. Ce dernier se décompose lui-même en deux autres : l'un, $PR(1-\cos\theta)\cos i$, suivant la tangente à l'hélice qui produit la torsion, et l'autre, $PR(1-\cos\theta)\sin i$, suivant la perpendiculaire au plan osculateur, et qui diminue la courbure de la pièce. Il résulte de là que l'on a

$$\mathfrak{M}_\xi = \mathrm{PR}(1-\cos\theta)\cos i$$

et que le moment fléchissant se compose des deux suivants :

(b) $\mathfrak{M}_f \cos\varepsilon = \mathrm{PR}\sin\theta$. . . . . suivant Ox,

(c) $\mathfrak{M}_f \sin\varepsilon = -\mathrm{PR}(1-\cos\theta)\sin i$. . . suivant la perpendiculaire au plan osculateur.

Si nous supposons que la section de la pièce ait un axe principal d'inertie dirigé suivant le rayon de courbure, nous aurons $\varphi_0 = 0$, et les formules (11) et (12) nous donnent, en continuant à négliger les quantités du second ordre,

$$\delta\frac{1}{\rho} = \frac{1}{\rho} - \frac{1}{\rho_0} = -\frac{\mathrm{PR}(1-\cos\theta)\sin i}{\mathrm{EI}_\zeta},$$

$$\operatorname{tang}\varphi = \frac{\mathrm{PR}^2\sin\theta}{\mathrm{EI}_\eta\cos^2 i}, \quad \frac{d\varphi}{ds} = \frac{\mathrm{PR}\cos\theta}{\mathrm{EI}_\eta\cos i},$$

$$\delta\frac{1}{\tau} = \mathrm{PR}\left[\frac{(1-\cos\theta)\cos i}{\mu \mathrm{I}_\xi} - \frac{\cos\theta}{\mathrm{EI}_\eta\cos i}\right].$$

On déduit de là

$$\delta\frac{\rho}{\tau} = \rho_0\,\delta\frac{1}{\tau} - \frac{\rho_0^2}{\tau_0}\,\delta\frac{1}{\rho}$$
$$= \frac{\mathrm{PR}^2}{\cos i}\left(\frac{1}{\mu \mathrm{I}_\xi} - \frac{\operatorname{tang}^2 i}{2\mathrm{EI}_\eta}\right) - \frac{\mathrm{PR}^2}{\cos i}\left(\frac{1}{\mathrm{EI}_\eta\cos^2 i} + \frac{\operatorname{tang}^2 i}{\mathrm{EI}_\zeta} + \frac{1}{\mu \mathrm{I}_\xi}\right)\cos\theta.$$

Si nous posons

$$(14)\qquad \begin{cases} \mathrm{A} = \dfrac{\mathrm{PR}^2}{\cos i}\left(\dfrac{1}{\mu \mathrm{I}_\xi} - \dfrac{\operatorname{tang}^2 i}{\mathrm{EI}_\eta}\right), \\[2ex] \mathrm{B} = \dfrac{\mathrm{PR}^2}{\cos i}\left(-\dfrac{1}{\mathrm{EI}_\eta\cos^2 i} - \dfrac{\operatorname{tang}^2 i}{\mathrm{EI}_\zeta} - \dfrac{1}{\mu \mathrm{I}_\xi}\right)\cos\theta, \end{cases}$$

les trois premières des formules (5) donnent

$$\frac{d\delta a''}{d\theta} = \frac{d\delta a}{d\theta}\operatorname{tang} i - \left(\mathrm{A}\cos\theta - \frac{\mathrm{B}}{2}\cos 2\theta + \frac{\mathrm{B}}{2}\right)\cos i,$$

$$\frac{d\delta b''}{d\theta} = \frac{d\delta b}{d\theta}\operatorname{tang} i - \left(\mathrm{A}\sin\theta + \frac{\mathrm{B}}{2}\sin 2\theta\right)\cos i,$$

$$\frac{d\delta c''}{d\theta} = \frac{d\delta c}{d\theta}\operatorname{tang} i.$$

On déduit de là, en remarquant que, en raison de l'encastrement, les variations sont nulles pour $\theta = 0$,

$$(15)\quad \begin{cases} \delta a'' = \delta a \operatorname{tang} i - \left(A \sin\theta - \frac{B}{4}\sin 2\theta + \frac{B}{4}\theta\right)\cos i, \\ \delta b'' = \delta b \operatorname{tang} i + \left(A \cos\theta + \frac{B}{4}\cos 2\theta + A - \frac{B}{4}\right)\cos i, \\ \delta c'' = \delta c \operatorname{tang} i. \end{cases}$$

Posons encore

$$C = \frac{P}{EI_\zeta}\cos^4 i \sin i.$$

La quatrième des équations (5') et les équations (6') deviennent

$$(16)\quad \begin{cases} \cos\theta \frac{d\delta a}{d\theta} + \sin\theta \frac{d\delta b}{d\theta} = C(1 - \cos\theta), \\ -\sin\theta\,\delta a + \cos\theta\,\delta b + \sin i\,\delta c = 0, \\ \sin i \sin\theta\,\delta a'' - \sin i \cos\theta\,\delta b'' + \cos i\,\delta c'' = 0. \end{cases}$$

En remplaçant dans la dernière de ces équations $\delta c''$ par sa valeur déduite de la troisième des équations (15), elle devient

$$(17)\quad \delta c = -\sin\theta\,\delta a'' + \cos\theta\,\delta b''',$$

et, en portant cette valeur dans la seconde,

$$(\delta a + \sin i\,\delta a'')\sin\theta - (\delta b + \sin i\,\delta b'')\cos\theta = 0.$$

Si l'on remplace dans cette formule $\delta a''$ et $\delta b''$ par leurs valeurs (15), on trouve

$$(18)\quad \begin{cases} \sin\theta\,\delta a - \cos\theta\,\delta b \\ \quad - \left[A + \frac{B}{4}\cos 3\theta + \frac{B}{2}\theta\sin\theta - \left(A + \frac{B}{4}\right)\cos\theta\right]\sin i \cos^2 i = 0. \end{cases}$$

Posons, pour simplifier,

$$f(\theta) = \left[A + \frac{B}{4}\cos 3\theta + \frac{B}{2}\theta\sin\theta - \left(A + \frac{B}{4}\right)\cos\theta\right]\sin i \cos^2 i;$$

nous aurons

$$(19)\quad \sin\theta\,\delta a - \cos\theta\,\delta b - f(\theta) = 0,$$

et, en différentiant,

$$\cos\theta\,\delta a + \sin\theta\,\delta b + \sin\theta\,\frac{d\delta a}{d\theta} - \cos\theta\,\frac{d\delta b}{d\theta} - f'(\theta) = 0.$$

De cette équation et de la première des équations (16) on tire

$$(20)\quad \begin{cases} \dfrac{d\delta a}{d\theta} + \sin\theta\cos\theta\,\delta a + \sin^2\theta\,\delta b - f'(\theta)\sin\theta = C(1-\cos\theta)\cos\theta, \\ \dfrac{d\delta b}{d\theta} - \cos^2\theta\,\delta a - \sin\theta\cos\theta\,\delta b + f'(\theta)\cos\theta = C(1-\cos\theta)\sin\theta. \end{cases}$$

Les équations (19) et (20) permettent de séparer δa et δb, et donnent

$$\frac{d\delta a}{d\theta} + \delta a\,\text{tang}\,\theta - f(\theta)\frac{\sin^2\theta}{\cos\theta} - f'(\theta)\sin\theta - C(1-\cos\theta)\cos\theta = 0,$$

$$\frac{d\delta b}{d\theta} - \delta b\cot\alpha - f(\theta)\frac{\cos^2\theta}{\sin\theta} + f'(\theta)\cos\theta - C(1-\cos\theta)\sin\theta = 0,$$

d'où

$$(21)\quad \begin{cases} \delta a = \cos\theta \displaystyle\int_0^\theta [f(\theta)\,\text{tang}^2\theta + f'(\theta)\,\text{tang}\,\theta + C(1-\cos\theta)]\,d\theta, \\ \delta b = \sin\theta \displaystyle\int_0^\theta [f(\theta)\cot^2\theta - f'(\theta)\cot\theta + C(1-\cos\theta)]\,d\theta. \end{cases}$$

En effectuant les intégrations, on trouve

$$(22)\quad \begin{cases} \delta a = \frac{1}{2}\sin 2i\cos i\Big[A(\sin\theta - \theta\cos\theta) - \dfrac{B}{4}\sin 2\theta \\ \qquad\qquad + \dfrac{B}{12}(\sin 4\theta - \sin 2\theta) + \dfrac{B\theta}{2}\Big] \\ \qquad\qquad + C(\theta - \sin\theta)\cos\theta, \\ \delta b = \frac{1}{2}\sin 2i\cos i\Big[-A(\theta\sin\theta + \cos\theta) - \dfrac{B}{4}(1-\cos 2\theta) \\ \qquad\qquad + \dfrac{B}{12}(\cos 2\theta - \cos 4\theta) + A\Big] \\ \qquad\qquad + C(\theta - \sin\theta)\sin\theta. \end{cases}$$

En portant ces valeurs dans la deuxième des équations (16), on trouve

$$\delta c = \cos^2 i\left[A(1-\cos\theta) + \frac{B}{12}(\cos 5\theta - \cos 3\theta)\right].$$

On déduit de là

$$\delta z = \mathrm{R}\cos i\left[\mathrm{A}(\theta - \sin\theta) + \frac{\mathrm{B}}{12}\left(\tfrac{1}{5}\sin 5\theta - \tfrac{1}{3}\sin 3\theta\right)\right].$$

Soit λ l'allongement du ressort ou la valeur de δx pour $\theta = 2n\pi$; on a

$$\lambda = 2n\pi \mathrm{AR}\cos i,$$

ou, en remplaçant A par son expression (14),

$$\lambda = \mathrm{PR}^3\left(\frac{1}{\mu \mathrm{I}_\xi} + \frac{\operatorname{tang}^2 i}{2\mathrm{EI}_\zeta}\right)2n\pi,$$

formule dont on peut déduire des conséquences intéressantes quand la section du ressort est circulaire ou carrée.

Des formules (22) on déduit aussi

$$\begin{aligned}\delta x = \frac{\mathrm{R}}{2}\sin 2i\Big[&-\mathrm{A}(2\cos\theta + \theta\sin\theta) + \frac{\mathrm{B}}{8}\cos 2\theta \\ &- \frac{\mathrm{B}}{24}\left(\tfrac{1}{2}\cos 4\theta - \cos 2\theta\right) + \frac{\mathrm{B}\theta^2}{4} + 2\mathrm{A} - \tfrac{7}{48}\mathrm{B}\Big] \\ &+ \frac{\mathrm{CR}}{\cos i}\left(\theta\sin\theta + \cos\theta + \tfrac{1}{4}\cos 2\theta - \tfrac{5}{4}\right),\end{aligned}$$

$$\begin{aligned}\delta y = \frac{\mathrm{R}}{2}\sin 2i\left[-\mathrm{A}\theta\cos\theta + \left(\mathrm{A} - \frac{\mathrm{B}}{4}\right)\theta + \frac{\mathrm{B}}{8}\sin 2\theta + \frac{24}{\mathrm{B}}\left(\sin 2\theta - \frac{\sin 4\theta}{2}\right)\right] \\ + \frac{\mathrm{CR}}{\cos i}\left(-\theta\cos\theta + \sin\theta - \frac{\theta}{2} + \tfrac{1}{4}\sin 2\theta\right),\end{aligned}$$

pour les variations qui caractérisent la déformation transversale.

§ VII. — *Des pièces élastiques soumises à des chocs.*

65. *Épreuves des corps d'essieux du matériel de l'artillerie.* — Le corps des essieux s'éprouve (¹) en faisant tomber sur le milieu de la pièce, supportée vers ses extrémités par deux talons, un mouton de 300 kilogrammes. Lors de la percussion, la pièce s'infléchit, les ressorts moléculaires sont mis

(¹) Les rails sont soumis à des épreuves semblables.

en jeu; si la déformation n'est pas permanente ou si la constitution physique de la matière n'est pas altérée, la valeur maximum de la tension élastique développée est une fraction de la résistance du fer à la rupture, qui, suivant une expression admise, mesure le degré auquel on fait travailler la matière. La flèche maximum est limitée par une table en fonte placée sous la pièce.

Nous allons déterminer les conditions qui doivent être remplies dans les épreuves pour que la limite d'élasticité ne soit pas dépassée.

Nous conserverons à E et I les mêmes significations que dans les questions précédentes.

Soient

H la hauteur de chute du mouton;
Q son poids;
$2e$ l'épaisseur de l'essieu;
$2l$ la distance des points d'appui, que l'on peut supposer égale à celle des épaulements;
f la flèche que prend l'essieu sous l'action du mouton, et qui est une donnée de la question;
N la réaction de chacun des points d'appui quand cette flèche est produite;
Γ la limite supérieure des efforts élastiques que l'on doit développer dans la pièce;
Ox, Oy l'horizontale et la verticale du point le plus bas O de la fibre moyenne lorsqu'elle a atteint son maximum de déformation.

On a

$$\text{(1)} \qquad \mathrm{EI}\frac{d^2y}{dx^2} = \mathrm{N}(l - x),$$

avec les conditions $y = 0$, $\dfrac{dy}{dx} = 0$ pour $x = 0$, et $y = f$ pour $x = 0$, et, en intégrant, on obtient successivement

$$\text{(2)} \qquad \left\{ \begin{aligned} \mathrm{EI}\frac{dy}{dx} &= \mathrm{N}x\left(l - \frac{x}{2}\right), \\ \mathrm{EI}y &= \frac{\mathrm{N}x^2}{2}\left(l - \frac{x}{3}\right), \end{aligned} \right.$$

d'où

$$(3)\qquad \begin{cases} \mathrm{EI}f = \dfrac{\mathrm{N}l^3}{3}, \\ \mathrm{N} \;= \dfrac{3\,\mathrm{EI}f}{l^3}. \end{cases}$$

L'équation (1) donne alors, pour le plus grand effort élastique dans la section passant par le point (x, y),

$$(4)\qquad \mathrm{E}e\frac{d^2y}{dx^2} = \frac{3\,\mathrm{E}fe}{l^3}(l-x).$$

Le maximum de cette expression correspond à $x = 0$, et, en l'égalant à Γ, on trouve

$$(5)\qquad f = \frac{\Gamma}{3\mathrm{E}}\frac{l^2}{e}$$

pour la flèche d'épreuve.

Avant que cette flèche soit atteinte, la valeur de la réaction des supports est donnée par la seconde des formules (2) en y faisant $x = l$, d'où

$$\mathrm{N} = \frac{3\,\mathrm{EI}y}{l^3}.$$

Le travail des forces élastiques développées $\mathfrak{T}$ s'obtiendra en multipliant cette expression par $2dy$ et intégrant entre les limites $y = 0$, $y = f$, ce qui donne

$$(6)\qquad \mathfrak{T} = \frac{3\,\mathrm{EI}f^2}{l^3} = \frac{\Gamma^2 l\mathrm{I}}{3\mathrm{E}}.$$

Une partie du travail moteur QH est employée à ébranler les fondations et à cisailler la pièce et les supports; il faut donc que l'on ait

$$(7)\qquad \mathrm{QH} > \frac{3\,\mathrm{EI}f^2}{l^3},$$

ce qui fera connaître une limite inférieure de f.

66. *Épreuve des fusées, dite de l'escarpolette.* — Les fusées s'éprouvent en laissant tomber la pièce d'une certaine hauteur, de telle manière qu'elles viennent porter au bas de leur chute, vers leur partie moyenne, sur deux chenets coulés d'une seule pièce avec une table en fonte très-massive.

Soient

q le poids de l'essieu;
h la hauteur de la chute;
$2c$ la longueur des fusées;
N la pression variable exercée pendant le choc sur les chenets;
i l'angle formé par les génératrices de la fusée avec son axe; comme cet angle est petit, nous pourrons supposer $\sin i = \operatorname{tang} i$, $\cos i = 1$;
r_0 le rayon de la fusée à sa naissance;
x la distance d'un point quelconque de la fibre moyenne de la fusée à sa naissance;
$2l$ la distance des extrémités du corps de l'essieu.

Nous continuerons à prendre pour axes des x et des y l'horizontale et la verticale du point le plus bas O de la fibre moyenne du corps de l'essieu, et à négliger l'inertie.

Nous avons, pour cette pièce,

$$\mathrm{EI}\frac{d^2y}{dx^2} = \mathrm{N}(l+c-x), \tag{8}$$

d'où, en remarquant que $y = 0$, $\frac{dy}{dx} = 0$ pour $x = 0$,

$$\left\{\begin{aligned} \mathrm{EI}\frac{dy}{dx} &= \mathrm{N}x\left(l+c-\frac{x}{2}\right);\\ \mathrm{EI}y &= \frac{\mathrm{N}x^2}{2}\left(l+c-\frac{x}{3}\right). \end{aligned}\right. \tag{9}$$

On tire de là

$$\left.\begin{aligned} \mathrm{EI}\frac{dy}{dx} &= \frac{\mathrm{N}(l+c)^2}{2}\\ \mathrm{EI}y &= \frac{\mathrm{N}(l+c)^3}{3} \end{aligned}\right\} \text{ pour } x = l+c. \tag{10}$$

Le moment d'inertie I'_x de la section de la fusée située à la distance x de la naissance est, au degré d'approximation convenu,

$$\mathrm{I}'_x = \frac{\pi}{4}(r_0 - x\operatorname{tang} i)^4 = \frac{\pi r_0^4}{4}\left(1 - \frac{4x}{r_0}\operatorname{tang} i\right),$$

de sorte que l'équation relative à la flexion de la fusée peut se mettre sous la forme

$$E\frac{\pi r_0^4}{4}\left(1-\frac{4x}{r_0}\operatorname{tang} i\right)\frac{d^2y}{dx^2}=N(c-x),$$

d'où

$$(11)\quad E\frac{\pi r_0^4}{4}\frac{d^2y}{dx^2}=N\left[c+x\left(-1+\frac{4c}{r_0}\operatorname{tang} i\right)-\frac{4x^2}{r_0}\operatorname{tang} i\right].$$

En intégrant cette équation et désignant par A et B deux constantes arbitraires, on trouve

$$(12)\quad \begin{cases} E\dfrac{\pi r_0^4}{4}\dfrac{dy}{dx}=N\left[cx+\dfrac{x^2}{2}\left(-1+\dfrac{4c}{r_0}\operatorname{tang} i\right)-\dfrac{4}{3}\dfrac{x^3}{r_0}\operatorname{tang} i+A\right], \\ E\dfrac{\pi r_0^4}{4}y=\dfrac{N}{2}\left[cx^2+\dfrac{x^3}{3}\left(-1+\dfrac{4c}{r_0}\operatorname{tang} i\right)-\dfrac{2}{3}\dfrac{x^4}{r_0}\operatorname{tang} i+Ax+B\right], \end{cases}$$

et l'on a

$$(13)\quad \left.\begin{cases} E\dfrac{\pi r_0^4}{4}\dfrac{dy}{dx}=NA \\ E\dfrac{\pi r_0^4}{4}y=\dfrac{N}{2}B \end{cases}\right\}\ \text{pour } x=0;$$

mais ces valeurs de $\frac{dy}{dx}$ et de y sont respectivement égales à celles de $\frac{dy}{dx}$ et de y données par les formules (10), d'où l'on déduit

$$(14)\quad \begin{cases} A=\dfrac{\pi r_0^4}{8I}(l+c)^2, \\ B=\dfrac{\pi r_0^4}{6I}(l+c)^3. \end{cases}$$

Désignons maintenant par η la valeur de y pour le point d'appui de la moitié considérée de l'essieu; la seconde des formules (12) donne, en y faisant $x=c$,

$$E\frac{\pi r_0^4}{2}\eta=N\left(\tfrac{2}{3}c^3+\frac{2}{3}\frac{c^4}{r_0}\operatorname{tang} i+Ac+B\right),$$

d'où, en remplaçant A et B par leurs valeurs (12),

$$(15)\quad N=\tfrac{3}{2}E\pi r_0^4\frac{\eta}{2c^3+\dfrac{2c^4}{r_0}\operatorname{tang} i+\dfrac{\pi r_0^4}{8I}(l+c)^2(3l+7c)}.$$

Désignons maintenant par f la plus grande valeur de η, qui correspond à la fin de la première partie du choc, c'est-à-dire à l'instant où tout le travail moteur a été transformé en travail moléculaire; nous aurons

$$qh = \int_0^f \mathrm{N}\,d\eta,$$

d'où

$$(16)\qquad qh = \tfrac{3}{4}\mathrm{E}\pi r_0^4 \frac{f^2}{2c^3 + \dfrac{2c^4}{r_0}\tang i + \dfrac{8r_0^4}{81}(l+c)^2(3l+7c)},$$

équation qui fera connaître la flèche f.

La plus grande valeur de N, donnée par la formule (15) en y supposant $\eta = f$, peut se mettre sous la forme

$$(17)\qquad \mathrm{N} = \frac{2qh}{f}.$$

En portant cette valeur dans l'équation (11), on trouve

$$(18)\quad \mathrm{E}\frac{\pi r_0^4}{4}\frac{d^2y}{dx^2} = \frac{2qh}{f}\left[c + x\left(-1 + \frac{4c}{r_0}\tang i\right) - \frac{4x^2}{r_0}\tang i\right].$$

La plus grande tension ou compression élastique développée dans la section correspondant à x est

$$\mathrm{E}(r_0 - x\tang i)\frac{d^2y}{dx^2},$$

ou, en vertu de la formule précédente,

$$\frac{8qh}{f\pi r_0^4}[cr_0 - x(r_0 - 3c\tang i) - 3x^2\tang i],$$

dont le maximum correspond à $x = 0$. Nous aurons donc, pour la condition de résistance à la rupture,

$$(19)\qquad \Gamma = \frac{8qh}{f\pi r_0^3},$$

équation dans laquelle on devra remplacer f par sa valeur déduite de la formule (16).

§ VIII. — *De la résistance d'une poutre droite sous l'action d'une charge en mouvement.*

67. *Généralités.* — Quelle peut être l'influence du mouvement et de la charge d'un train de wagons traversant un pont formé de poutres rectilignes? Tel est le problème que se sont posé depuis longtemps les ingénieurs et que M. Phillips a résolu le premier d'une manière complète.

Dans ce qui suit, nous ne ferons que reproduire à peu de chose près les recherches analytiques de ce savant, telles qu'elles ont été publiées dans les *Annales des Mines*. Nous ferons toutefois abstraction d'une charge permanente, qui n'aurait pour effet que de produire une déformation statique que nous savons déterminer.

En admettant que l'influence de la charge en mouvement se trouve répartie uniformément sur les travées, on est ramené à considérer une simple poutre sur laquelle circule d'un mouvement uniforme, avec la vitesse V, une masse dont nous désignerons le poids par Q. Reportons-nous au n° **197** de la deuxième Partie, dans lequel nous nous sommes occupé des vibrations transversales des prismes, en rappelant les notations que nous avons adoptées.

La direction de l'axe des x est celle de la fibre moyenne à l'état naturel; Ω, I, p représentent respectivement la section du prisme, son moment d'inertie et le poids spécifique de la matière; T l'effort tranchant dans la section passant par le point (x, y) de la fibre moyenne; l la longueur de la poutre.

On peut sans inconvénient négliger le second terme de la valeur de T donnée par la formule (2) du numéro précité et le troisième terme de l'équation (3), de sorte que, en posant

$$a^4 = \frac{\mathrm{EI}g}{p\Omega}, \tag{1}$$

on a

$$\frac{d^2y}{dt^2} = -a^4\frac{d^4y}{dx^4}, \tag{2}$$

$$\mathrm{T} = \mathrm{EI}\frac{d^3y}{dx^3}. \tag{3}$$

En admettant que y soit développable suivant les puissances ascendantes de x, nous pourrons poser

$$(4) \qquad y = \Sigma U_n x^n,$$

n étant un nombre entier et U_n une fonction du temps seulement. En substituant cette expression dans l'équation (2), on trouve

$$\Sigma x^n \frac{d^2 U_n}{dt^2} = -a^4 \Sigma n(n-1)(n-2)(n-3) U_n x^{n-4},$$

d'où, en identifiant les coefficients des mêmes puissances de x,

$$(5) \qquad \frac{d^2 U_n}{dt^2} = -a^4 (n+4)(n+3)(n+2)(n+1) U_{n+4},$$

formule qui s'appliquera à tous les cas.

68. *La poutre est encastrée à ses deux extrémités.* — Soient (*fig.* 34)

Fig. 34.

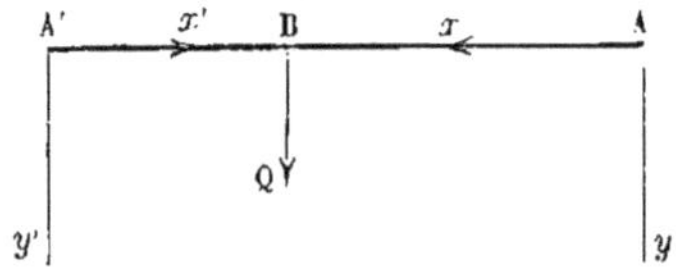

A, A' les extrémités de la pièce;
B la position variable de la charge Q;
Ay, A'y' les verticales des points A et A'.

La charge Q est censée se mouvoir de A vers A'.

En se déformant, la fibre moyenne se composera de deux courbes AB, A'B, qui seront tangentes en B. Pour la première, nous prendrons pour axe des x la direction de AA', en appelant x, y les coordonnées de l'un de ses points; pour la seconde, l'axe des abscisses sera dirigé de A' vers A, et les coordonnées de l'un de ses points seront désignées par x' et y'.

Considérons d'abord la première courbe. Nous avons $y = 0$ pour $x = 0$ et, en raison de l'encastrement, $\frac{dy}{dx} = 0$ pour la même valeur de x. On a ainsi $U_0 = 0$, $U_1 = 0$, et par suite, à l'examen de la formule (5),

$$(6) \qquad U_{4+4i} = 0, \quad U_{5+4i} = 0,$$

i étant un nombre entier.

La même formule donne

$$(7) \quad \left\{ \begin{aligned} \frac{d^2 U_2}{dt^2} &= -a^4.6.5.4.3.U_6, \\ \frac{d^2 U_3}{dt^2} &= -a^4.7.6.5.4.U_7, \\ \frac{d^2 U_6}{dt^2} &= -a^4.10.9.8.7.U_{10}, \\ \frac{d^2 U_7}{dt^2} &= -a^4.11.10.9.8.U_{11}, \\ \frac{d^2 U_{10}}{dt^2} &= -a^4.14.13.12.11.U_{14}, \\ &\cdots\cdots\cdots\cdots\cdots \end{aligned} \right.$$

On voit ainsi que U_6 s'exprime en fonction de U_2; U_7 en fonction de U_3; U_{10} en fonction de U_6, et par suite de U_2; U_{11} en fonction de U_7, par suite de U_3, et ainsi de suite. Le tout se réduit donc à déterminer pour la courbe AB les fonctions U_2 et U_3.

La formule (3) nous donne

$$(8) \qquad T = EI\Sigma(n+3)(n+2)(n+1)U_n x^n.$$

En accentuant les lettres x, y, U_n, T, nous aurons des formules identiques aux formules (4), (5), (6), (7), (8) pour la courbe **A'B**.

Nous devrons exprimer que

$$(9) \qquad y = y', \quad \frac{dy}{dx} = -\frac{dy'}{dx} \quad \text{pour } x = Vt, \quad x' = l - Vt.$$

Les couples élastiques développés de part et d'autre de la section menée par le point **B** étant égaux, les rayons de courbure des deux courbes en ce point ont la même valeur, d'où la condition

$$(10) \qquad \frac{d^2 y}{dx^2} = \frac{d^2 y'_1}{dx'^2}.$$

Soit y_1 l'ordonnée du point B; en tenant compte de l'inertie, la charge réelle sur ce point sera $Q\left(1 - \frac{1}{g}\frac{d^2y_1}{dt^2}\right)$; comme elle fait équilibre aux deux forces T, T' développées dans les sections infiniment voisines de B et situées de part et d'autre de ce point, nous devrons avoir

$$T + T' = -Q\left(1 - \frac{1}{g}\frac{d^2y_1}{dt^2}\right) \quad \text{pour } x = Vt, \quad x' = l - Vt,$$

ou, en se reportant à la formule (8),

$$(11) \quad \left\{ \begin{aligned} &\Sigma(n+3)(n+2)(n+1)[U_n V^n t^n - U'_n(l - Vt)^n] \\ &\quad = -Q\left(1 - \frac{1}{g}\sum \frac{d^2U_n}{dt^2} V^n t^n\right). \end{aligned} \right.$$

En vertu des formules (7), la série (4) prend la forme

$$(12) \quad \left\{ \begin{aligned} y = {} & U_2x^2 + U_3x^3 - \frac{1}{3.4.5.6.a^4}\frac{d^2U_2}{dt^2}x^6 - \frac{1}{4.5.6.7.a^4}\frac{d^2U_3}{dt^2}x^7 \\ & + \frac{1}{3.4.5.6.7.8.9.10.a^8}\frac{d^4U_2}{dt^4}x^{10} + \frac{1}{4.5.6.7.8.9.10.11}\frac{d^4U_3}{dt^4}x^7 \\ & - \frac{1}{3.4.5.6.7.8.9.10.11.12.13.14.a^{12}}\frac{d^6U_2}{dt^6}x^{14} - \ldots, \end{aligned} \right.$$

série dont il est facile d'observer la loi. On en aurait une semblable pour y', mais nous croyons pouvoir nous abstenir de l'écrire.

Les conditions (9) et (10) se traduisent par les suivantes :

$$(13) \quad \left\{ \begin{aligned} & U_2V^2t^2 + U_3V^3t^3 - \frac{1}{3.4.5.6.a^4}\frac{d^2U_2}{dt^2}V^6t^6 + \ldots \\ & \quad = U'_2(l - Vt)^2 + U'_3(l - Vt)^3 - \frac{1}{3.4.5.6.a^4}\frac{d^2U'}{dt^2}(l - Vt)^6 + \ldots, \end{aligned} \right.$$

$$(14) \quad \left\{ \begin{aligned} & 2U_2Vt + 3U_3V^2t^2 - \frac{1}{3.4.5.a^4}\frac{d^2U_2}{dt^2}V^5t^5 - \ldots \\ & \quad = -2U'_2(l - Vt) - 3U'_3(l - Vt)^2 + \frac{1}{3.4.5.a^4}\frac{d^2U'_2}{dt^2}(l - Vt)^5 - \ldots, \end{aligned} \right.$$

$$(15) \quad \left\{ \begin{aligned} & 2U_2 + 2.3.Vt - \frac{1}{3.4.a^4}\frac{d^2U_2}{dt^2}V^4t^4 - \ldots \\ & \quad = 2U'_2 + 2.3(l - Vt) - \frac{1}{3.4a^4}\frac{d^2U'_2}{dt^2}(l - Vt)^4 + \ldots. \end{aligned} \right.$$

Enfin la condition (11) devient

$$(16)\left\{\begin{aligned}&3.4.5[U_2V^2t^2 - U'_2(l-Vt)^2] + 4.5.6[U_3V^3t^3 - U'_3(l-Vt)^3]\\&\quad - \frac{7.8.9}{3.4.5.6.a^4}\left[\frac{d^2U_2}{dt^2}V^6t^6 - \frac{d^2U'_2}{dt^2}(l-Vt)^6\right]\ldots\\&= -Q\left[1-\frac{1}{g}\left(\frac{d^2U_2}{dt^2}V^2t^2 + \frac{d^2U_3}{dt^2}V^3t^3+\ldots\right)\right].\end{aligned}\right.$$

Les équations (13), (14), (15), (16) sont suffisantes pour déterminer les fonctions U_2, U_3, U'_2, U'_3; mais, comme elles sont d'un ordre infini, on ne peut procéder que par approximation, en supposant que ces quatre fonctions soient développables suivant les puissances ascendantes du coefficient $\frac{1}{a^4}$, qui est généralement très-petit. Nous poserons donc

$$(17)\left\{\begin{aligned}U_2 &= u_0 + \frac{1}{a^4}u_1 + \frac{1}{a^8}u_2 + \ldots,\\U_3 &= v_0 + \frac{1}{a^4}v_1 + \frac{1}{a^8}v_2 + \ldots,\\U'_2 &= u'_0 + \frac{1}{a^4}u'_1 + \ldots,\\U'_3 &= v'_0 + \frac{1}{a^4}v'_1 + \ldots.\end{aligned}\right.$$

On substituera ces valeurs dans les équations précitées, on identifiera les coefficients des mêmes puissances des $\frac{1}{a^4}$, et l'on déterminera ainsi successivement les valeurs des u_n, u'_n, v_n, v'_n. Mais, comme les formules auxquelles on arrive sont très-complexes, nous nous dispenserons de les écrire, et nous renverrons, pour le détail des calculs, au Mémoire même de M. Phillips.

§ IX. — *Questions diverses.*

69. *Généralité sur les rivets et la rivure.* — Le *rivet* est un clou à tige cylindrique, dont la tête affecte la forme d'une calotte sphérique ou d'un cône (*fig.* 35), qui sert à assembler

des plaques de tôle de fer en général et de cuivre dans des travaux spéciaux.

Élevé à une certaine température, dont nous déterminerons plus loin les limites, le rivet est introduit dans les trous correspondants des feuilles de tôle qu'il s'agit d'assembler. La longueur de la tige doit être déterminée de manière que l'on puisse former, avec son extrémité saillante, une seconde tête semblable à la première, et qui a reçu le nom de *rivure*. A cet effet, on appuie fortement la tête proprement dite contre la première feuille à l'aide des moyens dont on dispose, et qui sont si nombreux, qu'il serait complétement superflu d'en faire la nomenclature. A coups de marteau on arrive à donner très-approximativement à la rivure la forme qu'elle doit avoir;

Fig. 35.

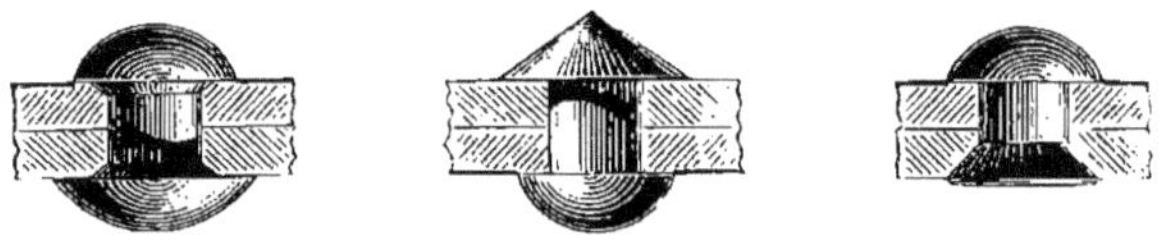

on obtient sa forme définitive en la coiffant d'une pièce en acier qui présente en creux la forme de la tête, pièce qui s'appelle *bouterolle*, et dont la forme est celle d'un parallélépipède rectangle qui est muni d'un manche transversal. La compression nécessaire exercée sur la bouterolle, pour atteindre le résultat voulu, est obtenue à la suite de coups plus ou moins répétés d'un gros marteau à long manche appelé *masse*.

Dans les grands travaux, on rive à la machine; la bouterolle est alors une matrice adaptée à un marteau ou martinet-pilon, ou à l'extrémité d'une tige animée d'un mouvement alternatif. La rivure est presque toujours suivie d'un *mattage* ayant pour objet de bien faire joindre les bords de la rivure avec la tôle adjacente. A cet effet, on applique successivement sur les divers éléments du périmètre le tranchant émoussé d'un ciseau sur la tête duquel on frappe à coups de marteau.

Le mattage est surtout indispensable pour les chaudières à vapeur : il arrive en effet très-souvent que, malgré les meilleures précautions, les rivures perdent pendant l'épreuve réglementaire sous l'action de la pompe de pression. Le mattage se fait alors séance tenante.

Le diamètre des trous doit être le même que celui des rivets à chaud, à un très-léger jeu près, pour que l'on n'éprouve aucune résistance à l'introduction du rivet.

Soient d le diamètre de la tige du rivet, d' celui de la base de la tête ou de la rivure; dorénavant, pour simplifier, nous ne parlerons que de la tête. On donne en pratique à la tête une saillie égale à $0,66d$; on déduit de là que le diamètre de la calotte de la tête est égal à $1,72d$ et que l'on a

$$(1) \qquad d' = 1,66d.$$

Un trou de rivure dans une tôle est obtenu au moyen d'un poinçon ou d'un foret comme cela a lieu pour les pièces très-soignées.

70. *Perçage des trous.* — Le seul cas que nous ayons à examiner au point de vue de la résistance dans l'opération du perçage est relatif à l'emploi du poinçon.

Soient

Γ la résistance de l'acier fondu à l'écrasement;
Γ' la résistance de la tôle au cisaillement;
e l'épaisseur de la tôle.

Le poinçon donne lieu à la résistance $\pi \frac{d^2}{4} \Gamma$; la résistance de la tôle est $\Gamma' \pi e d$; il faut, pour que l'on puisse faire le trou, que l'on ait

$$\pi \frac{d^2}{4} \Gamma > \pi e d \Gamma',$$

d'où

$$(2) \qquad e < \frac{\Gamma}{\Gamma'} \frac{d}{4}.$$

La résistance de la tôle dans le sens du laminage à la traction étant en moyenne de 35 kilogrammes par millimètre carré, nous pourrons, en appliquant la règle de Navier, prendre

$$\Gamma' = \tfrac{4}{5} \times 35.$$

Nous supposerons, faute de données de l'expérience, que la résistance de l'acier fondu à l'écrasement est la même que celle qui est relative à l'allongement, ce qui paraît avoir lieu très-sensiblement. Soit

$$r = 75.$$

La formule (2) donne alors

$$(3) \qquad e < 0{,}735\,d.$$

Dans la pratique, on satisfait largement à cette condition, puisque l'on prend en général

$$(4) \qquad e = \frac{d}{2}.$$

71. *Expériences sur les rivets.* — Les tôles étant soumises à un effort de traction, le rivet doit tendre évidemment à se cisailler; néanmoins, on a cru devoir vérifier ce fait par l'expérience suivante. On a construit une fourche (*fig.* 36) en

Fig. 36.

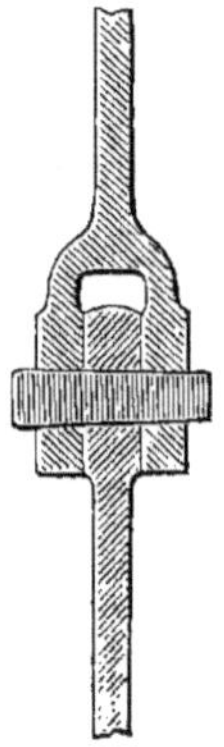

acier et une pièce présentant un œil, que l'on a assemblées avec des broches en fer de rivets; on a opéré sur des broches de 8 à 16 millimètres chacune, et dans chaque cas on a fait dix expériences. La broche s'est rompue sur une charge à peu près uniforme et variant seulement entre $31^{kg},48$ et $32^{kg},7$, soit en moyenne $31^{kg},1$ par millimètre carré. La résistance à la traction du fer employé pour les rivets étant estimée à 40 kilogrammes, on a, pour le rapport à cette résistance de celle qui est due au cisaillement,

$$\frac{31,1}{40},$$

soit $0,8 = \frac{4}{5}$, ce qui paraîtrait justifier plutôt l'induction théorique de Navier que toute autre chose.

Mais il faut éviter que le rivet résiste par cisaillement, car il exercerait sur les bords des trous, dans lesquels il est engagé, des efforts qui tendraient à arracher les tôles. Il doit avoir surtout pour objet d'établir entre les tôles une adhérence qui les empêche de glisser les unes sur les autres. Pour se rendre compte expérimentalement de la résistance au glissement due à la rivure, on a assemblé parallèlement trois tôles (*fig.* 37),

Fig. 37.

deux d'entre elles constituant deux joues pour l'autre qui leur était intérieure et dont le trou était oblong. Les joues étaient fixées à un appui supérieur; la feuille intermédiaire a été soumise à l'action d'un poids capable de produire son glissement sur les deux autres. On a obtenu ainsi un effort variable entre $13^{kg},7$ et $17^{kg},7$, soit en moyenne 15 kilogrammes par millimètre carré de la section du rivet. Cette expérience n'est pas concluante, car, d'une part, on ne s'est pas assuré, ce qui eût été peut-être fort difficile, de l'effort de compression supporté par le rivet, et d'autre part l'ovalisation du trou de la tôle du milieu ne permettait pas d'obtenir un serrage convenable, et cette dernière considération conduirait à supposer que les chiffres ci-dessus sont trop faibles.

L'étude suivante donnera une idée plus nette que les expériences ci-dessus du rôle que doit jouer un rivet.

Dans tout ce qui suit, nous prendrons le millimètre pour unité de longueur.

72. *Du serrage et de l'adhérence d'un rivet.* — Soient

E et α les coefficients d'élasticité et de dilatation calorifique du fer;

t l'excès sur la température ambiante de la température à laquelle on a porté le rivet pour le mettre en place;

N la résultante des actions mutuelles de la tête de la rivure et de la feuille adjacente;

ε la somme des épaisseurs des tôles à l'état naturel;

i, i' la dilatation et la contraction éprouvées respectivement par le rivet et chacune des tôles, dues à l'action des résultantes N.

La longueur de la tige du rivet est, après le refroidissement,

$$\varepsilon(1 - i). \tag{1}$$

Si l'on supprimait l'action des forces N, elle deviendrait, en négligeant les termes du second ordre et i et i',

$$\frac{\varepsilon(1 - i')}{1 + i} = \varepsilon(1 - i - i'),$$

ce qui représente la longueur qu'aurait la tige à l'état naturel et à la température ordinaire. Sous l'excès de température t, elle devient

$$\varepsilon(1 - i - i')(1 + \alpha t) = \varepsilon(1 + \alpha t - i - i'),$$

et, comme elle doit être égale à ε, on a

$$i + i' = \alpha t;$$

mais on a ainsi

$$i = \frac{4N}{\pi E d^2}, \quad i' = \frac{E\pi(d'^2 - d^2)}{4N},$$

d'où

$$N = \frac{E\alpha\pi d^2 t}{4} \cdot \frac{1}{1 + \cfrac{1}{\cfrac{d'^2}{d^2} - 1}}.$$

La traction éprouvée par la tige du rivet par unité de surface est, par suite,

$$(2) \qquad \tau = E\alpha t \frac{1}{1 + \cfrac{1}{\cfrac{d'^2}{d^2} - 1}},$$

ou, en vertu de la formule (1),

$$(3) \qquad \tau = 0{,}637 E\alpha t.$$

Considérons maintenant le cas qui se présente le plus généralement, celui dans lequel les tôles et les rivets sont en fer; on a, après Smeaton, $\alpha = \frac{12583}{10^9}$, et, en continuant à prendre le millimètre pour unité de longueur, $E = 2 \times 10^4$, d'où

$$(4) \qquad \tau = 0{,}1603 t.$$

Cette formule donne les résultats suivants :

Pour $t =$ 50°..............	$\tau =$ 8,015
110°............	16,030
150°............	24,045
200°..............	32,060
300°..........	40,075
350°..............	48,090

Il paraît résulter de là que l'on ne doit pas porter la température préalable du rivet à plus de 250 degrés, en admettant que l'air se trouve à la température zéro.

Le maximum de l'adhérence des rivets sur la tôle s'obtiendra en multipliant τ par le coefficient de frottement du rivet sur la tôle. On n'a pu déterminer des limites de la valeur du coefficient de frottement du fer glissant à sec sur du fer, parce que les surfaces se rodent presque immédiatement; mais, par assimilation avec ce qui a lieu entre le fer et la fonte, on peut admettre, sans commettre une grande erreur, que l'on a

$$f = 0,2.$$

Nous aurons ainsi :

Pour $t = 200°$	$f\tau = 6,412$
$250°$	$8,015$
$300°$	$9,618$

Si l'on met en parallèle ces résultats avec ceux de la seconde des expériences ci-dessus, on voit que la température du petit fourneau qui sert à chauffer les rivets ne doit pas être au-dessous de 200 degrés et ne doit pas dépasser 250 degrés.

73. *Clouures étanches des chaudières à vapeur, des réservoirs, etc.* — Si nous désignons par a l'écartement des rivets d'axe en axe et si nous conservons les notations qui précèdent, nous adopterons les formules empiriques suivantes, qui, en pratique, donnent des résultats très-satisfaisants :

$$(5)\qquad \begin{cases} d' = 1,5e + 3, \\ d' = 1,5d, \\ a = 4e. \end{cases}$$

Pour des pressions élevées, comme dans les chaudières des locomotives, et lorsque l'on emploie des tôles peu épaisses, comme les tôles d'acier, il faut avoir recours à deux lignes parallèles de rivets en quinconce dont les axes déterminent des triangles équilatéraux.

74. *Clouures des pièces de construction en tôle.* — Soient

l la longueur des deux tôles qu'il s'agit d'assembler;
n le nombre des rivets qu'il faut employer pour obtenir une résistance uniforme;
P l'effort élastique par unité de longueur développé dans l'une et l'autre tôle, que l'on doit déterminer dans chaque cas particulier.

En se plaçant au point de vue de la sécurité, on ne doit

compter que sur une fraction déterminée de la limite maximum de l'adhérence fixée par le coefficient de frottement; soit μ cette fraction.

L'adhérence $\mu f \tau n \pi \frac{d^2}{4}$ développée par les rivets devant être au moins égale à $\mathrm{P}l$, on a la relation

$$(6) \qquad \mu f \tau n \pi \frac{d^2}{4} \geqq \mathrm{P}l,$$

d'où l'on déduira la valeur minimum de n.

Admettons que l'on ait calculé l'épaisseur de la tôle de manière que l'effort élastique développé dans la matière ait par millimètre carré une valeur déterminée T; nous aurons

$$n \geqq \frac{4 \Gamma e l}{\mu f \tau \pi d^2},$$

ou, en prenant, comme on le fait d'habitude, $d = 2e$,

$$(7) \qquad n > \frac{\Gamma l}{\mu f \tau \pi e}.$$

Mais on sait que, pour obtenir des garanties convenables de sécurité, on prend $\Gamma = 6^{\text{kg}}$ pour la tôle de fer; d'autre part, il convient d'assigner à $f\tau$, également au point de vue de la sécurité, la plus petite valeur de celles que nous avons obtenues plus haut, soit 6 kilogrammes, et la formule (7), transformée en égalité, donne

$$n = 0,318 \frac{l}{\mu e}.$$

Pour qu'un simple rang de rivets fût suffisant, il faudrait que l'on eût $\mu n d' < l$, d'où, en prenant, comme plus haut, $d' = 1,66 d = 3,32 e$, par suite $\mu < 1$. On fait des rivures simples dans le plus grand nombre de cas; on a reconnu par expérience que la rivure double, en quinconce, était surtout indispensable pour assembler des tôles minces, ce qui est nécessité par le serrage des tôles les unes contre les autres.

La *fig*. 38 représente un assemblage, au moyen de couvre-

Fig. 38.

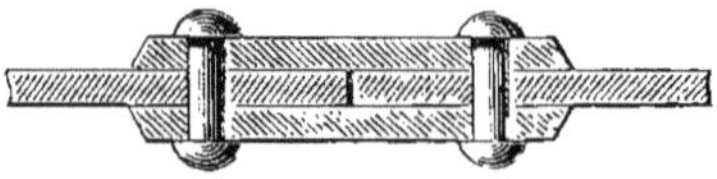

joints, de deux tôles placées bout à bout, et les *fig*. 39 et 40 la disposition en crémaillère relative à l'assemblage d'un cer-

Fig. 39.

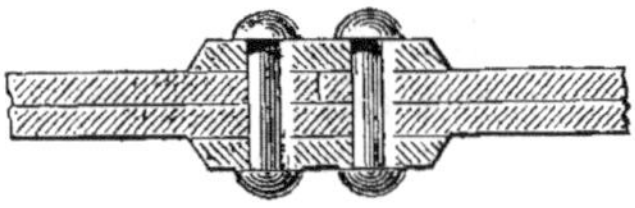

tain nombre de feuilles, comme cela a lieu fréquemment dans la construction des ponts métalliques.

Fig. 40.

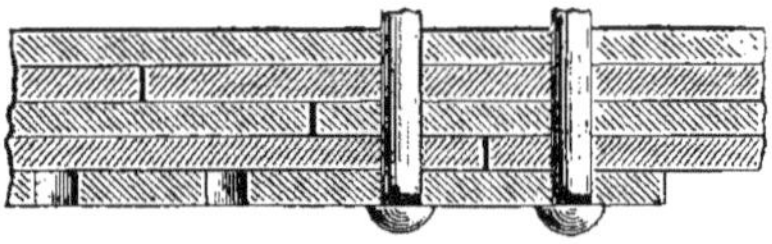

75. *Des boulons*. — Les boulons (*fig*. 41, 42, 43, 44) ont pour objet de relier entre elles les différentes parties d'une machine ou d'une construction.

Fig. 41.

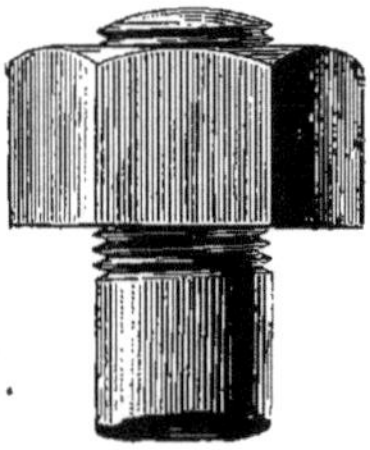

Fig. 42.

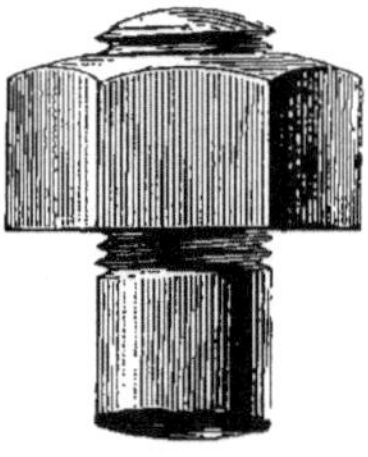

Fig. 43.

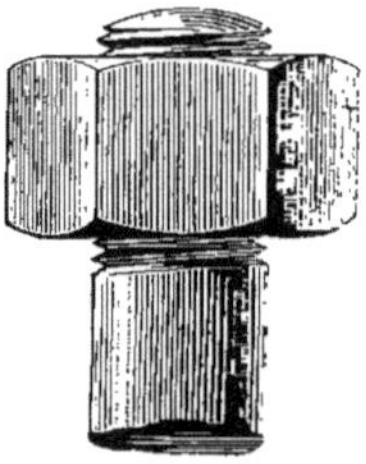

Un boulon est une tige cylindrique en fer, terminée d'une part par une tête prismatique à quatre ou le plus souvent six pans, et de l'autre par un filet de vis destiné à recevoir un écrou également à quatre ou six pans, quand le boulon a été placé dans le trou pratiqué dans les deux pièces qu'il s'agit de réunir.

Fig. 44.

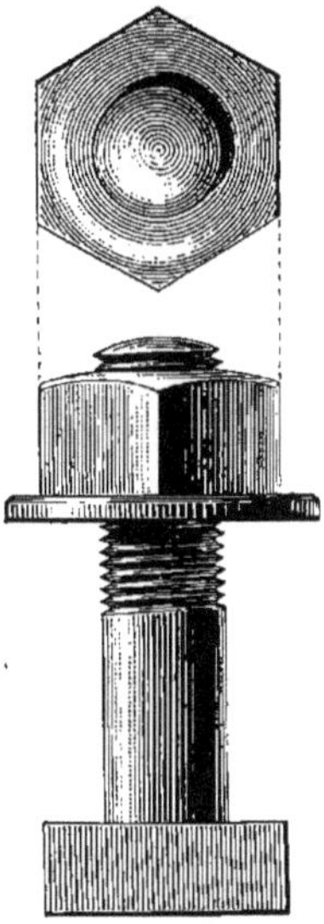

On produit le serrage de l'écrou en agissant sur l'une des extrémités d'un levier (*clef*) dont l'autre extrémité forme une sorte de fourche qui permet, avec un très-faible jeu, de saisir deux faces opposées de l'écrou. Souvent une clef est double, c'est-à-dire qu'elle se termine par deux encoches correspondant à des écrous de calibres différents, en vue de la faire servir à deux fins.

Lorsqu'un écrou est *travaillé*, sa face intérieure, par laquelle il exerce une compression, est plane. Sa face supérieure est arrondie soit suivant un cône dont l'angle au sommet est de 120 degrés et dont la base est le cercle circonscrit à la section droite de l'écrou, soit suivant une sphère dont le rayon est égal aux $\frac{10}{3}$ du rayon du cercle précédent.

Pour les écrous bruts, on se contente d'abattre les douze angles trièdres.

Le filet de la vis est généralement triangulaire et isoscèle ; ce n'est que pour les grandes dimensions que l'on a recours au filet carré.

Le choix du profil triangulaire pour le filet ne peut guère être justifié que par une plus simple et plus économique fabrication. A la vérité, un filet triangulaire permet de serrer un écrou par un pas d'hélice moyenne supérieur à celui qui serait nécessaire pour un filet carré; mais, comme dans la pratique on se trouve toujours au-dessous de la limite inférieure, cette considération n'a aucune importance; néanmoins nous croyons devoir nous arrêter quelques instants sur ce sujet.

Nous supposerons que les pressions normales exercées par le filet de la vis sur l'écrou se réduisent à des résultantes uniformément réparties sur l'hélice moyenne.

Soient (*fig.* 45)

Fig. 45.

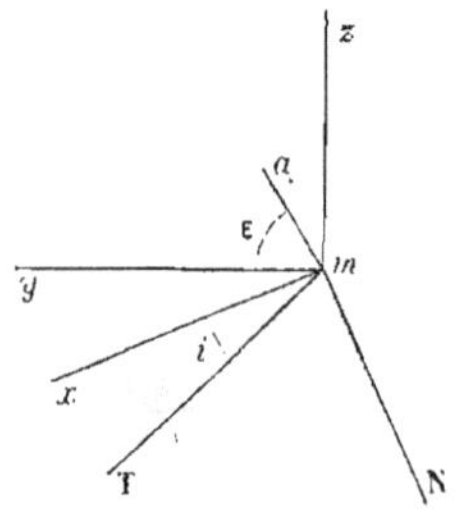

m un point de cette hélice;

mT la tangente en ce point;

mN la normale à la surface du filet au même point;

mx la tangente à la section droite du cylindre moyen;

mz, my la parallèle et la perpendiculaire en m à l'axe de la vis;

i l'angle connu Tmx;

ε l'angle, également donné, du profil du filet avec my;

α, β, γ les angles formés par mN avec Ox, Oy, Oz.

Nous avons, en supprimant la lettre m dans la désignation des lignes, en vue de simplifier,

$$(\mathrm{T}, x) = -i, \quad (\mathrm{T}, y) = 90^\circ, \quad (\mathrm{T}, z) = 90^\circ + i,$$

$$(a, x) = 90^\circ, \quad (a, y) = \varepsilon, \quad (a, z) = 90^\circ - \varepsilon,$$

et, pour exprimer que mN est normal à mT et ma,

$$\cos i \cos\alpha - \sin i \cos\gamma = 0,$$
$$\cos\varepsilon \cos\beta + \sin\varepsilon \cos\gamma = 0,$$

d'où

$$(1)\quad \begin{cases} \cos\alpha = \dfrac{\operatorname{tang} i}{\sqrt{1 + \operatorname{tang}^2 i + \operatorname{tang}^2 \varepsilon}}, \\ \cos\beta = \dfrac{-\operatorname{tang}\varepsilon \cos\gamma}{\sqrt{1 + \operatorname{tang}^2 i + \operatorname{tang}^2 \varepsilon}}, \\ \cos\gamma = \dfrac{1}{\sqrt{1 + \operatorname{tang}^2 i + \operatorname{tang}^2 \varepsilon}}. \end{cases}$$

Pour que l'écrou tienne ou qu'il ne tende pas à remonter, il faut que le moment du frottement de l'écrou sur le filet et sur sa face inférieure, pris par rapport à l'axe de la vis, soit inférieur au moment des pressions normales exercées sur l'écrou. Pour plus de sécurité, on peut négliger le frottement développé sur la face inférieure de l'écrou.

Soient

N la pression normale exercée en m par le filet;
r le rayon moyen de ce filet;
f le coefficient de frottement.

Il faut que l'on ait

$$\Sigma \mathrm{N} f r \cos i - \Sigma \mathrm{N} r \cos\alpha > 0$$

ou

$$f \cos\alpha - \frac{\operatorname{tang} i}{\sqrt{1 + \operatorname{tang}^2 i + \operatorname{tang}^2 \varepsilon}} > 0.$$

Si l'on transforme cette inégalité en égalité, on obtient l'équation suivante :

$$\operatorname{tang}^4 i + (1 - f^2) \operatorname{tang}^2 i - f^2 (1 + \operatorname{tang}^2 \varepsilon) = 0,$$

qui fera connaître la plus grande des valeurs que l'on peut attribuer à tang i.

Le terme $-f^2 \operatorname{tang}^2 \varepsilon$ est toujours petit, comme nous le verrons tout à l'heure. En le négligeant d'abord, on trouve

$$\operatorname{tang} i = f;$$

puis, en posant

$$\tang i = f + \delta$$

et négligeant le carré de δ, il vient

$$\delta = \frac{f \tang^2 \varepsilon}{2(1+f^2)},$$

d'où, à très-peu près,

$$\tang i = f\left(1 + \frac{\tang^2 \varepsilon}{2}\right),$$

soit, par exemple, pour la valeur usuelle $\varepsilon = 27°30'$,

$$\tang i = 1,13 f.$$

Ainsi donc, le profil triangulaire n'a pour effet que d'augmenter d'un peu plus de $\frac{1}{10}$ la latitude que l'on peut se donner pour l'inclinaison de l'hélice moyenne.

Supposons, par exemple, $f = 0,1$; nous aurons

$$i = 5°52'$$

pour le filet triangulaire et

$$i = 5°45'$$

pour le filet carré; mais généralement on se trouve bien au-dessous de ces limites, et, à moins de circonstances accidentelles, on n'a pas à redouter un desserrage.

76. *Règles empiriques de Whitworth.* — Dans ce qui suit, nous prendrons pour unité de longueur le millimètre et pour unité de force le kilogramme. La section méridienne du filet est un triangle isoscèle dont l'angle au sommet est égal à 55 degrés, dont la base est égale au pas h, et dont la hauteur est, par suite,

$$s_0 = 0,96 h.$$

Mais, à l'intérieur et à l'extérieur, les angles vifs sont arrondis sur une longueur de $\frac{1}{6} s_0$; de là, la profondeur s du filet est réduite à

$$s = \frac{2}{3} s_0 = 0,64 h.$$

Soient d, d' le diamètre du noyau et le diamètre extérieur du filet; on doit avoir les relations

(2) $$s = 1 + 0{,}08 d',$$

(3) $$d = 0{,}9 d' - 1{,}3.$$

77. *Diamètre du noyau d'un boulon.* — Si P est l'effort longitudinal que l'on veut développer dans l'écrou, on a, d'après M. Morin,

(4) $$d = 0{,}67 \sqrt{P},$$

et les formules ci-dessus feront connaître d, s et h.

78. *Dimensions des écrous.* — Soit D le diamètre du cercle circonscrit à la section droite de l'écrou.

On prend (1)

$$D = 5 + 1{,}4 d'$$

pour les écrous travaillés,

$$D = 7 + 1{,}45 d'$$

pour les écrous bruts.

La hauteur d'un écrou est généralement prise égale au diamètre du filet (2).

---

(1) Si l'on exprime que la section du noyau et celle de l'écrou fatiguent autant par unité de surface ou à très-peu près,

$$\frac{\pi}{4}(D^2 - d'^2) = \frac{\pi}{4} d'^2,$$

d'où

$$D = 1{,}41 d',$$

ce qui est un minimum. On prend souvent $D = 2d$ ou $D = 1{,}5 d$, selon que la tête est polygonale ou ronde.

(2) Si η est la hauteur du boulon, la force qui tend à arracher le boulon est proportionnelle à $\pi \eta d$; pour que la résistance soit la même que pour le noyau, il faut que

$$\pi \eta d = \pi \frac{d^2}{4},$$

d'où

$$\eta = \frac{d}{4}$$

au minimum; mais, comme nous l'avons dit dans le texte, on prend ordinairement $\eta = d'$.

Le diamètre de la rondelle de serrage doit être pris égal à $\frac{4}{3}$ D et son épaisseur à $\frac{D}{10}$; le bord supérieur est abattu ou creusé en quart de cercle.

79. *Règle de Sellers.* — Le triangle isoscèle est le même que dans le système Whitworth; les angles trièdres sont seulement arrondis sur $\frac{1}{8}$ de s_0; on a ensuite les formules suivantes,

$$s = 1,208\sqrt{d'+16} - 4,43,$$
$$d = d' - 1,57\sqrt{d'+16} + 5,75,$$
$$D = 3,17 + 1,5d',$$

qui, dans les cas usuels, donnent sensiblement les mêmes résultats que les formules de Whitworth.

80. *Boulons de sûreté.* — Ce sont des dispositifs employés dans le cas où l'on aurait à redouter que des vibrations viennent produire du jeu dans les boulons, par suite un desserrage.

La *fig.* 46 représente l'assemblage forme d'un écrou et d'un contre-écrou.

Fig. 46.

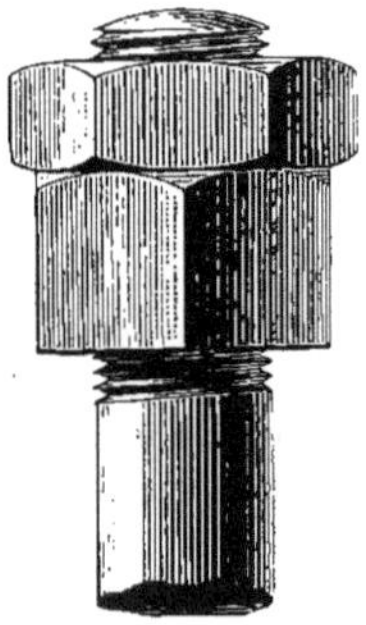

Fig. 47.

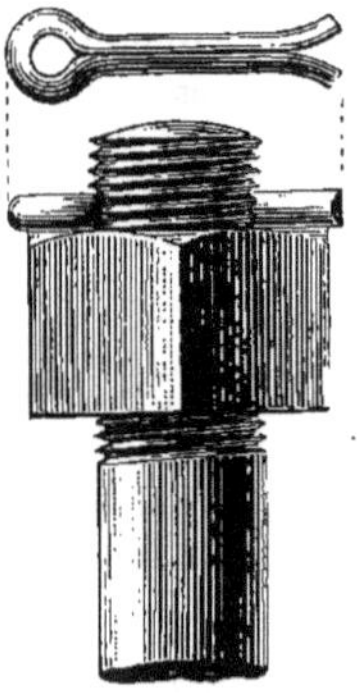

Fig. 48.

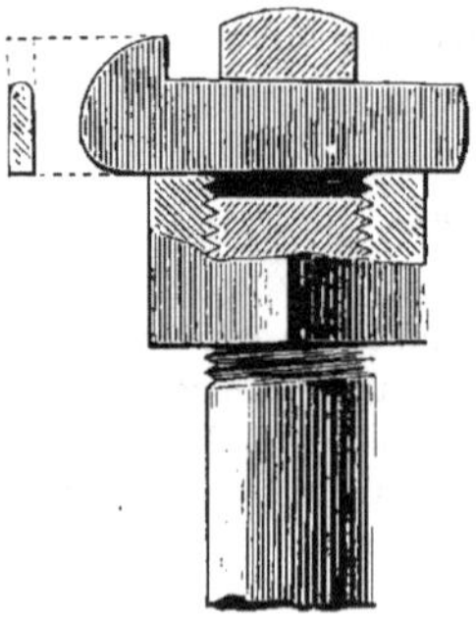

La *fig.* 47 est relative à un contre-écrou calé par une clavette fendue qui peut d'ailleurs s'allier très-bien avec un écrou.

La *fig.* 48 représente l'emploi d'un écrou avec clavette; ce système est excellent au point de vue pratique, car rien n'est plus facile que d'enlever la clavette quand il s'agit de procéder au desserrage de l'écrou.

Il existe un grand nombre de systèmes de boulons de serrage, mais nous avons cru devoir nous tenir aux trois principaux.

81. *Des tourillons.* — Un tourillon peut être considéré comme étant un cylindre encastré dans l'arbre et soumis à l'action d'une force égale et contraire à la pression P exercée sur le coussinet. Soient r le rayon du coussinet et d la distance du point d'appui à la naissance du tourillon ; le maximum du moment fléchissant est Pd ; comme $I = \frac{\pi r^4}{4}$, on a pour déterminer r la relation

$$\frac{\pi r d}{\frac{\pi r^4}{4}} = 4 \frac{Pd}{\pi r^3} = \Gamma,$$

d'où

(1) $$r = \sqrt[3]{\frac{4Pd}{\Gamma}}.$$

Mais généralement cette valeur est très-petite, et l'on a plus à craindre la rupture par glissement transversal que la rupture par flexion. En nous rappelant que la résistance à la rupture transversale peut être prise égale aux $\frac{4}{5}$ de la résistance à l'allongement, on a

$$\pi r^2 \frac{4}{5} \Gamma = P,$$

d'où

(2) $$r = \sqrt{\frac{5}{4} \frac{P}{\pi \Gamma}}.$$

Quoi qu'il en soit, on devra prendre la plus grande des valeurs de r données par les équations (1) et (2).

82. *Des arbres.* — Lorsqu'une machine a atteint sa vitesse de régime, les forces extérieures se faisant à très-peu près équilibre sur les organes dont elle est formée, les arbres qui entrent dans sa composition ne sont soumis à aucun effort de torsion appréciable.

Il n'en est pas de même lors de la mise en marche. Le moteur, en effet, exerce alors son effet maximum, quand tout est en repos; les arbres sont soumis à des moments de torsion dont les effets viennent se joindre à ceux qui sont produits par les poids des pièces dont ces arbres peuvent être chargés.

La flexion proprement dite ne produit que des dilatations et la torsion que des glissements; on peut donc faire abstraction de la torsion en tant qu'il ne s'agit que de la flexion, dont on obtiendra l'équation d'après la méthode ordinaire.

Le glissement maximum dû à la torsion vient s'ajouter au glissement transversal produit par la charge, dont il faut tenir compte dans la condition de résistance.

Considérons, par exemple, le cas d'un arbre cylindrique horizontal de rayon r, de longueur $2l$, supportant en son milieu une charge $2\mathbf{P}$.

L'équation de la flexion est celle d'un prisme supporté par deux appuis de niveau et sollicité en son milieu par une force verticale.

Soient

γ le glissement des fibres dû à la torsion à l'unité de distance de l'axe;

μ le coefficient de torsion ou de glissement;

$\mathfrak{M}$ le moment des forces qui produisent la torsion.

Le moment d'inertie de la section de la pièce par rapport à son axe étant $\frac{\pi r^4}{2}$, on a

$$\mu\gamma\pi\frac{r^4}{2} = \mathfrak{M},$$

d'où

$$\mu\gamma r = \frac{2\mathfrak{M}}{\pi r^3},$$

pour l'effort maximum développé dans la torsion.

A cet effet vient s'ajouter aux points dangereux l'effort du glissement $\frac{\mathbf{P}}{\pi r^2}$; il faut donc satisfaire à la condition suivante :

$$\frac{2\mathfrak{M}}{\pi r^3} + \frac{\mathrm{P}}{\pi r^2} < \frac{4}{5}\Gamma,$$

inégalité qui fera connaître une limite inférieure du rayon.

83. *Des balanciers des machines à vapeur.* — Un balancier peut être considéré comme un solide d'égale résistance, sollicité verticalement par deux forces égales et reposant en son milieu sur un appui. La condition d'équarrissage de ces pièces est dès lors donnée par le n° **39**, abstraction faite des nervures, qui ne doivent avoir d'autre objet que d'augmenter les garanties de sécurité.

84. *Des manivelles.* — Une manivelle peut être considérée comme une pièce encastrée à l'une de ses extrémités et sollicitée à son autre extrémité par une force perpendiculaire à son axe de figure; on retombe ainsi sur un problème connu.

85. *De la résistance des dents des engrenages cylindriques.* — La forme la plus générale du profil d'une dent consiste en deux lignes symétriques par rapport à une droite Ox, composées chacune d'une partie rectiligne ab partant de la perpendiculaire O à Ox, exactement ou sensiblement parallèle à cette droite, et d'une courbe bc qui va en se rapprochant de Ox pour se terminer en c.

Soient (*fig.* 49)

Fig. 49.

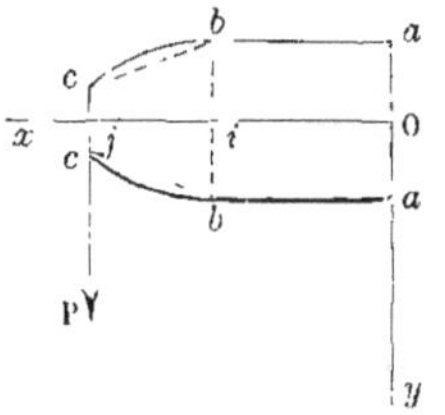

i et j les milieux des droites bb et cc;
l la longueur Oc;
$2a$ le pas;
ε la largeur de la roue;
Oy la perpendiculaire en O à Ox.

Nous négligerons le jeu, ce qui revient à estimer à $2a$ l'épaisseur des dents.

Si l'on veut calculer l'épaisseur que doivent avoir les dents d'une roue pour résister à un effort variable connu, on devra estimer cet effort à son maximum P et le supposer appliqué en j perpendiculairement à Ox; pour le même motif, et, de plus, en vue de simplifier les calculs, on pourra remplacer les arcs ab par leurs cordes.

Nous avons d'une manière générale $I = \frac{2}{3}\varepsilon y^3$; les conditions de résistance de la partie Oi par flexion et par glissement seront respectivement

$$(1) \qquad \frac{3Pl}{2\varepsilon a^2} < r,$$

$$(1') \qquad \frac{P}{2\varepsilon a} \leqq \frac{4}{5} r.$$

Soient maintenant l' la longueur de tête ij, i l'inclinaison des lignes bc sur Ox; nous aurons

$$cc = 2a - 2l' \operatorname{tang} i$$

et d'une manière générale, pour un point quelconque de bc,

$$y = a - [x - (l - l')] \operatorname{tang} i.$$

La condition de résistance de la tête à la flexion sera donc exprimée par

$$(a) \qquad \frac{3}{2\varepsilon} \text{P max.} \frac{l - x}{[a - (x - l + l') \operatorname{tang} i]^2} \leqq r.$$

Ce maximum correspond à $x = l + l' - a \cot i$; pour qu'il soit admissible, il faut que cette valeur de x soit comprise entre l et $l - l'$ ou que l'on ait

$$l' < a \cot i, \quad l > a \cot i.$$

Mais i est toujours un angle très-petit; ces conditions ne seront généralement pas satisfaites, et il conviendra de substituer à x dans la formule (a) sa plus petite valeur $l - l'$; alors elle devient

$$(2) \qquad \frac{3}{2} \frac{Pl'}{a^2} \leqq r.$$

La tendance à la rupture par glissement ne peut évidemment avoir lieu que suivant *cc*, d'où la condition

$$(2') \qquad \frac{P}{2\varepsilon(a - l'\operatorname{tang} i)} < \frac{4}{5}\Gamma,$$

qui devra être satisfaite et qui supprime la condition (1'), de même que la condition (2) est toujours comprise dans la condition (1).

Ainsi donc, pour qu'un engrenage offre les garanties voulues de sécurité, il faut que les dimensions de ses dents satisfassent à la moins avantageuse des inégalités

$$(3) \qquad \left\{ \begin{array}{l} \frac{3}{2}\frac{Pl}{a^3} \leq \Gamma, \\ \frac{P}{2\varepsilon(a - l'\operatorname{tang} i)} \leq \frac{4}{5}\Gamma. \end{array} \right.$$

Les formules (3) s'appliquent également aux engrenages coniques, par suite de la relation qui existe entre eux, au point de vue du tracé, et les engrenages cylindriques.

Dans la pratique, on s'en tient aux formules suivantes :

$$Pl = 250000\,\varepsilon a^2,$$

pour les engrenages ordinaires;

$$Pl = 300000\,\varepsilon a^2,$$

pour les engrenages construits avec soin et qui sont soumis à l'action d'un effort régulier.

On prend ordinairement

$$l = 1{,}2a \quad \text{et} \quad l = 1{,}5a,$$

suivant que la roue est soumise à un grand ou à un faible effort.

Les valeurs attribuées par les constructeurs à ε sont assez bien représentées par la formule suivante :

$$\varepsilon = 0{,}569\,P^{0{,}301},$$

entre les limites $P = 250^{kg}$ et $P = 3000^{kg}$.

Pour les dents en bois dur, on prend ordinairement

$$Pl = 145000\,\varepsilon a^2.$$

86. *Jante et bras d'une roue d'engrenage.* — En négligeant d'abord l'élasticité des bras, on peut assimiler une jante à un arc circulaire reposant sur les points d'appui formés par les extrémités de ces bras. La force qui sollicite cet arc est constante et peut être supposée tangente à sa fibre moyenne, en vertu du principe de l'équivalence des forces; mais son point d'application est variable, et il convient de déterminer celle des positions pour laquelle les efforts élastiques de traction ou de compression atteignent leurs plus grandes valeurs.

Soient (*fig.* 50)

Fig. 50.

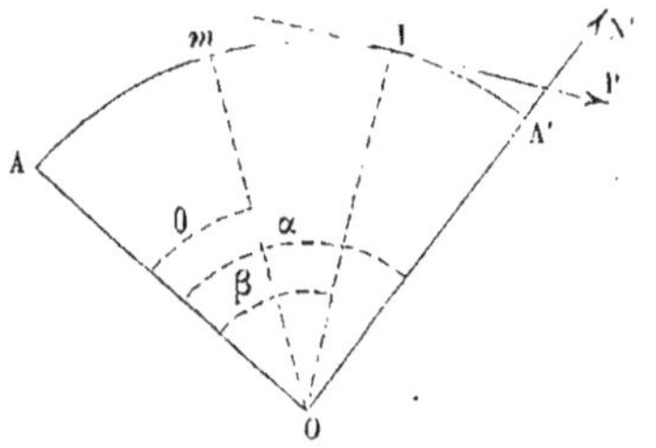

OA, OA′ les arcs de figure de deux bras consécutifs;

m un point quelconque de l'arc AA′, censé réduit à sa fibre moyenne;

θ l'angle formé par Om avec OA;

r le rayon Om;

α l'angle AOA′;

P la force extérieure agissant au point I de l'arc;

β l'angle AOI;

N′ la réaction de l'appui A′.

Le moment de **P** et de N′ par rapport à m est

$$(1) \qquad Pr[1-\cos(\beta-\theta)] - N'r\sin(\alpha-\theta);$$

mais pour $\theta = 0$ le moment est nul, de sorte que l'on a

$$(2) \qquad Pr(1-\cos\beta) - N'r\sin\alpha = 0.$$

L'expression (1) prend ainsi la forme

$$\frac{Pr}{\sin\alpha}[\sin\alpha - \sin(\alpha - \theta) - \sin\alpha\cos(\beta - \theta) + \sin(\alpha - \theta)\cos\beta],$$

et, en déterminant le maximum de ce moment par rapport à β et θ, on aura les éléments voulus pour établir la condition d'équarrissage. La section des bras se déterminera en raison du maximum de N' déduit de l'équation (2).

Dans la pratique, on prend l'épaisseur de la jante égale à celle des dents.

87. *Des expériences de M. Hodgkinson et de leur interprétation.* — M. Hodgkinson a fait, vers 1852, une série d'expériences sur des poteaux et des colonnes disposés de manière à éprouver une flexion, et les résultats obtenus parurent se trouver en désaccord avec la théorie de la résistance des matériaux. Mais, avec des dimensions transversales considérables comme celles qui caractérisent les expériences qui ont été faites, il est permis de douter de l'homogénéité dans chaque section, et, suivant nous, la théorie précédente ne se trouve pas atteinte.

Quoi qu'il en soit, il nous paraît utile de faire connaître les formules empiriques qui ont été déduites des résultats obtenus par le savant ingénieur anglais. Dans ce qui suit, nous prendrons pour unité de longueur le centimètre, les efforts continuant à être estimés en kilogrammes.

1° *Poteaux en bois.* — Soient

Q la charge verticale correspondant à la rupture de la pièce en kilogrammes;
a, b le grand et le petit côté d'une section rectangulaire;
d le diamètre du poteau quand il est circulaire;
l la longueur de ce poteau;
A une constante.

On a

$$Q = A\frac{ab^3}{l^2} \quad \text{ou} \quad Q = A\frac{d^4}{l^2}.$$

Il convient de prendre

A = 2565, pour le chêne fort,
1800, pour le chêne faible,
2142, pour le sapin rouge, le sapin blanc fort et le pin résineux.
1600, pour le pin blanc faible et le pin jaune.

2° *Piliers en fonte.* — M. Hodgkinson a trouvé, pour le coefficient d'élasticité,

$$E = \frac{8804764}{10^3}.$$

Soient d, d_0 les diamètres extérieur et intérieur d'une colonne creuse, d_0 pouvant être nul; conservons d'ailleurs les notations précédentes. On doit prendre, pour la résistance à la rupture,

$$Q = 10676\,\frac{d^{3,6} - d_0^{3,6}}{l^{1,7}},$$

lorsque l varie entre $30d$ et $120d$.

Pour les piliers plus courts on a, au lieu de Q,

$$Q' = \frac{Q\mathcal{R}}{Q + \frac{3}{4}Q\mathcal{R}},$$

$\mathcal{R}$ étant égal à 8133 kilogrammes multipliés par la section de la colonne estimée en centimètres carrés, c'est-à-dire la résistance totale limite.

D'après M. Love, les résultats des expériences de M. Hodgkinson sur les colonnes pleines sont très-bien représentés par la formule

$$Q = \frac{\mathcal{R}}{1,45 + 0,00337\left(\frac{l}{d}\right)^2},$$

pour $\begin{matrix} l > 4d \\ l < 120d \end{matrix}$. Pour $\begin{matrix} l > 4d \\ l < 10d \end{matrix}$, le même ingénieur propose la formule plus simple

$$Q = \frac{\mathcal{R}}{0,68 + 0,1\,\frac{l}{d}}.$$

3° *Piliers en fer.* — Pour $\begin{matrix} l > 10d \\ l < 180d \end{matrix}$, on doit prendre

$$Q = \frac{\mathfrak{R}}{1,55 + \frac{5}{10^4}\left(\frac{l}{d}\right)^2},$$

et pour $\begin{matrix} l > 10d \\ l < 50d \end{matrix}$

$$Q = \frac{\mathfrak{R}}{0,85 + 0,04\,\frac{l}{d}},$$

$\mathfrak{R}$ étant ici supposé égal à 3600.

TABLE I. — Résistance à la traction.

(Nous désignerons par $\mathcal{R}$ la résistance maximum à la traction par mètre carré, par Γ l'effort que l'on ne doit pas dépasser en pratique en vue d'une sécurité convenable, et par E le coefficient d'élasticité.)

NATURE des matériaux.	$\frac{E}{10^6}$.	$\frac{\mathcal{R}}{10^6}$.	$\frac{\Gamma}{10^6}$.
Bois.			
Chêne dans le sens des fibres..............	1200	6,00 à 8,00	0,600 à 0,800
Tremble dans le sens des fibres...........	1076	6,00 à 7,00	0,60 à 0,70
Sapin dans le sens des fibres..............	1500 à 1854	8,00 à 9,00	0,80 à 0,90
Sapin des Vosges dans le sens des fibres....	1113	4,00	0,400
Pin sylvestre des Vosges dans le sens des fibres.	»	2,48	0,248
Frêne dans le sens des fibres..............	1120	6,78	0,678
Frêne dans le sens des fibres..............	»	12,00	1,20
Orme dans le sens des fibres..............	1165,3	10,40	1,040
Orme dans le sens des fibres..............	»	6,99	0,699
Hêtre dans le sens des fibres..............	159,3	8,00	0,800
Buis dans le sens des fibres..............	»	11,00	0,110
Poirier dans le sens des fibres..............	»	6,90	0,69
Peuplier dans le sens des fibres..............	517,2	1,25	0,125
Acajou dans le sens des fibres..............	»	5,00	0,50
Chêne dans le sens des fibres..............	»	1,60	0,16
Tremble dans le sens des fibres..............	43,7	7,20	0,72
Tremble parallèlement aux fibres...........	»	0,57	0,057
Sapin dans le sens des fibres..............	»	0,42	0,042

TABLE I. — (Suite.)

NATURE des matériaux.	$\frac{E}{10^6}$.	$\frac{\mathfrak{R}}{10^6}$.	$\frac{\Gamma}{10^6}$.
Métaux.			
Fer forgé ou étiré.....	20000	40 à 60	6,65 à 10
Tôle dans le sens du laminage............	»	41	7
Tôle dans le sens transversal.............	»	36	6
Tôle forte corroyée dans les deux sens........	»	35	6
Fer en ruban..........	»	45	7,50
Fil de fer non recuit..	»	60 à 90	10 à 15
Fil de fer de câble....	»	30,00	5,00
Chaînes en fer.........	»	32	5,00
Chaînes avec entretoises.	»	32	5,33
Fonte................	9000 à 1200	13	2,16
Acier moyen...........	21000	75	12,50
Bronze de canon......	3200	16 à 23	3,83
Cuivre rouge travaillé..	10500	23	4,33
Cuivre fondu..........	»	13,40	2,33
Fil de cuivre rouge non recuit..............	12000	40 à 50	6,67 à 8,33
Laiton................	10000	12,60	2,10
Fil de laiton.........	»	50 à 85	8,33 à 14,16
Fil de platine.........	17000 à 15600	34,00	5,67
Étain fondu...........	3200	6,00	1,00
Zinc laminé...........	9600	5,00	8,33
Zinc fondu............	»	6,00	1,00
Plomb laminé..........	600 à 800	1,35	0,225
Plomb fondu..........	»	1,28	0,213
Cordes.			
Cordes en chanvre.....	»	6 à 8,80	3 à 4,40
Cordes goudronnées...	»	4,40	2,20
Vieilles cordes........	»	4,20	2,10
Courroies en cuir......	»	»	0,20
Matières diverses.			
Verre et cristal.......	»	2,48	0,248
Basalte...............	»	0,770	0,077
Calcaire compacte.....	»	0,308 à 0,600	0,0308 à 0,06
Calcaire oolithique....	»	0,137 à 0,229	0,0137 à 0,0229
Briques...............	»	0,119 à 0,195	0,0119 à 0,0195
Plâtre................	»	0,049 à 0,098	0,0049 à 0,0098
Mortier hydraulique...	»	0,071 à 0,1500	0,0071 à 0,015
Mortier en ciment.....	»	0,085 à 0,207	0,0085 à 0,0207
Mortier non hydraulique	»	0,042	0,0042

Nota. — Les chiffres compris dans ce Tableau sont relatifs à une température de 15 à 20 degrés.

A des températures plus élevées, les coefficients d'élasticité éprouvent des variations; mais les résultats des expériences de Wertheim, les seules qui aient été faites dans ce sens, sont trop peu nombreux pour qu'on puisse en déduire des conséquences bien précises. Voici d'ailleurs comment s'exprime ce physicien :

« Le coefficient d'élasticité diminue constamment avec la température, depuis — 15° jusqu'à 200 degrés, dans un rapport plus rapide que celui que l'on déduirait de la dilatation correspondante. Cela a lieu pour tous les métaux, excepté le fer et l'acier; pour ceux-là, si l'on prend les températures pour abscisses et les coefficients d'élasticité correspondants pour ordonnées, les courbes qui représentent la marche de leur élasticité en fonction de ces températures s'élèvent depuis — 15° jusqu'à 100 degrés, puis elles ont un point d'inflexion situé entre 100 et 200 degrés. »

TABLE II. — Résistance à l'écrasement.

(Nous désignerons respectivement par Π et $\mathfrak{R}'$ le poids spécifique de la matière et sa résistance maximum par mètre carré.)

NATURE DES MATÉRIAUX.	Π.	$\mathfrak{R}'$.
Basalte	2950kg	20000000kg
Lave dure	2600	5900000
Lave tendre	1970	2300000
Porphyre	2870	24700000
Syénite	2850	6200000
Granit	2700	7030000
Grès dur	2580	8780000
Grès tendre	2570	40000
Calcaire ordinaire	2000 à 2600	1000000 à 3000000
Gryphites	2600	3000000
Marbre	2700	3100000 à 7900000
Brique dure	1560	1500000
Brique rouge	2200	600000 à 1620000
Plâtre gâché	1570	600000
Mortier ordinaire	1600	350000
Mortier en pouzzolane	1460	370000
Mortier en ciment	2110	1550000
Béton en mortier de chaux hydraulique	1850	410000
Aune sec	»	4850000
Frêne	785	6360000
Laurier	»	5280000
Hêtre	»	6000000
Bouleau	700	4310000
Cèdre	575	4060000
Sapin	570	5380000
Sureau	700	7010000
Orme	743	7260000
Acajou	800	5760000
Chêne	700	4770000
Pin	628	5000000
Prunier	460	7370000
Sycomore	640	850000
Noyer	728	5680000
Saule	743	5340000
Fonte	7200 à 7500	39650000 à 111530000
Fer	7200 à 7800	40000000

TABLE III. — Moments d'inertie de quelques aires planes par rapport à un axe passant par leur centre de gravité.

Parallélogramme dont un des côtés est parallèle à l'axe. — Soient b la base et h la hauteur; on a

$$I = \frac{bh^3}{12}.$$

Rectangle évidé parallèlement à l'intérieur ou latéralement. — Soient h' la hauteur de l'évidement, b' sa largeur totale; on a

$$I = \frac{1}{12}(bh^3 - b'h'^3).$$

Parallélogramme dont l'une des diagonales est l'axe du moment d'inertie. — Soient b la longueur de la diagonale; h sa distance à chacun des sommets opposés; on a

$$I = \frac{1}{6}bh^3.$$

Rectangle dont les côtés sont b et c et dont le côté c fait un angle α avec l'axe du moment d'inertie:

$$I = \frac{bc}{12}(b^2\cos^2\alpha + c^2\sin^2\alpha).$$

Anneau circulaire. — Soient r, r' les rayons extérieur et intérieur; on a

$$I = \frac{\pi}{4}(r^4 - r'^4).$$

Ellipse pleine dont l'un des diamètres principaux $2a$ est l'axe du moment. — Soient $2b$ l'autre axe; on a

$$I = \frac{\pi}{4}ab^3.$$

CHAPITRE II.

DES CONSTRUCTIONS EN BOIS.

§ I. — *Des bois.*

88. *De la constitution des bois.* — Avant de faire un projet de construction, quelle qu'elle soit, on prend pour bases certains éléments parmi lesquels la nature, la constitution, la résistance des matériaux que l'on doit employer jouent un rôle important.

Nous croyons donc utile, sinon indispensable, d'indiquer sommairement le mode de formation des bois et les conséquences qui en découlent au point de vue de l'utilité pratique, selon les essences que l'on emploie.

Lorsqu'une pousse vient à se produire, soit en pleine terre, soit sur un arbre, elle est principalement composée d'une matière intérieure, appelée *moelle* (tissu lâche et plus ou moins diaphane), qui est entourée d'une enveloppe extérieure sur laquelle nous reviendrons plus loin.

A mesure que le sujet vieillit, la moelle se durcit et finit bientôt par disparaître.

Le *corps ligneux* est l'un des principaux éléments de la moelle quand elle existe encore. C'est une matière filandreuse, disposée en zones concentriques dont les plus voisines du centre ou de l'axe (*cœur*) sont les plus dures; les plus éloignées forment l'*aubier*, substance peu dure, blanchâtre et à texture spongieuse.

Les fibres sont réunies entre elles par une sorte de ciment organique, appelé *matière incrustante,* qui est pour ainsi dire la source de l'acide pyroligneux.

L'*écorce,* qui est formée de couches cylindroïdes, se compose : 1° du *liber,* qui enveloppe l'aubier ; 2° de couches *corticales ;* 3° enfin de l'*épiderme.*

La séve montante et descendante, dans les tubes capillaires créés par le ligneux, est l'élément nutritif par excellence, c'est-à-dire que c'est de cet élément que dépendent l'accroissement de l'arbre et la transformation successive de l'aubier en bon bois.

L'aubier est facilement décomposable sous la double influence de l'air et de l'humidité, et est, par suite, exposé à être attaqué par les insectes.

Comme souvent le mal peut se propager avec rapidité, il est important de le prévenir, quand cela est possible, en débarrassant de l'aubier les pièces destinées à des constructions en charpente.

L'écorce étant susceptible, sous l'action de l'air, d'une rapide décomposition, doit surtout être enlevée pour des travaux extérieurs ; mais sous l'eau elle peut être conservée sans inconvénient.

Des défauts des bois de construction. — Ces défauts sont les suivants :

1° *Les nœuds vicieux,* qui renferment souvent des parties de bois (*bois mort*) attaquées par des agents extérieurs ;

2° *Le rebours,* torsion des fibres ligneuses se manifestant jusqu'à l'écorce ;

3° *Les roulures,* fentes concentriques ;

4° *Les gerçures,* fentes plus ou moins longitudinales provenant souvent d'une dessiccation trop rapide ;

5° *Le retour,* manque de ténacité des fibres des bois trop vieux ;

6° *L'échauffement,* commencement de décomposition provenant ordinairement de la fermentation de la matière incrustante ; ce caractère se manifeste notamment dans les bois noyés dans la maçonnerie ;

7° *La vermoulure,* due au travail des larves.

Considérations générales. — Le bois rend, sous le choc du marteau, un son sec ou lourd et étouffé selon qu'il est bon ou mauvais.

Les bois employés trop verts diminuent de volume en se desséchant, et souvent, si le dégagement de la séve par évaporation, ou autrement, est arrêtée, les bois fermentent et pourrissent rapidement.

Il est indispensable de vider les nœuds pourris et de remplacer les vides par du goudron pour empêcher les progrès de la décomposition.

Quand il s'agit de stocks, il faut que, empilés dans les magasins, les bois soient à l'abri de l'action d'un air tiède et humide, ou bien il faut les immerger pour réduire ou même supprimer les causes de décomposition.

89. *De la conservation des bois.* — Lorsque, dans une construction émergée, on veut être certain d'avance que les bois employés se conserveront pendant un certain nombre d'années, on fait subir à ces bois une préparation préalable ayant pour objet, 1° soit de coaguler la matière fermentescible qu'ils renferment, 2° soit d'expulser cette matière en la remplaçant par une autre ou complétement inerte ou préservatrice du tissu ligneux.

On arrive au but ainsi indiqué par différents procédés, dont nous allons faire connaître les principaux.

(*a*) *Peinture.* — On donne soit une couche de minium, que l'on recouvre d'une ou deux couches de peinture verte, soit plusieurs couches de peinture.

Les matières colorantes le plus employées sont la céruse, le blanc de zinc, le blanc d'Espagne, le noir de fumée, l'ocre jaune, l'ocre rouge, l'acétate de cuivre.

On emploie les huiles d'œillette et de noix pour les couleurs claires, et l'huile de lin pour les couleurs foncées.

Souvent, surtout pour les premières couches sur chêne, on fait d'abord bouillir l'huile avec $\frac{1}{20}$ de litharge. On doit proscrire tout mélange d'huile et d'essence de térébenthine.

(*b*) *Goudronnage.* — Avant d'appliquer la première couche de goudron, il faut préalablement dessécher et chauffer le bois à l'aide de brandons de paille enflammés. Le goudron doit être appliqué lorsqu'il est bouillant; il se compose de goudron minéral mélangé avec un peu de chaux en poudre.

Pour obtenir des résultats satisfaisants, deux et même trois couches sont nécessaires; il convient de saupoudrer la dernière avec du sable fin pour lui donner du corps. Un mélange de goudron avec une proportion de $\frac{1}{20}$ de résine donne de bons résultats.

Les bois, lorsqu'ils sont neufs, doivent être nettoyés avec soin; quand ils sont vieux, il faut les gratter pour les nettoyer et enlever les parties qui n'adhèrent pas.

(*c*) *Carbonisation superficielle; dessiccation.* — On peut faire passer rapidement les bois au milieu d'un feu clair ou les soumettre à l'action de l'appareil de M. Hugon (*fig.* 51) qui a donné les meilleurs résultats pour les traverses.

Fig. 51.

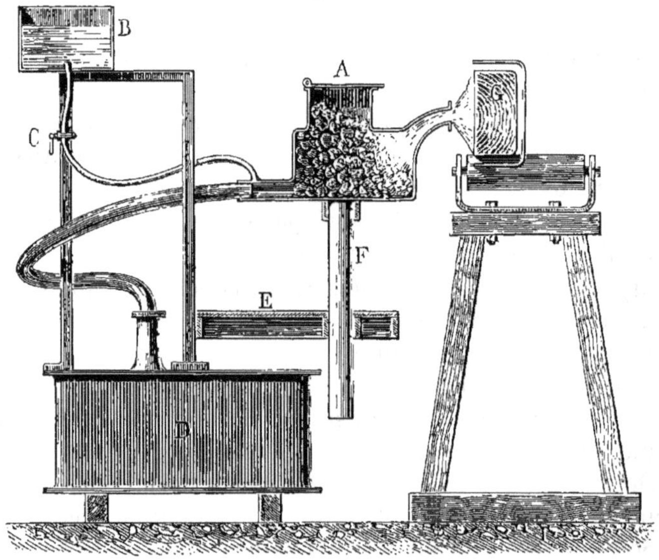

A, fourneau; B, réservoir d'eau; C, robinet permettant de régler le volume d'eau qu'il convient d'envoyer dans A; D, machine soufflante à double effet; F, colonne mobile supportant le fourneau et servant à le déplacer verticalement ou horizontalement suivant les circonstances sur une espèce de chariot mobile installé sur la plate-forme E; G, pièce de bois à carboniser.

Il est utile de goudronner, après l'opération, les extrémités des traverses de chemin de fer pour les rendre inattaquables aux agents destructeurs.

On emploie le procédé suivant pour vieillir rapidement les bois, les rendre inattaquables aux agents destructeurs, les empêcher de travailler et de se déformer sous l'action de la chaleur et de l'humidité.

Les bois sont installés dans une étuve par couches de deux éléments qui sont à angle droit de l'une à l'autre couche, et l'on fait arriver dans cette étuve les produits de la combustion de copeaux disposés sur des grilles.

(*d*) *Injection des bois.* — Les interstices déterminés par les fibres ligneuses sont remplis, comme nous l'avons déjà fait remarquer, par une matière essentiellement organique, la matière incrustante, de composition variable avec les essences, l'âge des bois et la nature des terrains dans lesquels ils ont pris racine.

La composition des substances de cette nature peut être généralement définie ainsi qu'il suit : eau; matières minérales et organiques en dissolution ou en suspension; matières adhérentes aux parois, notamment des éléments sucrés qui sont fermentescibles, azotés qui sont fermentescibles et putrescibles, salins et gras. Ces dernières substances sont de nature à servir d'aliments aux insectes xylophages.

Les matières azotées s'altèrent le plus facilement et déterminent la fermentation des autres matières organiques, et par suite l'altération du bois.

On expulse ou on neutralise ces substances en faisant pénétrer par injection, dans les tissus ligneux, certains produits chimiques dont nous allons indiquer les principaux :

Créosote brute [1].
Dissolution de chlorure de sodium (cette matière offre l'inconvénient d'être trop hygrométrique);
Dissolution de chlorure de zinc (longtemps employée par l'amirauté anglaise);
Dissolution de sulfate de cuivre (surtout employée maintenant);
Acide pyroligneux;
Huiles essentielles.

---

[1] Produit de la distillation du goudron de gaz, qui en renferme de 20 à 25 pour 100.

Nous allons faire connaître d'une manière sommaire les principaux procédés employés pour injecter les bois.

Procédé de M. Boucherie. — La première méthode employée par M. Boucherie (*fig.* 52) consiste à faire dans l'arbre que l'on doit abattre ultérieurement, et un peu au-dessus du niveau du sol, un trait de scie allant presque jusqu'au cœur. Un manchon en cuir ou en toile enduite de caoutchouc permet d'établir la communication du vide formé par le trait de scie

Fig. 52.

avec le réservoir qui renferme le liquide à injecter. La séve venant des racines est arrêtée par le trait de scie; la séve ascendante est remplacée par le liquide ci-dessus. L'injection se comprend alors sans difficulté. On a remarqué que la séve se déplace de la même manière dans un arbre nouvellement abattu, lors même qu'il est couché, et pour lequel le procédé que nous venons d'indiquer est encore applicable.

La seconde méthode de M. Boucherie (*fig.* 53) a fait complétement abandonner la première pour l'injection des traverses de chemin de fer en hêtre, charme et pin. Elle consiste à faire écouler la séve au dehors en soumettant à une pression convenable le liquide à injecter. Des billes de $5^m,20$ à $5^m,40$ de longueur et de $0^m,26$ à $0^m,38$ de diamètre sont rangées horizontalement et reposent par leurs extrémités sur deux supports. Au milieu de la longueur de chaque bille on fait un trait de scie sur les $\frac{9}{10}$ du diamètre, trait qu'on laisse entr'ouvert au moyen d'un support intermédiaire. On engage dans l'ouverture une corde amincie vers les deux bouts, on enlève ensuite le support intermédiaire pour provoquer le rapprochement et le serrage mutuel des deux demi-billes.

Préalablement on avait pratiqué de part et d'autre du trait de scie, sous un angle de 45 degrés, deux trous descendant à une profondeur de $0^m,10$ et destinés à recevoir la dissolution de sulfate de cuivre (20 kilogrammes par mètre cube d'eau) contenue dans un réservoir situé à une hauteur de 12 à 15 mètres, au moyen du tuyau en caoutchouc; la séve, d'abord presque pure, puis se chargeant graduellement de sulfate de cuivre, s'écoule dans des rigoles, disposées vers les

Fig. 53.

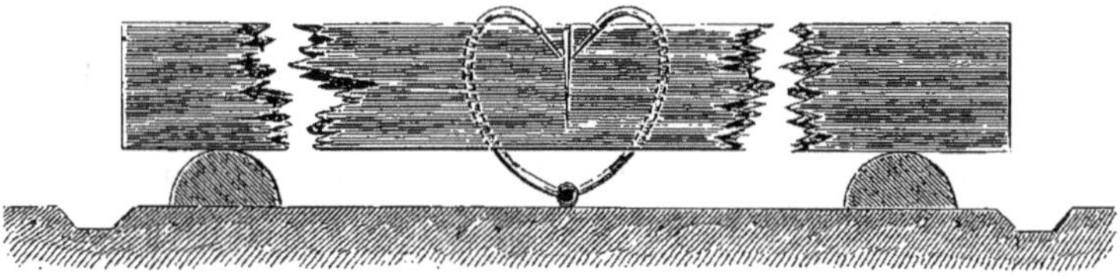

extrémités des pièces à injecter, qui aboutissent à une cuve d'où le liquide est élevé dans le réservoir précité. On arrête l'opération lorsque le liquide expulsé ne renferme plus que $1^{kg},33$ de sulfate de cuivre par 100 kilogrammes d'eau.

La durée de l'opération est de quarante-huit à soixante-huit heures pour les traverses de chemin de fer et augmente naturellement avec la section des pièces à injecter, quelle que soit leur destination.

On dépense, en moyenne, 5 à 6 kilogrammes de sulfate de cuivre cristallisé par mètre cube de bois injecté.

Pour s'assurer que la solution acide a bien pénétré dans toute la masse, on scie chaque demi-bille en deux, puis on ravive les sections en les badigeonnant avec une dissolution de cyanoferrure de potassium (90 grammes par litre d'eau). Si le bois est bien préparé, il se manifeste une couleur rouge très-caractérisée; la préparation est insuffisante si l'on n'arrive qu'à une coloration rose.

Il ne faut pas que les bois soient abattus depuis plus de cinq ou six mois avant qu'on leur fasse subir l'opération, afin que la séve ne soit pas complétement desséchée.

L'injection de la créosote (système Burt) est appliquée principalement en Angleterre. — On dispose le bois dans un cylindre en tôle horizontal de 18 mètres de longueur sur 2 mètres de diamètre. On envoie dans cette capacité un courant de vapeur portant à 100 degrés la température du bois et chassant en partie les gaz qu'il renferme, ainsi que l'air ambiant. Ce courant se rend dans l'atmosphère en traversant un serpentin placé dans une capacité remplie de créosote brute (100 kilogrammes par mètre cube de bois), matière qui est rapidement portée à 100 degrés. Le jet de vapeur est supprimé au moment où il est devenu régulier. On met alors le cylindre en communication avec un condenseur où se rend d'abord l'eau provenant de la séve et de la vapeur condensée. On fait ensuite le vide dans le condenseur au moyen d'une pompe aspirante, jusqu'au moment où l'on a atteint une pression correspondant à une colonne de mercure de $0^m,10$; on ouvre alors un robinet qui met en communication la créosote avec le cylindre dans lequel elle pénètre, et l'on complète le remplissage avec une pompe foulante pour obtenir une pression finale de 12 atmosphères.

L'opération dure huit heures.

Procédé Légé. — Ce procédé est semblable au précédent. La différence consiste principalement dans la substitution du sulfate de cuivre à la créosote, dont l'odeur est très-désagréable.

La longueur du cylindre est 10 mètres et son diamètre $1^m,20$. Il faut quinze minutes pour porter les bois à 100 degrés et vingt-cinq minutes pour les sécher. On maintient le vide à $0^m,10$ de mercure pendant dix minutes. On pousse la pression jusqu'à 12 atmosphères pendant trente minutes.

La durée de l'opération est de trois heures.

La dissolution se compose de 20 kilogrammes de sulfate de cuivre du commerce par mètre cube d'eau.

Immersion simple du chêne dans un bain de sulfate de cuivre. — L'aubier du chêne peut seul être injecté, à la condition d'immerger la pièce pendant deux heures au moins dans un bain composé de 20 kilogrammes de sulfate de cuivre par mètre cube d'eau, porté à une température de 60 degrés.

Prix de la préparation des bois. — Une traverse en hêtre ou en pin dont le volume est de $0^{mc},085$ revient à

$1^{fr},30$	par le procédé	Boucherie,
$1,00$	»	Légé,
$1,20$	»	Burt.

Une immersion dans un bain chaud de sulfate de cuivre revient à $0^{fr},50$.

La carbonisation superficielle coûte de $0^{fr},30$ à $0^{fr},50$.

90. *Surface boisée de la France.* — Cette surface est évaluée à 8 860 000 hectares, parmi lesquels on distingue

71 500	hectares	en pins et sapins,
320 000	»	en bois blancs,
134 500	»	en chênes.

Les terrains secs produisent des bois élastiques très-résistants, les terrains humides des bois gras.

91. *Qualités et propriétés des bois employés dans les constructions.*

1° *Chêne.* — C'est le bois de construction par excellence, quoique l'aubier s'altère rapidement; mais le cœur résiste mieux que tout autre bois aux éléments destructeurs.

Le chêne des Vosges est peu dur, mais il est très-propre à la menuiserie; son poids spécifique est 700.

Le chêne de Hollande est, suivant l'habitude du pays, coupé suivant des sections méridiennes qui présentent un aspect éclatant.

Le chêne des terrains pierreux est très-résistant, mais le plus souvent il est noueux et difficile à travailler.

Le chêne résiste à l'injection.

2° *Le châtaignier.* — Ce bois, presque aussi résistant que le chêne, se conserve bien à l'humidité, mais il est excessivement sujet à la roulure.

Il résiste à l'injection.

3° *Frêne.* — Ce bois est très-élastique, peu propre à la grosse charpente, mais il convient très-bien pour le charronnage; il est très-rapidement attaqué par les vers s'il n'est injecté.

4° *Acacia.* — Ce bois est dur, tenace, très-durable, excellent surtout pour le charronnage; sa partie centrale est ininjectable.

5° *Orme.* — Ce bois est fort, très-élastique, se conserve très-bien sous l'eau, mais il s'échauffe à l'air et est sujet à la pourriture sèche ainsi qu'à l'attaque des insectes xylophages. On comprend dès lors pourquoi il ne convient pas pour la grosse charpente.

L'orme dit *tortillard* est plus résistant que l'orme ordinaire, mais il ne peut être utilisé que pour le charronnage.

6° *Hêtre.* — C'est un bois dur, serré, sujet à se fendre. Il est excellent quand il est préparé; autrement, il est attaqué par les vers et se détériore très-rapidement. Il est très-employé pour les travaux de chemins de fer, à la condition qu'il ait subi une préparation.

7° *Charme.* — Ce bois est dur, liant, à grains fermes et serrés; il est excellent pour la confection des cames et des dents d'engrenage; il s'injecte comme le hêtre.

8° *Bois résineux et non feuillus.* — Il s'agit ici des pins et sapins, bois qui se conservent très-bien sous l'eau, mais qui se détériorent rapidement lorsqu'ils sont soumis à des alternatives de sécheresse et d'humidité. Ils s'injectent facilement. Les sapins rouges de Riga sont excellents.

Parmi les variétés de pins nous ne citerons que les principales, qui sont les suivantes :

Pin de Corse, semblable au mélèze.

Pin sauvage ou *sylvestre,* qui n'est bon que quand il est vieux et grand.

Pin maritime, est de médiocre qualité.

Pins croisés; ce sont les meilleurs de la Bretagne.

9° *Peuplier.* — Bois léger, facile à travailler; mais il s'altère rapidement à l'air. Sa densité est de 0,40; il s'injecte mal lorsqu'il est frais, mais assez bien quand il est sec, quoique d'une manière inégale.

Le peuplier de la Caroline est serré; il est bon pour la menuiserie et pour le plancher supérieur des tabliers en charpente.

10° *Bouleau.* — Bois un peu plus dur que le précédent, mais dont la durée n'est pas plus grande; il se travaille et s'injecte bien.

11° *Érable.* — Ce bois, qui est à grains très-serrés, est surtout excellent pour la menuiserie; il s'injecte complétement.

12° *Platane.* — Bois ferme, à grains serrés, susceptible d'un beau poli; il est souvent attaqué par les vers. Il s'injecte comme le précédent.

13° *Aune.* — Cette essence, qui ne se produit que dans les terrains humides, donne un bois qui se conserve bien sous l'eau; mais à l'air il est sujet à la pourriture sèche. Il s'injecte bien.

Nous passerons sous silence l'acajou, le noyer, le cerisier, le pommier, etc., qui ne sont employés que pour la menuiserie.

92. *De l'élasticité et de la résistance des bois.* — Nous rapporterons au millimètre carré le coefficient d'élasticité E, la résistance à la rupture $\mathfrak{R}$ et l'effort maximum r que l'on peut faire supporter aux bois de construction pour obtenir une sécurité convenable. Nous produirons ainsi le Tableau suivant, dont les éléments ont été empruntés aux résultats obtenus par différents expérimentateurs :

ESSENCES.	E.	DANS LE SENS des fibres.		LATÉRALEMENT aux fibres ou par glissement.		PERPENDICULAIREMENT aux fibres.	
		ℜ.	Γ.	ℜ.	Γ.	ℜ.	Γ.
		kg	kg	kg	kg	kg	kg
Chêne.......... ..	1000	6,00	0,600	//	//	1,60	0,16
Frêne............	1120	12,00	1,2	//	//	//	//
Frêne des Vosges..	1121,5	6,78	0,678	//	//	//	//
Acacia............	1264,9	//	//	//	//	//	//
Orme............	1165,5	10,40	1,04	//	//	//	//
Orme des Vosges..	930	6,99	0,699	//	//	//	//
Hêtre.............	930	8,00	0,800	//	//	//	//
Hêtre des Vosges...	980,5	//	//	//	//	//	//
Charme..........	975	//	//	//	//	//	//
Charme des Vosges.	1086	//	//	//	//	//	//
Sapin.............	1500 à 1854	4,00	0,400	0,42	0,042	//	//
Sapin des Vosges...	//	4,00	0,400	//	//	//	//
Pin sylvestre des Vosges..........	//	12,00	1,200	//	//	//	//
Tremble..........	1076	6 à 7	0,60 à 0,70	0,57	0,057	//	//
Tremble des Vosges.	1076	7,20	0,72	//	//	//	//
Peuplier..........	517,2	//	//	//	//	1,25	0,125
Bouleau...	997	//	//	//	//	//	//
Érable............	1021	//	//	//	//	//	//
Platane...........	//	//	//	//	//	//	//
Aune.............	1108	//	//	//	//	//	//
Teak (employé dans les constructions navales)....... .	//	11,00	0,11	//	//	//	//
Buis..............	//	14,00	0,14	//	//	//	//
Poirier............	//	6,90	0,69	//	//	//	//
Acajou............	//	5,60	0,56	//	//	//	//
Mélèze ou larix....	900	//	//	//	//	0,94	0,094

93. *De la courbure des bois.* — Comme on doit éviter de

Fig. 54.

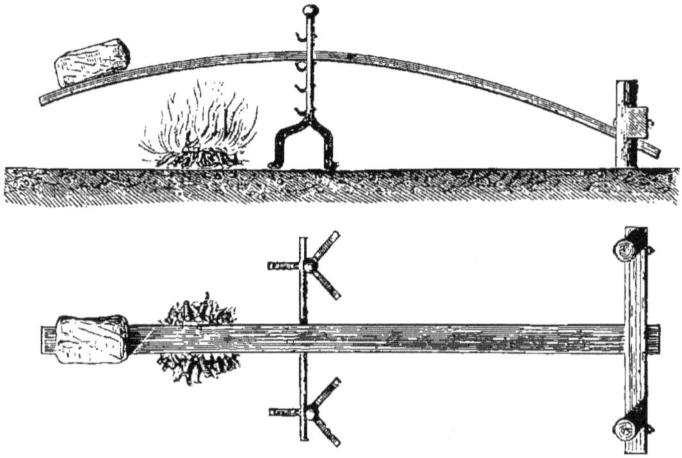

Fig. 55.

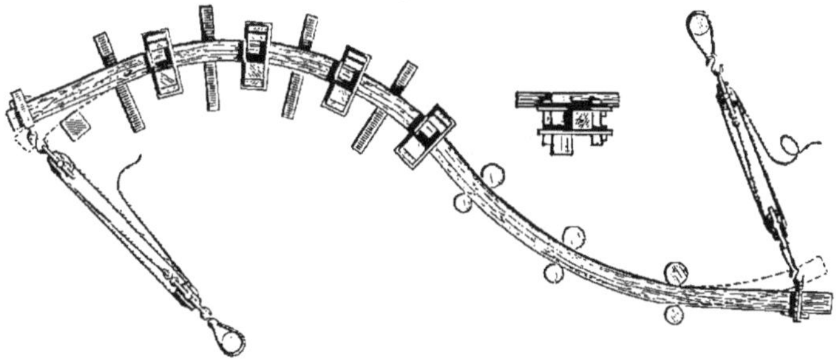

Fig. 56.

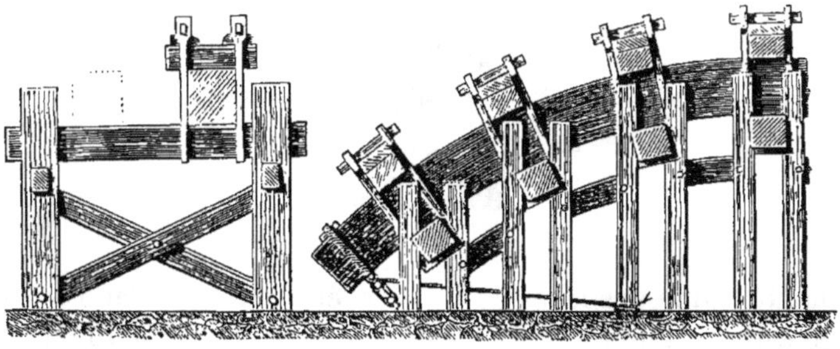

trancher les fibres au point de vue de la résistance à obtenir, il est nécessaire, quand on a besoin de pièces courbes, de courber le bois.

Le procédé le plus simple pour arriver à ce résultat consiste

Fig. 57.

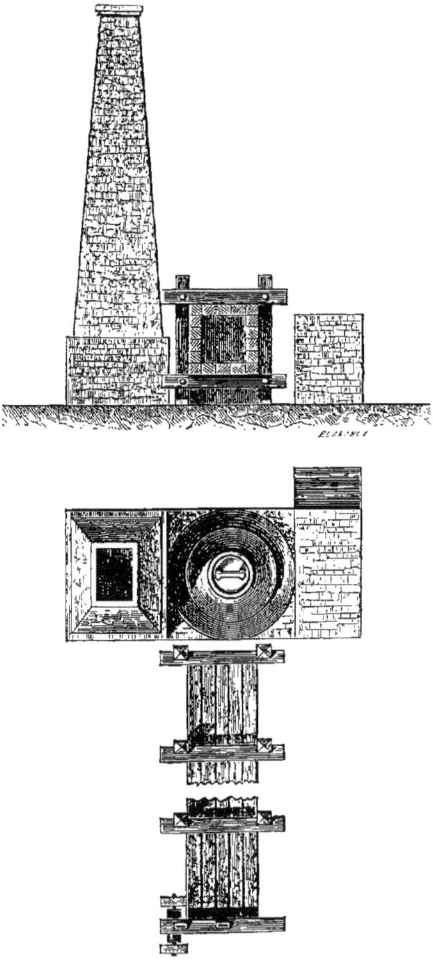

à chauffer l'une des faces de la pièce et à mouiller l'autre. La pièce est maintenue par une extrémité au moyen d'une traverse (*fig.* 54) reliant à mi-bois deux poteaux fichés en terre et soutenue par une barre horizontale, et est chargée d'un poids à son autre extrémité. La barre repose sur un des crochets correspondants de deux trépieds en fonte ou en fer; on

Fig. 58.

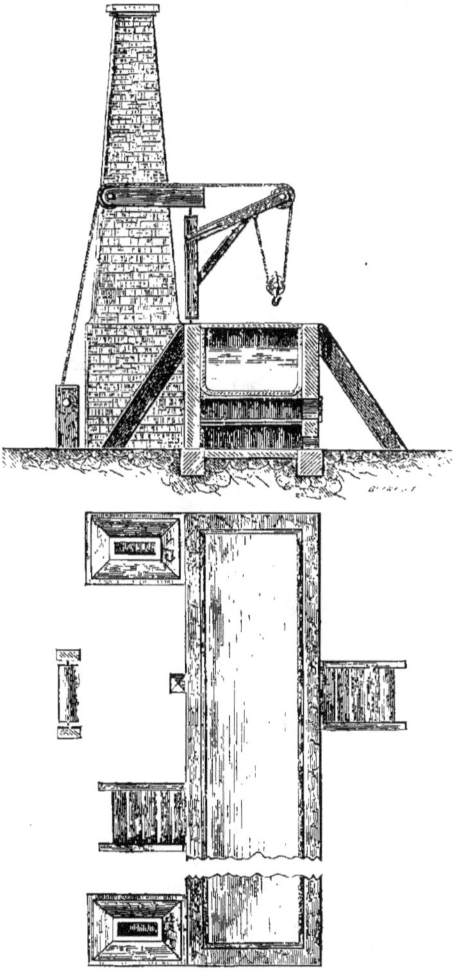

passe d'un étage à l'autre de ces crochets, de manière à augmenter la flèche à mesure que la courbure augmente.

Pour former une barrique, les tonneliers assemblent les

Fig. 59.

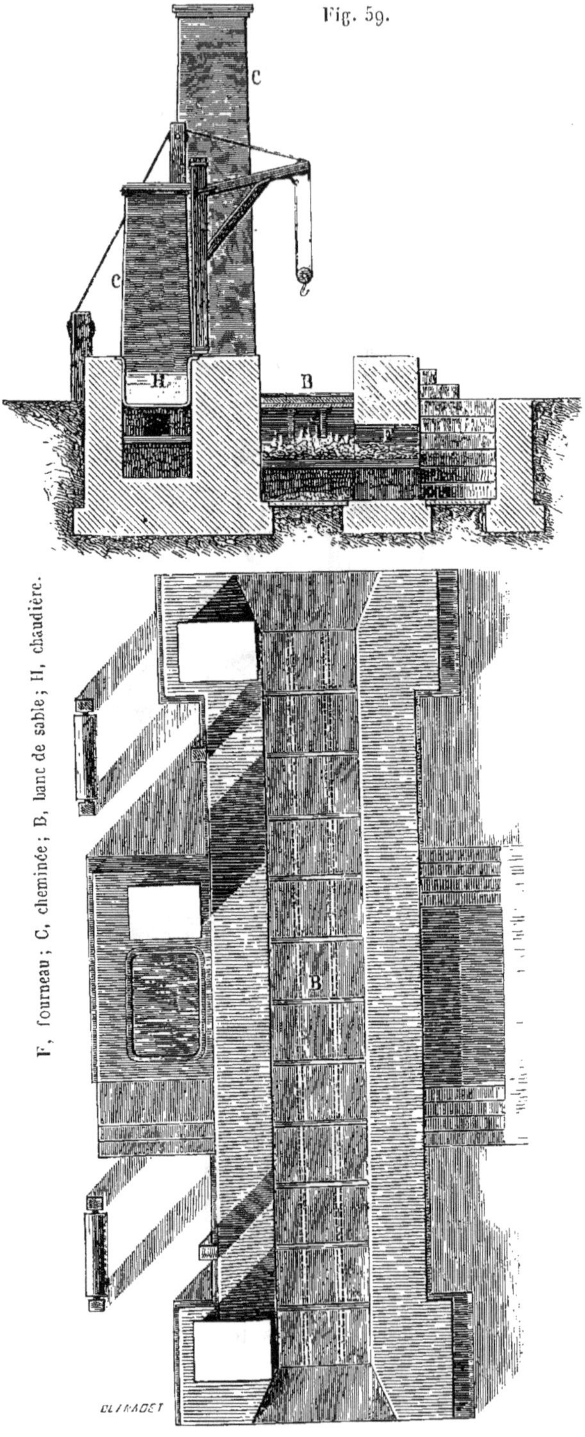

F, fourneau ; C, cheminée ; B, banc de sable ; H, chaudière.

douelles par leurs extrémités inférieures, allument un feu de copeaux dans l'intérieur et courbent assez facilement les douelles.

On peut encore courber une pièce de la manière suivante :

On la mouille d'abord, puis on l'applique au moyen de palans sur une forme (*fig.* 55 et 56) dont la courbure est un peu plus prononcée que celle que l'on veut obtenir; au bout d'un certain temps, on arrive au résultat voulu.

Mais, si la pièce est épaisse, le mouillage devient insuffisant; on peut alors placer le bois dans une étuve où l'on fait arriver un courant de vapeur (*fig.* 57) ou dans une cuve d'eau bouillante (*fig.* 58), ce qui produit une action plus énergique; mais dans l'un et l'autre cas le bois se trouve un peu altéré.

On a essayé, mais sans obtenir de résultats bien satisfaisants, de placer la pièce dans un bain de sable chaud (*fig.* 59) que l'on mouillait à plusieurs reprises.

Actuellement on préfère employer des bois minces qui se courbent très-facilement et qui, juxtaposés et reliés entre eux, peuvent former des fermes puissantes, telles que celles du système Emy, dont il sera question plus loin.

§ II. — *Des outils des charpentiers.*

94. Le *charpentier* est l'ouvrier qui exécute les travaux de *charpente*, c'est-à-dire les assemblages de pièces de bois employées dans la construction d'un édifice.

Le *maître charpentier* trace et entreprend les ouvrages de charpente; il prend, par suite, des ouvrages à son compte.

Avant d'entrer dans des détails relatifs au travail des bois, nous allons faire connaître succinctement les différents outils dont se sert le charpentier.

95. La *cognée* (*fig.* 60) est une hache à tranchant arrondi qui sert à ébaucher les bois.

La *hache du charpentier* a moins de *tour* que la cognée et un manche plus court.

Le *doloir* ou *épaule de mouton* est la plus large des haches employées.

14.

Le *hacheron* ou *hachette* est une petite hache.

Fig. 60.

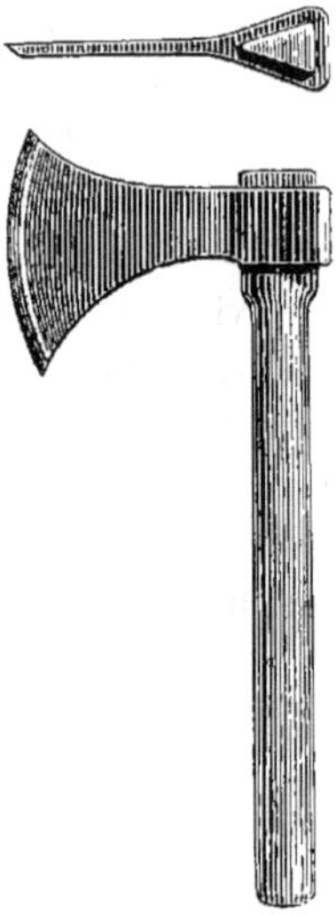

Fig. 61.

Fig. 62.

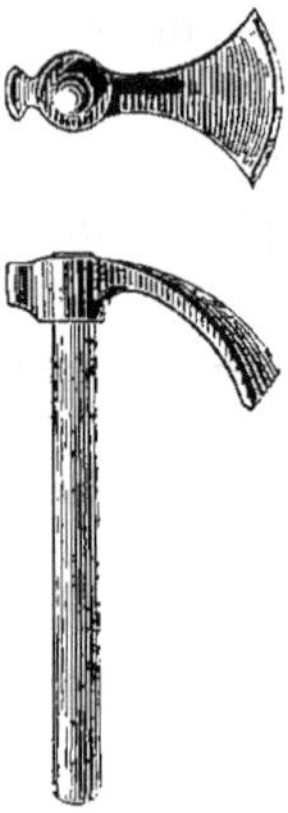

L'*herminette simple* (*fig*. 62) se termine par un tranchant et une tête de marteau.

La *fig*. 62 représente une herminette à gouge.

Fig. 63.

L'*essette* ou *piochon* (*fig*. 63) est une herminette à deux tranchants.

L'herminette sert à délarder le bois sur plat, les échiffres et limons d'escaliers, et à fouiller avec la gouge les parties creuses et courbes.

Le *bec d'âne* (*fig*. 64) est un ciseau plus épais que large,

Fig. 64.

principalement employé par les menuisiers et d'une manière exclusive pour faire les mortaises.

La *bésaiguë* (*fig*. 65) est un outil en fer qui sert à dresser

Fig. 65.

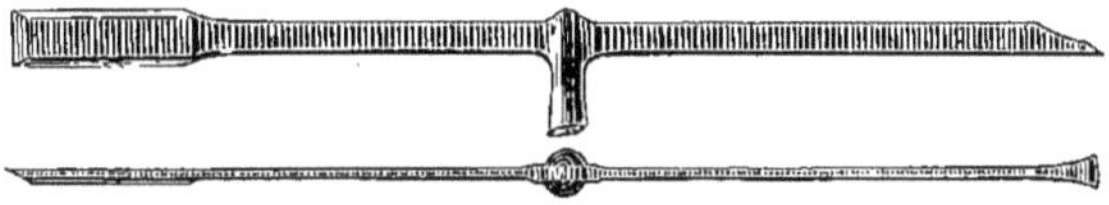

et préparer les bois ébauchés à la cognée, à faire les tenons et mortaises des grosses pièces.

Dans cet outil on distingue la *planche* ou *panne*, ciseau affûté, sur les côtés, de $0^m,012$ à $0^m,015$; une douille est destinée à recevoir le manche.

La bésaiguë *à gouge* sert à travailler les parties courbes; elle est terminée d'autre part par une panne.

Les *ciseaux* proprement dits (*fig*. 66) servent à dresser les tenons et mortaises et les petits ouvrages.

Fig. 66.

Fig. 67.

Les ciseaux *à gouge* (*fig*. 67) ont pour objet de travailler les parties curvilignes.

Le *fermoir* est un grand ciseau de 0m,055 de panne, à deux biseaux; il sert à faire joindre les planches, les unes contre les autres, d'une aire ou d'un plancher, en s'en servant comme d'un levier. On l'emploie aussi pour fendre les cales.

Le *mail*, ou *mailloche* (*fig*. 68) est une masse de bois

Fig. 68.

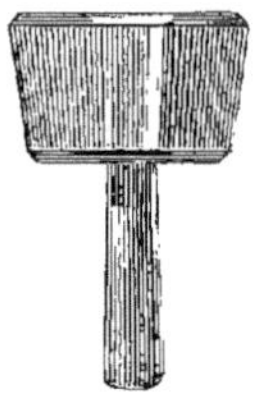

d'orme ou de frêne (bois qui sont les moins sujets à se fendre), avec manche du même bois. Le maillet est plus petit.

Le *marteau* (*fig*. 69) est une masse de fer dont la tête est

Fig. 69.

carrée, terminé d'autre part par une encoche destinée au besoin à arracher des clous et pointes.

Fig. 70.

Le *boulonnier* (*fig*. 70) est une grosse tarière servant à percer les trous de boulons.

Le *laceret* est une petite tarière dont le diamètre varie entre $0^m,010$ et $0^m,012$ et la longueur de $0^m,0135$ à $0^m,023$. Il sert à percer les trous de chevilles.

La *tarière* (*fig.* 71) proprement dite a $0^m,028$ de diamètre.

Fig. 71.

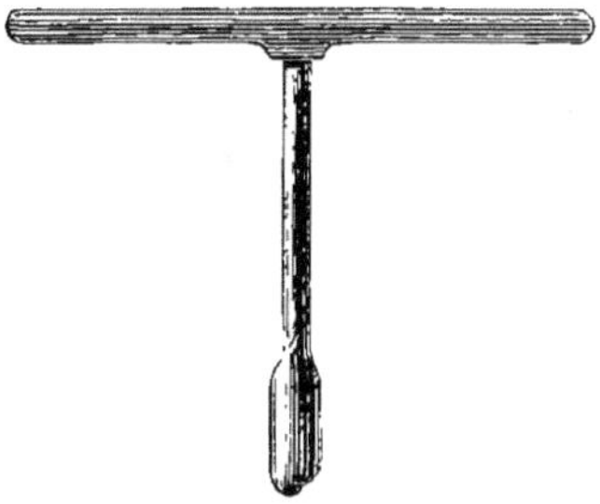

L'*ébauchoir* (*fig.* 72) est un ciseau tout en fer et dont le

Fig. 72.

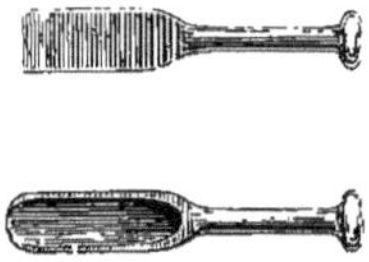

tranchant est aciéré. Il n'est employé que pour les ouvrages qui nécessitent plus d'efforts que les ciseaux à manche de bois.

Fig. 73.

Fig. 74.

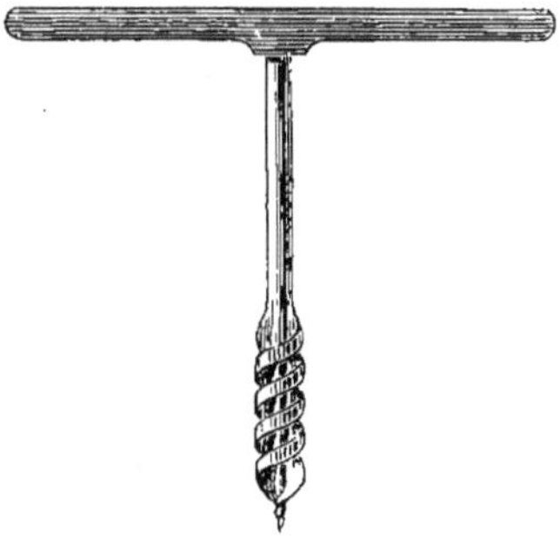

La *fig.* 73 représente une mèche à trépan et la *fig.* 74 une tarière anglaise.

Les *scies* ont pour objet de diviser les bois. Les dents doivent être d'autant plus petites que la matière à travailler est plus dure. Nous avons :

1° La *scie du scieur de long* (*fig.* 75), qui se compose d'un

Fig. 75.

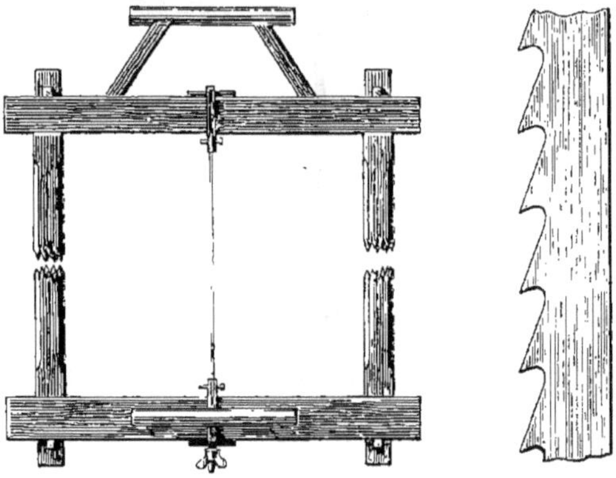

châssis en bois maintenant une lame de scie de $0^m,003$ d'épaisseur, de $0^m,08$ de largeur aux extrémités et de $0^m,11$ au milieu; la lame est fixée dans des anneaux en fer calés avec du bois. L'outil est terminé par deux poignées saisies par deux hommes, respectivement placés sur la pièce à débiter et sur le sol, qui impriment à la scie un mouvement alternatif, chacun d'eux n'agissant que par traction. Les dents ont de $0^m,008$ à $0^m,010$ de saillie et $0^m,027$ de longueur; il faut leur donner de la voie, c'est-à-dire les incliner symétriquement par rapport au plan moyen de la lame et alternativement.

Fig. 76.

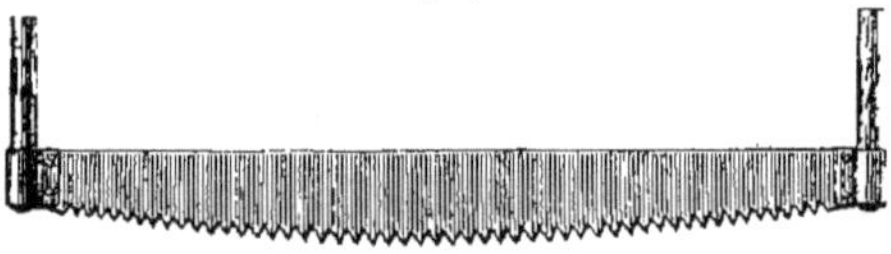

2° Le *passe-partout* (*fig.* 76) est une scie à poignée en fer, mue horizontalement par deux hommes et qui sert à débiter les gros bois.

3° La *scie à refendre* est semblable à la scie du scieur de long, mais elle est plus petite.

4° La *scie à main* (*fig.* 77). Ici la lame est tendue au moyen

Fig. 77.

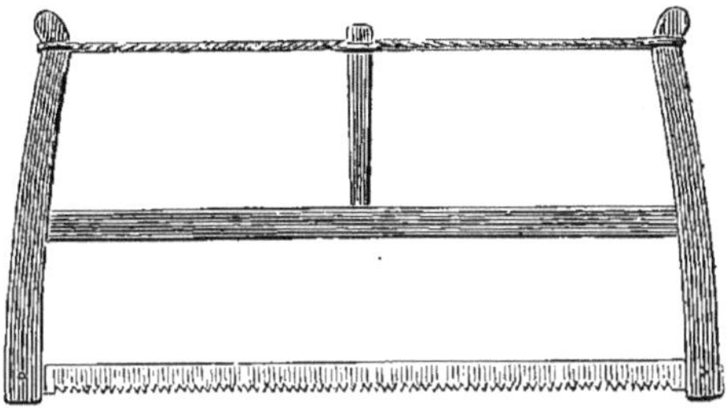

d'un coin et d'une corde. La lame est étroite et a $1^m,33$ de longueur lorsque l'outil est disposé pour recevoir les deux mains et $0^m,66$ lorsqu'on ne doit se servir que d'une main.

5° La *scie à chantourner* (*fig.* 78).

Fig. 78.

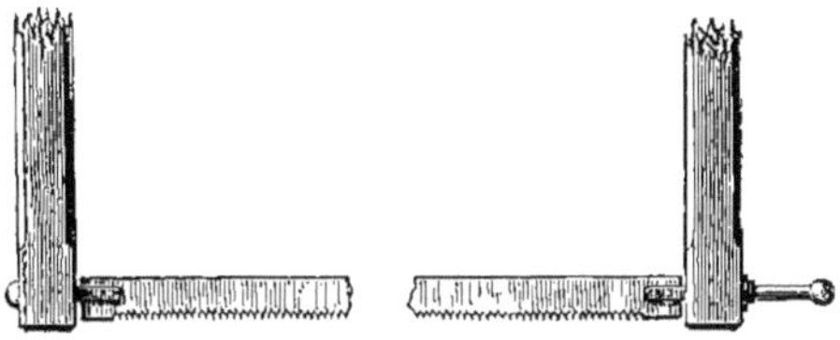

6° La *scie dite à couteau,* ou *égoine* (*fig.* 79), sert à abattre les chevilles et à faire autres menus détails.

Fig. 79.

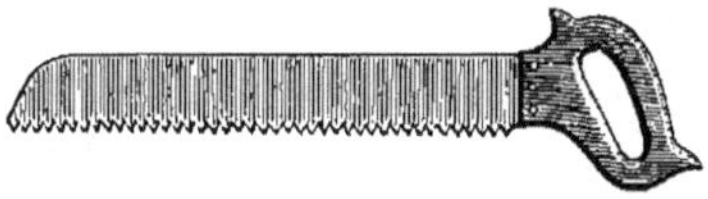

7° Les *scies circulaires* sont commandées par un moteur hydraulique ou à vapeur et ne sont employées que dans les scieries et les grands ateliers de menuiserie. Elles sont formées, comme l'indique leur nom, d'un disque, mobile autour d'un axe horizontal, dont la jante est dentée; le diamètre et l'épaisseur du disque, la saillie des dents et la vitesse de rotation dépendent de la nature du travail à effectuer.

La *rainette* (*fig*. 80 et 11) est un petit outil qui sert à donner

Fig. 80.

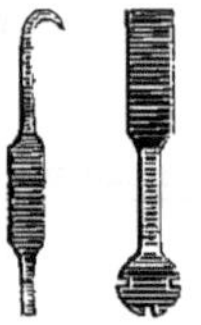

Fig. 81.

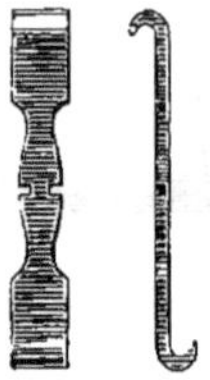

de la voie aux scies en introduisant successivement les dents dans des encoches ménagées dans l'outil; la rainette se termine par un tranchant ou deux sortes de crochets tranchants, de sens opposés, en vue de parer très-facilement et très-rapidement à quelques éventualités d'un ordre secondaire, le charpentier portant toujours sur lui sa rainette.

Genre rabot. — 1° Le *rabot* (*fig*. 82) proprement dit est un

Fig. 82.

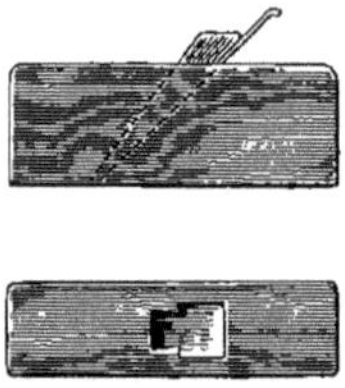

outil qui se compose d'un parallélépipède rectangle en bois dur, généralement en cerisier, dont la face inférieure ou de glissement est parfaitement dressée; ce parallélépipède est percé d'un trou dont la section est quadrangulaire. Trois des faces de ce trou sont normales à la surface de glissement; la troisième, normale aux faces latérales longitudinales, est inclinée et sert d'appui au ciseau ou *fer* dépassant à peine la surface de glissement; sur ce fer est adapté un autre ciseau ou *contre-fer* biseauté en sens inverse du premier.

Le tranchant du contre-fer aboutit à 0m,0015 au-dessus du tranchant du fer. L'ensemble des deux fers est maintenu par un coin.

En exerçant à la main une pression sur le rabot appliqué sur une face sciée d'un bois, et poussant dans le sens voulu suivant l'alignement des fibres, le tranchant fait coin, attaque le bois, le contre-fer dégage à mesure l'outil en redressant la feuille enlevée qui se contourne en spirale, et l'on dresse ainsi la face dont il est question sur la largeur du fer. En revenant sur ses pas, le rabot ne fait que glisser sans produire d'effet. Revenu au point de départ, on lui fait subir un déplacement égal au plus à la largeur du fer et l'on dresse comme ci-dessus une nouvelle zone adjacente à la précédente, et ainsi de suite jusqu'au moment où toute la surface est dressée.

Le rabot est surtout un outil de menuisier.

La *fig.* 83 représente un rabot à cheville appelé *guillaume,*

Fig. 83.

Fig. 84.

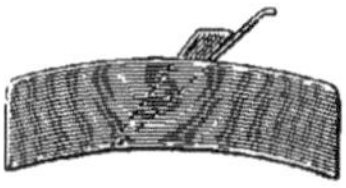

Fig. 85.

et les *fig.* 84 et 85 des rabots à glace concave ou convexe pour dresser les pièces courbes.

2° La *galère,* ou *demi-varlope,* est un rabot plus long que le précédent, qui est manœuvré par deux hommes agissant sur deux chevilles qui traversent l'outil. La galère sert à dégrossir les bois après qu'ils ont été dressés à la hache ou à la bésaiguë et avant de les passer à la varlope.

Fig. 86.

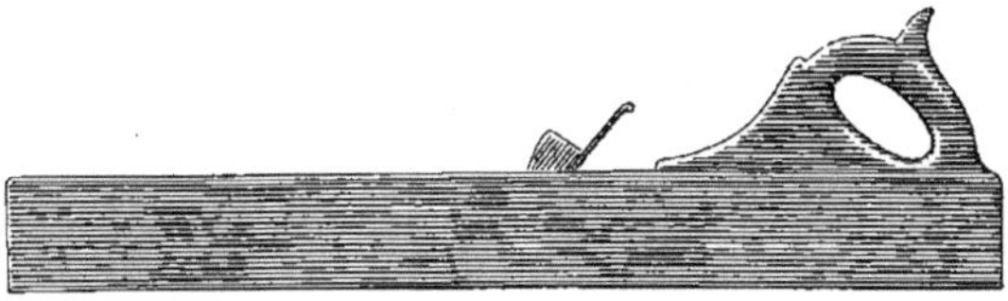

3° La *varlope* (*fig.* 86) est un rabot très-long, muni d'une poignée sur sa face supérieure et d'une simple ou double cheville latérale. Elle termine le dressage et le polissage de la surface.

Outils divers employés par les charpentiers. — 1° L'*équerre du charpentier* (*fig.* 87) est en bois non évidé.

Fig. 87.

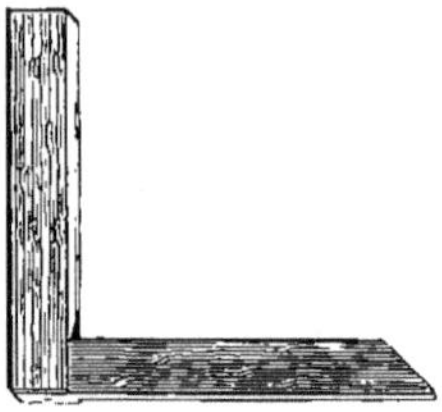

2° Le *calibre* (*fig.* 88) est une plaque de bois entaillée à

Fig. 88.

angle droit, qui a pour objet de vérifier les pièces dites *corroyées*, c'est-à-dire qui ont été dressées au rabot ou à la varlope.

3° La *fausse équerre, béveau* ou *sauterelle* (*fig.* 89), est

Fig. 89.

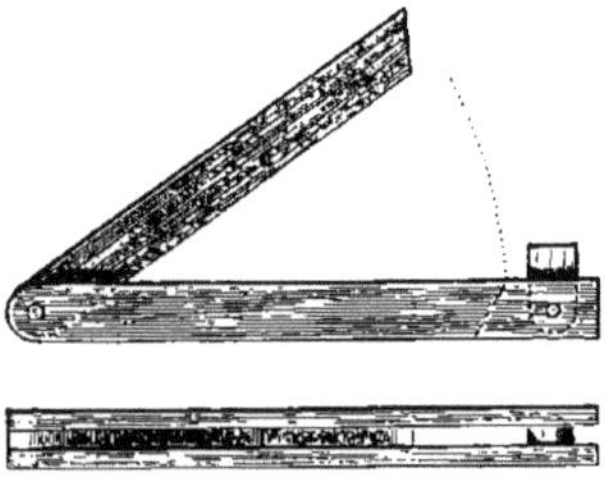

composée d'une lame en bois ou en fer articulée à un système de deux autres lames qui sont réunies entre elles vers leurs extrémités libres. Il importe surtout que ces trois lames soient bien dressées suivant leurs épaisseurs.

Le béveau sert à relever les angles quand ils ne sont pas droits.

4° Le *fil à plomb.*

5° Le *niveau du charpentier* (*fig.* 90).

Fig. 90.

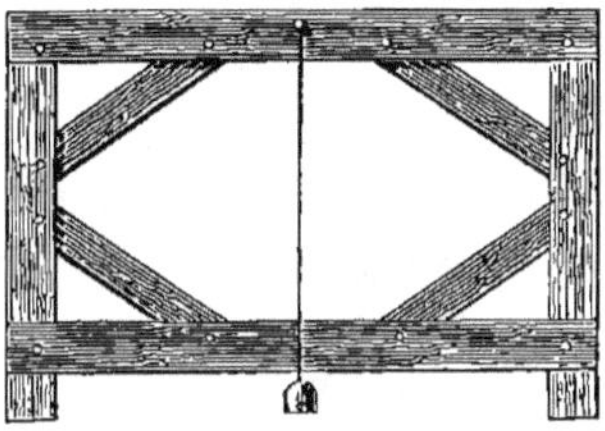

La *fig.* 91 représente un *niveau de pente.*

Fig. 91.

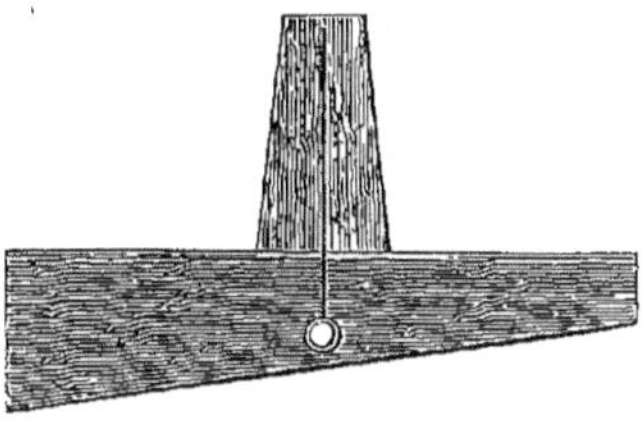

6° Le *traceret* poinçon de $0^m,18$ à $0^m,20$ de longueur, qui sert à *piquer* les bois, c'est-à-dire à faire les tracés des bois pour pouvoir ensuite les tailler et les façonner.

7° Les *règles du charpentier* sont en bois et divisées en décimètres et en centimètres; elles ont 2 mètres de longueur sur $0^m,05$ de largeur et $0^m,01$ d'épaisseur.

8° La *pince en fer* (*fig.* 92) est une tige terminée par un

Fig. 92.

tranchant émoussé, au milieu duquel est pratiquée une encoche, de manière que l'outil puisse servir en même temps de levier et de tenaille.

La pince a de $1^{m},35$ à $1^{m},62$ de longueur sur $0^{m},054$ au tranchant.

9° La *cheville d'assemblage* (*fig.* 93), pointe en fer en

Fig. 93.

forme de pyramide quadrangulaire dont la base est remplacée par une *tête* affectant la forme d'une portion de cylindre circulaire se raccordant avec l'une des faces. La tête est munie d'un œil circulaire dont l'axe coïncide avec celui du cylindre.

Cet outil sert, pendant la pose, à réunir les pièces d'assemblage avant de les réunir définitivement; on le retire au moyen d'une tige en fer que l'on engage dans l'œil.

Le *crochet d'assemblage* (*fig.* 94), crampon en fer dont les

Fig. 94.

deux branches terminées en pointe sont identiques. L'angle des arcs de raccordement de chaque branche avec la partie centrale est environ de 60 degrés.

11° Le *compas en fer, de poche* (*fig.* 95), dont les branches

Fig. 95.

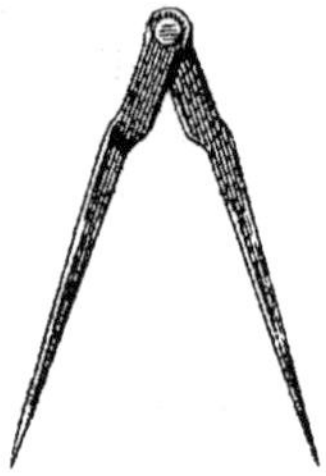

n'ont que $0^{m},16$ de longueur, ne peut naturellement servir qu'à porter de petites longueurs.

12° Le *compas d'appareillage* (*fig.* 96) sert à tracer sur un plancher, dans un chantier de charpentier, les épures ou *ételons* (mesurer les angles, élever des perpendiculaires, etc.). Il se compose de deux règles en bois de $0^m,65$ à $0^m,80$ de longueur, articulées et terminées par des pointes armées de fer.

Fig. 96.

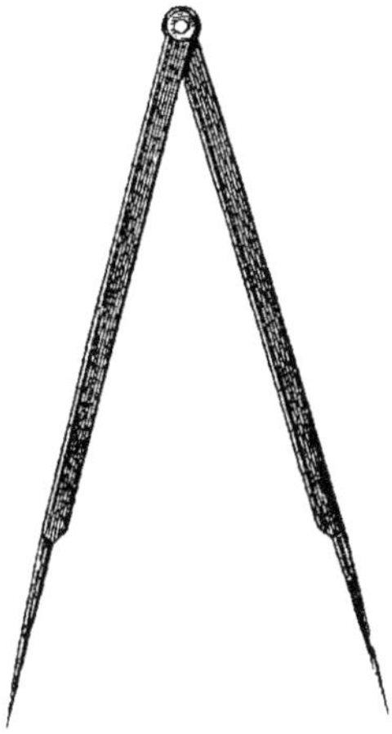

13° La *jauge* est une petite règle de poche, graduée, qui a $0^m,33$ de longueur sur $0^m,03$ de largeur et $0^m,003$ d'épaisseur; elle sert à *tirer* d'épaisseur les mortaises et les tenons (l'épaisseur d'un tenon diffère généralement peu de $0^m,04$); le tracé se fait avec la rainette.

14° Le *cordeau* ou *fouet* (*fig.* 97) est en chanvre; il est

Fig. 97.

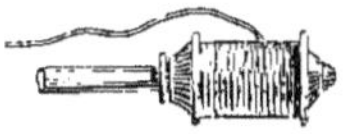

enroulé sur une bobine traversée par une broche; il sert à tracer les épures et à aligner les pièces de bois, en agissant par traction en deux de ses points suffisamment éloignés l'un de l'autre. Si, le cordeau étant enduit de noir de fumée, de craie ou d'ocre rouge, etc., on lui fait former flèche vers le milieu de la partie tendue, puis qu'on l'abandonne à lui-même, il vient frapper la surface plane avec laquelle il était primitivement en contact et laisse la trace de la ligne droite que l'on veut obtenir.

15° Les *tenailles* (*fig* 98).

Fig. 98.

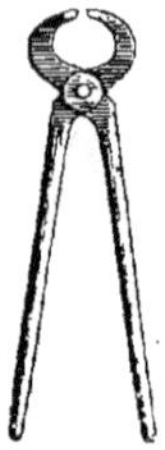

96. *Du matériel que doit posséder un entrepreneur de charpentes.* — Pour la mise en œuvre, le montage des pièces de charpente, il est nécessaire que les ouvriers puissent avoir à leur disposition certains objets, machines, etc., qui doivent constituer le matériel de l'entrepreneur et dont nous allons citer les principaux éléments :

Chaînes, cordes, cordages, haubans.

Leviers.

Crics, vérins.

Treuils, poulies, moufles, cabestans.

Singe. Le singe est un treuil reposant sur deux supports assemblés en croix de Saint-André et posés sur deux sommiers. Le treuil est mû par des leviers.

Grues, chèvres, écoperches. L'écoperche est une pièce de bois dont l'une des extrémités est disposée de manière à recevoir une poulie et que l'on adapte par son autre extrémité au bec d'une grue pour en augmenter la volée.

Moutons à bras, sonnette à tiraude ou à déclic, pour enfoncer les pieux, et dont il sera question plus loin.

Rouleaux, pour transporter horizontalement les pièces de bois d'un certain poids.

Chevalets. Un chevalet est composé d'une pièce de bois horizontale assemblée à quatre et quelquefois six pieds inclinés et reliés par des entretoises.

Tréteaux. Un tréteau est une espèce de chevalet employé par les scieurs de long.

Bascules simples. Une bascule est formée d'un balancier reposant sur une charpente. Les ouvriers agissent sur des cordages, fixés à une de ses extrémités, pour élever un fardeau soutenu par une corde ou une chaîne adaptée à l'autre extrémité du balancier. Le palier est mobile autour d'un axe vertical pour pouvoir orienter le balancier pendant l'élévation, de manière à faire arriver la charge à sa destination.

Diables. Un diable est une voiture basse à deux roues, munie d'un timon à bras; il sert à transporter les bois à pied d'œuvre.

§ III. — *Du travail des bois.*

97. *Équarrissage des bois*. — Avant d'employer, dans la construction, un tronçon d'arbre dont on a préalablement enlevé l'écorce, il faut transformer sa section plus ou moins différente d'un cercle en une section rectangulaire : c'est ce que l'on appelle *équarrir* un bois. De nos jours, cette opération se fait le plus souvent dans des scieries mécaniques mues par l'eau ou par la vapeur; mais quelquefois on a encore recours aux scieurs de long et même à la hachette du charpentier quand on a peu de bois à enlever.

La scie enlève quatre pièces appelées *dosses*, *flaches* ou *écoins*, dont la section est limitée par un arc de courbe et sa corde. Les dosses peuvent être utilisées, au lieu de planches, dans les constructions d'un ordre inférieur, telles que les hangars, etc.

Selon la section que l'on veut donner au *bois d'équarrissage*, cette section a des angles vifs ou tronqués.

Les bois d'un diamètre inférieur à $0^m,16$ ne s'équarrissent pas.

98. *Des assemblages*. — Les différentes pièces qui composent une charpente en bois doivent être reliées entre elles de manière à former un système invariable très-solide et très-stable. La jonction de deux pièces constitue un *assemblage*.

Nous allons indiquer les assemblages auxquels on a le plus souvent recours et dont, pour quelques-uns, toute description est inutile, leur dénomination même et la figure qui les représente suffisant à les expliquer.

1° *Assemblage à mors d'âne* (*fig.* 99);
2° *Assemblage à chaperon* (*fig.* 100);
3° *Assemblage à paume* (*fig.* 101);
4° *Tenon à paume à repos* (*fig.* 102);
5° *Assemblage à mi-bois bout à bout* (*fig.* 103).

Fig. 99.

Fig. 100.

Fig. 101.

Fig. 102.

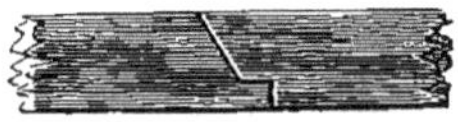

Fig. 103.

Ce dernier est le plus simple pour rallonger une pièce de bois, mais il n'est pas très-solide et l'on ne doit en faire usage que lorsque les deux pièces réunies sont supportées par d'autres ou s'appuient sur un plan solide, et encore faut-il les cheviller fortement et les armer de bandes de fer.

6° *Assemblage à queue d'aronde ou d'hironde à mi-bois*

Fig. 104.

(*fig.* 104). C'est l'un des plus solides pour réunir deux pièces de bois bout à bout. Il en est de même du suivant.

Fig. 105.

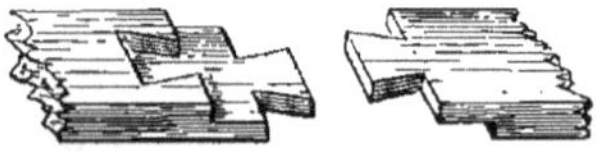

7° *Assemblage à double queue d'hironde* (*fig.* 105).

8° *Assemblage à trait de Jupiter* (*fig.* 106). On renforce cet assemblage par des boulons à écrou et des liens en fer; néanmoins il convient mieux pour résister à des efforts, même très-énergiques, de traction ou de compression, qu'à des efforts transversaux.

Fig. 106.

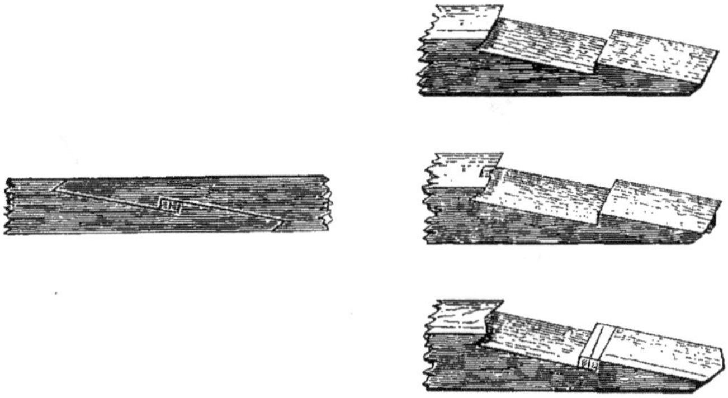

9° *Assemblage à mi-bois* (*fig.* 107), destiné à réunir d'équerre deux pièces de bois de même équarrissage.

Fig. 107.

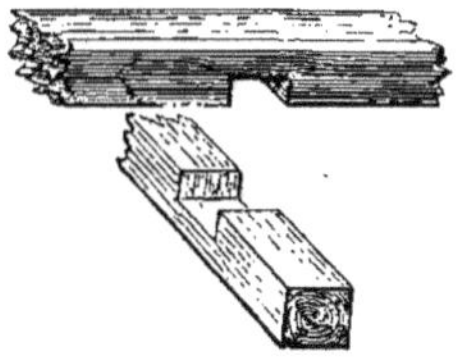

Deux entailles rectangulaires, complétement identiques, sont pratiquées à mi-bois dans les deux pièces dans le sens de leur largeur; ces deux entailles s'emboîtent l'une dans l'autre.

10° *Assemblage carré à tenon et mortaise* (*fig.* 108). Cet assemblage, qui a pour objet de réunir normalement, par une de ses extrémités, une pièce de bois à une autre pièce de bois de même épaisseur, se compose d'un tenon en forme de parallélépipède rectangulaire, terminant la première pièce, qui s'engage exactement, sans aucun jeu, dans une mortaise de même forme pratiquée dans une face de l'autre.

L'épaisseur du tenon est le tiers de celle de la pièce et sa longueur égale au double de son épaisseur. Les *épaulements* du tenon sont les parties, qui lui sont extérieures, du bout de la

Fig. 108.

pièce à laquelle il appartient. Les parties superficielles correspondantes de l'autre pièce sont les *joues* ou *jouées* de la mortaise. On arrête l'assemblage par une ou deux chevilles en bois ou en fer qui doivent traverser le tenon au milieu de sa longueur.

11° *Assemblage à double tenon.* Quelquefois (*fig.* 109),

Fig. 109.

lorsque l'épaisseur des pièces est suffisante, on entaille deux tenons au lieu d'un seul.

Cette disposition a pour effet d'empêcher le dévers des pièces.

12° *Assemblages divers.*

La *fig.* 110 représente l'assemblage dit *entaillé à double renfort incliné.*

Fig. 110.

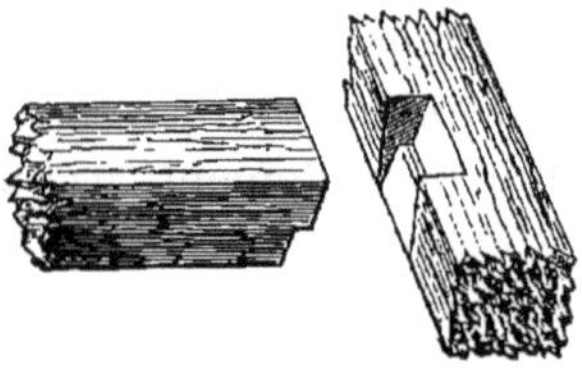

Fig 111.

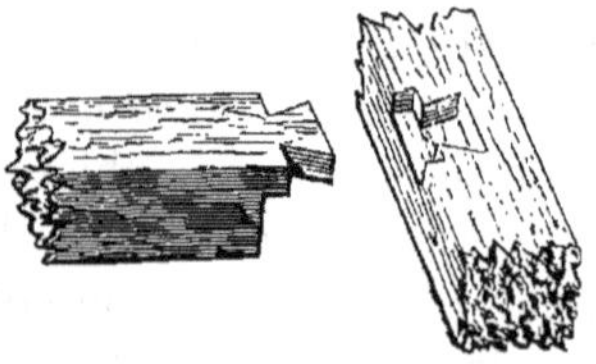

L'assemblage représenté par la *fig.* 111 est à *queue d'hironde* et à mi-bois.

L'assemblage représenté par la *fig.* 112 est à tenon à *renfort biais*.

Fig. 112.

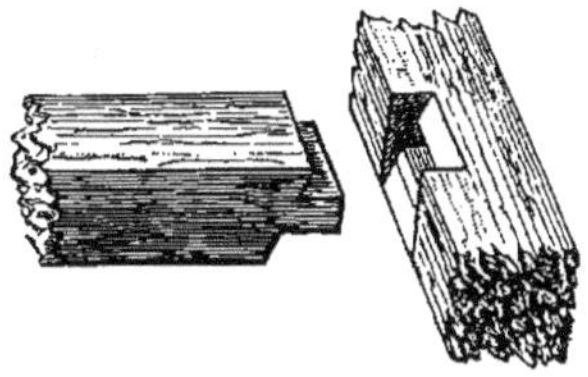

Il est facile de comprendre que l'un ou l'autre des deux premiers de ces assemblages ne peut être fait que lorsque la pièce mortaisée est posée, et le troisième que pendant la pose de la charpente ou ce qu'on appelle le *levage*.

13° *Assemblages obliques.* — Ces assemblages sont destinés à relier entre elles deux pièces de bois sous un angle différent d'un droit.

Nous avons d'abord l'assemblage à tenon et mortaise (*fig.* 113). Une face latérale du tenon qui est dans l'angle

Fig. 113.

Fig. 114.

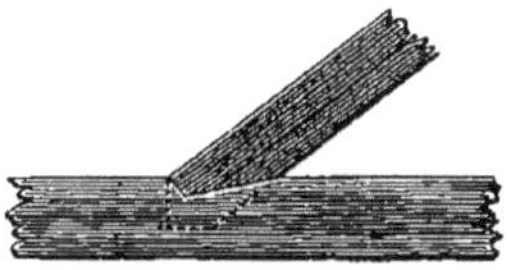

Fig. 115.

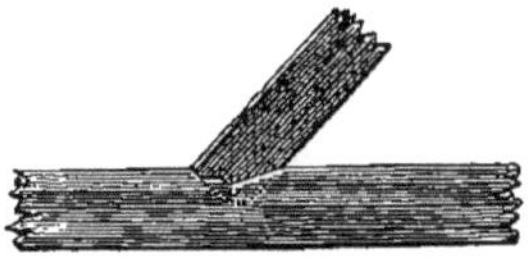

Fig. 116.

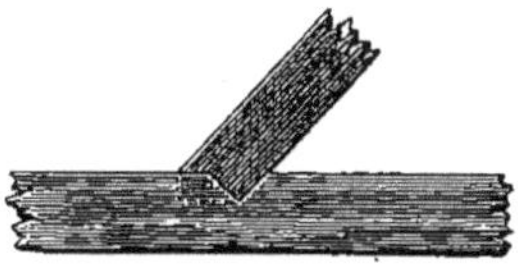

aigu se trouve dans le prolongement de la face correspondante dans la pièce à laquelle il appartient. La face opposée du tenon est normale à la face de l'autre pièce suivant laquelle la jonction a lieu. Enfin la troisième petite facette du tenon est perpendiculaire à la précédente.

On voit que, pour obtenir la mortaise, on peut d'abord creuser une mortaise ordinaire dont la largeur est égale à la largeur du bout du tenon, puis entailler ensuite cette dernière pour obtenir le plan incliné voulu (*fig.* 114, 115, 116 et 117).

Les assemblages à *embrèvement* sont plus solides que le précédent, dont ils ne diffèrent qu'en ce que la pièce mortaisée présente une entaille (embrèvement) qui est remplie d'ailleurs par l'autre pièce. Dans certaines circonstances, on supprime le tenon et la mortaise, en se contentant de l'embrèvement.

Fig. 117.

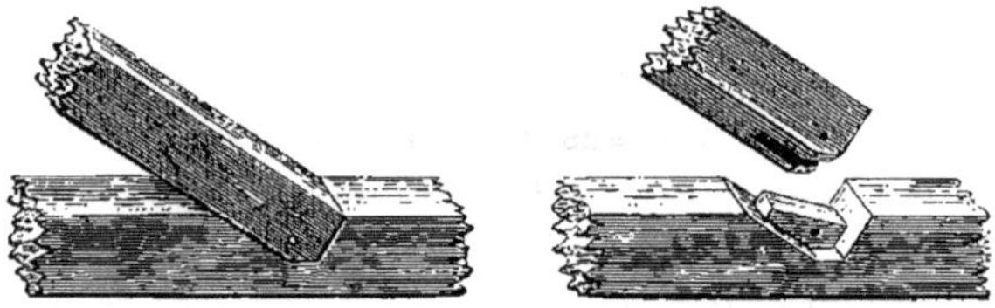

14° *Assemblages des pièces de bois destinées à être posées verticalement.*

Enter une pièce verticale, c'est la rallonger. Si l'on emploie le système représenté par la *fig.* 118, le tenon doit occuper le

Fig. 118.

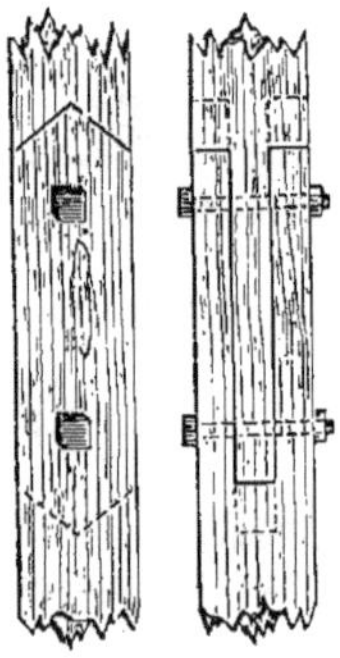

Fig. 119.

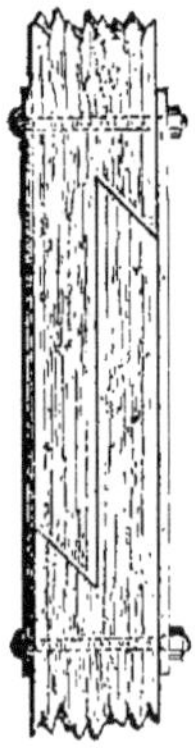

tiers du milieu de l'épaisseur de la pièce qu'il termine. Les chevilles doivent être en bois dur, cylindriques et d'un diamètre égal ou à peu près au quart de l'épaisseur du tenon.

La *fig.* 119 représente un autre mode d'assemblage pour enter les pièces.

15° Les *fig.* 120, 121, 122 et 123 représentent les assemblages d'un arbalétrier avec un poinçon, pièces dont il sera question plus tard.

Fig. 120.

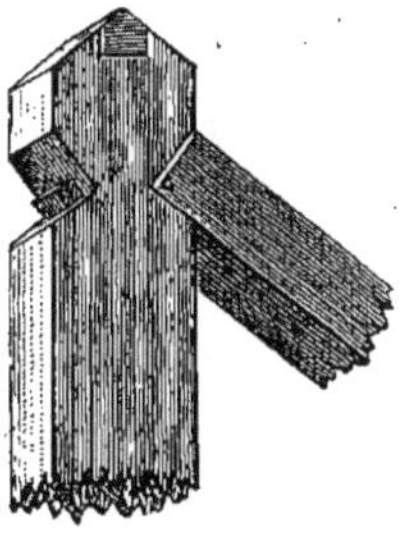

Fig. 121.

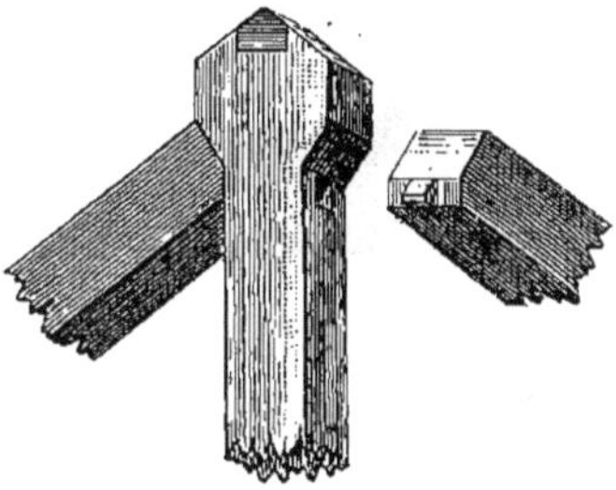

Fig. 122.

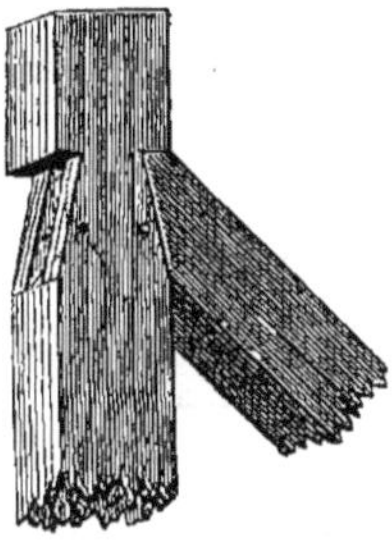

Fig. 123.

16° *Assemblage à oulice*, indiqué par la *fig.* 124.

Fig. 124.

99. *Poutres armées.* — Lorsqu'on n'a pas à sa disposition des bois d'un équarrissage suffisant pour former une poutre

d'une seule pièce, devant résister à une charge déterminée, on compose la poutre de plusieurs pièces réunies par des armatures en fer, et l'on obtient ainsi ce que l'on appelle une *poutre armée* (*fig*. 125 et 126).

Fig. 125.

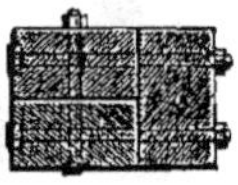

Fig. 126.

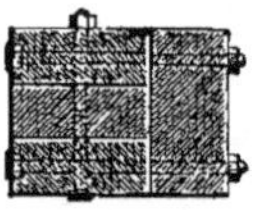

Les bois d'un fort équarrissage sont souvent rares, très-chers et peu sains, à cause de leur grand âge; c'est ainsi qu'on est conduit à y renoncer et à leur substituer le système dont nous nous occupons, et dans la composition duquel on ne fait entrer que des bois de moyenne grosseur.

La *fig*. 127 représente une poutre dite *en crémaillère* et se

Fig. 127.

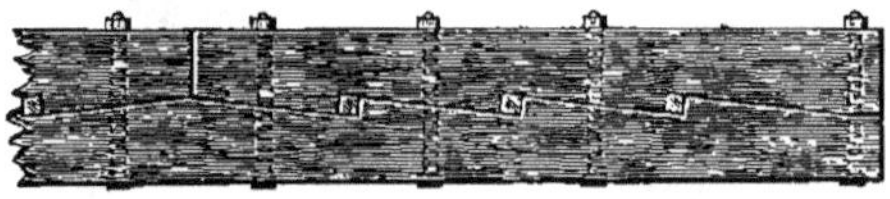

compose de deux pièces de bois se joignant suivant deux systèmes symétriques de gradins qui vont en s'élevant jusqu'au milieu de la poutre. Des coins carrés sont chassés dans les joints ménagés entre les deux pièces, qui sont ensuite boulonnées. La pièce inférieure est légèrement concave à l'extérieur.

Supposons qu'on ait déterminé la hauteur d'une poutre censée horizontale en raison de l'équarrissage qu'elle doit avoir et qu'on veuille y substituer une poutre à crémaillère; les constructeurs ont établi dans ce but la règle suivante. On donne à chacune des deux pièces à assembler une hauteur égale à $\frac{6}{10}$ de la hauteur ci-dessus et à la courbure de la face inférieure de la poutre une flèche de $\frac{1}{60}$; on trace, sur l'une des faces verticales de la pièce inférieure, une parallèle à l'arête supérieure à $\frac{1}{10}$ de distance de cette arête : c'est dans la zone déterminée par ces deux lignes que l'on fait la division des entailles de la crémaillère. La distance de deux entailles consécutives est prise égale, ou à peu près, à la hauteur de la poutre armée; les entailles doivent se retourner d'équerre vers le haut. La dernière division de part et d'autre du milieu, c'est-à-dire aux deux extrémités, doit être horizontale. La division ainsi faite est reportée sur l'autre pièce. Les deux pièces terminées sont juxtaposées, assujetties par des coins et enfin reliées par des boulons.

Dans la poutre armée représentée par la *fig*. 128, les deux

Fig. 128.

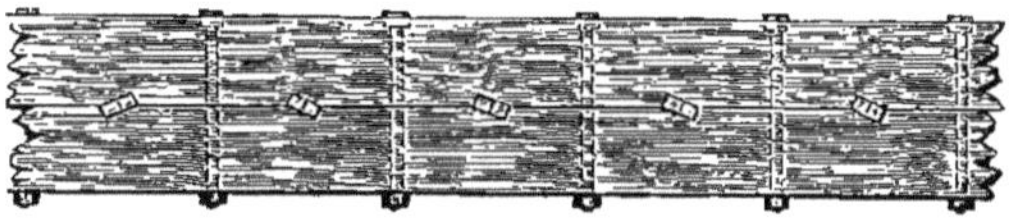

Fig. 129.

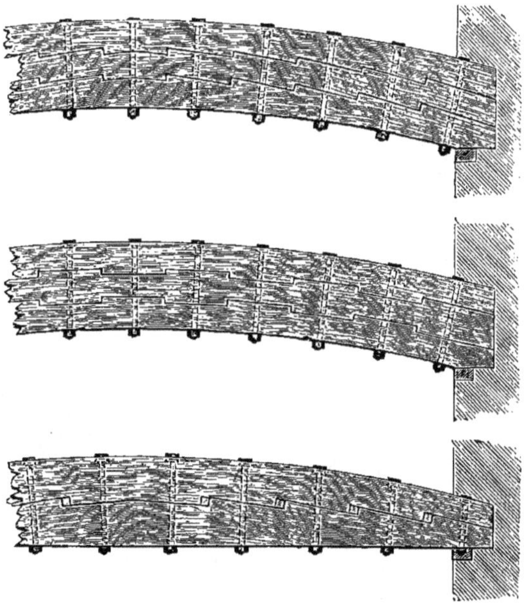

pièces sont juxtaposées suivant leurs faces planes, après avoir pratiqué des joints destinés à recevoir des coins.

On forme aussi des poutres de deux pièces accolées, reliées par des boulons et des étriers en fer.

La *fig.* 129 représente trois autres variétés de poutres armées.

100. *Des chevilles.* — Quand une charpente a été exécutée et posée, elle doit se maintenir sans le secours de chevilles, car autrement la rupture de l'une d'entre elles pourrait entraîner la destruction du système. Les chevilles ne doivent réellement servir qu'à faciliter le travail; néanmoins on les conserve dans les assemblages, en les coupant au droit des faces.

§ IV. — *Des planchers, plafonds; des pans de bois et cloisons.*

101. *Charpentes des planchers.* — On nomme *planchers simples* (*fig.* 130 et 131) ceux qui sont formés de solives parallèles et dont les extrémités reposent sur deux murs opposés, ou sur un mur et un pan de bois, ou sur deux pans de bois.

Fig. 130.

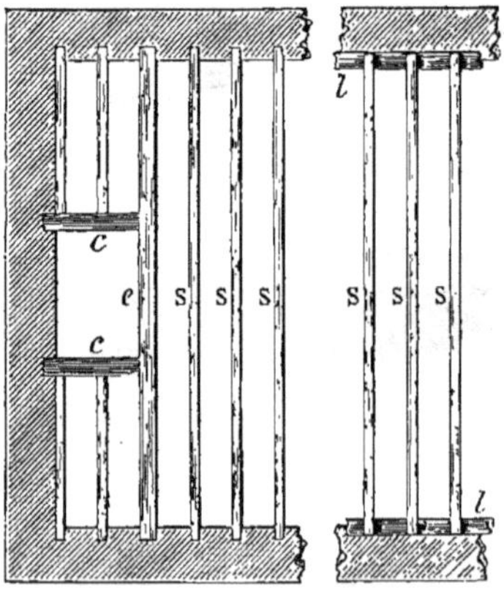

Fig. 131.

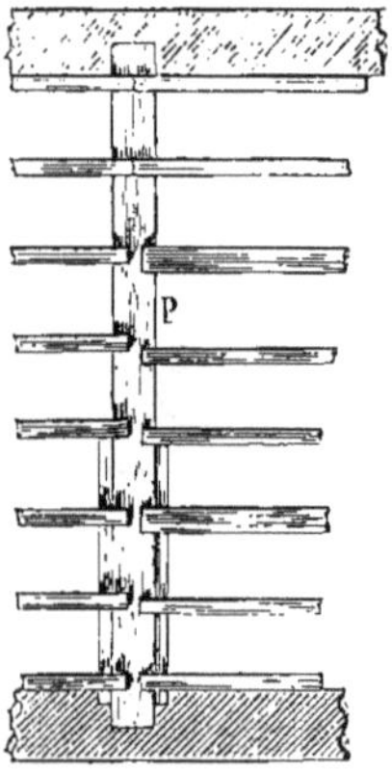

Les solives doivent naturellement être posées sur champ au double point de vue de la résistance et de l'économie. La distance de deux solives est généralement de 0m,30 à 0m,33. Si la portée devient trop considérable, on emploie une ou plusieurs poutres transversales P, dont la section est généralement carrée, destinées à supporter les solives dont les deux systèmes extrêmes portent seuls sur les deux murs. Le plancher est alors dit *assemblé*. Ces poutres sont d'un plus fort équarrissage que les solives et doivent reposer sur des appuis solides. L'espacement des poutres est de 3 à 4 mètres, leur scellement dans les murs de $0^m,25$ au moins. La partie encastrée doit avoir reçu trois ou quatre couches de goudron.

Pour augmenter sa résistance et prévenir en même temps l'écartement des murs, on adapte à chaque extrémité de la poutre une pièce en fer rectangulaire traversant le mur et terminée par un anneau dans lequel on engage une barre de fer appelée *ancre*.

Les *solives d'enchevétrure e* sont des pièces scellées sur $0^m,22$ à $0^m,24$ dans les murs et s'assemblant d'équerre avec les poutres *cc*, appelées *chevêtres*, qui s'engagent d'autre part dans le mur de bout. L'*enchevêtrement*, déterminé par les pièces ci-dessus, est destiné soit à supporter une cheminée, soit à ménager le passage d'un escalier.

Les *lambourdes l* sont des pièces de bois auxquelles on fait souvent porter les solives assemblées ou non avec elles; leurs extrémités sont scellées dans les murs debout et sont soutenues de distance en distance par des corbeaux en fer. Pour plus de sécurité, il convient de les encastrer dans le mur latéral sur la moitié de leur largeur. L'épaisseur des lambourdes est prise à peu près égale à une fois et demie celle des solives ordinaires et leur largeur à une fois cette dernière épaisseur.

Les *étrésillons* sont des pièces de bois que l'on fait entrer d'équerre dans les vides compris entre les solives pour donner à l'ensemble de ces dernières une grande rigidité. On ne les emploie que quand les planchers ont une grande étendue.

Les *linçoirs* sont des pièces que l'on pose de $0^m,13$ à $0^m,16$ de distance des murs de face, mortaisées en vue de recevoir les solives et destinées à décharger les murs dans les régions où ils sont affaiblis par les ouvertures des portes et fenêtres.

Les *liernes* sont des pièces que l'on pose à angle droit sur les solives d'une grande portée pour les relier; elles sont, à cet effet, entaillées à mi-bois et reliées aux solives par des boulons; on leur donne de 4 à 7 mètres de longueur.

102. *Dimensions qu'il convient de donner aux solives, poutres, etc.* — Pour calculer les dimensions des solives et des poutres, on emploie généralement la formule empirique ci-après, qui est due à Tregold :

$$h = K\sqrt[3]{\frac{l^2}{b}}.$$

Dans cette formule, h représente la hauteur de la pièce, b sa largeur, l sa longueur, K un coefficient auquel on donne les valeurs suivantes :

1° *Planchers simples*, à la condition que b ne soit pas inférieur à $0^m,05$.

On a pour les solives

$$(a) \quad \begin{cases} K = 0,0363 \text{ pour le sapin,} \\ K = 0,0376 \text{ pour le chêne.} \end{cases}$$

2° *Planchers assemblés*. Pour les poutres dont l'écartement n'excède pas 3 mètres, on doit prendre

$$(b) \quad \begin{cases} K = 0,0688 \text{ pour le sapin,} \\ K = 0,0711 \text{ pour le chêne.} \end{cases}$$

Les dimensions des solives sont réglées par la formule (a).

Pour les étrésillons reliant des poutres distantes de l'une à l'autre de $1^m,50$ à 2 mètres, on prendra

$$(c) \quad \begin{cases} K = 0,0560 \text{ pour le sapin,} \\ K = 0,0578 \text{ pour le chêne.} \end{cases}$$

Enfin, pour les solives inférieures qui ne servent qu'à fixer les lattes, en admettant que b soit au plus égal à $0^m,05$, il convient de faire

$$(d) \quad \begin{cases} K = 0,014 \text{ pour le sapin,} \\ K = 0,0109 \text{ pour le chêne.} \end{cases}$$

103. *Plafonds.* — Un plafond n'est pas toujours indispensable, comme pour certains ateliers, et alors la charpente reste visible en dessous. Quand il y a lieu de faire un plafond, et c'est le cas général, si l'on n'a pas à redouter la propagation du bruit d'un étage au suivant, on ne remplit pas les vides formés par les pièces de charpente; dans le cas contraire, ces vides sont remplis par un hourdis [1], dont la face inférieure doit être concave vers le bas pour obtenir plus d'adhérence avec les pièces de bois. Lorsque l'on veut employer le plâtre au lieu du hourdis, cette adhérence est augmentée au moyen de petits clous [2].

Dans tous les cas, on cloue en dernier lieu sur les faces inférieures de la charpente un lattis [3] qui, après avoir été bien nettoyé et épousseté, reçoit un *gobetage* (application de plâtre liquide avec un balai ou avec la main); le gobetage étant sec, on applique un *crépi* (fait avec du plâtre serré) qui se jette à la main ou à la truelle, puis l'enduit plus ou moins soigné qui doit terminer le plafond.

104. *Des planchers proprement dits et des parquets.* — Les planchers les plus simples sont formés de planches de sapin (*fig.* 132) ou de chêne, à rainures et languettes, posées directement sur les solives ou par l'intermédiaire de lambourdes.

Fig. 132.

Les *fig.* 133 et 134 représentent des planchers dits *à points de Hongrie.* Pour des longueurs de $0^{m},974$ et $1^{m},30$, les planches doivent avoir respectivement $0^{m},08$ et $0^{m},10$ de largeur. L'angle formé par deux planches bout à bout est de 90 degrés.

---

(1) *Hourdis,* maçonnerie grossièrement faite.

(2) Dans certains pays on emploie de la mousse ou autres matières végétales, ce qui peut être dangereux au point de vue des incendies; dans d'autres on se sert de sable sec, mais qui, ne pouvant être complétement garanti des influences extérieures, peut se charger d'humidité et faire pourrir rapidement les planchers, d'où des effondrements dont malheureusement on a vu trop d'exemples.

(3) Une *latte* est une pièce de bois d'un faible équarrissage. Un système de lattes constitue un *lattis.*

Les lattes laissent toujours entre elles un certain intervalle, quel que soit l'objet auquel elles sont destinées.

Un *parquet* est un assemblage de planchettes souvent de différentes couleurs, disposées de manière à former des figures polygonales régulières.

Fig. 133.

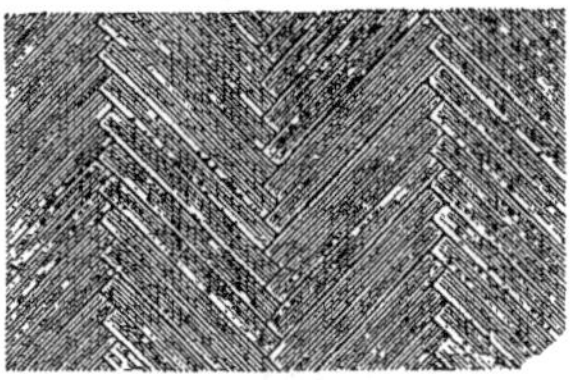

Fig. 134.

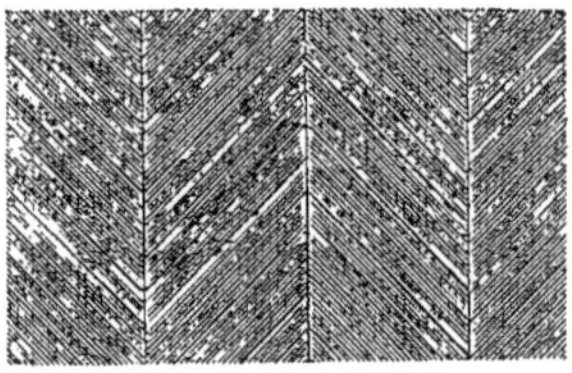

Après avoir étendu une couche de plâtre de $0^m,04$ à $0^m,05$ d'épaisseur, reposant elle-même sur un lattis supérieur fixé à la charpente, on place des lambourdes (pièces de bois de $0^m,067$ à $0^m,08$ de hauteur sur $0^m,05$ de largeur), et c'est sur ces lambourdes que l'on pose le parquet.

Un parquet *sans fin* ou *d'assemblage* est formé de petites pièces assemblées par tenons et mortaises qui forment des carrés de $0^m,974$ à $1^m,212$ de côté.

Des carrelages. — Un *carrelage* est une aire formée de pièces plates (*carreaux*) de forme régulière, en terre cuite, en pierre, en marbre, etc.

Les carreaux le plus ordinairement employés sont en terre cuite et à six pans; ils ont $0^m,027$ d'épaisseur et $0^m,10$ de côté. Les meilleurs sont ceux qui se fabriquent en Bourgogne, puis après dans les départements de Seine-et-Oise et de la Seine.

En supposant que l'on enlève les lambourdes sur lesquelles repose un parquet, on obtient l'installation d'un carrelage.

105. *Pans de bois* (*fig.* 135). — Ce système de charpente a pour objet de remplacer les murs dans les lieux où la pierre est rare et chère, et où, au contraire, les bois, les briques et le plâtre sont à bon marché.

Les pans de bois peuvent être placés sur des murs ou les uns sur les autres, en évitant toutefois les porte-à-faux.

En raison de leur faible épaisseur, les pans de bois et les cloisons n'ont pas une stabilité qui leur soit propre; il faut les relier aux murs ou cloisons en retour et même avoir recours aux planchers pour ajouter un appoint à leur solidité.

Le grillage en charpente qui forme l'âme d'un pan de bois se compose des pièces suivantes :

1° Les *sablières,* pièces horizontales dans lesquelles s'assemblent les poteaux.

Fig. 135.

2° Les *poteaux*. Parmi les poteaux on distingue :

Les *poteaux corniers a,* qui sont placés aux angles; ils doivent s'élever sur toute la hauteur du bâtiment quand ils joignent les pans de façade et de refend, où ils forment le poteau d'angle, qui doit avoir de $0^m,24$ à $0^m,27$ d'équarrissage.

Les *poteaux d'huisserie b,* qui limitent les ouvertures des portes et fenêtres; leur équarrissage est ordinairement compris entre $0^m,22$ et $0^m,25$.

Les *poteaux de remplissage c*, dont l'espacement est égal à leur largeur.

3° Les *décharges d,* qui sont des pièces inclinées destinées à parer aux inconvénients qui peuvent résulter du relâchement des assemblages. Elles sont parfois disposées en croix de Saint-André.

4° Les *tourlisses,* pièces verticales placées dans les vides laissés par les pièces obliques.

5° Les *linteaux,* pièces qui couvrent les ouvertures des portes et fenêtres.

6° Les *appuis des fenêtres.*

Les assemblages sont à tenons et mortaises entrés de force et chevillés.

Un pan de bois doit reposer sur un socle en pierre ou en briques, pour le soustraire autant que possible à l'influence de l'humidité.

Quand on veut faire, à un étage, une distribution qui n'a pas sa correspondante au rez-de-chaussée, on se trouve dans l'obligation de faire des porte-à-faux.

Un pan de bois peut aussi traverser deux étages.

Les vides déterminés par la charpente sont remplis par un hourdis, par des briques, par du plâtre ou par de la terre glaise qui doit être maintenue par un lattis.

Les surfaces doivent être ensuite *ravalées,* c'est-à-dire couvertes d'un enduit.

Le côté des pièces qui composent un pan de bois ne dépasse pas $0^m,244$ et n'est pas inférieur à $0^m,135$.

106. *Des cloisons.* — Les cloisons les plus simples sont formées de planches brutes ou dressées clouées sur des bâtis en charpente. Quelquefois les cloisons sont lattées, hourdées et ravalées comme les pans de bois.

§ V. — *Des combles en charpente.*

107. Un *comble* est une construction en bois ou métal destinée à préserver une surface déterminée des intempéries et qui, par conséquent, doit recevoir une couverture formée de tuiles, d'ardoises, de feuilles métalliques, etc. On distingue les combles à surfaces planes et les combles à surfaces courbes, sur lesquels nous reviendrons plus loin.

Un *appentis* (*fig.* 136) ne présente qu'une surface ou qu'un *égout,* suivant une expression admise; c'est la couverture ordinaire des hangars ou autres bâtiments d'un ordre secondaire appuyés ou adossés contre des murs.

Fig. 136.

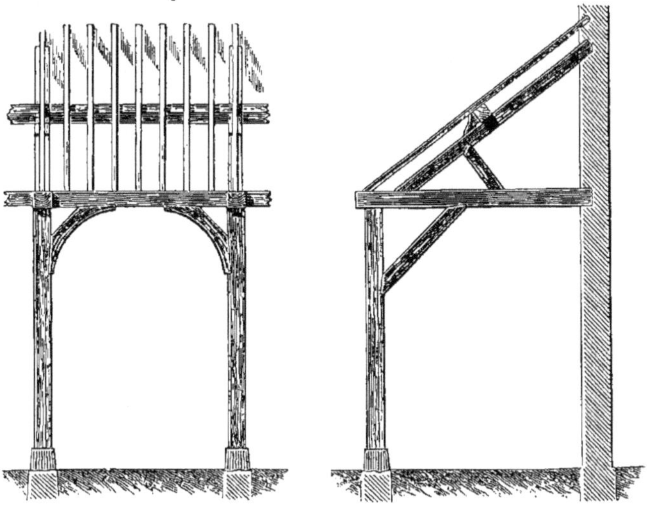

108. *Combles à deux surfaces planes ou rampants opposés.* — Ces combles sont appuyés sur deux murs parallèles arasés à la même hauteur et présentent deux versants opposés également inclinés sur l'horizon ; ils sont limités par deux murs triangulaires appelés *pignons*.

Un comble est formé de pièces d'assemblage identiques (*fermes*) dont les plans moyens sont perpendiculaires aux arêtes

Fig. 137.

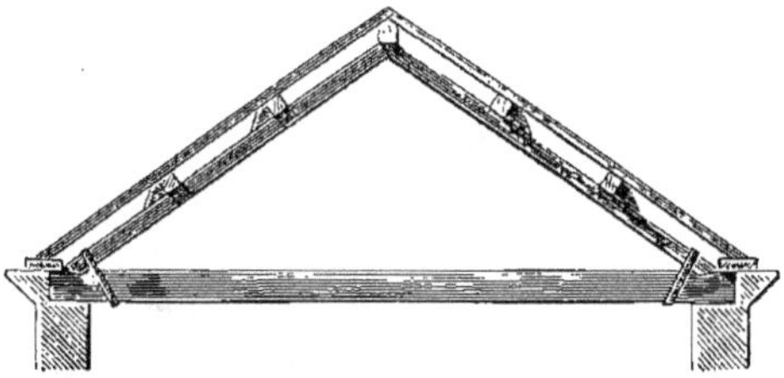

des murs qui les soutiennent, et qui sont en général également espacées. L'intervalle compris entre deux fermes est une *travée*.

Lorsqu'il s'agit d'une faible portée, une ferme (*fig.* 137) est simplement formée de deux pièces obliques égales (*arbalétriers*) reliées à leurs extrémités par une pièce horizontale (*entrait*). Les assemblages des arbalétriers avec l'entrait sont à crémaillère avec liens en fer perpendiculaires aux arbalétriers. Au sommet, les arbalétriers sont raccordés par un joint en plomb; quelquefois on les fixe par une clef engagée dans une entaille et chevillée (*fig.* 138); souvent la réunion a lieu par entaille à mi-bois avec chevilles.

Fig. 138.

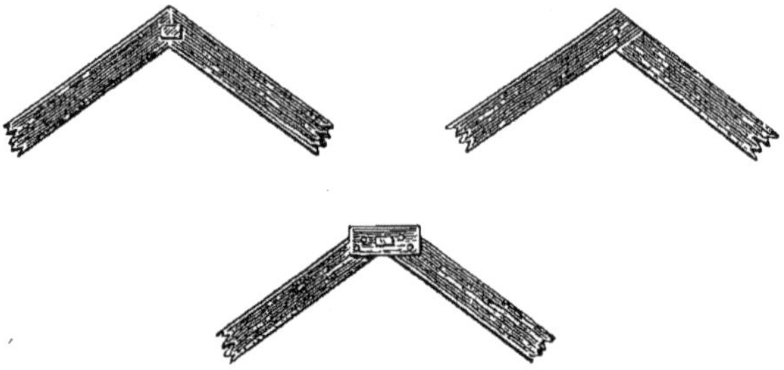

Lorsque les fermes ont une certaine portée, on double les arbalétriers sur une partie de leur longueur, les $\frac{2}{3}$, à partir des extrémités (*fig.* 139), et on relie les pièces auxiliaires par un entrait.

Fig. 139.

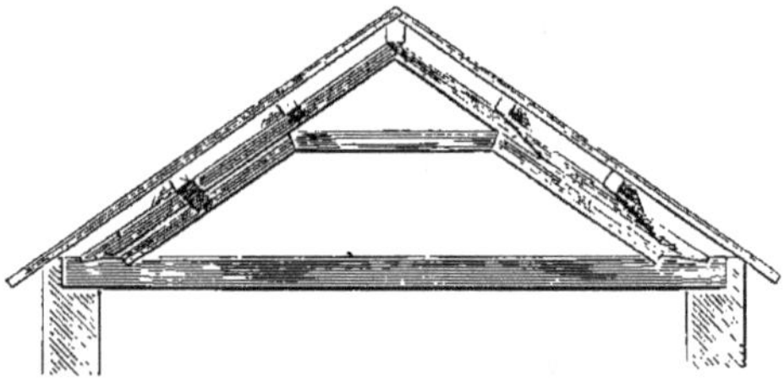

Mais, quand on veut satisfaire aux meilleures conditions de solidité et de stabilité, on emploie des fermes complètes, telles que celle qui est représentée par la *fig.* 140. Les extrémités inférieures des arbalétriers A sont réunies par une pièce horizontale T (*tirant*).

L'*entrait* E (dit *retroussé*) est une pièce horizontale reliant vers le milieu les deux arbalétriers, en vue de les empêcher de fléchir.

Les arbalétriers viennent s'assembler, à leur extrémité supérieure, à une pièce verticale P appelée *poinçon*, elle-même assemblée avec l'entrait pour s'opposer à la flexion.

Fig. 140.

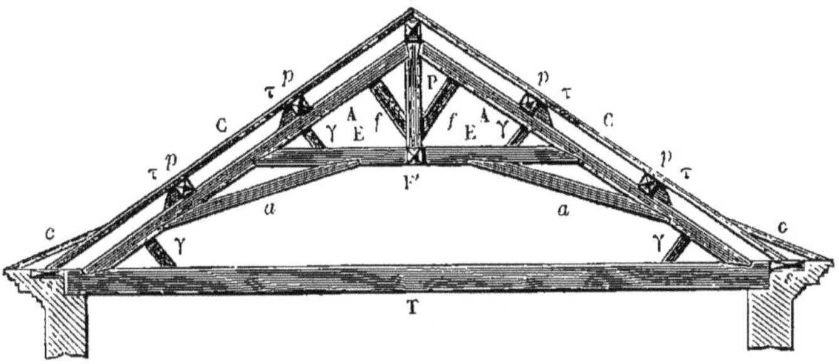

La lettre *f* désigne les *contre-fiches* partant du poinçon et assemblées normalement avec les arbalétriers pour les empêcher de fléchir d'une manière appréciable.

Les *aisseliers a* ont pour objet de donner de la solidarité au système de l'entrait et des arbalétriers.

Le *sous-faîte* F' est une pièce horizontale qui relie les fermes en passant par l'assemblage des poinçons et des entraits.

Le *faîtage* F est une poutre simple ou composée, horizontale, qui réunit, par des assemblages, les sommets des poinçons. Il repose généralement sur les pignons; mais, dans le cas où une cheminée aboutit au sommet d'un pignon, on fait reposer le faîtage sur un chevalet dont la semelle repose elle-même sur les *pannes*, dont il sera parlé ci-après.

Les *pannes p* sont des poutres longitudinales qui supportent les *chevrons* C, pièces sur lesquelles on fait reposer la toiture; les pannes s'appuient sur les murs de pignon. Les *tasseaux* τ supportent les pannes et sont chevillés sur les arbalétriers. La *sablière* ou *plate-forme s* est posée sur chacun des murs de face; les sablières sont plus larges qu'épaisses et sont assemblées avec les pieds des chevrons; quelquefois on fait reposer chaque sablière sur le tirant.

Les *coyaux c* sont de petites pièces qui relient les chevrons à l'extrémité extérieure du mur. Ils ont pour objet de rejeter les eaux pluviales au dehors, qu'il y ait gouttière ou non. Ils ne sont employés que dans le cas d'une grande pente du toit et lorsqu'on fait intervenir les sablières.

La lettre *j* désigne les *jambettes*.

Les *entretoises* sont des pièces d'un faible équarrissage qui relient les sablières de part et d'autre.

Les *blochets* sont d'un fort équarrissage, horizontaux, et remplacent l'entrait quand on veut gagner de la hauteur (*fig.* 149).

Fig. 141.

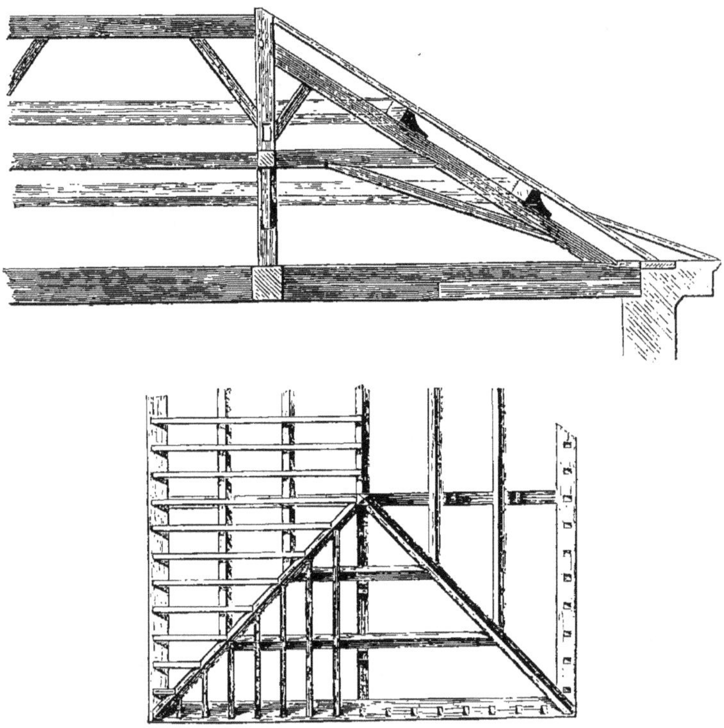

La *chanlatte* est une pièce de bois rectangulaire placée à la base des coyaux, destinée à recevoir les premiers éléments de la toiture (tuiles, ardoises, etc.) et à rejeter au dehors les eaux pluviales.

Croupes. — On désigne ainsi les charpentes dont la toiture affecte une forme triangulaire et qui ont pour objet de remplacer les murs de pignon (*fig.* 141).

Les *arêtiers* sont les poutres qui réunissent la partie normale du toit avec la croupe ou les croupes.

On devra distinguer les chevrons de croupe et de ferme.

Les *goussets* sont de petites pièces qui relient horizontalement les arbalétriers de la dernière ferme avec la ferme de croupe.

Les *empanons* sont les chevrons de longueur variable qui aboutissent à l'arêtier.

Croupe biaise. — Une croupe biaise est une charpente qui remplace un pignon oblique aux murs de face.

109. *Combles sur pavillons carrés.* — Ces combles sont construits sur un plan carré et résultent de l'ensemble de quatre triangles isoscèles identiques ayant le même sommet.

110. *Combles à la Mansart ou à égouts brisés* (*fig.* 142). —

Fig. 142.

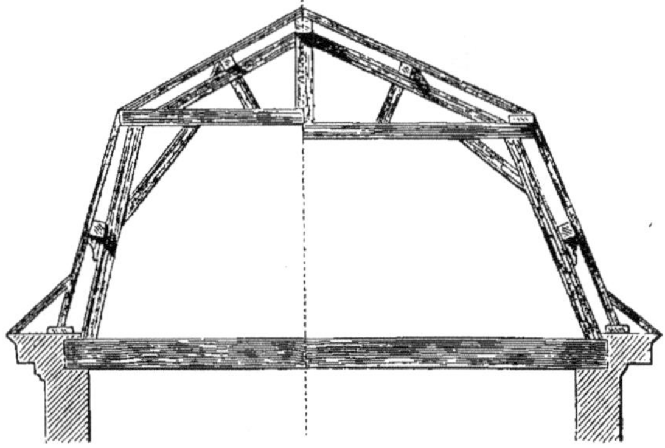

Ces combles sont formés de deux systèmes superposés de rampants reliés entre eux par des *arêtes de brisure.* Le système inférieur est ce que l'on appelle le *vrai comble;* l'autre système est le *faux comble.*

Ce mode de charpente, essentiellement gracieux, est surtout employé pour les maisons de campagne. Mansart a adopté les trois profils suivants :

1° Demi-octogone régulier inscrit (*fig.* 143). C'est le profil moyennement élevé et qui ne doit pas comporter une hauteur supérieure à $3^{m},50$.

Fig. 143.

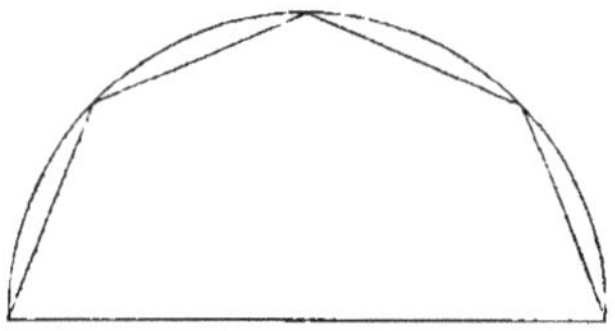

Fig. 144.

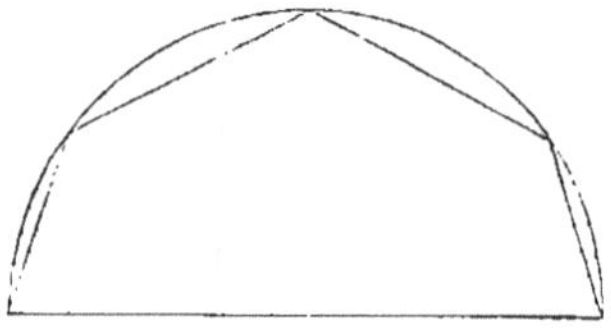

2° Les bas côtés (*fig.* 144) sont ceux du décagone régulier. C'est le profil le moins élevé, mais le plus élégant et le plus employé. Il ne comporte qu'une hauteur de 3 mètres.

3° Le profil (*fig.* 145) est ainsi défini : on porte de part et d'autre sur la tangente au sommet du demi-cercle aboutissant

Fig. 145.

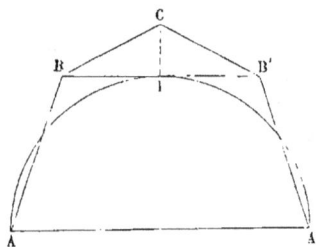

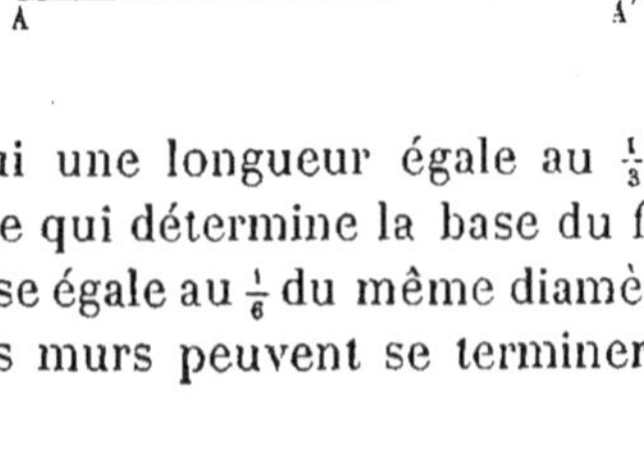

aux points d'appui une longueur égale au $\frac{1}{3}$ du diamètre de ce demi-cercle, ce qui détermine la base du faux comble dont la hauteur est prise égale au $\frac{1}{6}$ du même diamètre. C'est le profil le plus élevé. Les murs peuvent se terminer par des croupes ou des pignons.

111. *Différents types de fermes.* — La *fig.* 146 représente une charpente pour petit toit quand on veut gagner de la hauteur.

Fig. 146.

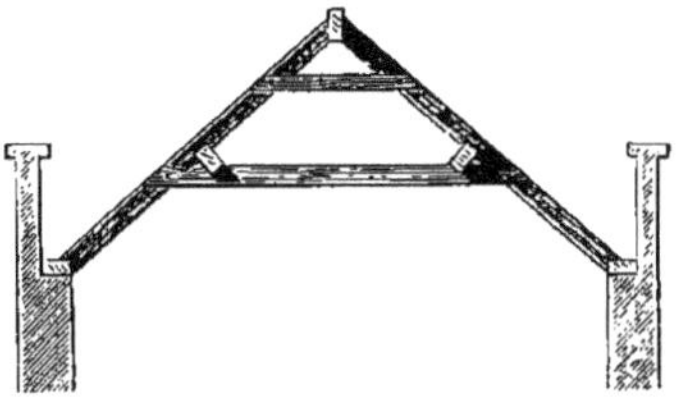

Une charpente en sapin avec poinçon en chêne (ou en fonte, comme on le fait en Angleterre) est représentée par la *fig.* 147.

Fig. 147.

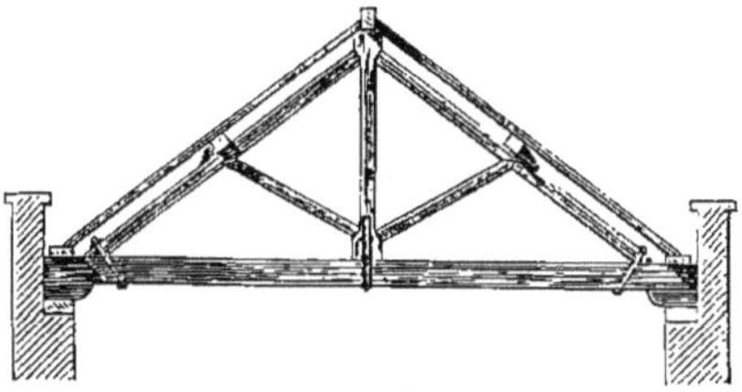

Pour surmonter une construction en pans de bois, il convient d'employer la charpente représentée par la *fig.* 148, qui est très-solide.

Fig. 148.

La *fig.* 149 représente une ferme qui permet d'utiliser un grenier dans de larges proportions.

Fig. 149.

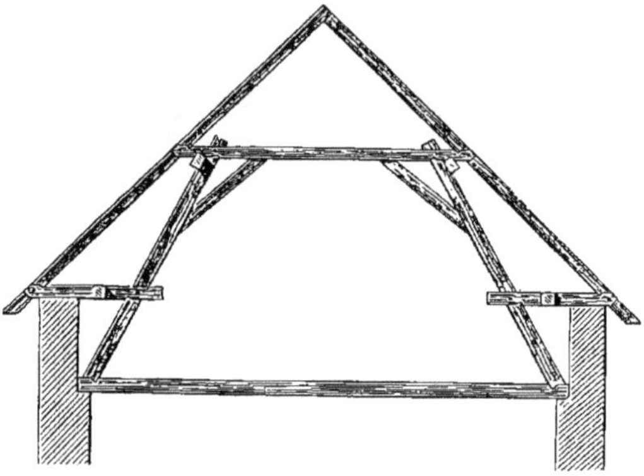

112. *Des fermes à grande portée.* — On désigne ainsi des fermes de 10 à 20 mètres de portée, et même plus, qui

Fig. 150.

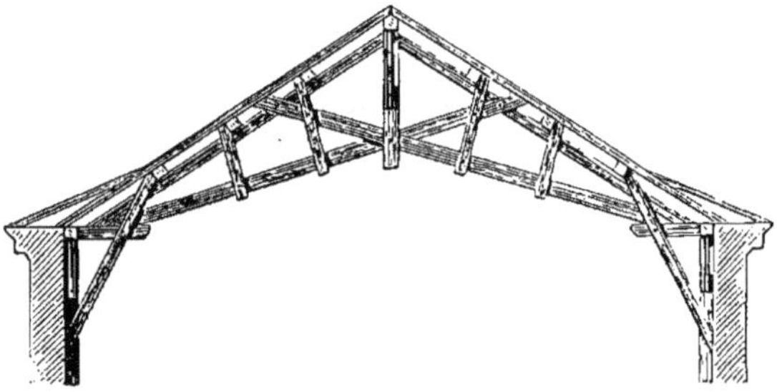

entrent dans la composition des manéges, des grands hangars, etc.

Les *fig.* 150 et 151 représentent respectivement une ferme surbaissée de 18 mètres de portée et une ferme de $11^{m},5$.

La ferme du général Ardant (*fig.* 152) se compose de pièces de bois déterminant un polygone symétrique par rapport à la verticale du faîte. Le côté supérieur de chaque demi-polygone est horizontal et réuni à l'extrémité inférieure d'un poinçon;

le côté précédent est prolongé jusqu'au poinçon, avec lequel il est assemblé.

Fig. 151.

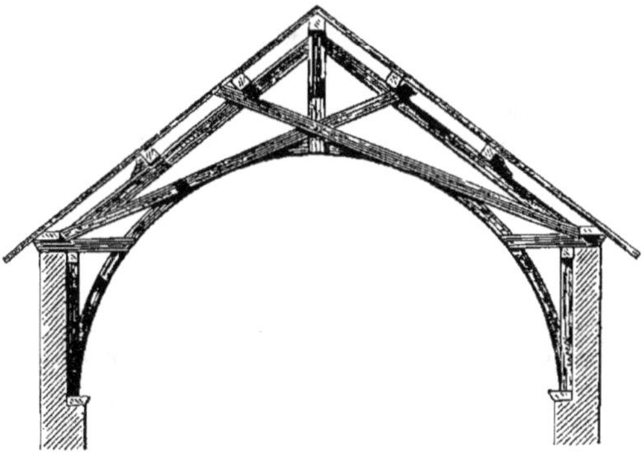

Le côté inférieur est prolongé jusqu'au chevron et réuni à une pièce verticale partant de l'extrémité inférieure du chevron et reposant sur le mur entaillé en conséquence. Les côtés du

Fig. 152.

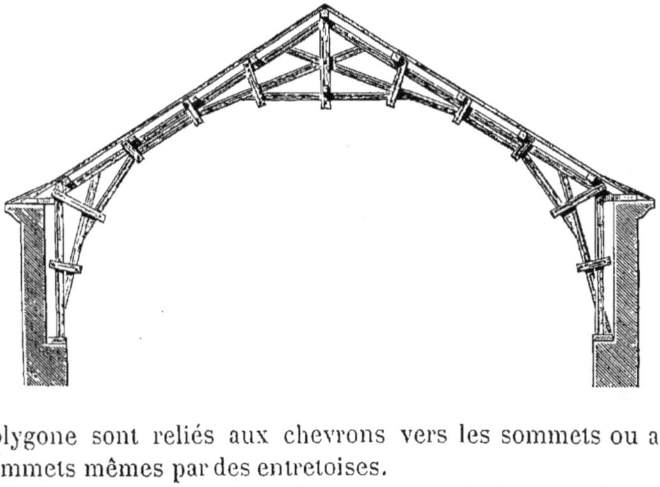

polygone sont reliés aux chevrons vers les sommets ou aux sommets mêmes par des entretoises.

La *ferme antique* (*fig.* 153) se compose de deux arbalétriers, d'un tirant, d'un entrait, d'un poinçon, de deux moises verticales reliant les arbalétriers vers les extrémités de l'entrait au tirant, enfin de deux jambettes partant du même point. Cette ferme, dont Palladio (¹) a fait un emploi fréquent, peut s'appliquer à toutes portées.

Fig. 153.

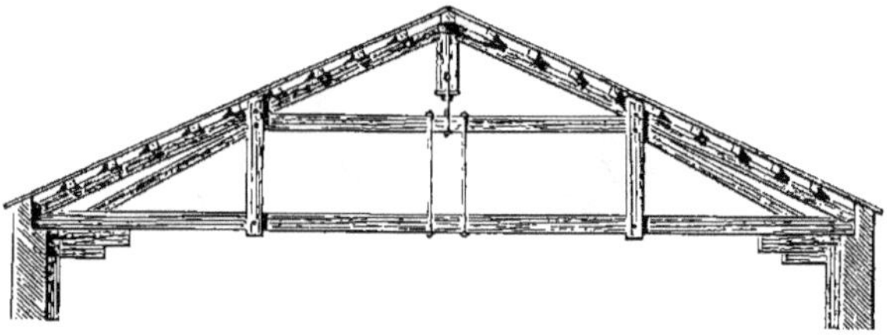

Nous devons mentionner ici la charpente funiculaire de M. Fabré, chef de bataillon du génie, tout en ajournant la description, qui trouvera mieux sa place dans la partie théorique.

Nous signalerons enfin la charpente du marché Saint-Germain construit en 1810; les fermes ont $14^{m},05$ de largeur dans œuvre, 4 mètres de hauteur, et sont espacées de $4^{m},05$. Cette charpente donne du jour et de l'air au centre du bâtiment.

Les fermes en bois à grande portée sont à peu près abandonnées en faveur des fermes métalliques, dont nous parlerons plus loin.

113. *Fermes mixtes en bois et fer.* — Le principal type de

Fig. 154.

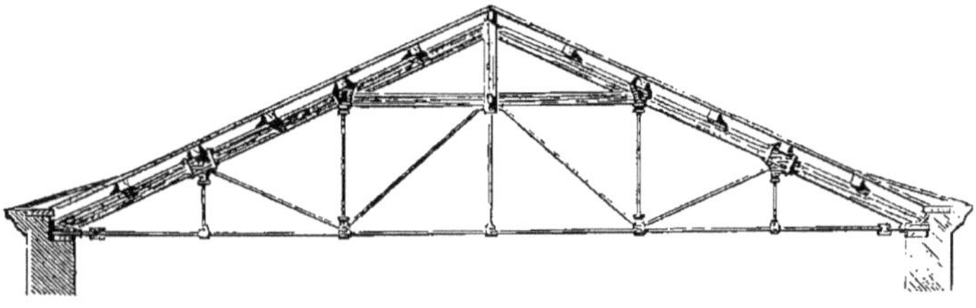

ce système est ce que l'on appelle la *ferme anglaise* (*fig.* 154).

(¹) Célèbre architecte de la Renaissance, né à Vicence en 1518.

Cette ferme se compose : 1° de deux arbalétriers en bois; 2° d'un tirant en fer et d'un entrait en bois relié à ses extrémités et en son milieu au tirant par des *aiguilles verticales* en fer; 3° d'un poinçon en bois reliant le faîte à l'entrait; 4° de contre-fiches en fer qui relient le milieu de l'entrait aux extrémités inférieures des aiguilles latérales; de chacune de ces extrémités part une contre-fiche en fer qui aboutit à un point de l'arbalétrier correspondant, où est fixée une aiguille verticale en fer aboutissant au tirant.

Les mortaises sont remplacées par des armatures en fonte.

114. *Des combles courbes ou en voûte pour de grandes portées.*

1° *Ferme à la Philibert De Lorme* (1) (*fig.* 155). — Cette ferme est formée d'arcs en planches de bois blanc, placés sur

Fig. 155.

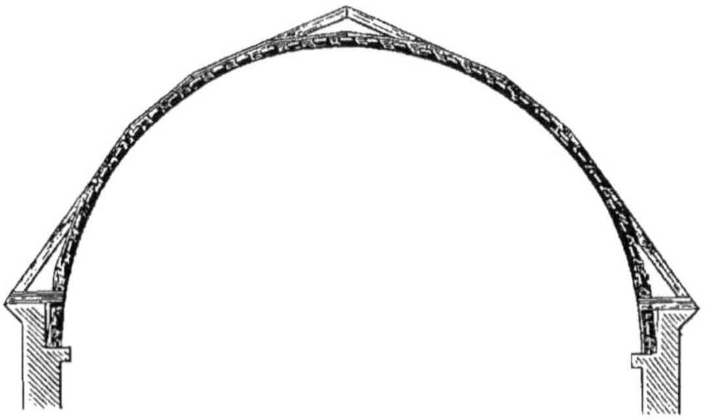

champ et réunis entre eux par des assemblages serrés par des coins. Les fermes qui sont reliées par des liernes sont assujetties dans des sablières.

2° *Ferme du colonel Émy* (*fig.* 156). — Cette ferme est

(1) Ce célèbre architecte est né à Lyon en 1518, c'est-à-dire la même année que Palladio.

formée de planches jointives courbées à chaud, reliées entre elles par des boulons et à la toiture par des contre-fiches.

Fig. 156.

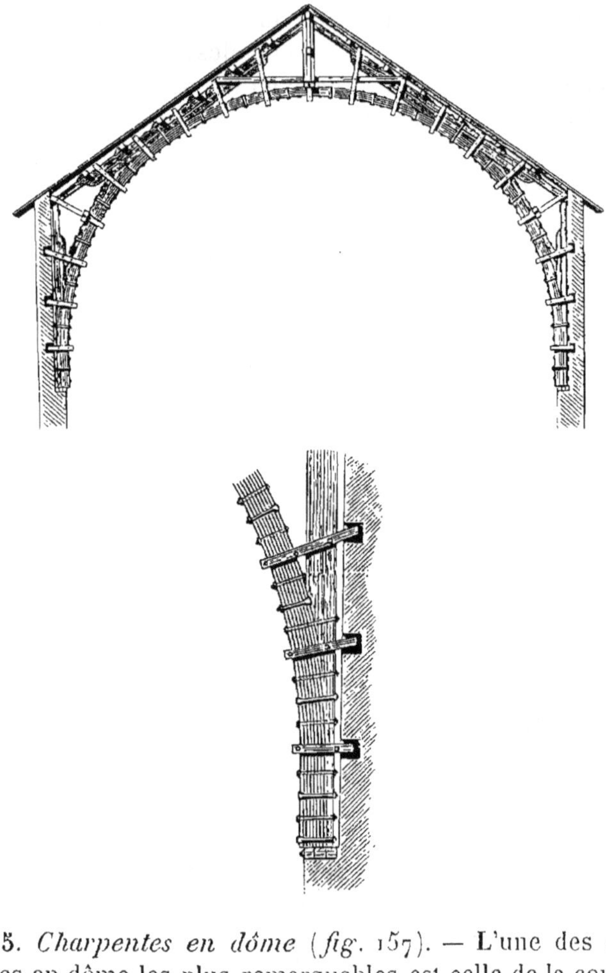

115. *Charpentes en dôme* (*fig.* 157). — L'une des charpentes en dôme les plus remarquables est celle de la coupole de l'église catholique de Darmstadt, construite de 1822 à 1827, et dont l'auteur est l'architecte Georges Moller. Son diamètre est de $33^{m},50$. Elle est formée de poutres courbes en planches reliées par des liernes alternativement simples et doubles. Les liernes simples traversent les poutres, tandis que les autres les embrassent à l'intérieur et à l'extérieur, au moyen d'un clavetage.

Fig. 157.

116. *Combles coniques* (*fig.* 158). — Ces combles, que l'on

Fig. 158.

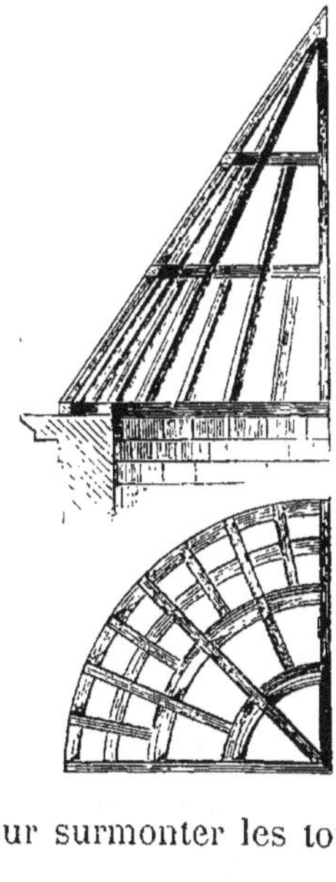

emploie surtout pour surmonter les tours et les tourelles, se composent : 1° d'une plate-forme circulaire reposant sur la maçonnerie; 2° d'un poinçon; 3° de quatre ou huit principaux chevrons en demi-fermes, assemblés au sommet avec le poinçon et en bas avec la plate-forme; 4° de deux pièces circulaires situées à deux hauteurs différentes, assemblées avec les chevrons ci-dessus et reliées à la plate-forme par des chevrons secondaires d'un plus faible équarrissage.

117. *Charpentes sur polygones.* — Les charpentes de cette nature doivent être disposées de manière que : 1° les surfaces enveloppes des faces extérieures des pièces soient des portions de cylindres à génératrices horizontales se raccordant au sommet de la construction; 2° les intersections des surfaces cylindriques soient comprises dans des plans verticaux.

Nous en resterons à ces généralités, le surplus étant du domaine de la Stéréotomie.

Exemples. — Les charpentes des pavillons du Louvre, de Flore, de Marsan, des clochers des églises romanes (Yssoire, Royat, Clermont, Nevers, etc.) (¹).

§ VI. — *Des couvertures.*

118. La *couverture,* qui repose sur les combles, a pour objet de garantir l'intérieur d'un bâtiment des intempéries. Une couverture doit être établie de telle manière que le vent, l'humidité et la neige ne puissent trouver accès sous les combles.

La pente d'un toit doit être d'autant plus grande qu'il tombe plus de pluie ou de neige dans la région où se trouve le bâtiment. Si en Syrie et en Égypte les maisons sont recouvertes par des terrasses, la pente d'un toit dans les régions moyennes de la France est d'un tiers et est bien plus considérable dans les montagnes, en raison de l'altitude, puis de la manière dont les maisons sont plus ou moins préservées des intempéries par le relief du sol.

(¹) Nous reporterons la description des cintres de voûtes au Chapitre relatif à la stabilité des voûtes.

Nous allons examiner successivement les différents systèmes de couverture usités, et qui dépendent essentiellement de la nature des matériaux dont les couvertures sont formées.

119. *Couvertures en tuiles.* — Les tuiles plates (*fig.* 159) sont posées sur des lattes de $1^m,30$ de longueur sur $0^m,0035$ à

Fig. 159.

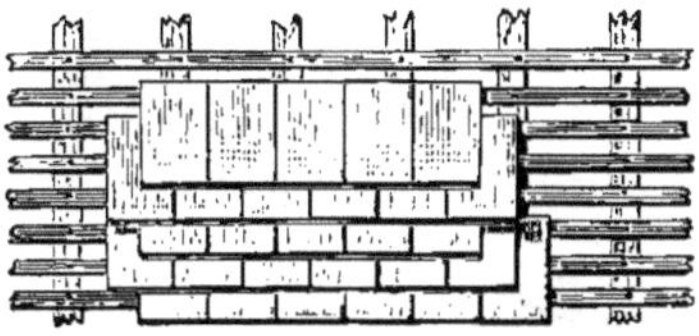

$0^m,007$ d'épaisseur et $0^m,05$ à $0^m,07$ de largeur, largeur qui est égale à celle des vides. Les tuiles sont fixées avec des pointes de $0^m,027$ de longueur, qui se trouvent au nombre de six cent trente pour 1 kilogramme.

Les tuiles se posent par rangs horizontaux à partir de la base du toit ; le rang inférieur est posé avec du mortier et fait saillie de $0^m,10$ sur la corniche ou la chanlatte ; ses joints se croisent avec ceux du rang supérieur, appelés *doublés*, et ainsi de suite.

La largeur des tuiles, dans le sens de la pente du toit, qui reste à découvert, est ce que l'on appelle le *pureau*.

Les *tuiles plates*, dites *de Bourgogne*, forment deux catégories : 1° *grand module*, $0^m,31$ de longueur, $0^m,23$ de largeur, $0^m,0157$ d'épaisseur ; il en faut quarante-deux pour recouvrir 1 mètre carré ; 2° *petit module*, $0^m,257$ de longueur, $0^m,183$ de largeur, $0^m,014$ d'épaisseur ; il en faut soixante-quatre par mètre carré.

Les *tuiles creuses* (*fig.* 160), ou à section demi-circulaire, ont $0^m,40$ de longueur, $0^m,013$ d'épaisseur ; leurs diamètres moyens à l'un et à l'autre bout sont respectivement de $0^m,20$ et $0^m,15$; elles sont ainsi coniques, et cela en vue de pouvoir les emboîter les unes dans les autres pour former une même file suivant la pente. Cette pente ne varie généralement qu'entre 18 et 21 degrés, mais ne doit pas dépasser 26 degrés.

Les rangées de tuiles suivant la pente qui présentent leur

concavité vers le haut sont espacées de $0^m,04$, et le recouvrement d'une tuile sur l'autre est de $0^m,05$ à $0^m,06$. Les intervalles sont recouverts par d'autres rangs de tuiles qui montrent leur convexité.

Fig. 160.

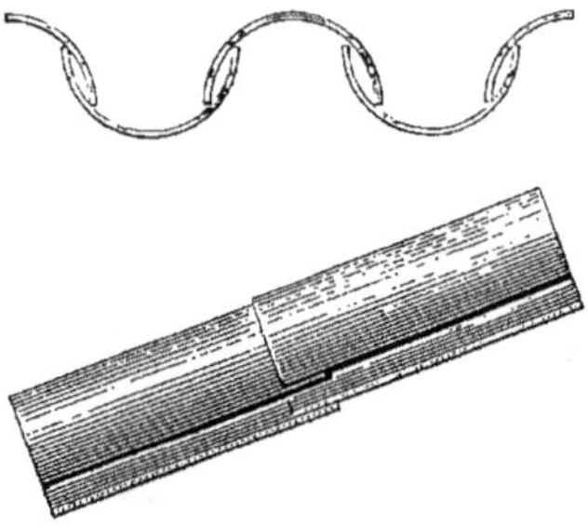

Les tuiles flamandes ou à *pannes* (*fig.* 161) se terminent intérieurement par un crochet à angle droit et à l'autre extrémité par une encoche qui coiffe le crochet de la tuile immédiatement supérieure. Elles ont $0^m,35$ de côté et $0^m,016$ d'épaisseur. Il en faut quinze un quart par mètre carré.

Fig. 161.

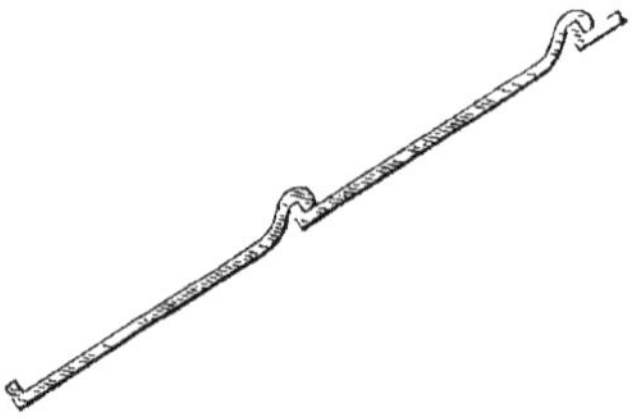

Nous terminerons cet article en disant quelques mots des catégories de tuiles qui ont un caractère décoratif et qui, en même temps, se recommandent par bien des qualités. Les *fig.* 162 et 163 représentent le type le plus élégant de la maison Gilardoni, d'Alkirk. Chaque tuile se relève normalement du côté gauche, puis se retourne d'équerre, pour former un crochet qui vient s'engager dans une rainure ménagée dans la tuile suivante, appartenant au même rang; à son extrémité libre, la tuile forme, sur une certaine longueur, une sorte de crochet arrondi contre lequel viennent s'appuyer par un rebord intérieur les moitiés des deux tuiles correspondantes du rang immédiatement inférieur. Deux saillies, l'une terminée de part et d'autre par deux triangles, ménagée vers le milieu du pureau, et l'autre simplement triangulaire, placée dans le même axe, mais à l'extrémité, ont pour objet de diriger les eaux pluviales et de les éloigner des joints des tuiles du rang immédiatement inférieur. Les derniers rangs suivant la pente de la toiture sont complétés par des demi-tuiles (*fig.* 164).

Fig. 163.

Fig. 164.

Fig.

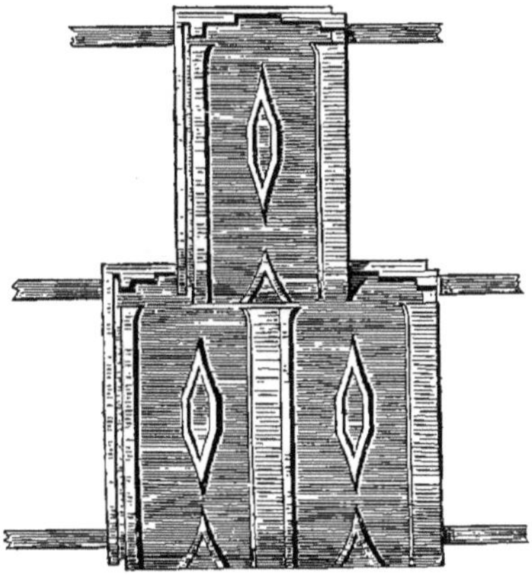

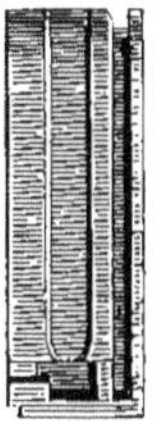

Le mille des tuiles d'Alkirk pèse 2800 kilogrammes, ce qui correspond à un poids de 39 kilogrammes par mètre carré. L'écartement du lattis est de $0^{m},35$; il faut employer 14 tuiles pour recouvrir 1 mètre carré de toiture. Le mille de tuiles pris à l'usine coûte 115 francs.

Les tuiles mécaniques d'Anvers ont la forme d'un écusson. La *fig.* 165 donne une idée de la manière dont elles sont reliées les unes aux autres.

Les deux sortes de tuiles ci-dessus offrent les avantages suivants : elles forment des toitures très-étanches tout en déterminant des communications entre l'atmosphère et les greniers qui se trouvent ainsi bien aérés. Les toitures, qui en sont formées, offrent une résistance considérable aux coups de vent.

La différence de prix de revient dans leur emploi avec celui des tuiles ordinaires n'est pas aussi grande qu'on pourrait le supposer de prime-abord : d'une part, le nombre des lattes est considérablement diminué; d'autre part, la surface presque entière de la tuile est utilisée, ce qui est loin d'avoir lieu pour les tuiles ordinaires. Par cette dernière considération, le poids du toit n'est pas non plus sensiblement augmenté.

Fig. 165.

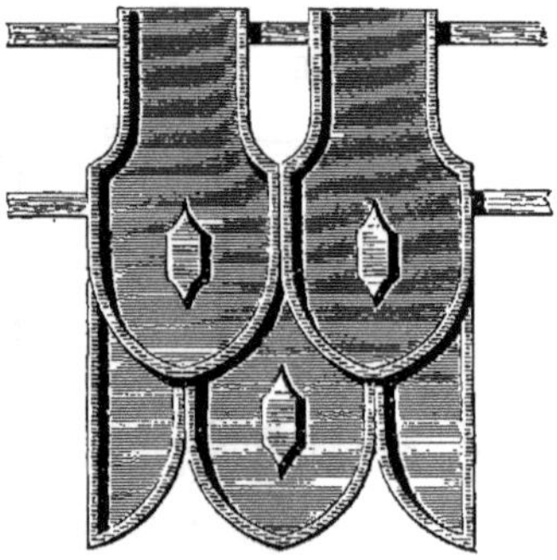

120. *Couvertures en pierres.* — Dans certains départements, on fait des couvertures en pierres plus ou moins plates, plus ou moins dégrossies (psammites du grès bigarré, calcaires schistoïdes du Jura, etc.), pierres auxquelles on donne le nom de *laves*. Ces matériaux ne se maintiennent entre eux que par leur propre poids et le frottement, sauf à être enlevés de temps à autre par les ouragans, ou sont maintenus sur le lattis ou la volige par des pointes de couvreur traversant des trous ménagés en conséquence.

Ce genre de couverture est défectueux, en raison des défauts hydrométriques des matériaux employés.

121. *Couvertures en ardoises.* — Les ardoises (*fig.* 166) reposent sur des planches (*voliges*) en bois blanc, ordinairement en sapin, de $0^m,011$ d'épaisseur, non jointives, disposées de manière que leurs faces extérieures se trouvent autant que possible dans un même plan. Avec une pente inférieure à 33 degrés, quelquefois 45 degrés, malgré un grand recouvrement (un tiers de pureau), les bois sont exposés à être

mouillés par le fait de la capillarité, ce qui entraîne la pourriture; de plus, les clous qui retiennent les ardoises ne tenant plus, le vent peut enlever la toiture.

Les ardoises qui forment l'égout (deux ou trois rangs superposés) se posent ordinairement sur plâtre, en faisant sur la chanlatte une saillie de $0^m,04$ à $0^m,05$.

Fig. 166.

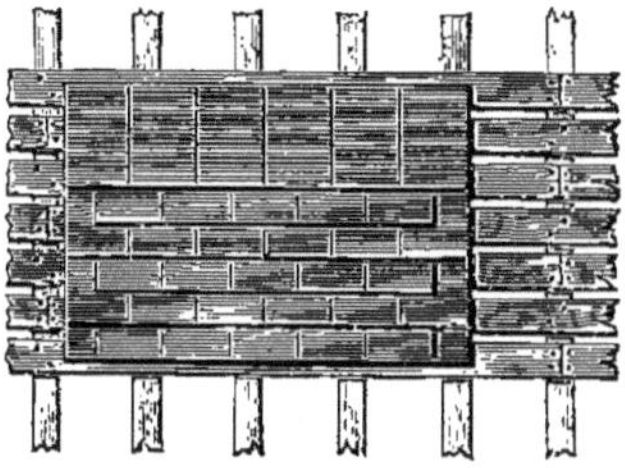

Les rangs supérieurs sont disposés de la même manière que ceux des tuiles plates.

Nous ne croyons pas inutile de reproduire le Tableau suivant :

Ardoises.	Longueur.	Largeur.	Épaisseur.	Poids du mille.
	m	m	m	kg
D'Angers (grand modèle...	0,298	0,217	0,0033	612
» (petit modèle)...	0,217	0,162	0,0028	284
De Charleville............	0,271	0,189	0,0033	485

Les ardoises des Alpes ont les mêmes dimensions que celles d'Angers; celles de ces ardoises qui sont extraites sur le versant méridional (Servoz....) conservent indéfiniment leur couleur grise, mais sur l'autre versant (Sixte, Mont-Riom, etc.) elles jaunissent rapidement sous l'action combinée du soleil et de la pluie; toutes résistent parfaitement à la gelée.

L'outil employé pour percer et clouer les ardoises est un marteau terminé par une pointe et une tête étroite, et dont le manche est muni d'un tranchant en acier d'une certaine longueur à partir du manche; l'enclume consiste en une lame d'acier tranchante, munie, vers le milieu, d'une pointe en retour d'équerre pour la fixer sur les voliges. Le tranchant du marteau, coopérativement avec l'enclume, sert à régler les bords; la pointe du marteau et l'enclume servent à percer les ardoises que l'on cloue ensuite sur les voliges.

Dans les *noues* (angles rentrants formés par deux combles qui se rencontrent) et sur les arêtes, on place des feuilles de métal qui sont généralement des feuilles de fer-blanc.

122. *Couvertures en bardeaux.* — Les *bardeaux* sont des plaques rectangulaires en chêne ou en sapin qui ont $0^{m},406$ de longueur sur $0^{m},011$ d'épaisseur et qui se disposent comme les ardoises. Il en faut cinquante-cinq pour recouvrir 1 mètre carré. Il est nécessaire que le toit soit incliné sous un angle au moins égal à 45 degrés pour empêcher le séjour de l'eau.

123. *Couvertures en zinc.* — Il faut que les assemblages des feuilles de zinc remplissent les conditions voulues pour que ces feuilles puissent se dilater librement sous l'action de la chaleur solaire. A cet effet, on fixe les feuilles sur des voliges avec des clous en zinc au lieu de clous en fer qui provoqueraient une oxydation rapide; chaque feuille recouvre les clous qui fixent la feuille immédiatement inférieure, à laquelle elle s'agrafe par des crochets soudés sous la face inférieure (*fig.* 167) ou cloués sur la face supérieure de la seconde des feuilles ci-dessus (*fig.* 168).

Fig. 167.

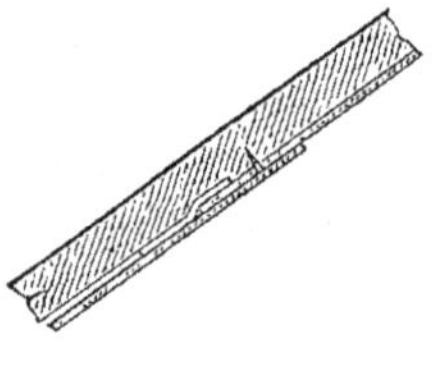

168.

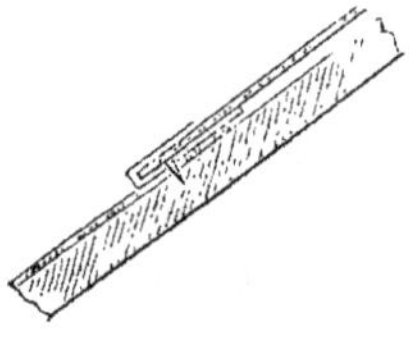

Fig. 169.

Fig. 170.

Fig. 171.

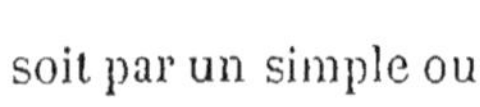

Les feuilles s'agrafent latéralement, soit par un simple ourlet (*fig.* 169), soit en redressant leurs rebords que l'on applique contre un liteau (*fig.* 170) et en recouvrant le joint entier par un chapeau en zinc, soit enfin (*fig.* 171) par une double agrafe recouverte d'un chapeau sans liteau.

On emploie aussi des ardoises en zinc qui ont la forme des tuiles à pannes; elles se clouent par le haut sur les voliges et s'agrafent aux ardoises inférieures, d'après le système de la *fig.* 167, au moyen de deux crochets. Ces ardoises ont de $0^m,35$ à $0^m,40$ de longueur sur $0^m,30$ à $0^m,35$ de largeur.

124. *Couvertures en plomb.* — Les feuilles se recouvrent dans le sens de leur longueur, c'est-à-dire suivant la pente de $0^m,081$ à $0^m,162$; elles se relient latéralement entre elles par un ourlet. On commence d'abord à poser les chéneaux, en rabattant le dossier sur les voliges; le devant des chéneaux est fixé par des crochets distants, de l'un à l'autre, de $0^m,50$. On déroule ensuite les feuilles en montant, et on les fixe sur les chevrons par de forts clous.

Les feuilles ont généralement $3^m,90$ de longueur, $1^m,95$ de largeur et de $0^m,00338$ à $0^m,0045$ d'épaisseur; suivant l'une ou l'autre de ces épaisseurs, le mètre carré pèse 40 kilogrammes ou 53 kilogrammes.

125. *Couvertures en tôle de fer.* — Les feuilles en tôle de fer s'assemblent comme les feuilles de zinc, dans le cas de la *fig.* 171. Leur longueur est de $0^m,70$, leur largeur de $0^m,55$, leur épaisseur de $0^m,00035$; le poids du mètre carré est de $8^{kg},80$.

Les couvertures asphaltiques sont très-bonnes pour les constructions légères telles que les hangars, les appentis, les magasins temporaires. La matière est disposée en rouleaux de 32 mètres de longueur sur $0^m,80$ de largeur; le prix du mètre carré varie entre $0^{fr},75$ et $1^{fr},25$.

126. *Couverture en cuivre.* — Les joints des feuilles de cuivre se font comme ceux des feuilles de zinc.

Le recouvrement est de $0^m,12$.

La longueur d'une feuille est $1^m,407$; sa largeur, $1^m,137$; l'épaisseur varie entre $0^m,00068$ et $0^m,00075$.

127. D'après le général Ardant, on a le Tableau suivant :

Inclinaison du toit sur l'horizon.		Nature de la couverture.	Poids du mètre carré de couverture, bois non compris.	Cube de bois par mètre carré.
			kg	mc
45° à	33°	Tuiles plates à crochets	60	0,063
27	21	Tuiles creuses posées à sec ..	75 à 90	0,058
31	27	» maçonnées...........	136	0,068
45	33	Ardoises...............	38	0,056
41	18	Cuivre en feuilles..........	14	0,042
21	18	Zinc n° 14 et tôle galvanisée .	8,50	0,042
21	18	Mastic bitumineux..........	25,00	0,056

§ VII. — *De la répartition des efforts dans les charpentes en bois.*

128. Dans tout ce qui suit, nous supposerons que le poids de la toiture est uniformément réparti sur les arbalétriers. Dans une première approximation, on peut faire abstraction du poids de la charpente, qui ne joue qu'un rôle très-secondaire dans les équations relatives à l'équarrissage des pièces principales ; dans une seconde approximation, on peut comprendre dans la charge le poids des arbalétriers, en considérant comme exacte la valeur approchée de leur équarrissage.

Nous n'étudierons que les quelques cas facilement accessibles au calcul, ce qui revient en définitive à faire abstraction de pièces secondaires, fort utiles au point de vue de la rigidité qu'il convient de donner à la construction, mais notre hypothèse ne peut qu'être favorable à la sécurité.

129. *Ferme formée d'un double arbalétrier et d'un tirant.* — Soient (*fig.* 172)

A_3 le faîte ;
$A_0 A'_0$ le tirant ;
a la longueur des arbalétriers ;
Ω leur section ;
T la *poussée*, c'est-à-dire l'action, nécessairement horizontale, exercée en A_3 par chaque arbalétrier sur l'autre ;

p le poids de la portion de la toiture que doit supporter l'unité de longueur des arbalétriers;

i l'inclinaison des arbalétriers sur l'horizon.

Fig. 172.

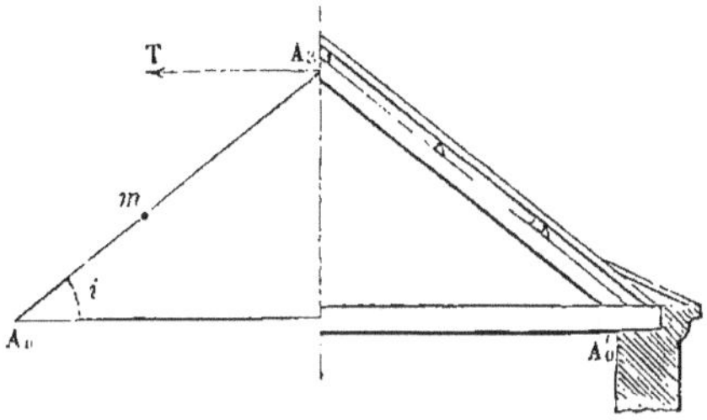

En négligeant la dilatation du tirant, on peut considérer les points A_0, A_3 comme fixes.

Si l'on exprime que $A_3 A_0$ est en équilibre autour du point A_0, on trouve

$$T a \sin i = \frac{p a_1^2 \cos i}{2},$$

d'où

$$(1) \qquad T = \frac{p a \cot i}{2}.$$

Décomposons maintenant les forces en deux groupes, les unes suivant $A_0 A_3$, les autres perpendiculaires à cette direction; soit m un point de la fibre moyenne situé à la distance x de A_0.

L'effort de compression exercé sur la section passant par m, rapporté à l'unité de surface, est

$$(2) \qquad \frac{1}{\Omega}[T \cos i + p(a-x)\sin i] = \frac{1}{2\Omega \sin i}[a(1+\sin^2 i) - 2x \sin^2 i].$$

Le moment fléchissant est

$$T(a_1 - x)\sin i - \frac{p}{2}(a_1 - x)^2 \cos i = \frac{p \cos i}{2} x (a_1 - x).$$

Si nous donnons à I et e les mêmes significations qu'au

n° 25, la plus grande compression élastique due à la flexion sera

$$(3)\qquad \frac{e}{I}\,\frac{p\cos i}{2}\,x\,(a-x).$$

La somme des expressions (2) et (3), ou

$$(4)\qquad \frac{p}{2}\left[\frac{a(1+\sin^2 i)-2x\sin^2 i}{\Omega\sin i}+\frac{e}{I}\,x\,(a-x)\cos i\right],$$

sera l'effort de compression maximum total développé dans la section considérée.

Pour obtenir la condition d'équarrissage, on égalera à r le maximum de l'expression (4) par rapport à x.

Le tirant étant, en dehors de son poids, uniquement soumis à un effort longitudinal égal à T, rien ne sera plus simple que d'établir les dimensions qu'il doit avoir.

130. *Ferme comprenant un double arbalétrier, un tirant et un entrait.* — Soient (*fig.* 173)

$A_0A'_0$ le tirant;

$A_1A'_1$ l'entrait;

A_3 le faîte;

τ_0, τ_1 les efforts positifs ou négatifs, parallèles à la poussée T, exercés par le tirant et l'entrait sur chaque arbalétrier;

$2Q_1$ le poids de l'entrait, y compris la charge qui pourrait être uniformément répartie sur un faux grenier établi sur les entraits;

$2Q_0$ le poids du tirant, y compris la charge résultant du grenier. La force $2Q_0$ se décompose en deux autres égales à Q_0 et appliquées en A_0 et A'_1; de même $2Q_1$ est équivalente à deux forces Q_1 agissant en A_1 et A'_1.

Nous continuerons comme ci-dessus à désigner par a la longueur A_0A_3.

Prenons pour axe des x la direction de A_0A_3 et pour axe des y la perpendiculaire en A_0 à cette droite. Conservons d'ailleurs les notations précédentes.

Décomposons, comme ci-dessus, les forces qui sollicitent l'arbalétrier en deux systèmes, l'un suivant A_0A_3 et l'autre suivant A_0y. Nous ferons abstraction du premier groupe, qui ne développe que des dilatations ou contractions égales à celles de la fibre moyenne.

Fig. 173.

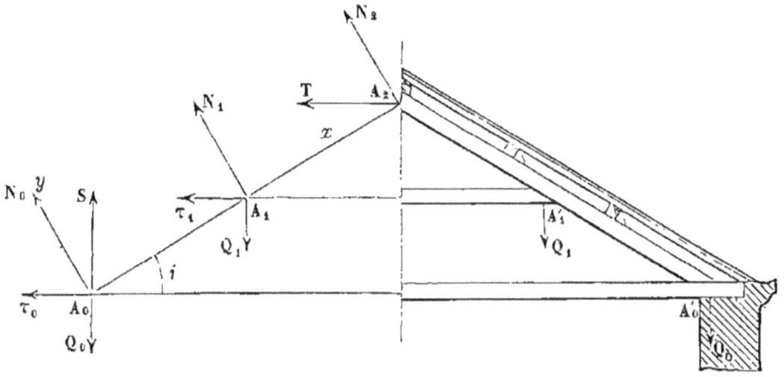

L'arbalétrier A_0A_3 peut être considéré comme un prisme reposant sur trois appuis A_0, A_1, A_3 soumis à une pression normale $p \cos i$ uniformément répartie sur sa longueur.

Le tirant développe en A_0, sur l'arbalétrier A_0A_3, une réaction verticale S égale au poids uniformément réparti sur cette pièce, et qui a pour valeur

$$S = pa.$$

Nous savons calculer les réactions normales N_0, N_1, N_2, en A_0, A_1, A'_3, et nous avons, par suite,

$$T \sin i = N_2,$$
$$\tau_1 \sin i - Q_1 \cos i = N_1,$$
$$\tau_0 \sin i + pa \cos i = N_0,$$

d'où l'on déduira T, τ_1, τ_0.

On calculera la plus grande compression élastique développée dans chaque section de la pièce $A_0A_1A_3$. On l'ajoutera en valeur absolue à la composante longitudinale des forces, et l'on égalera à r le maximum de cette somme par rapport à x pour obtenir la condition d'équarrissage.

Les dimensions transversales de l'entrait et du tirant se calculeront comme on l'a dit plus haut.

131. *Ferme comprenant un double arbalétrier, un tirant, un entrait, un poinçon et des contre-fiches.* — Nous ferons abstraction, d'après cet énoncé, des aisseliers et des jambettes, qui ont surtout pour objet de donner de la rigidité au système, d'assurer la stabilité dans le cas où les pièces que nous considérons seraient défectueuses, ce que nous ne supposerons pas. D'ailleurs les jambettes, dans les conditions ordinaires, jouent un rôle insignifiant dans la répartition des forces.

Soient (*fig.* 174)

Fig. 174.

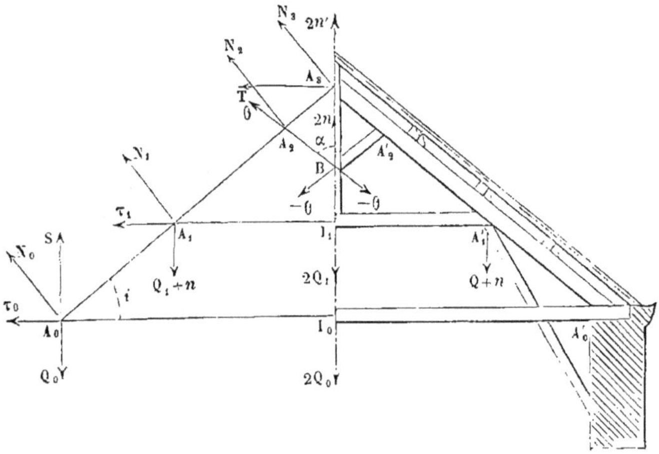

$A_0 A'_0$ le tirant;

$A_1 A'_1$ l'entrait;

A_3 le faîte;

$A_2 B$, $A'_2 B$ les contre-fiches reliées aux arbalétriers $A_0 A_3$, $A'_0 A_3$ en A_2, A'_2, et au poinçon en B;

I_0, I_1 les milieux du tirant et de l'entrait;

$2Q_0$ la résultante de la charge uniforme que doit supporter le tirant, y compris son propre poids;

$2Q_1$ la charge semblable relative à l'entrait;

θ l'effort longitudinal exercé par chaque contre-fiche sur l'arbalétrier correspondant;

α l'angle formé par les contre-fiches avec la verticale;

$2n$, $2n'$ les réactions du poinçon sur le point B et sur le faîte.

Nous négligerons les poids relativement insignifiants du poinçon et des contre-fiches.

Nous conserverons d'ailleurs les notations des numéros précédents en ce qu'elles n'auront rien de contraire à celles dont nous venons de faire l'énumération.

Les forces $2Q_0$, $2Q_1 + 2n$, agissant en I_0 et I_1, peuvent respectivement être considérées comme équivalentes à deux autres, savoir : Q_0 pour la première appliquée en A_0, A'_0, et $Q_1 + n$ pour la seconde appliquée en A_1, A'_1.

Décomposons, comme plus haut, les forces qui agissent sur l'arbalétrier $A_0 A_3$, considéré comme complétement isolé, en forces normales et parallèles à sa direction. Nous pouvons regarder cette pièce comme étant soumise à une pression uniforme $p \cos i$ et s'appuyant sur quatre points fixes A_0, A_1, A_2, A_3, dont nous savons calculer les réactions normales N_0, N_1, N_2, N_3. Il est clair que l'on a

$$(1) \quad \left\{ \begin{aligned} N_0 &= \tau_0 \sin i + pa \cos i, \\ N_1 &= \tau_1 \sin i - (Q_1 + n) \cos i, \\ N_2 &= \theta \cos (\alpha = i), \\ N_3 &= T \sin i + 2n' \cos i. \end{aligned} \right.$$

Les forces égales et opposées aux actions exercées par les contre-fiches sur les arbalétriers, faisant équilibre à $2n$ et à la réaction $-2n'$ des contre-fiches sur le poinçon, on a

$$(2) \qquad \theta \cos \alpha = n - n'.$$

La liaison du poinçon avec l'entrait n'ayant d'autre objet que d'empêcher ce dernier de fléchir, l'entrait peut être considéré comme un prisme soumis à l'action de son poids, reposant sur trois appuis de niveau A_1, I_1, A'_1 et dont on sait déterminer les réactions, par suite $2n$, qui est égal et opposé à la réaction de I_1. Les équations (1) et (2) seront alors suffisantes pour déterminer τ_0, τ_1, θ, T et n'. Cela fait, la question des équarrissages ne présentera plus la moindre difficulté.

132. *Fermes funiculaires* [1]. — Considérons un système

[1] M. Fabré, chef de bataillon du génie, est le premier, du moins à notre connaissance, qui ait eu l'idée de ces fermes, lesquelles, appliquées par lui à différentes salles de manége, ont donné d'excellents résultats.

de tiges formant un polygone funiculaire compris dans un plan vertical symétrique par rapport à une verticale, dont les sommets sont sollicités par des forces verticales égales, et dont les extrémités s'appuient sur deux appuis de niveau. Ces extrémités s'appuient contre deux obstacles ou sont reliés par un tirant. On se donne la distance des points d'appui, la hauteur h du point culminant au-dessus de ces appuis et le nombre des forces p qui sont également espacées en projection horizontale. Proposons-nous de déterminer la forme du polygone.

Cette question offre la plus grande analogie avec celle des ponts supendus; la seule différence consiste en ce que les tensions des côtés sont remplacées par des compressions et en ce que la distance horizontale l' de chaque appui au sommet précédent n'est pas égale à l'équidistance l des sommets intermédiaires.

Deux cas peuvent se présenter :

1° *Le nombre des sommets est pair.* Dans ce cas, la partie culminante est formée par un côté horizontal A_0A_0 dont nous représenterons par T la compression. A partir de A_0 (*fig.* 175),

Fig. 175.

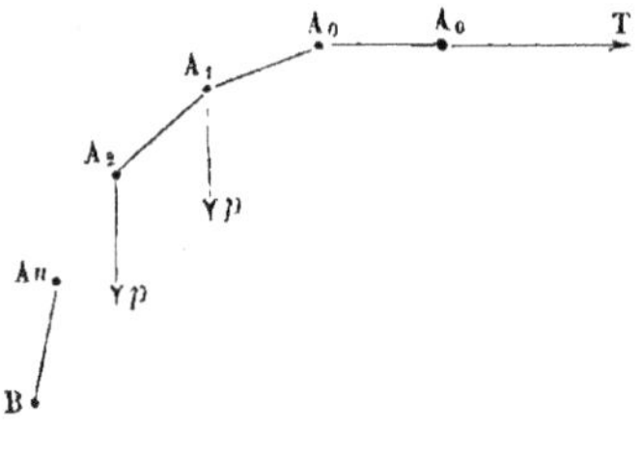

nous représenterons par les lettres $A_1, A_2, \ldots, A_n$ les sommets successifs de l'une des moitiés du polygone, et par B son point d'appui. En prenant les moments par rapport au point B, on trouve

$$Th = pl' + p(l+l') + p(2l+l') + \ldots + p(nl+l'),$$

d'où

$$T = (n+1)\left(l' + \frac{nl}{2}\right)\frac{p}{h}.$$

Connaissant T, il sera facile de déterminer la forme du polygone et les compressions de ses côtés, en appliquant une règle que nous avons donnée au n° 84 de la première Partie de cet Ouvrage (t. I).

2° *Le nombre des sommets est impair.* Soient (*fig.* 176)

Fig. 176.

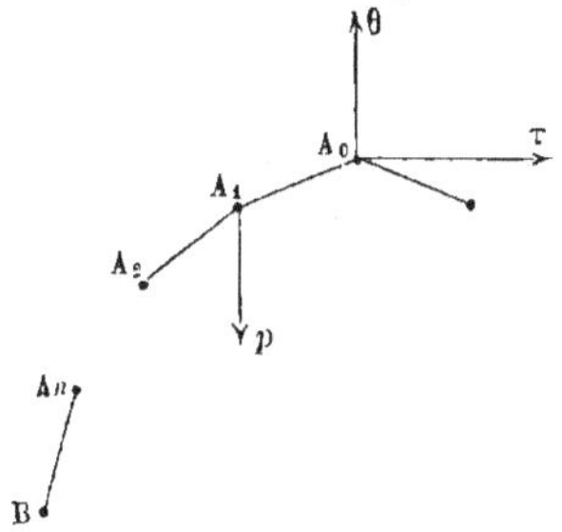

A_0 le sommet du milieu, et, à partir de ce point, $A_1, A_2, \ldots, A_n$ les sommets successifs de l'une des moitiés du polygone;

B son point d'appui;

τ et θ les composantes horizontale et verticale de la compression des côtés du milieu.

On a, en exprimant que les forces se font équilibre en A_0,

$$2\theta = p,$$

et, en prenant les moments par rapport au point B,

$$\tau h = pl' + p(l + l') + \ldots + p(nl + l') - \theta(nl + l'),$$

d'où

$$\tau = [(2n + 1)l' + n^2 l]\frac{p}{h},$$

et le polygone sera complétement édterminé, ainsi que les compressions de ses côtés.

Supposons maintenant qu'une portion du poids d'une toiture soit uniformément répartie au moyen de tringles verticales sur les sommets et les appuis d'un polygone de la nature de ceux que nous venons d'étudier, et dont nous savons maintenant déterminer la forme. En consolidant le système par des entretoises et joignant en diagonale les extrémités des tiges, on obtiendra une ferme funiculaire qui ne sera en définitive qu'une voûte à joints verticaux dont les voussoirs sont en croix de Saint-André.

Les *fig.* 177 et 178 représentent deux types de ces charpentes.

Fig. 177.

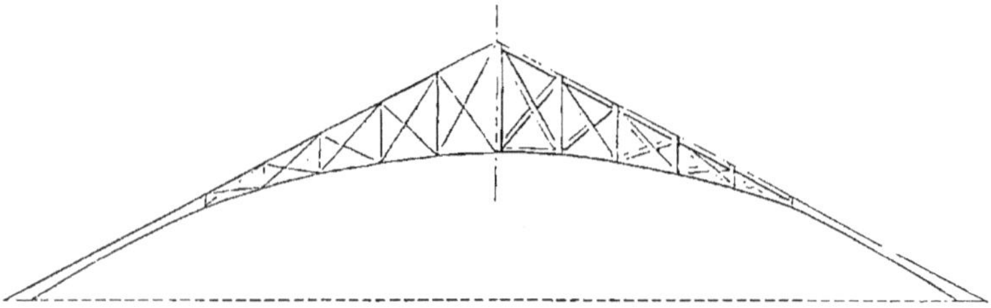

Fig. 178.

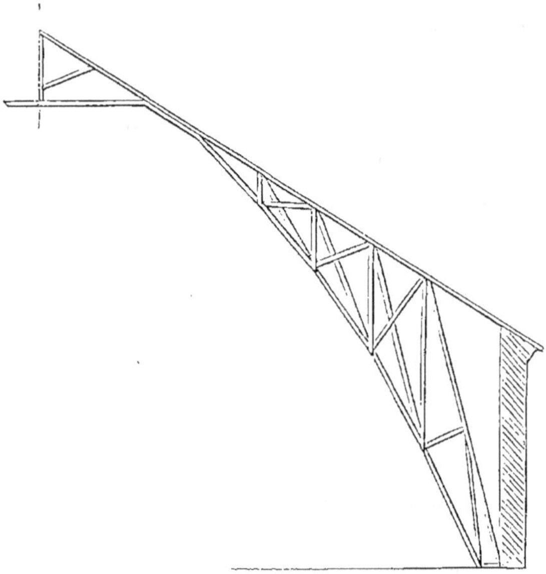

Les conditions d'équarrissage sont trop simples pour que nous croyions devoir nous y arrêter.

CHAPITRE III.

DES MAÇONNERIES.

§ I. — *Des mortiers, ciments, plâtres et bétons.*

133. *Préliminaires.* — On sait qu'une maçonnerie est formée de matières lithoïdes, naturelles ou artificielles, dont les fragments s'appuient les uns contre les autres par des faces planes, soit immédiatement, soit par l'intermédiaire d'enduits (mortiers, ciments, plâtre, etc.) posés, pendant la construction, à l'état de pâte aqueuse plus ou moins épaisse, durcissant à l'air et faisant adhérer entre eux les matériaux solides de la construction entre lesquels ces enduits sont interposés.

On comprend ainsi ce que l'on doit entendre par *maçonneries en pierres sèches* ou *avec mortier* ou *ciment, en meulières, en briques,* etc.

Les maçonneries ont surtout pour objet de résister à l'action des forces extérieures par leur poids, par le frottement mutuel de leurs différents éléments solides et par le frottement au contact de certains d'entre eux avec le sol, en admettant, au pis aller, qu'il y ait tendance à la rupture ou au glissement, hypothèse qui sera toujours favorable aux conditions de solidité et de stabilité en la faisant intervenir lorsqu'il s'agira de formuler un projet.

Les surfaces latérales qui limitent une maçonnerie ont reçu le nom de *parements*. Il y a, selon les circonstances, deux *parements extérieurs* ou un *parement extérieur* et un *parement intérieur*.

Le plus généralement, chaque parement est formé de lignes successives (*assises*) superposées de matériaux, affectant, sur trois faces ou six faces, plus ou moins la forme d'un parallélépipède; les matériaux de l'une et l'autre assise sont en contact immédiat ou non, suivant leurs grandes bases. On fait en sorte, en vue de la stabilité et de la solidité, que les faces perpendiculaires aux joints d'assises se croisent de l'une des assises à la suivante, soit dans un sens, soit dans l'autre.

Dans les travaux des chemins de fer, notamment dans ceux du midi de la France, on fait fréquemment des maçonneries dites *à joints incertains,* dont les maçonneries en meulières exécutées à Paris offrent un exemple. Ici les joints extérieurs affectent des formes polygonales très-variables, d'où le nom donné à ce genre de maçonnerie.

Les pierres d'un parement se terminent très-souvent en pointe à l'intérieur, d'où le nom de *pierre de queue.*

Nous pensons que ces généralités suffisent pour qu'il nous soit permis non-seulement d'aborder la question des enduits, mais encore pour aller assez loin, ou du moins jusqu'à nouvel ordre, dans l'art de la construction des maçonneries.

134. *Des différentes qualités de chaux.* — Lorsque l'on entasse dans un four, et dans des conditions sur lesquelles nous n'avons pas à insister, des fragments de pierres calcaires [1] pour les soumettre à une température suffisamment élevée, au bout d'un certain temps la matière est débarrassée de son acide carbonique et se trouve transformée en *chaux vive.* Dès que l'on met cette chaux en contact avec de l'eau, elle s'hydrate ou *s'éteint,* suivant l'expression admise, en dégageant de la chaleur, et se réduit en poudre impalpable ou en pâte plus ou moins épaisse.

Lorsque la chaux est à peu près pure, elle s'échauffe considérablement au contact de l'eau, et son volume devient le triple et même le quadruple de ce qu'il était primitivement, ce qui caractérise le *foisonnement.* La chaux est dite *grasse* quand elle forme avec l'eau une pâte liante qui se durcit à l'air sous l'action de l'acide carbonique.

---

(1) Le carbonate de chaux pur renferme 56 pour 100 de chaux et 44 pour 100 d'acide carbonique.

Lorsque la pierre à chaux renferme des proportions notables de matières étrangères composées d'oxydes de fer, de manganèse, de sable quartzeux, la chaux obtenue est dite *maigre;* elle foisonne peu et ne forme pas de pâte liante avec l'eau. Cette chaux, gâchée, durcit à l'air avec le temps, mais se désagrége dans l'eau.

Si la matière étrangère mêlée au calcaire est de l'argile ou de la silice à l'état gélatineux et si sa proportion s'élève au moins à 10 ou 15 pour 100 du poids du calcaire, la chaux obtenue est encore maigre, mais elle fait prise sous l'eau au bout d'un temps plus ou moins long, pourvu qu'elle n'ait pas été trop calcinée. Cette espèce de chaux a reçu le nom de *chaux hydraulique.*

Lorsqu'un calcaire renferme de 10 à 12 pour 100 d'argile, la chaux obtenue, gâchée avec de l'eau, durcit dans les lieux humides ou sous l'eau au bout d'une vingtaine de jours; quand la proportion d'argile est de 0,20 à 0,25, elle prend sous l'eau au bout de deux ou trois jours; enfin, lorsque la proportion d'argile atteint 0,25 à 0,35, la matière fait prise en quelques heures et a reçu le nom de *ciment romain.*

135. *Des mortiers.* — Un *mortier* est un mélange de chaux en pâte avec un volume double de sable. Le sable a pour objet d'augmenter le volume et la dureté. On admet généralement que $0^{mc},90$ de sable mélangé avec $0^{mc},45$ de chaux donne 1 mètre cube de mortier.

La chaux grasse, employée avec des pouzzolanes naturelles ou artificielles, des laitiers de hauts fourneaux étonnés, peuvent donner des mortiers hydrauliques.

Les ciments de Vassy et de Pouilly se mélangent dans la proportion de 1 à 2 de sable pour avoir des enduits qui doivent résister à la gelée. Lorsque l'on veut obtenir des enduits d'une grande énergie, on mélange par parties égales le sable et le ciment. Ces mortiers de ciment offrent l'inconvénient de prendre prise trop rapidement et d'exiger pour les employer des ouvriers très-expérimentés.

Le ciment du Portland, ne faisant prise qu'au bout de sept ou huit heures, donne des mortiers qui peuvent être fabriqués par masses et être mis en œuvre comme les mortiers ordinaires de chaux et de sable.

136. *Extinction de la chaux.* — On éteint généralement la chaux dans des bassins en planches où on l'étend sur une épaisseur de $0^m,30$ à $0^m,40$; on verse alors sur la matière, aussi uniformément que possible, un volume d'eau égal au sien, et l'on brasse avec des rabots jusqu'au moment où l'on obtient une pâte bien homogène. On ne doit employer la chaux éteinte qu'au bout de vingt-quatre heures, pour qu'elle soit bien refroidie.

La chaux en poudre expédiée en sacs doit être étalée sur $0^m,10$ et $0^m,13$ d'épaisseur; on verse de l'eau sur la masse avec des arrosoirs, et l'on réduit au fur et à mesure la chaux en pâte.

La chaux en poudre doit être employée immédiatement après son extinction.

137. *Fabrication des mortiers.* — On dose la chaux et le sable à l'aide de brouettes prismatiques de même capacité.

Lorsque l'on a seulement à confectionner de faibles quantités de mortier, le malaxage de la chaux et du sable s'opère au moyen du *rabot* (*fig.* 179).

Fig. 179.

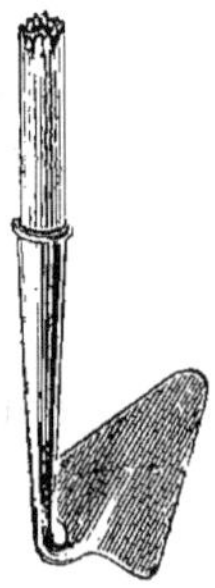

Si la chaux est éteinte depuis quelque temps et a commencé à durcir, il faut, avant de l'employer, la ramener à l'état de pâte, en la frappant avec des pilons de faible section, mais lourds, notamment des pilons en fonte.

Quand on a besoin de quantités de mortier un peu considérables, il faut avoir recours aux manéges, dont les meilleurs sont à auge circulaire et à roues (*fig.* 180). Les roues écrasent

Fig. 180.

les incuits et mélangent convenablement la chaux et le sable.

Deux roues sont montées sur le même essieu et symétriquement situées par rapport à l'axe du manége; une troisième roue, identique aux précédentes, est placée d'équerre avec celles-ci, et le prolongement de son essieu porte une sorte de versoir de charrue (*fig.* 181) ayant pour objet de retourner la matière. L'un des bras du manége porte de plus un

Fig. 181.

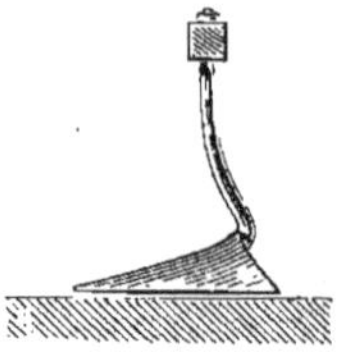

Fig. 182.

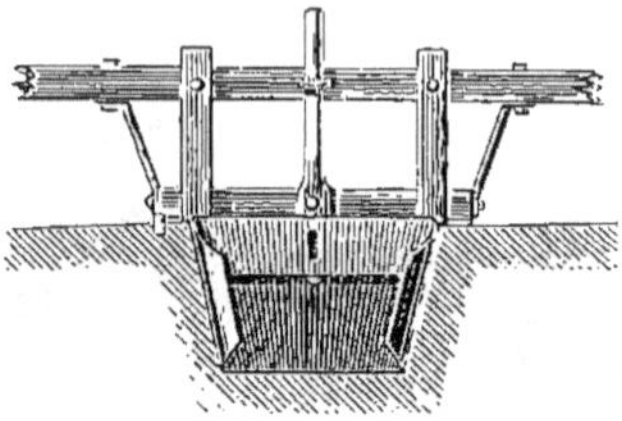

racloir (*fig.* 182) qui fait retomber dans l'auge les matières qui adhèrent aux parois.

On substitue souvent à la disposition ci-dessus une sorte de tonneau tronconique (*fig.* 183) dont la grande base se trouve

Fig. 183.

sur le sol; ce tonneau est traversé, suivant son axe, par un arbre mis en mouvement par un cheval; sur cet arbre et à sa base sont montés deux systèmes superposés de quatre ailettes;

ces deux systèmes sont représentés respectivement par les *fig.* 184 et 185.

Fig. 184.

Fig. 185.

138. *Du plâtre.* — Le plâtre, réduit en poudre, puis gâché, est un enduit de dureté moyenne qui se pose directement sans l'intervention de matières étrangères. Nous ne croyons pas devoir insister sur les procédés industriels employés pour déshydrater le gypse et le transformer en plâtre, ni sur la manière de gâcher le plâtre et de l'incorporer dans les maçonneries d'une certaine nature; qu'il nous suffise de dire que le plâtre jouit de la propriété d'adhérer aussi bien au bois qu'à la pierre; toutefois, il faut éviter de l'employer dans les lieux humides, car il est très-hygrométrique.

139. *Résistance des enduits.* — Les enduits ne doivent résister qu'à des efforts de compression; c'est donc au point de vue exclusif de la résistance à l'écrasement que nous devrons nous placer. Nous avons ainsi le Tableau suivant, dont les éléments sont empruntés à divers expérimentateurs :

NATURE DES ENDUITS.	POIDS du mètre cube.	RÉSISTANCE maximum à la rupture par écrasement rapportée au centimètre carré.
Mortier ordinaire en chaux et sable.	1650 kg	35 kg
Mortier en ciment ou en brique pilée.	1460	48
Mortier en grès pilé.	1680	29
Mortier en pouzzolane.	1460	37
Mortier en ciment de Vassy, avec moitié sable, quinze jours après le gâchage.	2110	135
Plâtre au panier, gâché très-serré, trente heures après l'emploi.	1570	52
Plâtre au panier, gâché au lait de chaux.	0000	73

140. *Du béton.* — On désigne sous ce nom un mélange de mortier hydraulique et de pierres cassées de 0m,03 à 0m,04 de diamètre moyen ou de cailloux. Le béton est *gras* ou *maigre* selon que la proportion de mortier qui entre dans sa composition est forte ou faible, ou, si l'on veut, selon que le mortier remplit complétement ou partiellement les interstices des fragments de pierres.

Le Tableau suivant donne quelques indications sur les proportions de mortier et pierres cassées ou de cailloux de diverses grosseurs, dont le diamètre moyen est au plus égal à 0m,05 par mètre cube de béton :

DÉSIGNATION du béton.	MORTIER.	CAILLOUX ou PIERRES cassées.	OBJET DE L'EMPLOI DU BÉTON.
Gras............	mc 0,55	mc 0,77	Radiers, réservoirs, etc., soumis à une pression considérable.
Ordinaire.........	0,52	0,78	Ouvrages de maçonnerie des eaux et égouts de la ville de Paris.
Ordinaire.........	0,48	0,84	Travaux de la navigation à Paris; fondations de piles de ponts, de murs de quais, etc.
Un peu maigre....	0,45	0,90	Fondations d'édifices sur terrains humides et mouvants.
Maigre............	0,38	1,00	Fondations sur terrains secs et mouvants.
Très-maigre......	0,20	1,00	
Ordinaire.........	0,50	1,00	Blocs artificiels avec mortier de chaux du Theil.
Moyennement gras.	0,56	0,90	Ports de Marseille, de Toulon et d'Alger. Jetée dans des enceintes asséchées.
Très-gras	0,57	0,85	Immergé frais à la mer.

Le mètre cube de béton en mortier, au bout de six mois, peut peser 1850 kilogrammes; la résistance à l'écrasement par centimètre carré est environ de 41 kilogrammes. Mais on ne doit pas charger les bétons de plus de 4 à 5 kilogrammes pour obtenir une sécurité convenable.

Lorsqu'un béton a acquis une bonne consistance, il peut être considéré comme l'équivalent d'une maçonnerie ordinaire très-bien faite.

L'introduction de fragments de briques ou de tuiles dans un béton au lieu et place de pierres cassées donne lieu à des massifs d'une ténacité inouïe; ainsi c'est avec beaucoup de peine que, même en faisant jouer la mine, on est parvenu, vers 1840, à détruire les bétons de cette nature des thermes romains de Plombières, bétons employés comme substructions, et placés derrière les murs des réservoirs d'eau chaude pour empêcher les infiltrations provenant de l'extérieur.

141. *Fabrication du béton.* — On entasse les pierres cassées ou cailloux dans des brouettes d'une capacité déterminée, dont le fond est formé par des barreaux distants entre eux de $0^{m},03$ à $0^{m},05$. On lave ces matières à grande eau, opération qui doit toujours se faire à une certaine distance de l'atelier de fabrication du béton.

On verse sur ces pierrailles, disposées sur une aire en planches très-unies, le mortier, qui a été amené aussi dans des brouettes d'une capacité déterminée, et on l'étend aussi uniformément que possible sur la masse pierreuse.

Quand le béton doit être fabriqué à bras, on emploie huit à dix ouvriers armés de rabots, griffes (*fig.* 186) et pelles. Préa-

Fig. 186.

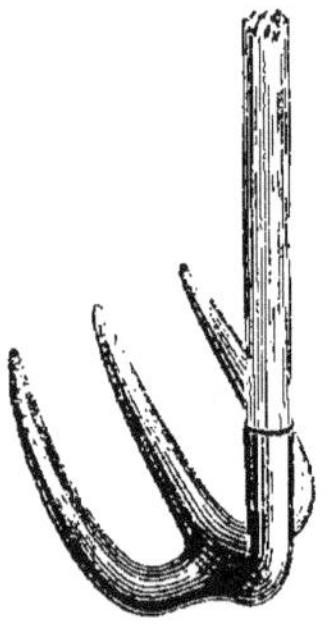

lablement, plusieurs ouvriers, en sabots, marchent fortement sur le mortier pour le faire pénétrer dans les interstices des pierres. Puis les griffes et les rabots se croisent, en même temps que deux ou trois pelles rejettent au centre les matériaux entraînés à la circonférence. Les ouvriers doivent circuler un peu en cadence pour mieux opérer le mélange.

Lorsque l'on doit fabriquer de grandes quantités de béton, il faut avoir recours à une bétonnière. Le système de bétonnière qui paraît avoir donné les meilleurs résultats se compose d'une tour à section carrée en madriers maintenus latéralement (*fig.* 187), de forme tronconique, ayant 5 mètres de hauteur; les côtés de la base inférieure et de la base supérieure sont respectivement égaux à $1^{m},15$ et $0^{m},95$. L'appareil renferme six plans intermédiaires, inclinés à 45 degrés, successivement opposés les uns aux autres, une table supérieure de chargement légèrement inclinée et un plan inférieur (inclinaison, 60 degrés) contre lequel s'amasse le béton. Au commencement de l'opération, les cailloux tombent presque secs, mais on les remonte au sommet; la bétonnière se remplit rapidement, et, si l'on ne dégarnit pas trop vite la base, les frottements sur les plans déterminent un mélange convenable.

Fig. 187. 188.

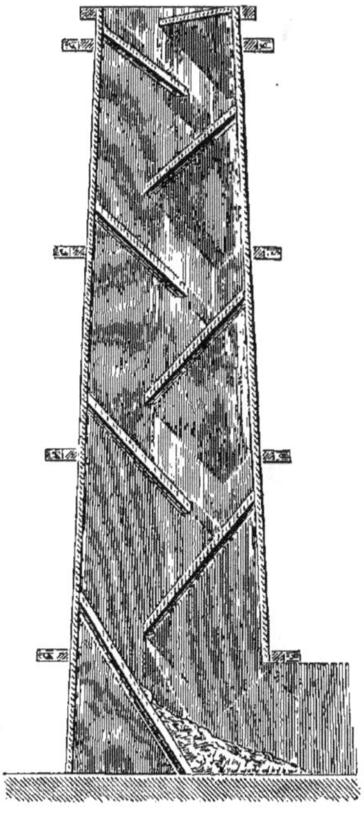

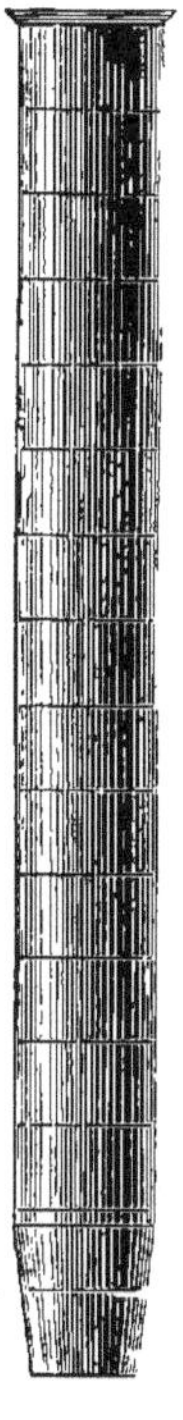

On a aussi employé, mais avec moins de succès, des bétonnières cylindriques en tôle (*fig.* 188) traversées diamétralement en tous sens par de petites barres de fer.

Dans tous les cas, il faut que la fabrication du béton soit soustraite à l'action de la pluie et du soleil.

142. *Emploi du béton à sec.* — On dispose le béton par couches successives de $0^m,50$ à $0^m,60$, puis on le comprime sans le pilonner, pour ne pas ramollir le mortier et l'isoler des pierres.

Fig. 189.

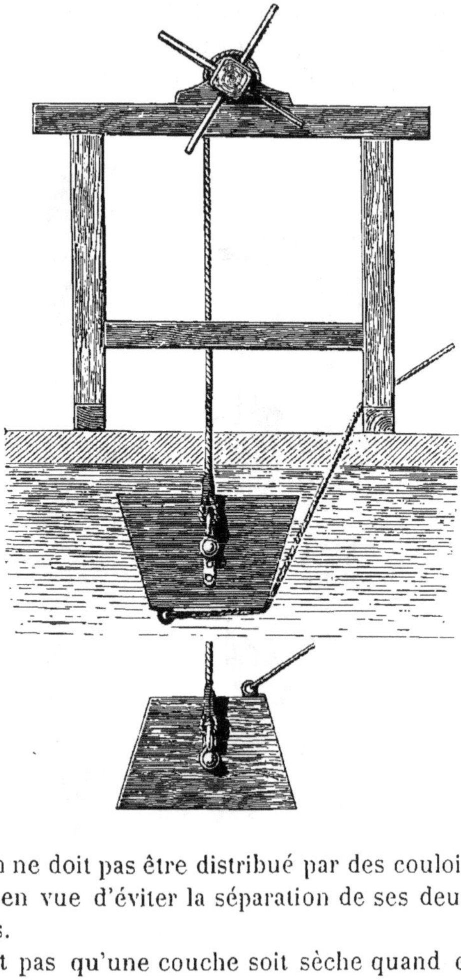

Le béton ne doit pas être distribué par des couloirs inclinés, également en vue d'éviter la séparation de ses deux éléments constitutifs.

Il ne faut pas qu'une couche soit sèche quand elle doit en recevoir une autre; si ce fait se présentait par suite d'une interruption dans le travail, il faudrait préalablement nettoyer et raviver la première des couches ci-dessus.

143. *Immersion du béton.* — Lorsque l'on doit immerger du béton pour des travaux sur lesquels nous reviendrons, on place la matière dans des caisses que l'on descend au moyen d'un treuil et qui peuvent se vider par le fond ou se renverser (*fig.* 189).

On désigne sous le nom de *laitances* le dépôt de chaux formé au détriment du mortier du béton immergé, surtout lorsque les eaux sont vaseuses. Il faut bien se garder de laisser subsister les laitances entre deux couches successives de béton qui ne pourraient plus se relier entre elles. Pour s'en débarrasser, on immerge la matière de l'amont vers l'aval; on la comprime ensuite, sans la battre, avec des dames plates; on repousse les laitances, après chaque reprise de travail, au moyen de balais formés d'un faisceau de paille limité par deux planchettes. On les enlève ensuite avec des dragues à main ou des poches en toile fixées à des cercles en fer. On vérifie l'état du béton au moyen de lunettes.

144. *Béton de sable.* — Ce béton n'est avantageux que lorsque le sable est à bon marché. La proportion de chaux en pâte adoptée est de 15 pour 100 du volume du sable.

La fabrication de ce béton s'effectue de la même façon que celle du béton ordinaire.

§ II. — *Du choix des pierres et de leur taille.*

145. *Des pierres calcaires.* — Ces pierres sont les plus répandues et les plus employées en France; on les divise en deux grandes classes : les pierres dures et les pierres tendres.

(*a*) *Calcaires durs.* — Ces pierres se débitent à la scie sans dents (*fig.* 190), comme le marbre, en faisant intervenir de l'eau et du grès tendre réduit à l'état de sable fin. Celles de Paris sont le *liais*, le *clicquard*, la *roche* et le *banc franc*, qui appartiennent au terrain tertiaire moyen.

Le liais offre l'avantage de ne présenter aucune empreinte de fossiles et d'être très-homogène; il résiste à toutes les intempéries quand il a été extrait en temps convenable; il est gélif quand on l'emploie avant qu'il soit débarrassé de son eau de carrière.

On distingue trois espèces de liais.

1° Le *liais dur* est compacte et homogène (carrières de Bagneux, d'Arcueil, de Saint Denis); l'épaisseur de son banc est de $0^{m},25$ à $0^{m},30$, et l'on en extrait des blocs qui ont de 3 à 4 mètres en longueur sur $1^{m},50$ à 2 mètres de largeur; on l'emploie surtout pour les marches d'escaliers, les *acrotères* (ornementations supérieures) des balustres, les chambranles de cheminées, etc., et en général pour les ouvrages qui exigent de la beauté et peu d'épaisseur de banc.

Fig. 190.

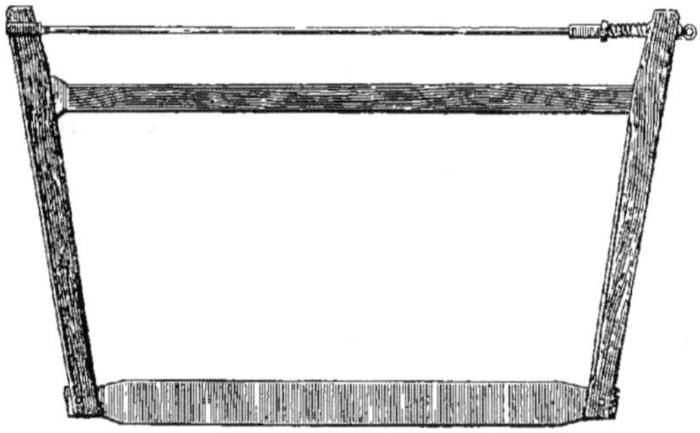

2° Le *liais Ferraud* ou *faux liais* est aussi dur que le précédent, mais il est à grains plus gros; il s'emploie pour les mêmes usages, mais surtout pour les ouvrages qui ont plus d'épaisseur (sa hauteur d'appareil est de $0^{m},30$ à $0^{m},40$). Il est difficile à travailler.

3° Le *liais rose* (carrières de Maisons-Alfort, de Créteil; hauteur du banc, $0^{m},25$ à $0^{m},30$) est le plus tendre et s'emploie particulièrement pour faire des carreaux, des tablettes et des chambranles de cheminées.

Le *clicquard* est à grain fin égal, peu coquillier. Il est devenu rare; on en extrait cependant encore des blocs de $0^{m},30$ à $0^{m},35$ d'épaisseur dans les carrières de Montrouge et de Vaugirard.

La *roche* est dure, quelquefois coquillière (carrières du fond de Bagneux, de Châtillon, de la Butte-aux-Cailles, de

Montrouge, etc.); elle a $0^m,45$ à $0^m,70$ d'épaisseur, y compris, très-souvent, une couche de calcaire très-coquillier (de $0^m,10$ à $0^m,15$ d'épaisseur) qui doit être enlevée.

La roche commençant à devenir rare, on la remplace par des calcaires de l'oolithe inférieur de Bourgogne (Tonnerre, Châtillon, etc.), des calcaires à entroques de Lorraine (environs de Commercy), les calcaires compactes de l'oolithe coralienne diversement colorés du Jura (Saint-Ylie, Sampans, etc.).

Le *banc franc* est à un niveau supérieur aux bancs qui fournissent les pierres précédentes. Il donne des matériaux moins durs que ces derniers, mais d'un grain plus fin et plus uniforme; ils ne sont pas coquilliers (carrières de Montrouge, Bagneux, Châtillon et Arcueil; hauteur du banc, $0^m,30$ à $0^m,70$). La pierre franche remplace le liais quand on veut réaliser des économies.

Dans presque toutes les carrières où l'on extrait des calcaires durs, il existe des bancs d'une qualité trop inférieure pour donner des pierres de taille; le banc supérieur est toujours mauvais; il en est souvent de même du banc inférieur et de quelques bancs intermédiaires.

(*b*) *Calcaires tendres*. — Ces pierres se débitent à sec à la scie à dents (*fig*. 191) munie de manches courts à ses extrémités;

Fig. 191.

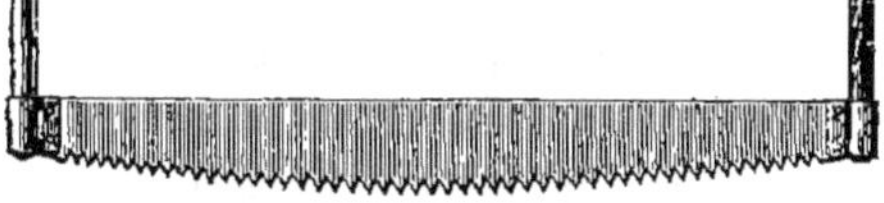

elles résistent bien à la gelée, se taillent facilement, et leur parement a l'avantage de durcir à l'air; celles des environs de Paris sont la *lambourde* (carrières de Saint-Maur, Saint-Germain en Laye; hauteur du banc, $0^m,65$ à $0^m,95$), le *vergelet* (bancs inférieurs des carrières des bords de l'Oise), le *saint-leu* (bancs supérieurs des mêmes carrières, grains plus fins que le vergelet), le *conflans* (pierre très-tendre à grains très-fins, extraite à Conflans-Sainte-Honorine; elle peut donner des blocs bruts énormes, de 15 mètres cubes par exemple), et le *parmin* (carrières de l'Isle-Adam; hauteur du banc, $0^m,60$ à $0^m,70$).

Le tuf des environs de Paris n'est pas assez résistant pour être employé dans les constructions. Dans le Jura le tuf est souvent substitué à la brique pour faire des cloisons, des conduits de cheminées, etc.

146. *Des grès.* — On distingue les grès :

1° En *grès siliceux,* qui sont très-durs, à grains serrés, dont quelques variétés seulement peuvent se tailler; mais le plus souvent ils ne peuvent être utilisés que comme pavés;

2° En *grès calcaires,* tels que le grès de Fontainebleau, le grès bigarré des Vosges, le grès infra-jurassique (celui des environs de Poligny est assez réfractaire pour qu'on puisse l'employer dans la construction des creusets de hauts fourneaux), etc.;

3° En *grès argileux* (faluns de la Touraine, molasse du midi de la France, du Jura, de la Suisse, etc.), dont la couleur est d'un gris-verdâtre, qui se taillent facilement au moment de l'extraction, mais qui, à l'air, atteignent une dureté considérable.

147. *Des granits.* — Les granits s'exploitent dans les Vosges, en Bretagne, en Auvergne, en Suisse (dépôts de blocs erratiques), etc.

Il faut choisir avec circonspection les granits que l'on doit employer dans les constructions, car il arrive souvent que sur une faible étendue on trouve des granits dont la durée peut être presque indéfinie et d'autres dont le feldspath se décompose rapidement. On peut constater ce fait dans bien des constructions en granit de la Bretagne, remontant seulement à quelques années, et dont quelques parties sont très-détériorées.

148. *Des laves.* — Les laves volcaniques de l'Auvergne sont très-résistantes, mais le plus souvent bulleuses. Lorsqu'à l'état fluide elles ont pu former un lac, comme à Volvic, les bulles

de gaz contenues dans la partie inférieure se sont dégagées sous la pression, et la texture de la lave est devenue continue.

Les villes de Clermont et de Riom, notamment, sont construites en laves.

149. *Des basaltes.* — Les basaltes donnent des matériaux analogues aux laves; mais, comme ils sont divisés en prismes d'un faible équarrissage, ils ne peuvent servir de pierres d'appareil. Cependant, quand on trouve des prismes rectangulaires, on les emploie bruts dans les campagnes de l'Auvergne, du nord du Véronais, comme jambages, linteaux et seuils de portes et fenêtres.

150. *Des trachytes.* — Les trachytes du massif du Mont-Dore sont trop fragmentaires pour pouvoir prendre la forme géométrique des pierres de taille.

Il n'en est pas de même de la variété appelée *domite,* qui constitue le Puy-de-Dôme, le Puy-Sarcouy et les parois de quelques volcans du département du Puy-de-Dôme. La domite est une pierre jaunâtre, poreuse, assez tendre, jouissant pour les liquides d'un pouvoir absorbant considérable, ce qui explique pourquoi les Romains en faisaient des sarcophages.

Le Puy-Sarcouy recèle de vastes excavations résultant de l'exploitation de la domite.

Le temple de Mercure, dont on a découvert récemment les ruines au sommet du Puy-de-Dôme, était construit en domite.

151. *Des meulières.* — L'énorme quantité de trous dont est criblée la meulière et les grandes irrégularités qui existent dans ses lits font qu'elle donne d'excellents moellons qui se relient bien entre eux et auxquels le mortier s'attache fortement en pénétrant dans toutes les cavités.

Une variété est poreuse et tendre, susceptible d'être taillée en moellons piqués avec arêtes régulières; on l'emploie principalement en parements et à divers travaux d'ornementation.

Il existe une autre variété qui a à peu près la même apparence que la précédente, mais qui se présente en fragments plus lourds, plus compactes et plus durs, lesquels ne peuvent se smiller qu'au couperet de paveur et sans pouvoir obtenir des arêtes régulières; cette variété est généralement employée dans les constructions hydrauliques pour résister à de fortes pressions et aux effets des intempéries.

Une dernière variété, appelée *caillasse*, se présente en petits fragments dont la cassure est unie et qui adhèrent peu au mortier. Il y a donc lieu de la rejeter lorsqu'il s'agit de constructions importantes.

152. *Des matériaux artificiels*. — Les briques sont ceux de ces matériaux le plus souvent employés.

Les briques crues ne sont guère utilisées que dans certaines parties du Midi pour les constructions agricoles et même celles des villes; les moments les plus favorables à leur fabrication sont le printemps et l'automne, saisons pendant lesquelles la dessiccation se fait plus lentement et plus également. Ces briques sont d'un mauvais usage quand on ne les recouvre pas d'un enduit.

A Rans (Jura), on fabrique des briques en mortier de chaux et de laitier de hauts fourneaux étonné, matière que l'on soumet ensuite à une forte compression; au bout de quelques jours d'exposition à l'air, ces briques acquièrent une dureté convenable et peuvent être employées pour les cloisons. Elles offrent l'avantage d'être très-légères et de réaliser sur les briques ordinaires une économie de 50 pour 100.

Les briques cuites sont les plus employées dans les maçonneries; elles sont formées d'une pâte argileuse moulée et portée à une haute température soit dans des fours, soit en tas à l'air libre.

Ces briques ont généralement $0^m,22$ de longueur sur $0^m,11$ de largeur et $0^m,055$ d'épaisseur; celles qui ont été comprimées dans des moules (en fonte nécessairement) sont les meilleures.

Les briques de bonne qualité doivent être formées d'une pâte homogène et être cuites sans être vitrifiées; elles doivent, sous le choc du marteau, rendre un son plein.

On fait maintenant beaucoup de briques creuses qui sont

légères, très-résistantes et très-appropriées à l'établissement des cloisons.

En dehors des briques, on prépare des matériaux artificiels de béton à mortier hydraulique ou ciment.

153. *Qualité des pierres.* — A ce que nous avons dit plus haut nous devons ajouter les renseignements suivants :

Une pierre doit être bien homogène et suffisamment dure et résistante; elle ne doit pas contenir de joints apparents de stratification; de plus, sous le choc du marteau, elle doit rendre un son plein et clair.

154. *Effets de la gelée sur les pierres.* — Un grand nombre de calcaires et de grès sont hygrométriques et éclatent d'une manière plus ou moins complète sous l'action de la gelée, qui, comme on le sait, a pour effet d'augmenter le volume du liquide intermoléculaire en produisant des efforts destructifs considérables.

Il n'est pas toujours facile de reconnaître *a priori* si une pierre est gélive; mais voici comment on se renseigne à ce sujet : on trempe un fragment de la pierre en litige dans un bain chaud de sulfate de soude, et, si le gonflement résultant de la cristallisation de ce sel, après le refroidissement, ne provoque aucun éclat, on peut conclure que la pierre offre certaines garanties de non-gélivité, mais pas davantage, attendu que la puissance expansive de l'eau qui se transforme en glace est bien autrement considérable que celle qui résulte de l'augmentation de volume du sel de soude lorsqu'il se cristallise.

On peut mettre les pierres plus ou moins poreuses à l'abri de l'humidité en les recouvrant, à des intervalles déterminés par les circonstances, de trois ou quatre couches d'huile posées à chaud. Ce procédé, quoique très-bon en lui-même, n'est guère applicable qu'à des façades ou à des dallages exposés à la pluie et recouvrant des constructions situées en contre-bas du sol; il a donné d'excellents résultats pour les grandes dalles en grès bigarré qui recouvrent les cabinets des nouveaux bains romains de Plombières (1839-1840), et je ne sache pas qu'on ait dû y avoir recours de nouveau, appliqué une fois pour toutes, pour préserver les baigneurs des inconvénients des eaux pluviales procédant par infiltration.

155. *Silicatisation des pierres.* — Dans ces derniers temps, M. Kulmann a proposé d'appliquer sur la surface des pierres hydrométriques une couche de silicate de potasse pour vitrifier en quelque sorte cette surface. Les résultats obtenus n'ont pas été bien constatés; l'administration des ponts et chaussées s'est prononcée pour la négative.

156. *Poids spécifique et résistance des pierres à l'écrasement.* — Le Tableau suivant fait connaître les principaux résultats des expériences exécutées jusqu'à ce jour :

DÉSIGNATION DES MATÉRIAUX.	POIDS du mètre cube.	RÉSISTANCE maximum à l'écrasement par centim. carré.
Pierres calcaires.		
Roche de Châtillon, près de Paris	2290kg	170kg
Roche de la Butte-aux-Cailles	2400	325
Liais de Bagneux	2440	440
Roche douce de Bagneux	2080	130
Roche d'Arcueil	2300	250
Roche de Saint-Nom, près de Versailles	2390	263
Pierre de Saillancourt, près de Pontoise. 1re qualité	2410	140
Pierre de Saillancourt, près de Pontoise. 2e qualité	2290	120
Pierre de Saillancourt, près de Pontoise. 3e qualité	2100	90
Pierre ferme de Conflans	2070	90
Lambourde et vergelet	1882	60
Pierre tendre des Carrières-sous-Bois, près de Saint-Germain	1790	58
Lambourde de qualité inférieure, résistant mal à l'eau	1560	20
Calcaire de Givry dur	2360	310
Calcaire de Givry tendre	2070	120
Calcaire oolithique de Jaumont, près de Metz. 1re qualité	2200	180
Calcaire oolithique de Jaumont, près de Metz. 2e qualité	2010	120
Calcaire d'Amanvillers, près de Metz. 1re qualité	2000	120
Calcaire d'Amanvillers, près de Metz. 2e qualité	2010	100
Roche de Château-Landon	2630	350
Roche vive de Saulny, près de Metz	2550	300
Roche de Rozereuille, près de Metz	2400	180
Calcaire à gryphites de Metz	2600	300
Craie d'Épernay	1625 à 1800	30 à 37,4
Grès.		
Grès de Fontainebleau	2570	895
Grès bigarré de Niedervillers	2170	430 à 490
» de Vitzbourg	//	412
» de Bréménil	//	368 à 517
» de Kibolo	//	419
» d'Arschewiller	//	303 à 430
» d'Artswiller	//	296
» de Merwiller	//	294

DÉSIGNATION DES MATÉRIAUX.	POIDS du mètre cube.	RÉSISTANCE maximum à l'écrasement par centim. carré
Granits.		
Syénite des Vosges	2850kg	620kg
Granit gris de Bretagne	2740	650
Granit de Normandie	2710 à 2660	707 à 700
Granit gris des Vosges	2640	420
Pierres volcaniques.		
Basalte	2950	2000
Lave dure du Vésuve	2600	590
Lave tendre de Naples	1970	230
Meulières.		
Meulières dures et très-poreuses de Chêne-la-Reine (Marne)	1517	15 à 75
Meulière tendre	1175	30 à 64
Briques.		
Brique dure très-cuite	1520 à 1560	90 à 150
Brique rouge	2170	60
Brique de Hammersmith { ordinaire	//	70
Brique de Hammersmith { vitrifiée	//	100
Brique anglaise ou flamande tendre	//	18
Brique bien cuite de Bourgogne	2200	150
Brique de Sarcelles { bien cuite	2000	125
Brique de Sarcelles { ordinaire	//	28
Brique d'une cuisson ordinaire de Montereau	1780	110
Brique réfractaire de Bourgogne	//	162,2
» de Paris	//	92,5
Brique d'Herblay	//	28,2
Blocs artificiels en plâtre et matériaux siliceux.		
Plâtre silicaté sans cailloux	//	49,50 à 58,40
» avec cailloux	//	64,30 à 66,80

Pour obtenir une sécurité convenable, il convient de ne pas faire supporter aux matériaux plus de $\frac{1}{10}$ de la charge qui pourrait produire l'écrasement.

Quant aux maçonneries ordinaires, on ne les charge guère qu'à raison de 5 à 6 kilogrammes par centimètre carré. Cependant, lorsque les surfaces sont un peu étendues et qu'elles sont faites avec beaucoup de soin, la charge peut être portée à 8,9 et même 10 kilogrammes; mais il serait imprudent d'aller au delà de cette dernière limite.

§ III. — *De la préparation des pierres.*

157. On nomme *appareilleur* un chef ouvrier qui dirige les tailleurs de pierres et qui fait le tracé des pierres sur le chantier; ce tracé s'effectue à l'aide de panneaux généralement en bois, relevés sur une épure de la construction, faite en grandeur naturelle.

158. *Des principaux outils dont se servent les tailleurs de pierres.*

1° Le *tétu* est un lourd marteau en fer aciéré qui sert à

Fig. 192.

dégrossir les pierres très-irrégulières et de beaucoup d'abatage.

Fig. 193.

Les *fig.* 192 et 193 représentent deux têtus respectivement destinés au travail des pierres dures de dureté moyenne.

La *pointerolle* (*fig.* 194), employée pour les pierres dures, ne diffère pour ainsi dire du têtu qu'en ce que l'une des têtes est remplacée par une pointe.

Fig. 194.

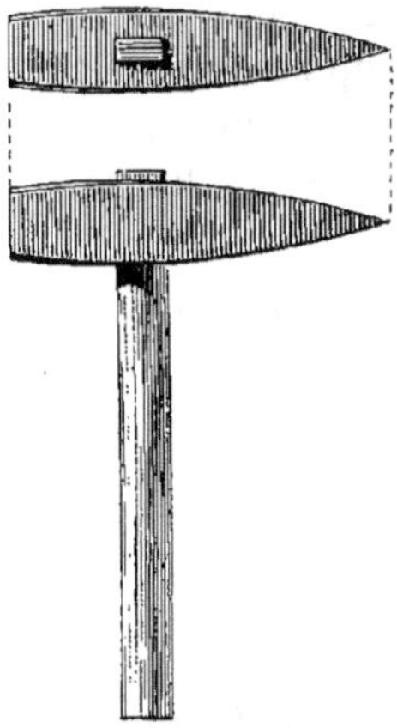

2° Le *ciseau* (*fig.* 195) est en fer et à tranchant aciéré.

Fig. 195.

Quelquefois le tranchant est remplacé par une pointe, ce qui donne le *poinçon* (*fig.* 196) employé pour travailler des pierres très-dures et pour les refouillements et les percements de trous.

Fig. 196.

La *gradine* (*fig.* 197) est un ciseau dont le tranchant est dentelé et dont on fait usage pour tailler les pierres dures.

Fig. 197.

Pour les pierres tendres on emploie le ciseau à large tranchant.

3° Le *maillet* (*fig.* 198) est une masse de charme ou de buis de forme variable, munie d'un manche qui sert à frapper

Fig. 198.

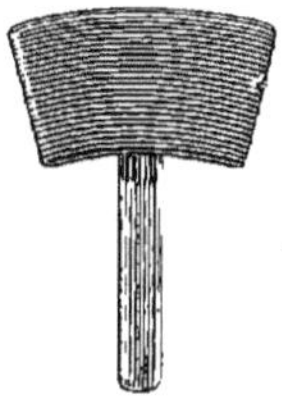

sur la tête du ciseau, du poinçon et de la gradine. Quelquefois le maillet est remplacé par une *massette* en fer (*fig.* 199).

Fig. 199.

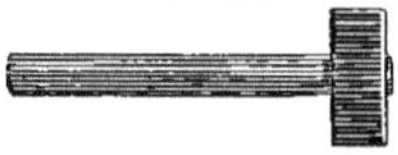

4° La *pioche* est un marteau en fer terminé par deux pointes ou par une pointe et un tranchant de 3 ou 4 centimètres de largeur; quand le tranchant est perpendiculaire au manche, l'outil porte le nom d'*herminette*.

La *fig.* 200 représente une pioche à granit, la *fig.* 201 une

Fig. 200.

Fig. 201.

Fig. 202.

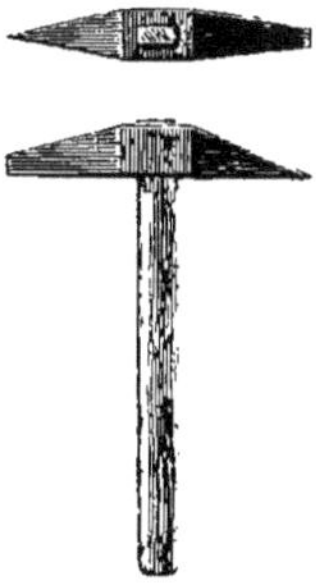

pioche pour les pierres de dureté moyenne, et la *fig.* 202 une pioche pour la pierre tendre.

5° Le *marteau bretté* ou *laye* (*fig.* 203) est à deux tranchants dont l'un est *bretté,* c'est-à-dire découpé en dents. Une pierre dressée avec ce marteau est dite *layée.*

Fig. 203.

Fig. 204.

6° Le *rustique* (*fig.* 204) est un marteau bretté sur les deux tranchants, mais dont les dents sont beaucoup plus écartées que dans l'outil précédent.

7° La *ripe* (*fig.* 205) est une tige en fer recourbée à ses deux extrémités pour se terminer par des tranchants dont l'un est dentelé; l'ouvrier la prend à la main par le milieu,

Fig. 205.

passe le tranchant à dents sur la pierre après le marteau bretté, et l'autre tranchant pour finir la taille. C'est ainsi que l'on procède à Paris.

8° La *boucharde* (*fig.* 206) est un marteau à deux têtes car-

Fig. 206.

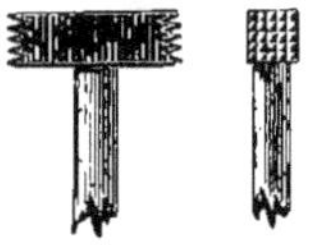

rées, taillées en pointes de diamant, dont on frappe à plat les parements dégrossis à la pioche.

Dans les Vosges, on emploie pour la taille du grès bigarré,

au lieu de la boucharde, un outil appelé *peigne* (*fig.* 207), formé d'une chape rectangulaire adaptée à un manche; dans

Fig. 207.

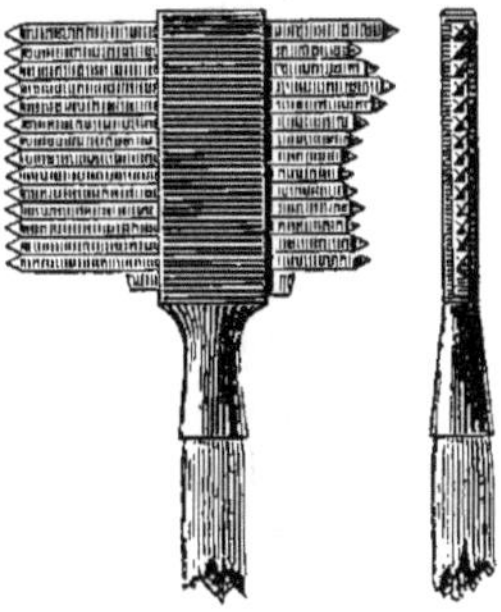

cette chape on superpose des carrelets aciérés terminés de part et d'autre en pointes : on se sert des pointes d'un côté quand celles de l'autre sont émoussées. On dresse les pointes dont on veut se servir sur une surface plane et suivant l'inclinaison, par rapport à l'axe du manche, que comporte la position de la pierre à tailler. Le calage des carrelets s'opère au moyen de coins.

9° L'*épinçoir* est un marteau à deux tranchants émoussés.

10° La *hachette à ébousiner* (*fig.* 208) sert à enlever le

Fig. 208.

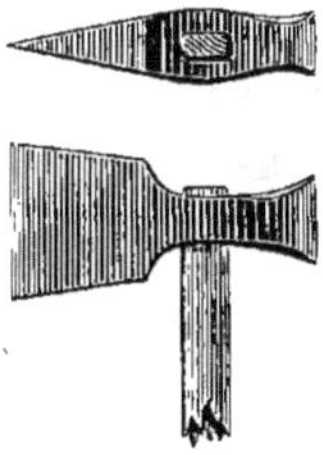

bousin, c'est-à-dire la mauvaise couche de pierre qui sépare les bancs dans un grand nombre de carrières.

Le tailleur de pierres doit être en outre muni de règles en bois, d'équerres en fer, de mètres, etc.

159. *Des pierres de taille.* — On nomme ainsi des pierres dont les dimensions ne sont pas inférieures à une certaine limite.

Les hauteurs d'assises varient avec les épaisseurs des bancs de carrières; elles ont pour limites $0^m,30$ et $0^m,50$.

Chaque pierre doit avoir une longueur au moins égale à sa hauteur et une largeur (*queue*) qui ne soit pas inférieure à cette hauteur, pour que la pierre soit suffisamment engagée dans la maçonnerie.

Les pierres de taille doivent être taillées avec beaucoup de soin et ciselées sur les arêtes; elles sont souvent appareillées par *assises*, c'est-à-dire sans longueurs déterminées d'une manière absolue. Cependant, pour certains ouvrages, la longueur de chaque pierre doit être fixée d'avance, et les matériaux, dans ce cas, sont appelés *pierres de sujétion*. On doit éviter, autant que possible, l'emploi de pierres de sujétion, au double point de vue de la dépense et de la difficulté que présentent les travaux.

160. Les *libages* sont des pierres de taille que l'on emploie dans les fondations, dont nous nous occuperons plus loin, et dans l'intérieur des maçonneries quand il est nécessaire d'y introduire des pierres de grandes dimensions.

161. *Des moellons piqués.* — On désigne ainsi de véritables pierres de taille de petit appareil, mais dressées simplement à la pointe (pic, pointerolle, etc.).

Les hauteurs d'assises varient généralement entre $0^m,15$ et $0^m,25$. La queue ne doit pas être inférieure à $0^m,30$, et la longueur au double de la hauteur.

162. *Des moellons smillés.* — Ce sont des moellons bien dressés à la pointe, rarement ciselés sur les arêtes, quelquefois bouchardés, ayant des joints verticaux retournés d'équerre; leur surface extérieure est plane.

163. *Des moellons parementés.* — Il s'agit ici de moellons dont la surface est bombée (flèche, $0^m,025$) et dont les arêtes

sont un peu arrondies. Leur longueur doit être au moins égale au double de leur hauteur. Les lits sont horizontaux, et les joints verticaux doivent être retournés d'équerre sur $0^{m},15$.

164. *Des moellons têtués* ou dressés au têtu.

165. *Des moellons ordinaires,* employés tels qu'ils sortent de la carrière.

Ils doivent être débarrassés de toute matière pouvant s'altérer à l'air; on doit rejeter les moellons trop irréguliers et ceux qui affectent une forme sphéroïdale (*têtes de chat*).

§ IV. — *Organisation des chantiers.*

166. Quand les matériaux destinés à une construction sont préparés, il faut les transporter sur le lieu où ils doivent être employés. Cette opération a reçu le nom de *bardage;* elle est exécutée par des *bardeurs* dirigés par un *chef bardeur,* qui est muni, pour faciliter la manœuvre de la pierre, d'une pince en fer dont une extrémité se termine en langue de chat tandis que l'autre est recourbée et porte un talon.

167. *Bardage du mortier.* — Le mortier est transporté horizontalement dans des brouettes coffrées, ou des wagonnets, et verticalement au moyen d'oiseaux (*fig.* 209) portés sur les

Fig. 209.

épaules ou dans des caisses en planches suspendues à l'extrémité de la corde d'une machine dérivant du treuil.

168. *Bardage des pierres.* — Le transport horizontal ou sous une faible inclinaison des pierres s'effectue au moyen :

1° Du *bard,* civière dont on fait souvent usage pour les

pierres d'un faible volume lorsque la distance à parcourir n'est pas trop grande; on emploie aussi dans ce cas la brouette (*fig.* 210);

Fig. 210.

2° Du *diable,* chariot de petites dimensions, traîné par deux, trois et quatre hommes avec le pinceur; il est employé pour des morceaux de pierres d'un faible volume;

3° Du *chariot,* voiture très-basse à deux roues, employé ordinairement pour les pierres d'un gros volume, traîné par six hommes en sus du pinceur, aidés souvent par un cheval attelé en avant de la flèche;

4° Du *binard* (*fig.* 211) chariot bas à deux roues, employé dans les mêmes conditions que le précédent; si le terrain à traverser n'est pas très-résistant, il est bon de le recouvrir de plats-bords pour diminuer la résistance à vaincre.

Fig. 211.

Les moellons arrivés à pied d'œuvre sont transportés verticalement par des ouvriers étagés sur des échelles et qui se les passent de main en main, ou dans des caisses à jour (*fig.* 212), accrochées à la corde d'un treuil, d'une chèvre, etc.

Les chèvres à deux branches, retenues à leur partie supérieure par les haubans, sont préférables au point de vue de la stabilité, et par suite de la sécurité, aux chèvres à trois branches, qui ne doivent être employées que pour de faibles hauteurs.

Pour saisir les pierres de taille en vue de les élever ou de les descendre, on peut les entourer d'un fort cordage, en garantissant leurs arêtes par des paillassons. Il est préférable, toutefois, d'employer la *louve* (*fig.* 213), petit instrument formé de

Fig. 212.

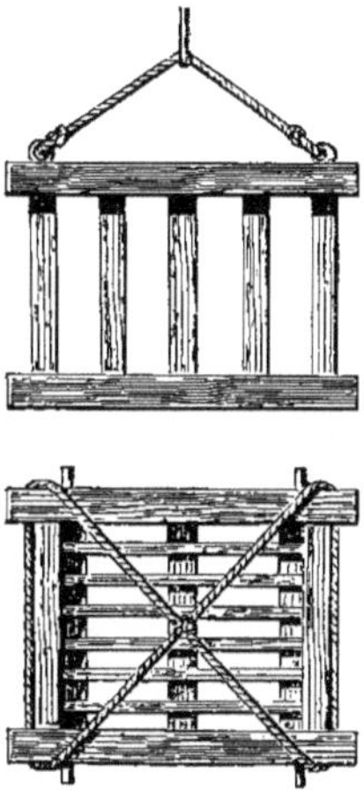

Fig. 213.

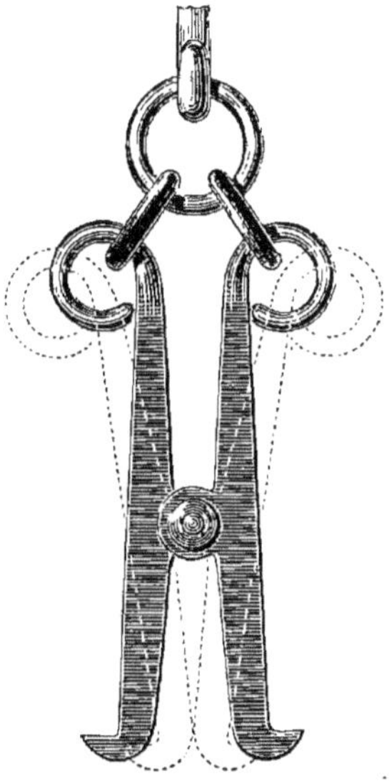

deux branches mobiles autour d'un axe horizontal et dont les extrémités forment à l'extérieur deux crochets presque d'équerre. Les extrémités supérieures sont contournées en anneaux; chacun de ces anneaux est réuni par un anneau intermédiaire à l'anneau engagé dans le crochet dit d'*attaque* qui termine la corde de la chèvre. On engage facilement les deux crochets dans une cavité pratiquée dans l'une des faces de la pierre, et dont la section transversale est un trapèze ayant sa grande base en bas; la tension de la corde arc-boute les crochets contre les faces inclinées de la cavité, en même temps que l'anneau intermédiaire s'oppose à ce que la pression exercée soit assez forte pour faire éclater la pierre.

Pour élever une quantité considérable de matériaux en un même point, on peut établir un échafaudage vertical (*fig.* 214)

Fig. 214.

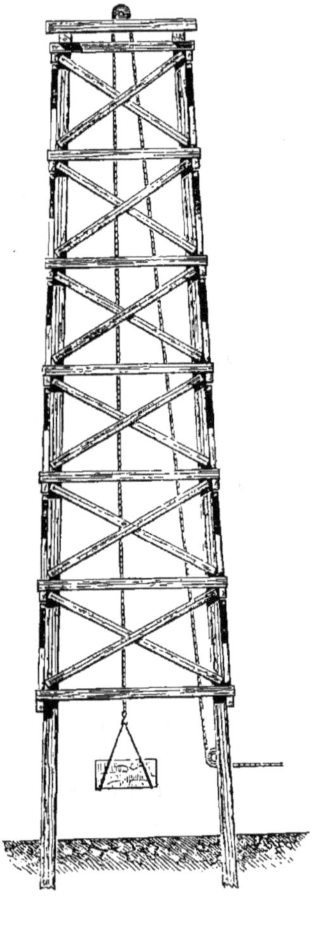

muni d'un treuil mis en mouvement par des hommes, des chevaux ou une machine à vapeur.

Il est souvent plus commode d'établir au-dessus des ouvrages (*fig.* 215) des chemins longitudinaux sur lesquels circulent des grues roulantes qui élèvent les matériaux et qui peuvent, au moyen d'un double mouvement à angle droit, déposer chaque objet à l'endroit voulu.

Fig. 215.

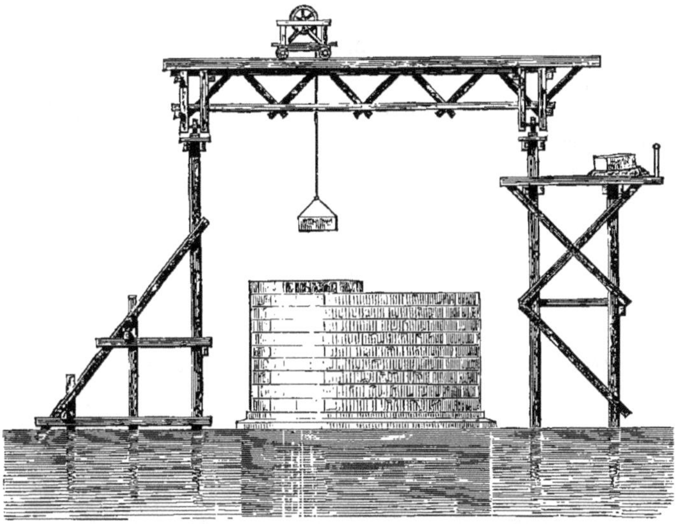

La *fig*. 216 représente une estacade souvent employée pour

Fig. 216.

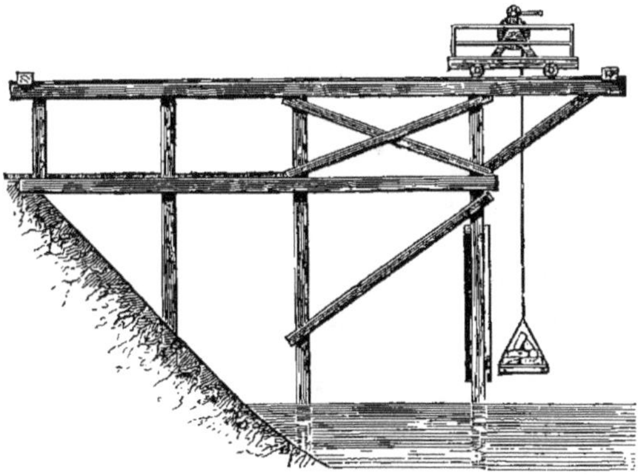

transborder des matériaux arrivés par bateaux ou pour les transporter en bateau.

§ IV. — *De l'exécution des maçonneries.*

169. Les ouvriers chargés de la confection d'une maçonnerie composée d'éléments de petites dimensions, tels que les moellons, les meulières, les briques, sont des *maçons* à proprement parler.

Quand il s'agit de constructions en pierres de taille, les ouvriers prennent le nom de *poseurs* et sont aidés par des *servants*. Dans les chantiers un peu importants, les poseurs sont dirigés par un contre-maître appelé *maître poseur*.

Pour plus de simplicité, nous désignerons d'une manière générale sous le nom de maçon tout ouvrier employé à la confection d'une maçonnerie.

170. *Outils du maçon.* — Pour soulever les pierres on emploie la *pince* (*fig.* 217) (tige en fer recourbée à une extrémité à

Fig. 217.

45 degrés environ pour se terminer par un tranchant émoussé), le cric et le vérin.

Il peut se faire que l'ouvrier ait recours aux rouleaux (*fig.* 218)

Fig. 218.

pour faire arriver une pierre de taille à destination. Ces rouleaux, naturellement en bois, ont une section méridienne légèrement convexe vers le milieu.

Fig. 219.

Le mortier mis à la disposition du maçon est reçu dans des

auges en bois (*fig.* 219) à sections trapézoïdales de forme régulière.

La *truelle* (*fig.* 220) sert à prendre l'enduit par petites quantités, pour le répandre parallèlement aux joints qu'il doit garnir ou pour faire un ravalement ([1]).

Fig. 220.

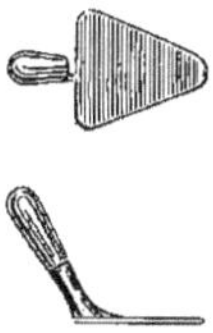

Fig. 221.

Le *maillet en bois* (*fig.* 221) sert à assujettir les pierres.

Pour compléter la nomenclature des outils employés, nous citerons le compas en fer, qui est semblable à celui du char-

Fig. 222.

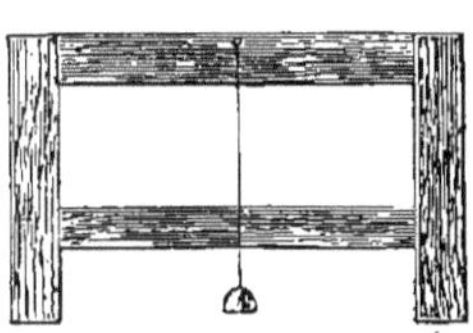

Fig. 223.

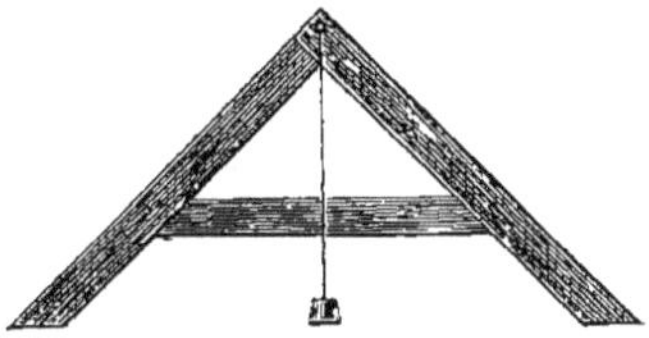

pentier, le fil à plomb, le niveau (*fig.* 222 et 223) et les *mirettes* (*fig.* 224).

Fig. 224.

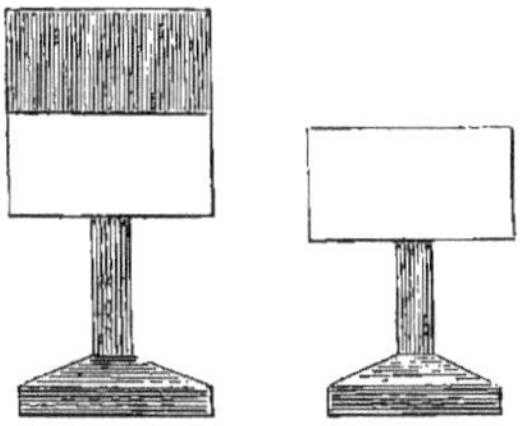

171. *Des murs et massifs en moellons.* — On doit naturellement choisir les plus beaux moellons pour former les pare-

([1]) Enduire le parement d'un mur de mortier ou de plâtre.

ments d'un mur; l'ouvrier, au fur et à mesure, rectifie leur forme au marteau ou au têtu. Un cordeau tendu et le fil à plomb déterminent l'alignement. Le niveau, placé sur une règle couchée sur une assise, permet de vérifier si l'assise est horizontale quand elle doit l'être et de la rectifier en conséquence s'il y a lieu.

Les moellons se placent sur une couche de mortier; lorsqu'un moellon est posé, on enduit sa face latérale libre pour le relier au moellon suivant, et ainsi de suite. On doit affermir les matériaux, soit horizontalement, soit verticalement, à l'aide du marteau ou du maillet.

A mesure que l'on garnit les parements, s'il s'agit d'un mur, on remplit l'intervalle qui les sépare par des moellons d'un ordre inférieur ou des débris de pierre bien enduits de mortier, de manière à faire une sorte de blocage.

Fig. 225.

Avant de se servir des moellons, il faut les épousseter avec soin et même les passer à l'eau pour qu'ils puissent bien se lier avec le mortier.

Deux murs se relient sous un angle quelconque par des moellons faisant alternativement saillie pour pénétrer l'un dans l'autre.

Un *parpaing* est une pierre de taille qui traverse toute l'épaisseur d'un mur pour faire parement des deux côtés et que l'on fait intervenir dans certaines circonstances pour obtenir une liaison convenable.

Les *chaînes en pierres de taille* servent à former les soubassements et les angles d'une maison.

Il est bon que les pieds-droits des portes et fenêtres soient composés au moins de trois pierres pour augmenter la liaison avec le mur. Lorsqu'un linteau est d'une seule pièce, on le décharge par une petite voûte reposant sur les jambages.

La *fig.* 225 représente une maçonnerie en moellons têtués avec première assise et angles en moellons piqués; la *fig.* 226, une maçonnerie en moellons piqués ou smillés avec première

Fig. 226.

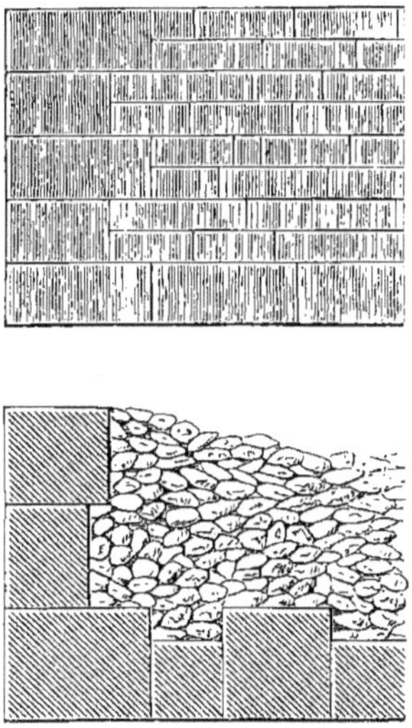

Fig. 227.

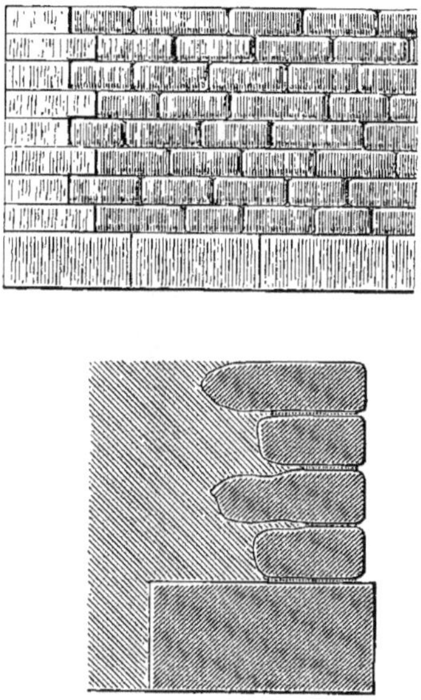

assise et angles en pierres de taille; enfin la *fig.* 227, une maçonnerie de moellons parementés avec première assise en pierres de taille et angles en moellons piqués.

172. *Maçonneries à joints incertains* (*fig.* 228). — Si les pierres sont irrégulières, on les pose en tous sens en les enclavant les unes dans les autres, de manière à rendre l'épaisseur du mortier aussi uniforme que possible. On affermit chaque bloc dans son alvéole en le frappant avec la tête de la hachette qui sert à rectifier plus ou moins leur forme; on assu-

jettit ceux dont les lits ne sont pas plans par des cales posées à bain de mortier.

Fig. 228.

173. Pour faire 1 mètre cube de maçonnerie de moellons, il faut compter sur l'emploi de $1^{mc},10$ de pierre, en raison du déchet. Dans ce mètre cube on fait entrer

$0^{m},40$ de mortier pour les moellons ordinaires ou têtués,
$0^{m},25$ » » parementés ou piqués,
$0^{m},20$ » » smillés.

174. *Maçonnerie de moellons avec plâtre.* — Lorsqu'on emploie du plâtre au lieu de mortier, on prépare d'avance une ligne (d'une certaine longueur) de moellons mis en place provisoirement, de manière à pouvoir les poser définitivement avec la rapidité qu'exige la prise de l'enduit. On enlève à mesure les moellons ainsi préparés et dans leur ordre, pour les incorporer dans la maçonnerie. On étale par assise une couche de plâtre assez étendue pour recevoir trois moellons, et l'on garnit les joints verticaux.

175. *Maçonnerie en pierres de taille.* — On pose ordinairement sur la dernière assise exécutée des madriers sur lesquels on fait avancer les pierres à l'aide de rouleaux. On place la pierre à l'endroit qu'elle doit occuper en réglant sa position par des cales en bois et vérifiant ensuite si elle a la forme voulue; à l'aide de la louve, on lui fait faire quartier sur le côté; on étend sur l'assise une couche de mortier fin un peu plus épaisse que les cales. On place les pierres en les frappant à coups de maillet jusqu'au moment où l'assise supérieure se

trouve bien au niveau voulu. On arase le joint inférieur par où le mortier a débordé. Il est bon d'enlever les cales, qui peuvent être la cause d'un léger tassement. Le joint montant se garnit avec la *fiche* (*fig*. 229), lame en fer plat dentée sur

Fig. 229.

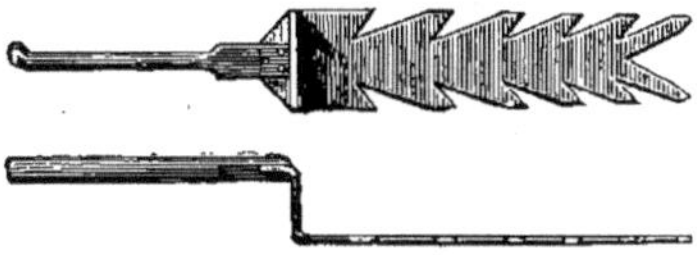

son pourtour. Si la queue des pierres est pointue, on remplit les intervalles (*flaches*) avec des éclats de pierres à bain de mortier.

Lorsque les pierres sont posées, on procède au *ragrément* et au *rejointoiement*. Le ragrément consiste à rectifier le

Fig. 230.

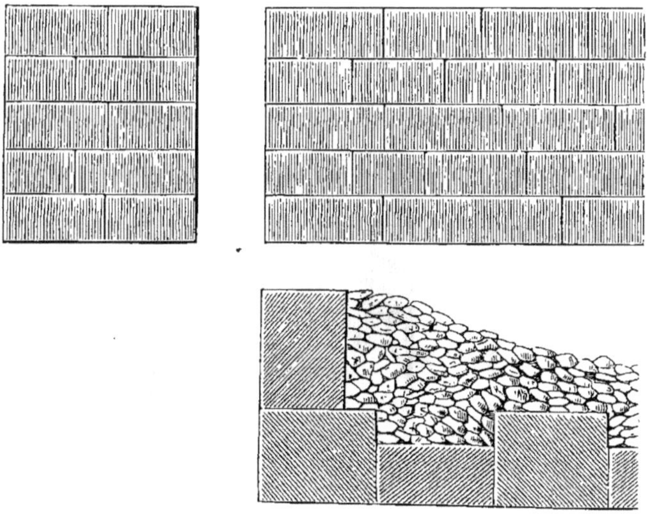

parement des pierres pour obtenir dans l'ensemble de la maçonnerie la surface géométrique extérieure fixée d'avance.

Le rejointoiement consiste à enlever les bourrelets de mortier, en pénétrant même un peu dans les assises ($0^m,03$ à $0^m,04$)

Fig. 231.

pour remplir ensuite les vides par du mortier fin ou du ciment que l'on raccorde avec la surface générale du parement.

Fig. 232.

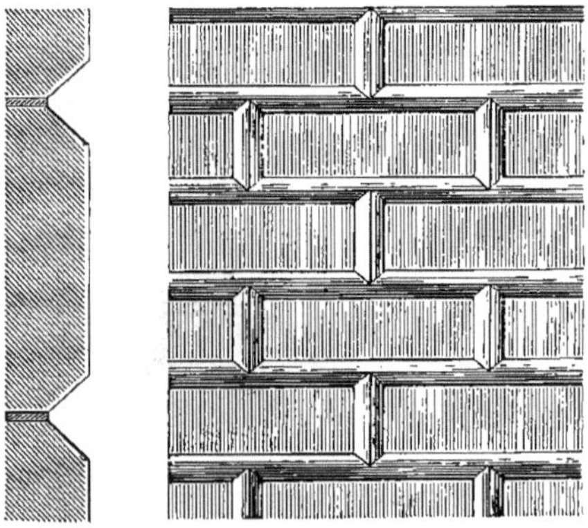

Pour faire 1 mètre cube de maçonnerie en pierre de taille, il faut, pour faire la part des déchets, $1^{mc},10$ de pierre; la quantité de mortier correspondante est $0^{mc},10$.

La *fig.* 230 représente une maçonnerie ordinaire en pierres de taille; les *fig.* 231, 232, 233 des murs d'édifices; la *fig.* 234

Fig. 233.

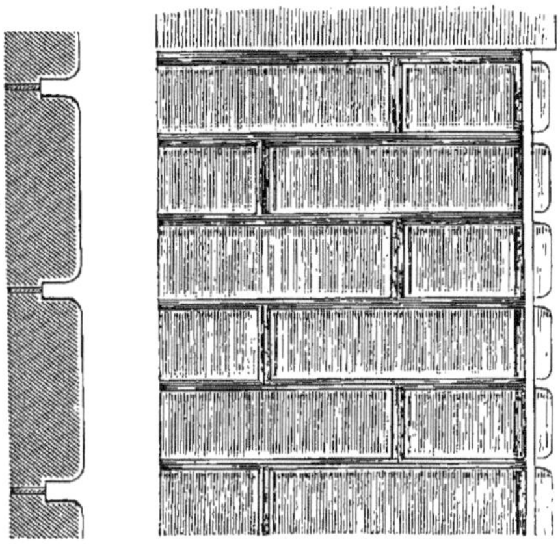

des assises de pierres de taille portant sur les arêtes; enfin la *fig.* 235 la coupe des refends du pont du Point-du-Jour.

Fig. 234.

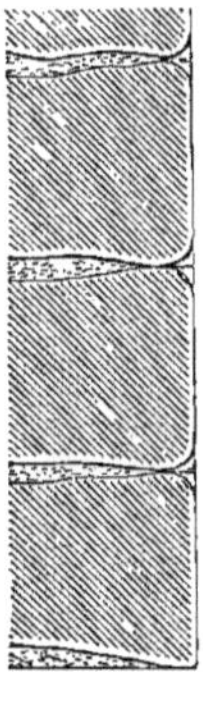

Fig. 235.

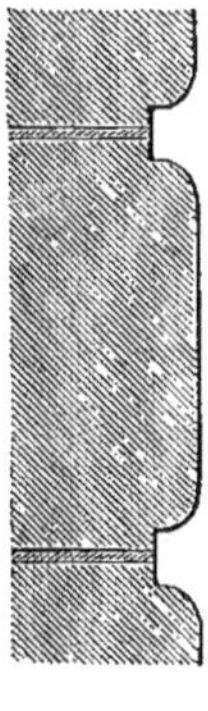

176. *Maçonneries en briques.* — Il faut éviter de briser les briques. Les briques doivent être bien reliées entre elles en croisant les joints de deux assises consécutives. Il est bon de plonger chaque brique, avant de la poser, dans un baquet, pour qu'elle n'absorbe pas l'eau du mortier ou du plâtre.

Les *fig.* 236, 237, 238 représentent des dispositions d'assises d'une maçonnerie en briques.

Fig. 236.

Fig. 237.

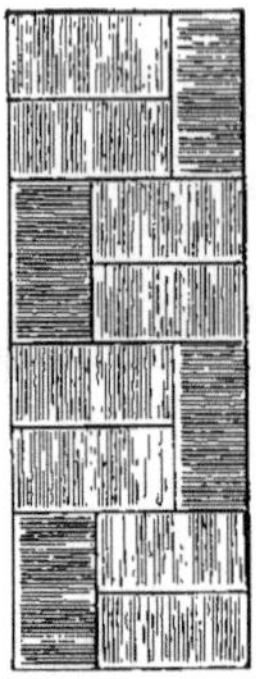

Fig. 238.

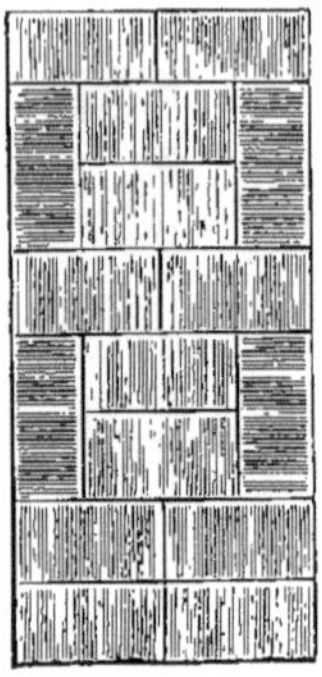

Les joints ont $0^m,01$ pour une maçonnerie ordinaire et $0^m,005$ pour une maçonnerie soignée. Pour les cloisons, on n'enduit pas la maçonnerie déjà faite ; c'est le joint et le lit de la brique à poser, tenue à la main, qui reçoivent une couche de mortier ou de plâtre ; en la posant, on la presse fortement.

177. Pour terminer, nous donnerons les renseignements suivants :

BRIQUES MODÈLES DE BOURGOGNE.	HEURES de travail, maçon et aide.	CUBE de mortier ou de plâtre gâché.	NOMBRE de briques employées, déchet compris.
1 mètre carré de cloison dont l'épaisseur est celle d'une brique ($0^m,055$).	h 0,08	mc 0,016	38
1 mètre carré de cloison dont l'épaisseur est égale à une largeur ($0^m,107$)......................	1,80	0,030	75
1 mètre carré de cloison dont l'épaisseur est égale à une longueur ($0^m,22$)......................	3,80	0,050	140
1 mètre cube de maçonnerie au-dessus de $0^m,22$ d'épaisseur pour murs de face, de refend, pignons, etc., y compris échafaudages et montage à 7 ou 8 mètres.	15,00	0,200	635
1 mètre cube de maçonnerie de voûte......................	16,00	0,220	640

178. *Des perrés.* — Les perrés (*fig.* 239) sont des murs inclinés que l'on établit aux abords des ponts pour garantir les talus contre l'action des eaux, et, dans d'autres circonstances, pour soutenir des terres dont l'inclinaison est plus forte que celle du talus naturel.

Fig. 239.

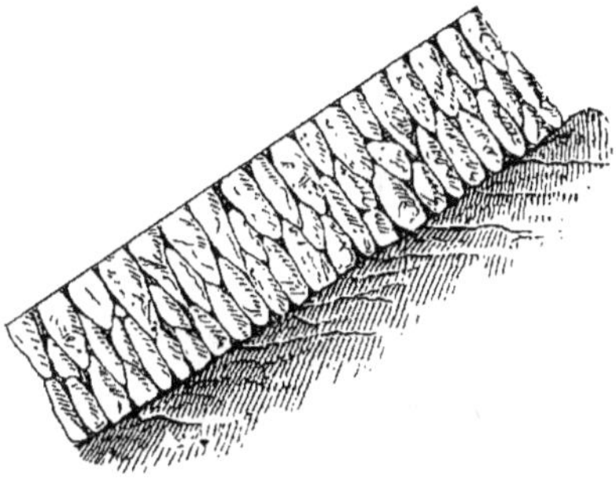

Un perré doit reposer sur un enrochement qui en forme la base; les moellons de parement doivent être normaux à la surface des rampants et rangés régulièrement dans toute la longueur. Les moellons doivent être bien assujettis et fortement serrés au moyen d'éclats de pierres chassés dans les joints à coups de marteau. Le calage ne doit avoir pour objet que de combler les vides entre les queues.

Le couronnement de la construction s'effectue en employant les moellons les plus gros, les plus réguliers et les plus résistants.

On doit élever le perré par parties horizontales de 1 à 2 mètres de longueur et laisser le tassement se produire avant de continuer le travail.

Nous ne parlerons pas des maçonneries en pisé, qui rentrent exclusivement dans le domaine de l'architecture.

179. *Formules empiriques déduites des règles posées par Rondelet, relatives à l'épaisseur qu'il convient de donner à un mur à double parement.* — Nous désignerons d'une manière générale par e l'épaisseur du mur, par h sa hauteur.

1° *Murs d'enceintes non couvertes.* — Soit l la longueur du mur; on a

$$e = \frac{h}{8}\,\frac{c}{\sqrt{h^2 + l^2}}.$$

Si la longueur du mur est très-grande par rapport à sa hauteur, on peut prendre simplement

$$e = \frac{l}{8},$$

formule spécialement applicable aux murs de clôture.

2° *Murs circulaires.* — En désignant par r le rayon moyen du mur, on a

$$h = \frac{h}{8}\,\frac{r}{\sqrt{r^2 + 4h^2}}.$$

3° *Murs des bâtiments couverts d'un simple toit.* — Dans ce cas, la charpente vient en aide à la stabilité. En désignant par l la largeur du bâtiment, on peut prendre

$$e = \frac{h}{12}\,\frac{l}{\sqrt{h^2 + l^2}}.$$

Si le mur est soutenu par un appentis (églises en basilique, etc.) aboutissant à une hauteur h' en contre-bas de ce mur, on a

$$e = \frac{h + h'}{24}\,\frac{l}{\sqrt{l^2 + (h + h')^2}}.$$

4° *Murs de maisons d'habitation.* — (*a*). *Corps de logis simple,* dont les pièces tiennent toute la largeur ou profondeur du bâtiment. Soient

e l'épaisseur du mur au-dessus du socle ou première retraite de la fondation;
h la hauteur de la naissance du toit;
l la profondeur du bâtiment.

On a

$$e = \frac{2l + h}{48}.$$

Pour obtenir une plus grande sécurité, on augmente de $0^{m},027$ à $0^{m},054$ l'épaisseur donnée par cette formule.

(*b*). *Corps de logis double,* c'est-à-dire formé de deux corps de logis simples séparés par un mur parallèle aux faces. On prend

$$e = \frac{l + h}{48}.$$

5° *Épaisseur d'un mur de refend.* — Pour un étage on a, en désignant par l et h la longueur et la hauteur du mur,

$$e = \frac{l + h}{36}.$$

6° *Pan de bois en charpente,* hourdé de plâtre et ravalé des deux côtés de manière à former une seule pièce. On donne à une pareille construction la moitié de l'épaisseur qu'aurait dans les mêmes conditions un mur de refend en moellons.

On divise encore par 2 pour obtenir l'épaisseur d'une cloison ne supportant pas de plancher.

CHAPITRE IV.

DES FONDATIONS.

§ I. — *Généralités.*

180. Une *fondation* est une maçonnerie engagée dans le terrain ou établie sous l'eau, qui sert de support à un ouvrage extérieur pour le relier au sol.

La fondation, dans une construction, est la partie la plus importante et souvent la plus difficile à établir avec toutes les garanties voulues de solidité et de stabilité; la faute la plus légère commise dans son exécution pourrait avoir des conséquences graves, parfois irréparables. On doit se laisser guider dans le choix d'une fondation par la grandeur, la direction des efforts que la construction doit exercer sur elle et par la résistance que le terrain peut opposer à ces efforts.

Les efforts sont simplement verticaux ou ont des composantes horizontales dues soit à la poussée des terres, des eaux, des voûtes, soit à toute autre cause.

Lorsque le frottement de la fondation sur le sol et la *butée* du terrain ne donnent pas une résistance suffisamment supérieure à celle des composantes ci-dessus, on cherche à s'opposer au mouvement au moyen de tirants en fer, d'arcs-boutants en maçonnerie aboutissant à des obstacles fixes; on rend plus résistantes les terres contre lesquelles vient buter la fondation en les pilonnant fortement et les renforçant par des blocs de pierre plus ou moins gros. Quelquefois on établit la fondation, non sur un plan horizontal, mais sur un plan incliné, perpendiculaire à la direction moyenne de la résultante des efforts tant permanents qu'accidentels qui peuvent agir sur elle.

On doit chercher avant tout, pour obtenir une fondation, un terrain d'une incompressibilité absolue ; on l'obtient artificiellement s'il y a lieu.

Quand il s'agit de constructions exposées à l'action d'eaux courantes, il faut, de plus, que le terrain ne puisse pas être corrodé par les eaux.

Nous nous en tiendrons, quant à présent, à ces généralités, en nous réservant d'entrer dans les détails à mesure que nous avancerons.

Les fondations forment deux catégories : 1° les *fondations non hydrauliques;* 2° les *fondations hydrauliques.*

§ II. — *Des fondations non hydrauliques.*

181. Nous diviserons ici le terrain en trois classes :

1° Les terrains solides, sur lesquels on peut établir directement, les rocs, les tufs, et en général les terrains que l'on ne peut attaquer qu'à la mine ou au pic;

2° Les terrains graveleux et sablonneux, qui deviennent incompressibles quand ils sont encaissés; ces terrains donnent lieu, sauf quelques modifications de détails, aux mêmes travaux que les terrains de la classe précédente;

3° Les terrains meubles, se refoulant latéralement et indéfiniment sous une charge, et sur lesquels on ne peut établir des fondations qu'au moyen de certains artifices de l'art de l'ingénieur, — vase, tourbe, glaise.

182. *Fondations sur terrains incompressibles.* — Lorsque l'épaisseur de la terre qui recouvre un terrain solide n'est pas trop considérable, on fait une tranchée jusqu'à ce terrain. On dispose de gros matériaux à la base et l'on construit la maçonnerie avec autant de soin que si elle devait être vue; cette condition est indispensable pour obtenir un tassement uniforme et pour qu'il ne se produise pas de crevasses qui pourraient compromettre la solidité de la construction proprement dite.

Il faut rejeter les matériaux dont la résistance à l'écrasement est faible.

Si la fondation repose sur le sol naturel, il suffit de lui donner de $0^m,05$ à 0^m10 d'*empatement* (1) pour parer aux inconvénients de porte-à-faux pouvant résulter d'un manque de soin dans l'exécution des parements de la construction.

Les piliers isolés doivent être fondés sur un mur continu. Souvent on dispose ce mur en voûtes renversées dont les naissances supportent les piliers, pour répartir la pression sur toute la longueur du mur. Lorsqu'il y a plusieurs rangées de piliers, ces piliers sont supportés par les naissances de voûtes d'arête renversées qui reportent la charge sur tout l'espace occupé.

Pour les constructions de quelque importance, on fait des fondations en libages. Quand le fond de la tranchée a été bien nivelé et nettoyé, on étend un lit de mortier sur lequel on place de forts libages, dont les lits sont seuls ébousinés, faisant parpaings si l'épaisseur de la fondation le permet, ou disposés en *boutisse* (2) dans le cas contraire. On croise les joints en les garnissant de mortier au fur et à mesure. On peut arrêter les libages à une certaine hauteur et continuer en moellons ordinaires; sinon, on taille les libages supérieurs de manière à leur faire former chaîne en pierre de taille. Ce système exige beaucoup de temps et est dispendieux, et, sous ce rapport, les deux suivants lui sont préférables.

Les fondations en maçonnerie de meulières ou de moellons de roche dure hourdée de mortier de ciment sont très-solides, d'une rapide exécution en raison de la prise presque immédiate des mortiers; elles sont économiques et ont donné d'excellents résultats.

Les *fondations en béton* sont très-avantageuses, surtout quand il est difficile de se procurer des libages. On dispose le béton par couches successives de $0^m,30$ à $0^m,80$ d'épaisseur. Si l'on emploie de la bonne chaux hydraulique, on obtient des

---

(1) Saillie de part et d'autre d'une fondation sur le mur qu'elle supporte.

(2) Une *boutisse* est une pierre dont la plus grande dimension est engagée dans la maçonnerie sans cependant la traverser.

massifs très-résistants. Si l'on veut que l'exécution soit rapide, il faut remplacer la chaux par du ciment.

En général, lorsqu'on fonde à sec, la maçonnerie ordinaire est plus économique que le béton.

Lorsqu'on ne peut atteindre le terrain solide qu'à de grandes profondeurs et que la largeur de la fondation le permet, on n'arrive à ce terrain qu'en vue d'établir des piliers reliés à leur sommet par des voûtes circulaires; les massifs de terre intermédiaires ne sont entaillés que de manière à servir de cintres pour l'établissement des voûtes. Les réservoirs de la rue de la Vieille-Estrapade ont été fondés au moyen de piliers de 2 mètres de côté sur 12 à 15 de hauteur, reliés par de petites voûtes transversales des naissances desquelles, au niveau de la clef à l'intrados, partent de grandes voûtes longitudinales.

Les fondations par puits remplis de béton ne diffèrent pour ainsi dire des précédentes qu'en ce que la maçonnerie est remplacée par du béton; les voûtes sont extradossées horizontalement.

183. *Fondations sur terrains compressibles.* — Lorsque le terrain solide se trouve à une trop grande profondeur pour que des pieux ou des tubes puissent l'atteindre, il faut bien prendre son parti de fonder sur le sol compressible, et l'on emploie pour cela différents procédés que nous allons faire connaître et dont les résultats sont plus ou moins satisfaisants.

Si le sol est homogène et peu compressible, on peut établir la fondation sur une plate-forme composée de fortes pièces de charpente jointives et très-rapprochées les unes des autres. Les empatements doivent être d'autant plus grands que le terrain est plus compressible et que la charge est plus considérable. Il faut élever les maçonneries aussi uniformément que possible pour éviter des tassements inégaux.

Quelquefois on remplace la charpente par une plate-forme en béton à laquelle on donne une épaisseur suffisante pour que l'on n'ait pas de rupture à craindre. Quand on n'a pas à redouter les érosions, il est bon de recouvrir la plate-forme, quelle qu'elle soit, d'une forte couche de sable convenablement comprimé, ce qui permet de réduire les empatements.

Cela revient, au fond, aux fondations sur sable rapporté du maréchal Niel, alors capitaine du génie. Il fut chargé de la construction de l'hôpital militaire de Bayonne et dut établir des fondations sur un terrain vaseux d'une très-grande profondeur. Il se tira d'embarras en remplissant des tranchées de sable maintenu latéralement par des palplanches, et c'est sur ce sable qu'il établit ses maçonneries. Il est arrivé à cette solution à la suite d'une série d'expériences dont les principaux résultats sont les suivants. Une caisse remplie de sable est maintenue sur des appuis fixes au-dessus du plateau d'une bascule; on met une surcharge sur le sable. Si l'on défonce la caisse sur une certaine étendue, l'équilibre s'établit sur la bascule au moyen d'un poids bien inférieur à la charge totale. Ce poids irait même en diminuant quand la surcharge augmente. Il résulterait de là que les sables qui ne sont pas compressibles s'arc-boutent contre les parois d'une tranchée de fondation et que le fond de la tranchée supporte une charge bien inférieure à celle des maçonneries (*décharges souterraines de Poncelet*).

Les fondations sur pilotis réussissent très-bien dans les terrains non détrempés par les eaux. Si elles sont plus dispendieuses que les précédentes, elles offrent plus de sécurité et permettent d'évaluer plus sûrement la résistance qu'elles peuvent opposer.

On a aussi bâti sur des pilotis artificiels en sable, obtenus en remplissant de cette matière des trous pratiqués au moyen de pieux que l'on retirait ensuite. Ce procédé, qui ne peut être employé que lorsque l'on n'a pas à redouter des infiltrations qui pourraient enlever le sable, a donné d'excellents résultats.

Le colonel Schuler a substitué le béton au sable pour fonder l'arsenal de Bayonne. Quoique cette construction remonte au moins à un demi-siècle, il ne s'est manifesté ni tassement ni lézardes.

Lorsque le terrain est très-compressible, les procédés précédents ne sont pas toujours praticables, en raison de la grande étendue que l'on serait obligé de donner aux fondations et des dépenses considérables qui en résulteraient.

On cherche alors à diminuer la compressibilité du sol soit en le chargeant de pierres qui s'y enfoncent, soit en y enfonçant des pieux par le gros bout pour qu'ils ne puissent pas être soulevés par la résistance du terrain, soit enfin en combinant ces deux moyens, les pierres étant enfoncées entre les pieux que l'on recèpe ensuite. On construit alors sur ce terrain, ainsi modifié, comme sur un sol peu compressible.

Dans tous les cas, il est prudent de donner un grand empatement et de l'étendre surtout du côté où un déplacement horizontal est le plus à craindre.

Les procédés que nous venons d'énumérer ne peuvent recevoir leur application dans les sols argileux détrempés par les eaux. Ce que l'on a de mieux à faire est d'établir des plates-formes très-étendues à larges empatements, répartir les pressions d'une manière bien uniforme pendant l'exécution du travail, et fréquemment charger les abords de la construction de remblais provisoires.

En Hollande on s'est servi, pour établir de grands ponts sur une vase très-molle, de lits de fascines constituant le massif de fondation. Ce système est bon, mais ne donne pas une immobilité parfaite au massif supérieur; il s'applique bien aux ponts métalliques.

Il serait dangereux de monter les maçonneries extérieures avant d'avoir fait supporter au massif, pendant plusieurs mois, une charge au moins égale à celle qu'il aura à supporter plus tard, afin de s'assurer de sa résistance ou au moins de produire un tassement définitif.

§ III. — *Des fondations hydrauliques.*

184. Avant d'entamer ce sujet, nous croyons devoir faire connaître d'une manière sommaire les procédés de draguage et d'épuisement des eaux auxquels on a souvent recours pour asseoir les fondations sur le terrain, ainsi que certains moyens, quelque peu surannés, employés pour travailler sous l'eau, mais qui rendent encore bien des services, surtout au point de vue des réparations des travaux immergés.

185. *Draguages ou déblais sous l'eau.* — Lorsqu'on exécute des travaux sur un cours d'eau d'une certaine importance, les

barques deviennent des auxiliaires indispensables et qui comportent naturellement l'emploi de la *gaffe* (*fig.* 240). Cet outil, formé d'un manche en bois portant à une extrémité une douille en fer terminée par deux cornes rectilignes et pointues, sert à aborder les maçonneries en exécution ou à s'en éloigner.

Fig. 240.

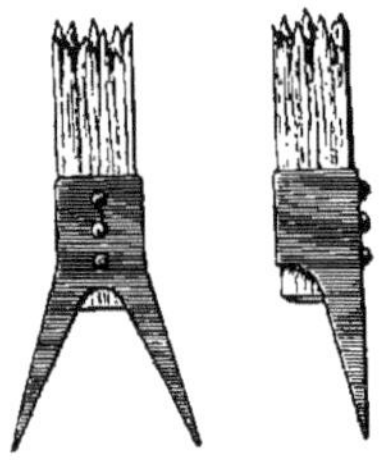

Les déblais sous l'eau se font au moyen d'outils appelés *dragues*.

Les dragues à main (*fig.* 241, 242, 243) sont des sortes de sabots à section rectangulaire en tôle, dont la semelle fait un

Fig. 241.

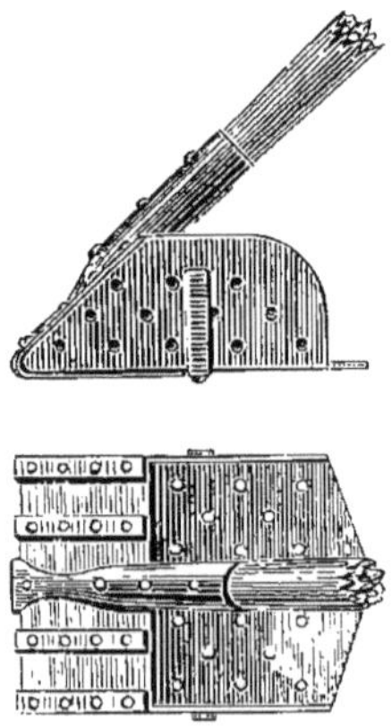

Fig. 242.

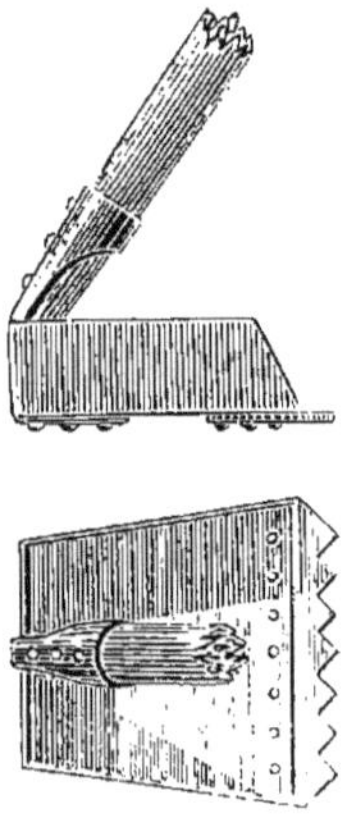

Fig. 243.

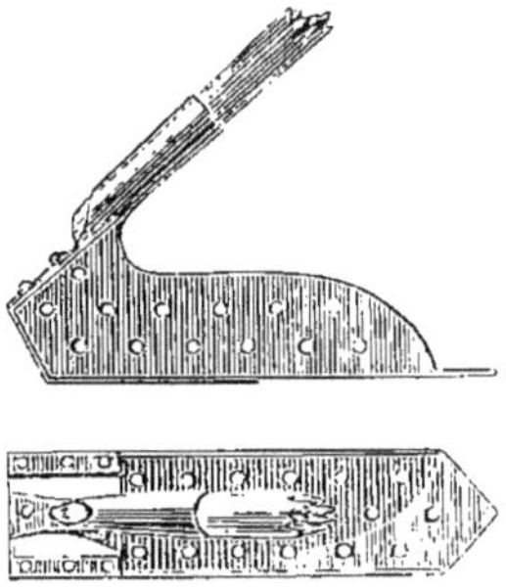

angle aigu avec le manche; la semelle est munie, sur le devant et sur toute sa largeur, d'une lame en acier ou en fer à plusieurs dents pointues ou simplement triangulaires. Cette lame remplit les fonctions d'opérateur; les déblais s'accumulent dans le sabot et sont rejetés, en temps voulu, hors de l'eau, soit dans un bateau, soit sur le rivage. Les trous dont les parois sont souvent percées servent à débarrasser les déblais d'une partie de l'eau qu'ils recèlent lorsqu'ils sont vaseux.

Le *hardi* (*fig.* 244) est une sorte de barre en fer qui sert à briser des fragments de roche sous l'eau.

Fig. 244.

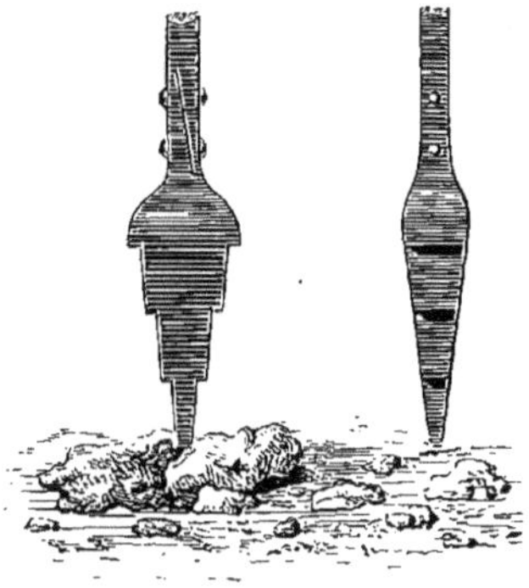

Le *grand louchet* (*fig.* 245) est une espèce de pelle terminée en angle obtus qui sert à déblayer les terres argileuses sous l'eau.

Fig. 245.

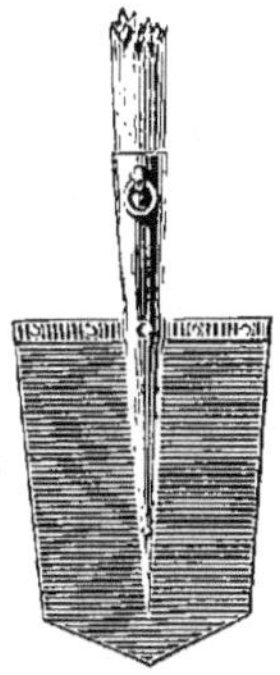

Le *chevalet* (*fig.* 246) est un outil terminé par une monture rectangulaire ayant pour objet de creuser un fond de sable. Pour le gravier on lui substitue le *rable* (*fig.* 247).

Fig. 246.

Fig. 247.

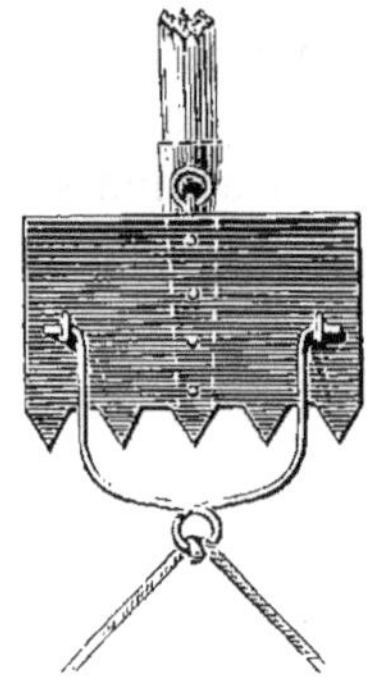

Fig. 248.

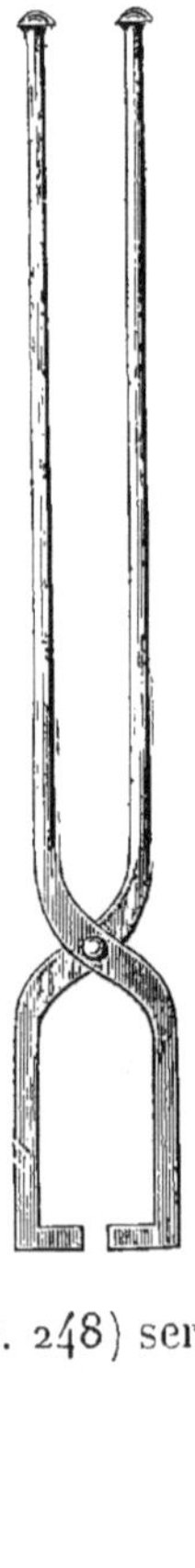

La *grande tenaille* (*fig.* 248) sert à saisir des fragments de rocher.

La *griffe* (*fig.* 249), sorte de trident recourbé, sert à détacher et à enlever de gros blocs.

Fig. 249.

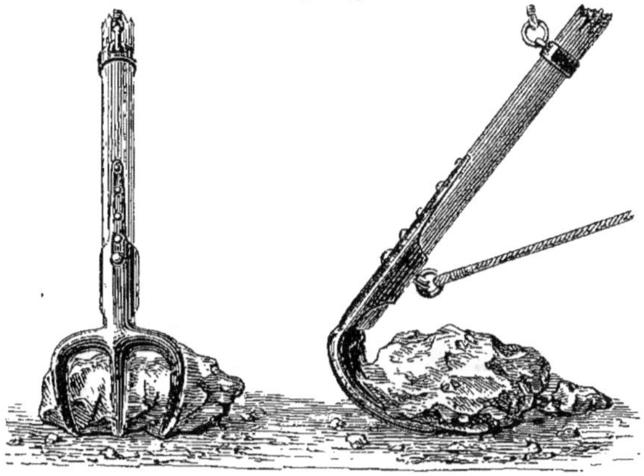

La *grande drague* (*fig.* 250) est employée dans les terrains

Fig. 250.

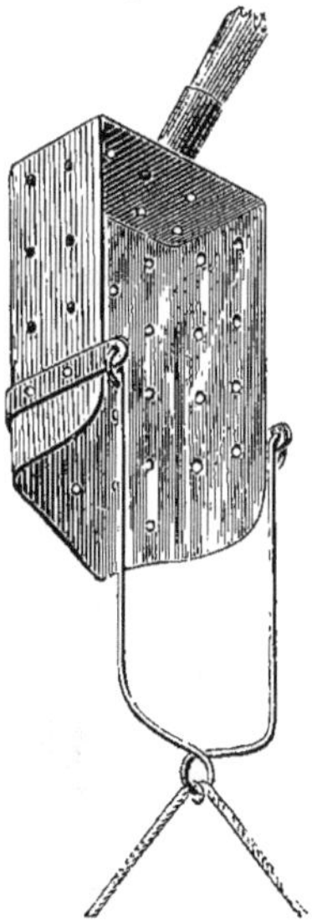

moyennement résistants; elle est manœuvrée au moyen de treuils.

Une *machine à draguer* (*fig.* 251) se compose spécialement d'une chaîne à godets inclinés mue par la vapeur.

Fig. 251.

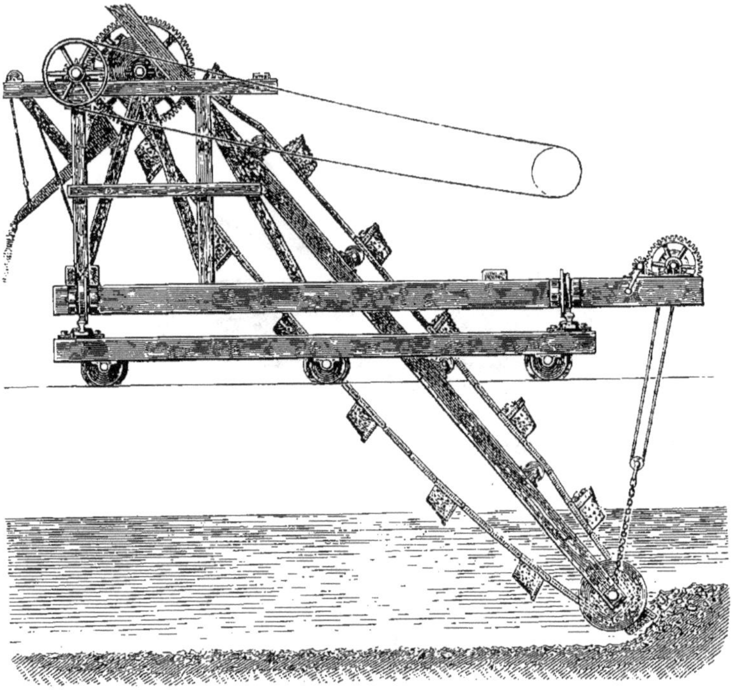

Le bord de chaque godet ou *hotte* est consolidé par une forte tôle, et quelquefois ce bord est armé de dents.

186. *Des épuisements.* — Les épuisements dans les en-

Fig. 252.

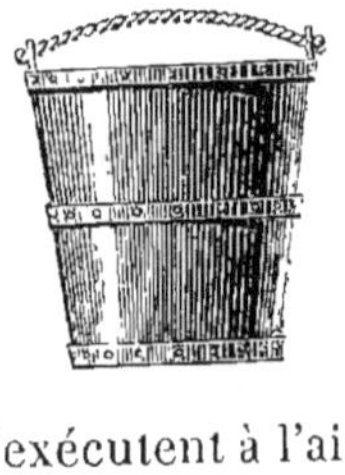

ceintes de fondations s'exécutent à l'aide de diverses machines dont le choix se détermine en raison de la quantité d'eau à enlever, de la hauteur à laquelle elle doit être élevée, de l'espace et du nombre d'hommes dont on peut disposer, et d'autres circonstances locales.

Les machines les plus simples sont le *seau* (*fig.* 252), l'*écope* (*fig.* 253), qui n'est qu'une espèce de cuiller en bois armée d'un long manche et que l'ouvrier balance en effleu-

Fig. 253.

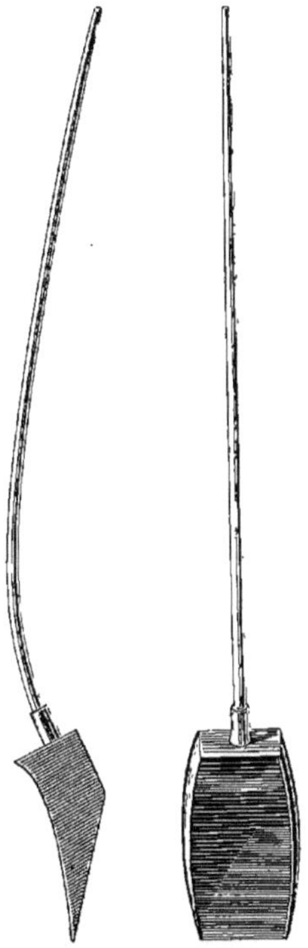

rant les couches supérieures de la nappe d'eau à épuiser. Par ce mouvement, l'écope se remplit et projette le liquide à une certaine distance par-dessus les bords de la fouille et de l'enceinte. Quand l'écope atteint certaines dimensions, on la soutient par des cordes à un chevalet (*fig.* 254).

La *pelle hollandaise* manœuvrée par plusieurs ouvriers est représentée par la *fig.* 255.

Cette machine, comme le seau et l'écope, ne peut être uti-

Fig. 254.

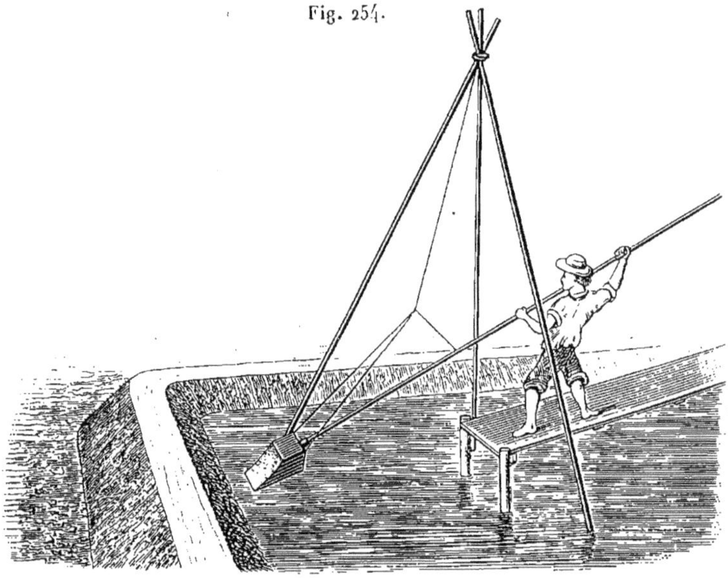

Fig. 255.

lement employée que pour les épuisements de peu d'importance et quand l'eau ne doit être élevée qu'à une faible hauteur.

Pour faire des épuisements importants, on emploie des chapelets verticaux ou inclinés, des norias, des vis d'Archimède à bras ou à vapeur, des roues à godets ou à tympan, des pompes, etc., machines dont la description ne doit pas trouver place ici ([1]).

Le Tableau suivant va faire connaître les principaux résultats d'expériences faites sur les épuisements :

DÉSIGNATION DES MACHINES.	LIMITE de la hauteur à laquelle on élève l'eau.	VOLUME d'eau élevé par heure à 1 mètre de hauteur.	PRIX du mètre cube élevé à 1 mètre.
	m	mc	fr
Écope ordinaire	1,20	6	0,04
Pelle hollandaise	1,20	15	0,02
Seau à main	1,80	4	0,064
» avec bascule	1,80	6	0,044
» avec treuil à manivelle	4 à 20	15	0,04
Vis d'Archimède à bras d'homme	4,00	30	0,04
» à manége à cheval	4,00	80	0,01
» à la vapeur	4,00	160	0,005
Petite pompe simple à bras	4,00	40	0,04
» à double corps à bras	7,00	30	0,05
» avec manége à chevaux	7,00	60	0,012
» mue par la vapeur	7,00	80	0,006

187. *Des travaux à exécuter sous l'eau.* — Depuis que l'on a imaginé les systèmes tubulaires à air comprimé, qui permettent de travailler sous l'eau avec une grande sécurité, les appareils usités autrefois ont bien perdu de leur importance; néanmoins, comme ils rendent encore tous les jours des services, sinon pour les grands travaux, du moins pour des travaux d'un ordre secondaire et les réparations, nous croyons devoir faire connaître les deux principaux d'entre eux.

([1]) *Voir* le quatrième volume de cet Ouvrage.

Cloche à plongeur. — Cet appareil (*fig.* 256) est un vase en fonte affectant à peu près la forme d'un parallélépipède rectangle ouvert par le bas, dont les dimensions transversales vont un peu en diminuant de bas en haut. La face supérieure de la cloche porte un système de soupapes en cuir, s'ouvrant de bas en haut, et un système de lentilles qui permettent d'obtenir de la clarté. Un tuyau central partant du sommet met l'appareil en communication avec une pompe foulante à air.

Fig. 256.

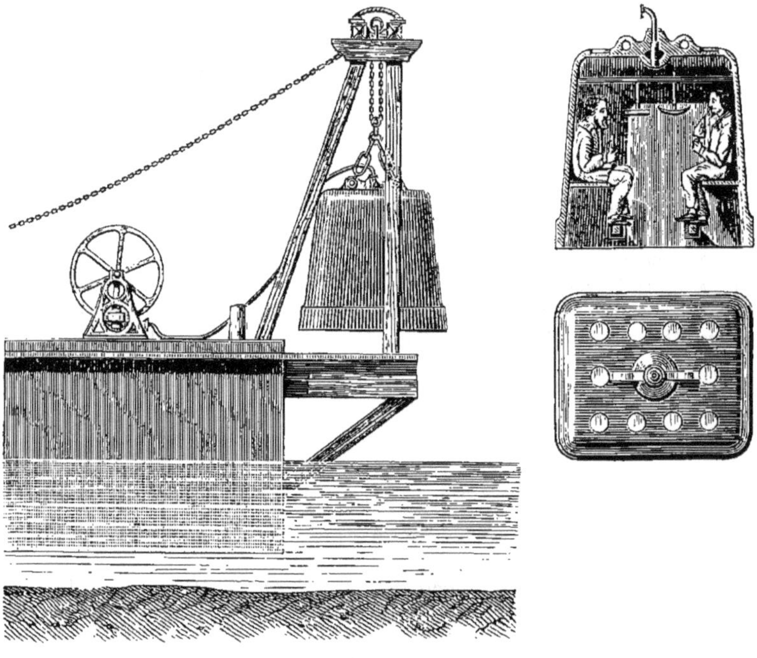

La cloche peut recevoir deux ouvriers, pour lesquels des bancs sont disposés; il y a de plus un emplacement pour leurs outils. Elle est soutenue par de fortes chaînes partant du sommet et est descendue en même temps que la pompe foulante fonctionne; elle arrive ainsi sur le sol, que les hommes peuvent travailler comme à l'air libre, si ce n'est la fâcheuse influence de l'air comprimé sur l'économie humaine.

La largeur d'une cloche est de $1^m,03$, la hauteur extérieure $1^m,85$ sur $1^m,72$ à l'intérieur. Son poids total est de 4 000 kilogrammes environ.

Fig. 257.

Scaphandre. — Le scaphandre (*fig.* 257) est un vêtement en caoutchouc d'une seule pièce, fortement serré aux poignets et relié à un casque à peu près sphérique ; ce casque est muni au droit des yeux de fortes lames de verre. L'homme ainsi habillé porte à ses pieds de lourdes semelles de plomb bien attachées aux chevilles pour lui permettre de descendre plus facilement au fond de l'eau. Un tuyau en caoutchouc aboutissant au casque introduit constamment dans le vêtement de l'air frais envoyé du dehors par une pompe foulante et qui s'échappe ensuite par une petite soupape disposée en conséquence. Une corde reliée à la ceinture et guidée par un appendice adapté au casque permet de faire descendre l'homme et de le remonter.

Pour vérifier les travaux de 5 mètres de profondeur au plus sous l'eau, on peut employer des lunettes.

Pour éclairer au fond de l'eau les travailleurs, les lampes marines alimentées par une pompe foulante à air donnent de très-bons résultats, même pour de grandes profondeurs; mais elles sont rarement étanches et sont difficiles à manœuvrer.

La lumière électrique éblouit les travailleurs.

188. *Des fondations hydrauliques.* — Que le rocher se trouve immédiatement sous l'eau ou qu'il soit recouvert d'une couche plus ou moins épaisse de déblais qu'il est facile de draguer, on l'arase de niveau ou par gradins horizontaux, puis on élève la fondation. Si la fondation doit supporter de lourdes charges, il convient de l'exécuter en pierres de taille ou en forts libages pour éviter les tassements.

Pour répartir la pression sur une plus grande surface du rocher, il faut donner à la fondation un empatement d'autant plus grand que le poids de la construction est plus considérable et que le rocher présente une moindre résistance à l'écrasement par rapport à celle des matériaux employés.

Le même système de fondation peut être encore adopté pour les terrains pierreux, graveleux ou sablonneux qui sont incompressibles; mais, comme ils sont plus ou moins mobiles, il est prudent de pénétrer à une plus grande profondeur et de répartir uniformément la pression au moyen de libages et d'une épaisse couche de béton.

Une fondation sous l'eau, à quelque système qu'elle appartienne, doit être préservée à sa base contre l'action des courants, qui affouillent à la longue la plupart des terrains et qui détruiraient ainsi son appui et amèneraient par suite sa ruine.

Le procédé le plus simple, le moins dispendieux et qui est suffisant dans la plupart des cas, consiste à faire un *enrochement*, amas de gros blocs assez pesants pour ne pas être entraînés ou déplacés par le courant.

Si la profondeur est considérable et si l'on peut enfoncer des pieux au delà des limites des affouillements, on forme une enceinte ou *crèche* de pieux et palplanches jointives (*voir* plus loin, § IV) que l'on remplit d'enrochements ou de béton et qui entoure et protége la fondation.

Dans les rivières torrentielles à fond de gravier mobile, on ne peut guère se mettre à l'abri des érosions qu'en établissant dans toute la largeur du lit une couche épaisse de maçonnerie ou *radier général,* défendu en amont et en aval par un mur de garde ou *parafouille* et sur lequel on élève la construction.

189. *Fondations par épuisement.* — Quand il s'agit d'établir un ouvrage sous l'eau à une profondeur inférieure à 2 mètres, on peut limiter l'emplacement des fondations au moyen de *batardeaux;* on épuise les eaux contenues dans cette enceinte, et c'est alors que l'on établit sa fondation sur le sol mis à sec et fouillé jusqu'au solide s'il y a lieu.

Les batardeaux doivent pénétrer autant que possible jusqu'aux couches imperméables, et leur crête doit dépasser le niveau que peuvent atteindre les plus grandes eaux pendant la durée du travail. La hauteur probable de ce niveau est déduite des résultats d'observations antérieures.

Fig. 258.

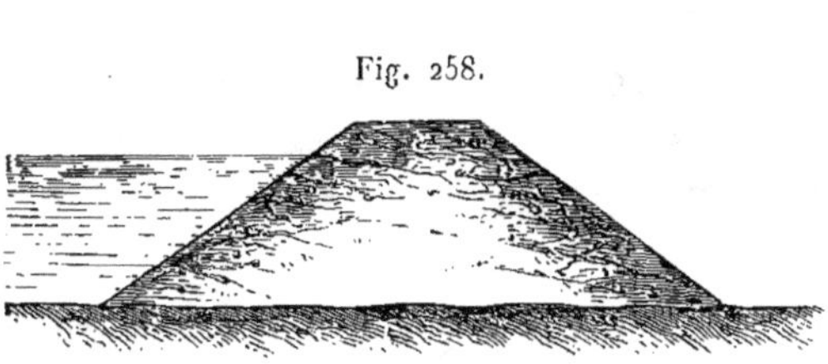

Les batardeaux peu élevés peuvent être formés simplement de digues en terre (*fig.* 258); l'argile et les terres *franches*

(c'est-à-dire qui ne renferment ni pierres ni gravois) sont les meilleurs matériaux que l'on puisse employer dans ce cas-là. La *fig*. 259 représente un batardeau également en terre, garanti

Fig. 259.

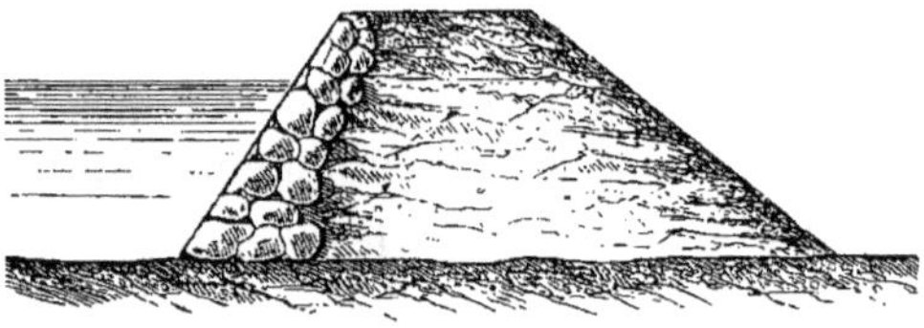

intérieurement contre l'action des eaux par un perré; la *fig*. 260, un batardeau dans lequel le massif de terre s'appuie

Fig. 260.

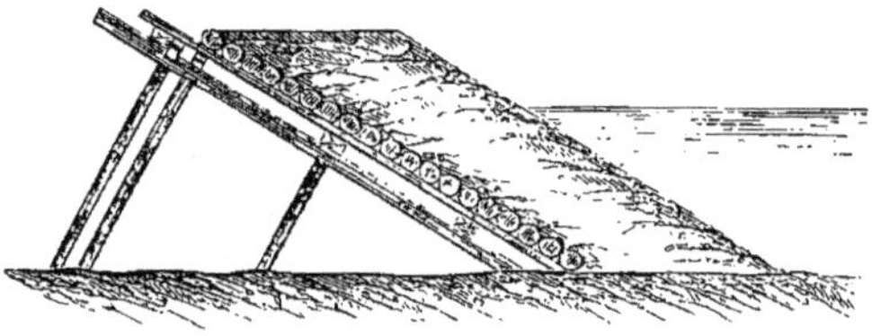

contre un plan incliné formé de bois en grume, jointifs, reposant sur une charpente, soutenue elle-même par des chevalets; enfin la *fig*. 261 représente un batardeau en terre dont

Fig. 261.

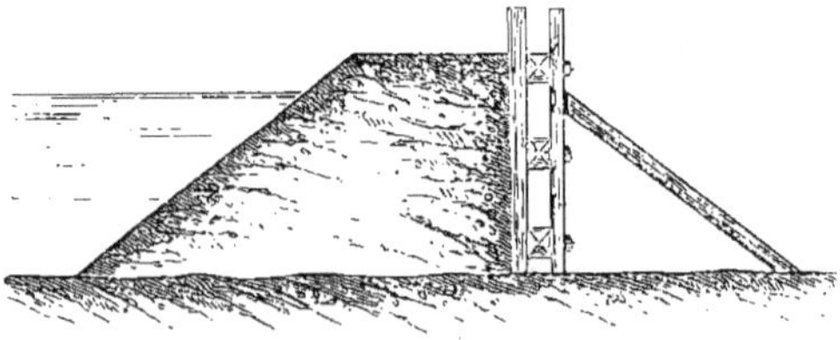

le parement intérieur est vertical et soutenu par une charpente.

Les *fig*. 262 et 263 représentent des batardeaux plus élevés que les précédents, l'un formé avec de la terre et l'autre avec de l'argile. Dans les deux cas, la matière est maintenue dans une double enceinte de *pieux* dont les intervalles (1 mètre à

Fig. 262.

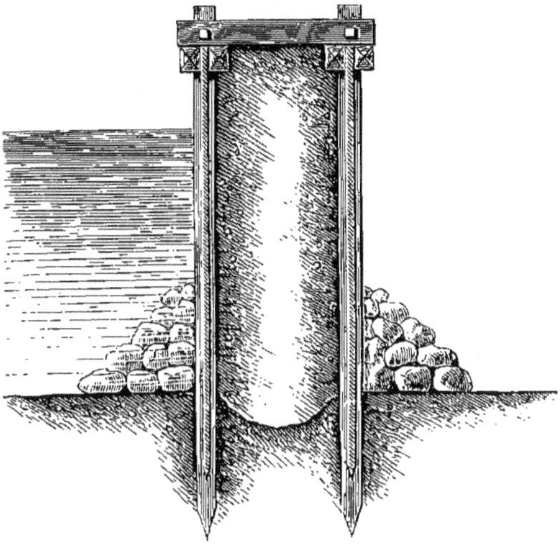

$1^m,50$) sont remplis par des madriers (*palplanches*) jointifs de $0^m,08$ à $0^m,12$ d'épaisseur, terminés en pointe à leur extré-

Fig. 263.

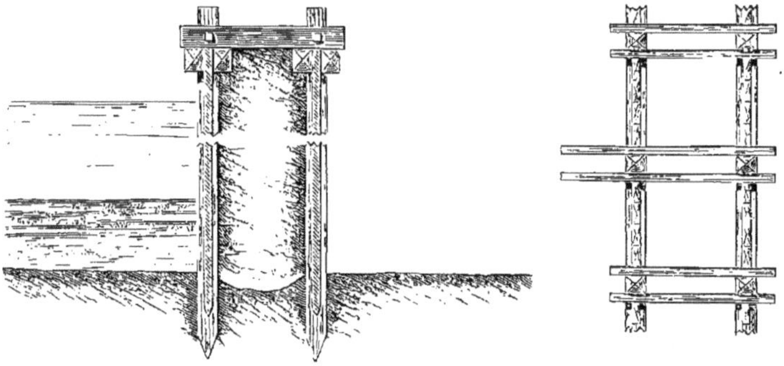

mité pour pénétrer plus facilement dans le sol. Il est indispensable de draguer dans l'intérieur de l'encoffrement et d'enraciner le pied du batardeau dans les couches imperméables, sans quoi l'on s'exposerait à des déceptions et à des dépenses considérables. Les pieux doivent être bien fixés dans le sol et maintenus au besoin par des enrochements. Le remplissage en terre ou en argile doit être bien homogène et bien pilonné; il suffit de lui donner une épaisseur de 1^{m},60.

Il ne faut jamais faire traverser un batardeau en argile par une pièce de bois transversale (chapeau ou traverse), qui donnerait lieu à des écoulements ou à des suintements.

Lorsque le batardeau doit reposer sur du rocher, on doit faire à l'avance les trous destinés à recevoir les pieux; on peut aussi employer, dans ce cas, un batardeau en argile (*fig.* 264),

Fig. 264.

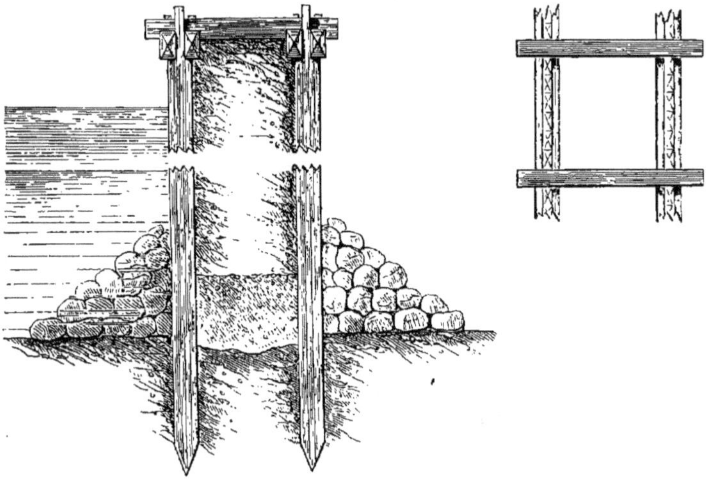

avec béton à la partie inférieure, dans une enceinte de pieux jointifs.

Quand on n'a pas d'argile sous la main, on peut former le batardeau soit avec du béton coulé entre deux files de pieux et palplanches, soit même par des bordages calfatés appuyés sur une file de pieux.

Il faut avoir soin de ménager au fond de chaque fouille un puisard assez profond pour que les déblais d'abord et plus tard les massifs en maçonnerie puissent être faits complétement à sec. Les eaux du puisard sont rejetées au dehors par des pompes avant qu'elles atteignent le bord. Les eaux de source et de suintement sont conduites au puisard par des rigoles, des pierrées [1] ou de petites dalles en briques.

190. *Fondations sur pilotis.* — Lorsque le sol incompressible est situé soit sous l'eau, soit sous des couches compressibles, à des profondeurs telles que les déblais ou les épuisements deviendraient trop dispendieux, on a recours à différents moyens, dont le plus usité est celui dont nous allons nous occuper. On enfonce dans toute l'étendue des fondations des pieux disposés en quinconces, espacés d'axe en axe de $0^m,80$ à $1^m,20$, selon la charge qu'ils doivent supporter et suivant leur diamètre, qui est en général la vingt-quatrième partie de leur longueur, sans qu'il puisse descendre au-dessous de $0^m,18$. Ils doivent être battus jusqu'à la plus forte limite du refus. Ils peuvent supporter une charge de 50 kilogrammes et même plus par centimètre carré de leur section; mais, pour obtenir une sécurité convenable au point de vue de la solidité de la construction, il est bon de ne pas dépasser les $\frac{2}{3}$ de la limite ci-dessus.

On coupe ou *recèpe* les pieux à une hauteur convenable, fixée à l'avance ($0^m,40$ à $0^m,60$ au-dessus du niveau des plus basses eaux pour les travaux en rivière); on enlève, entre les pieux, toutes les pierres que le battage a rendues mobiles et on les remplace soit par un blocage en pierres sèches, soit par de la maçonnerie ou du béton hydraulique, selon que l'on opère à sec ou dans l'eau. Ces matériaux doivent être fortement comprimés à mesure qu'on les pose; ils ont pour objet de maintenir les têtes des pieux, d'augmenter les frottements latéraux qui s'opposent à l'enfoncement et en même temps la rigidité du système.

On pose ensuite, sur la tête des pieux, une charpente appelée *grillage*, composée de *longrines*, qui relient les lignes longitudinales de pieux assemblées à mi-bois, avec les traver-

---

[1] Les pierrées sont de petits canaux de $0^m,10$ à $0^m,20$ de largeur, formés de deux murettes en pierres sèches recouvertes de larges pierres plates.

sines qui reposent directement sur les pieux. On arase le remplissage, en maçonnerie ou en béton, au niveau des faces supérieures; on pose sur le tout une plate-forme (*fig.* 265) en

Fig. 265.

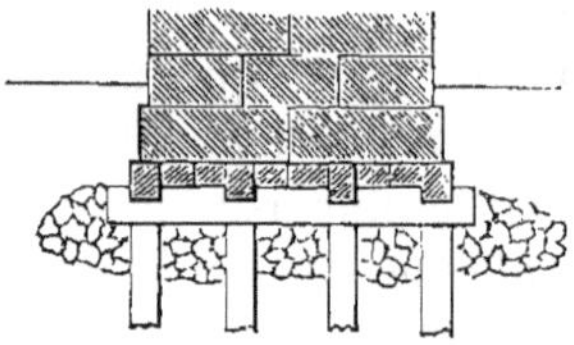

madriers sur laquelle on élève la maçonnerie. Cette plate-forme adhérant mal à la maçonnerie, il paraîtrait convenable de la remplacer par une forte couche de béton enveloppant les têtes des pieux, sauf à la surmonter, si cela paraît nécessaire, d'un ou deux rangs de forts libages ou d'un massif de $0^m,40$ à $0^m,60$ d'épaisseur de maçonnerie de moellons durs ourdés de ciment, afin de répartir uniformément le poids de la construction.

Ce que nous avons à dire sur la préparation et la mise en place des pieux devant exiger d'assez longs développements, nous avons pensé qu'il convenait d'en former un paragraphe spécial, que l'on trouvera plus loin, en vue de ne pas interrompre la description des fondations.

191. *Fondations échouées dans un caisson.* — Lorsque l'on doit asseoir une fondation sur un terrain solide situé à une grande profondeur sous l'eau, on peut monter la maçonnerie sur un *caisson,* sorte de bateau à fond plat dont les bords verticaux sont assemblés de manière à pouvoir se démonter et à s'enlever à volonté. On fait échouer le caisson, amené en place, par le poids de la maçonnerie qu'il contient et en le chargeant, si cela est nécessaire, de matériaux qu'on enlève ensuite. Quand la masse est arrivée à une certaine distance du fond, on laisse entrer l'eau dans le caisson pour terminer plus facilement l'échouage d'une manière convenable, puis on démonte les faces latérales du caisson.

Si le terrain est incompressible, on peut se borner à le niveler avant de recevoir le caisson ; mais le plus souvent on emploie, au préalable, des pieux que l'on recèpe de niveau et dont on garnit les intervalles par un enrochement ou par du béton, et c'est sur les têtes des pieux que l'on fait échouer le caisson.

La *fig.* 266 représente une demi-coupe transversale d'une

Fig. 266.

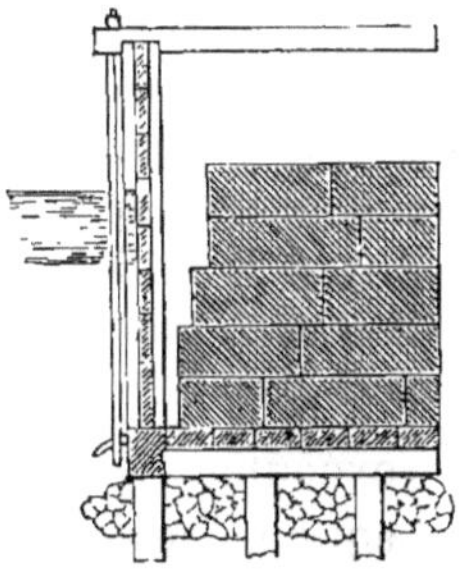

fondation par caisson. Le fond du caisson est composé de pièces transversales équarries et jointives qui s'assemblent à rainures dans les deux pièces longitudinales. Les faces latérales sont formées par des poteaux et des madriers jointifs qui s'assemblent avec eux également par rainures. Des traverses horizontales relient les têtes des poteaux et sont fixées par des tirants verticaux en fer; ces tirants sont attachés à des crochets adaptés aux pièces longitudinales du fond et serrés en haut par un écrou.

Il suffit de desserrer les écrous pour que les parois latérales du caisson se détachent.

On emploie quelquefois des caissons complétement en fer.

192. *Fondations sur béton* ou *par encaissement.* — Ce système (*fig.* 267), très-fréquemment employé en raison de sa simplicité et de son côté économique, consiste à établir, suivant le périmètre de l'emplacement des fondations, une enceinte de pieux et palplanches dans laquelle on drague jusqu'à

ce que l'on atteigne un sol suffisamment incompressible ; on la remplit de béton ; c'est sur ce sol artificiel que l'on établit la construction.

Fig. 267.

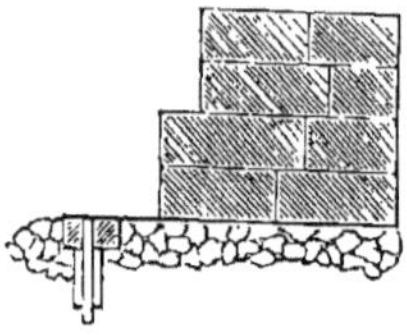

193. *Fondations dans un caisson ou coffre sans fond.* — Lorsque le fond du lit est un rocher ou un sol trop résistant pour qu'on puisse y faire entrer des pieux, on peut former l'enceinte au moyen d'un coffre sans fond, construit sur le chantier, composé de poteaux montants et de fortes palplanches maintenues par des entretoises horizontales.

A la suite de sondages exécutés avec soin, on sait la hauteur que l'on doit donner à chaque pièce verticale pour qu'elle s'applique exactement sur la partie correspondante du fond ; les palplanches ayant la faculté de pouvoir glisser entre les entretoises, on arrive à coups de masse à leur faire toucher le fond. On échoue le coffre comme un caisson ordinaire, c'est-à-dire en le chargeant de matériaux ; on le maintient en place et l'on établit dans son intérieur un massif de béton.

194. *Fondations tubulaires.* — Si l'on ne peut atteindre le terrain solide qu'à travers une couche plus ou moins épaisse de sable ou de gravier, on peut avoir recours aux fondations dites *tubulaires* et dont nous allons donner une description sommaire.

On monte, sur un plancher flottant et sur l'emplacement de la fondation, une colonne creuse en maçonnerie de briques ou en fonte ou en tôle. On fait en sorte que les parties extérieure et intérieure du plancher puissent s'enlever facilement. La colonne descend au fond par son propre poids et l'on s'arrange de manière que, reposant sur le fond, elle fasse une saillie de 1 mètre au-dessus du niveau de l'eau. On enlève les parties du plancher extérieure et intérieure ; on drague à la main dans l'intérieur en s'approchant le plus possible des bords, ce qui revient à produire un affouillement sous la colonne, et, lorsqu'elle est descendue de $0^{m},50$ à $0^{m},60$, on ajoute au-dessus une couronne d'une hauteur égale à cette quantité et ainsi de suite, jusqu'au moment où l'on a atteint le terrain solide. On coule alors au fond une couche de béton de ciment de 1 mètre de hauteur environ pour supprimer toute communication entre l'intérieur et l'extérieur. On vide le puits et on le remplit de ciment ou de béton. Le viaduc du chemin de fer construit sur la Saône, à Lyon, a été fondé par ce procédé.

195. *Fondations au moyen de l'air comprimé.* — Le système Triger (*fig.* 268 et 269) se compose d'un tube en fonte T

Fig. 268.

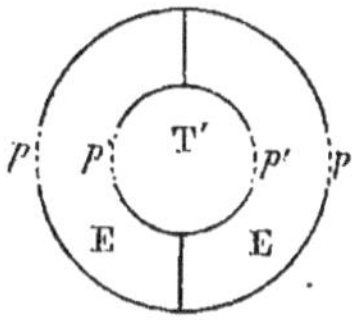

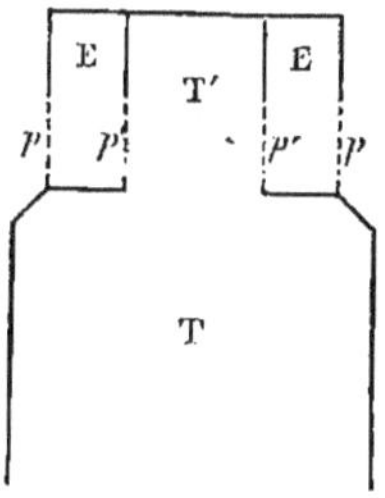

que l'on descend verticalement de manière que son extrémité supérieure sorte de l'eau d'une hauteur déterminée; sur cette extrémité on adapte un *sas à air*, cylindrique, fermé par le haut et qui est formé d'un tube central T', déterminant, sur un moindre diamètre, le prolongement de T et d'un espace annulaire E qui l'entoure. Suivant le même plan diamétral, il existe deux portes *p*, *p* pratiquées dans la paroi extérieure et deux portes *p'*, *p'* dans la paroi intérieure. Une cloison perpendiculaire au plan ci-dessus relie les deux parois. Après avoir fermé les portes p', on comprime de l'air dans T, et le tube se vide, l'eau s'échappant au dehors par le joint de la colonne avec le fond. Les ouvriers entrent dans le sas par les portes p, p, qu'ils

Fig. 269.

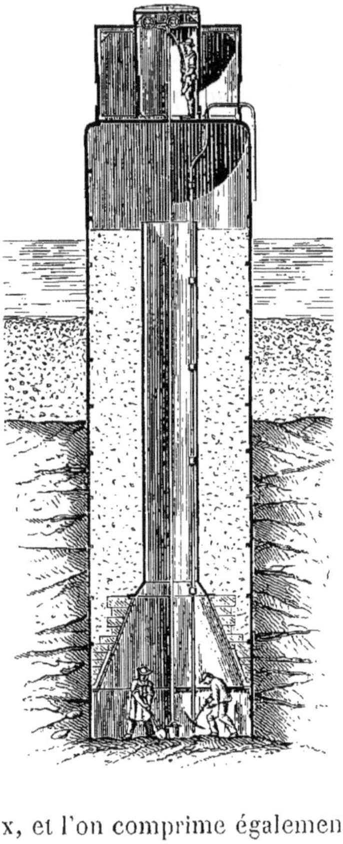

referment sur eux, et l'on comprime également de l'air dans E sous la même pression; les ouvriers descendent dans T' en ouvrant les portes p'. Lorsqu'ils veulent sortir, ils referment les portes p' et ouvrent les portes p.

Les ouvriers défoncent le terrain, et le tube descend graduellement jusqu'au terrain solide; on garnit alors le fond d'une couche de mortier de ciment pour empêcher l'introduction ultérieure de l'eau. On peut alors enlever le plafond du sas et remplir le tube T de maçonnerie et de béton.

C'est ainsi que l'on a fondé le viaduc du chemin de fer sur la Saône, à Mâcon; chaque pile se compose de trois tubes en fonte de 3 mètres de diamètre chacun et que l'on a descendus à 15 mètres en contre-bas du niveau de l'eau.

196. *Modification apportée au système Triger par M. Fleur Saint-Denis dans la construction du pont de Kehl.* — Cette modification a eu pour objet de rendre le travail plus rapide et plus économique.

Les fondations ont été descendues à 20 mètres au-dessous de l'étiage, soit 22 mètres en contre-bas du niveau des eaux moyennes, dans une masse de gravier d'une épaisseur pour ainsi dire indéfinie et très-mobile. Au lieu de cylindres en fonte, s'élevant sur toute la hauteur de la fondation, on a employé quatre caissons en tôle de 7 mètres de longueur sur $3^m,50$ de largeur, juxtaposés pour faire toute la longueur de la fondation.

Le couvercle de chaque caisson portait, en son milieu, une cheminée d'extraction de $1^m,50$ de diamètre, ouverte à ses deux extrémités, descendant jusqu'au bord inférieur du caisson et s'élevant au-dessus du niveau de l'eau; dans cette cheminée, complétement remplie d'eau, se mouvait une drague à godets creusant le sol au centre, centre vers lequel les ouvriers poussaient le gravier de la surface du sol limitée par le caisson. Ce caisson portait latéralement deux autres cheminées en tôle de 1 mètre de diamètre, ouvertes par le bas, au niveau du couvercle, et portant à leur partie supérieure un sas à air pour le passage des ouvriers.

197. *Du mode d'emploi de l'air comprimé imaginé par Brunnel pour fonder le pont de Saltash.* — Ce pont a été jeté, à 6 kilomètres de Plymouth, sur la rivière le Tamar, dont l'embouchure se trouve dans la rade de cette ville. Il se compose de deux travées de $138^m,77$ d'axe en axe, reposant toutes deux par une extrémité sur une pile centrale. Cette pile a été fondée sur le rocher, à travers un banc de vase de 5 mètres d'épais-

seur, à une profondeur de 25 mètres au-dessous des hautes mers et à $19^m,60$ au-dessous des basses mers de vive eau. On eut recours à l'emploi de l'air comprimé dans un caisson en tôle, fermé à sa partie supérieure, mais de manière à ne faire intervenir la pression qu'à la phase de l'opération où elle était indispensable, pour adopter le plus tôt possible un système de travail moins coûteux.

Le caisson se compose de deux parties sensiblement cylindriques, réunies par un joint en tôle. La partie inférieure a 9 mètres de hauteur et $10^m,67$ de diamètre et la partie supérieure 17 mètres de hauteur et $11^m,29$ de diamètre à la base. Un tube central, de $3^m,05$ de diamètre, part du couvercle et aboutit un peu en contre-bas du sommet d'un dôme établi dans la région moyenne de la partie inférieure. Il renferme un autre tube de $1^m,85$ de diamètre, qui lui est tangent. Ce second tube est fermé à son extrémité inférieure et communique, par un passage incliné, avec l'espace déterminé par le dôme. Les bords inférieurs de la paroi en tôle ont été découpés de manière à s'appliquer exactement sur le rocher, dont la forme avait été préalablement déterminée par des sondages.

Le caisson mis en place, on a d'abord enlevé la vase, puis on a comprimé de l'air dans les deux tubes intérieurs. Le tube excentrique servait de passage aux ouvriers et aux déblais et matériaux, et l'intervalle compris entre ces deux tubes était destiné à faciliter les épuisements. Arrivé au rocher, on a établi, sur une hauteur de 5 mètres, une maçonnerie de granit et de ciment du Portland pour faire équilibre à la pression de l'eau; on a ensuite enlevé le couvercle, les tubes intérieurs et le dôme, et, protégé par l'enveloppe extérieure, on a monté à l'air libre la colonne de maçonnerie.

Le cylindre a été construit sur la rive E de la rivière, puis lesté, lancé et remorqué comme un navire.

Pour l'échouer, quatre pontons ont été fixés autour de lui par des amarres et des échafaudages destinés à le guider dans son mouvement de descente; on l'a redressé en ouvrant une ventelle disposée en conséquence et faisant écouler le lest. Maintenu verticalement et flottant, en raison de l'air qui se trouvait à sa partie supérieure, il a pu être amené verticalement sur place et descendu en ouvrant de nouveau la ventelle.

198. *Procédé tubulaire à l'aide du vide.* — Ce procédé n'est applicable qu'au cas où les matières qui recouvrent le terrain solide sont composées de vase, de sable, de gravier ou d'argile. Voici en quoi il consiste :

On place verticalement sur le sol un pieux creux en tôle ou en fonte dont l'extrémité supérieure seule est fermée. On fait le vide ; l'eau se précipite dans le pieux en entraînant avec elle des parties solides du terrain, de la vase, etc. ; il descend sous l'action de son poids et de la pression atmosphérique ; quand il est rempli d'eau et de détritus, on le vide et l'on recommence l'opération jusqu'au moment où l'on a atteint le terrain solide. On remplit alors l'intérieur de béton.

On a employé le vide pour fonder le viaduc d'Anglesy et, depuis 1847, époque de sa construction, il ne s'est manifesté aucun tassement.

199. *Fondations des ponts américains par caissons immergés.* — On place un caisson en bois ou en tôle, formant une sorte de cloche à plongeur munie d'une écluse à air, entre deux pontons qui le soutiennent et des pieux qui dirigent sa marche. On construit sur ce caisson la pile en maçonnerie qu'il doit supporter, et, à mesure que le travail avance, on fait descendre le caisson. La communication entre l'extérieur et le caisson, où travaillent les ouvriers chargés de déblayer le terrain qui recouvre le sol de fondation, est établie par des puits ménagés dans la pile en maçonnerie que d'autres ouvriers construisent, en restant à sec, de manière qu'elle se trouve toujours au-dessus du niveau des eaux extérieures.

§ IV. — *Des pieux.*

200. *Préparation des pieux.* — 1° *Pieux.* Les bois se conservant indéfiniment sous l'eau et dans les terrains aquifères pourraient être immédiatement employés, quelle que soit leur

essence, pour en faire des pieux; mais c'est surtout le chêne et le sapin que l'on choisit pour cet objet.

Il est nécessaire que les bois soient bien sains et qu'ils ne renferment pas de nœuds capables d'occasionner des ruptures sous le choc du mouton.

La surface des pieux doit être très-bien dressée. Il est nécessaire de garnir leur tête d'une frette en fer, pour empêcher que les chocs répétés du mouton fassent fendre et éclater le bois.

Lorsque les pieux sont très-longs, il faut quelquefois les composer de deux pièces que l'on place à joints plats et que l'on réunit par un goujon en fer; on entoure ensuite le joint d'un manchon en tôle.

2° *Sabots.* — Quand il s'agit de traverser des vases et des argiles, on se contente quelquefois d'affuter l'extrémité inférieure des pieux et de la durcir, pour qu'elle puisse traverser ces terrains, en la carbonisant; mais généralement on la garnit d'une pièce métallique pointue appelée *sabot*.

La *fig.* 270 représente, en élévation, coupe et plan, un

Fig. 270.

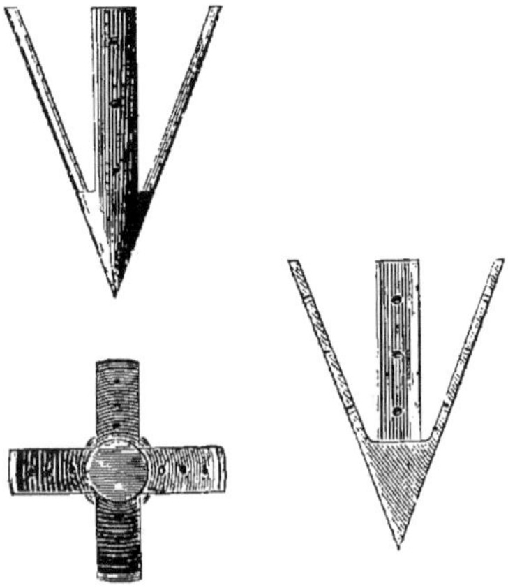

sabot en fer à quatre branches, dont il nous paraît superflu de faire la description.

Les *fig.* 271 et 272 donnent les coupes de deux sabots en fonte dont l'un est à pointe de fer.

Fig. 271.

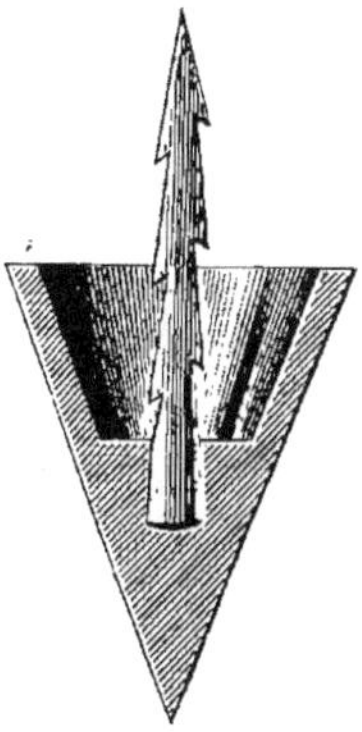

Fig. 272.

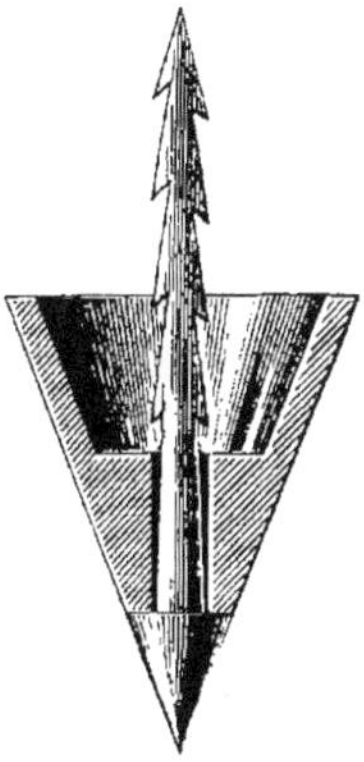

Le sabot en tôle du système Cambuzat (*fig.* 273) donne de très-bons résultats, à la condition de garnir intérieurement la

Fig. 273.

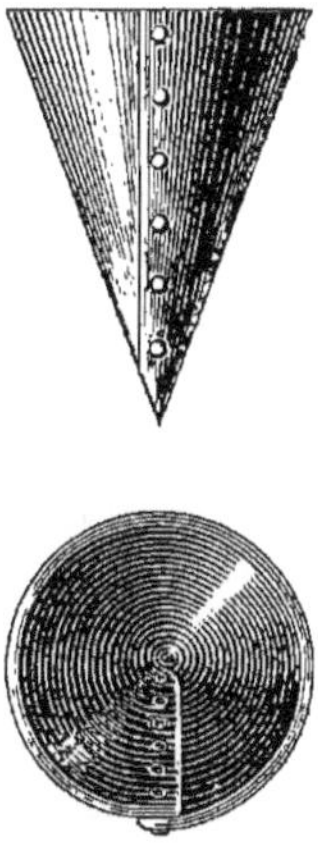

pointe d'une masselotte en fer sur laquelle le bois vient s'appuyer.

Il va sans dire que le sabotage doit être fait avec le plus grand soin.

3° *Des palplanches.* — Nous avons déjà parlé des palplanches au n° **181**. Nous nous bornerons à ajouter que, pour ce que l'on veut obtenir, il faut tailler les faces des joints à rainures à grain d'orge.

Les palplanches doivent être frettées et sabotées.

Les sabots des palplanches (*fig.* 274) ont reçu le nom de *lardoires*.

Fig. 274.

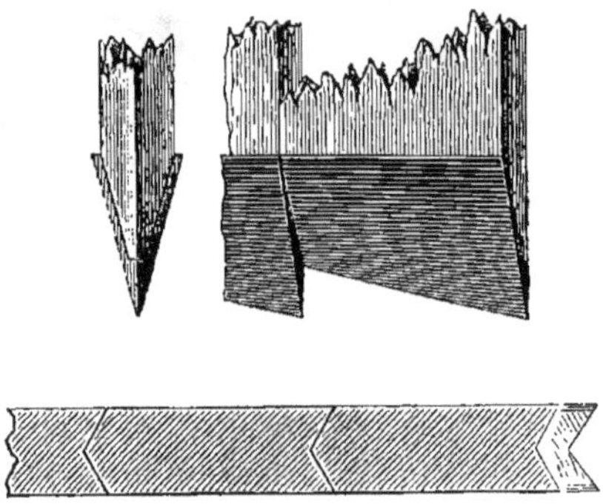

201. *Du battage des pieux.* — Lorsque les pieux sont préparés, ils sont *fichés* ou mis *en fiche* dans la place qu'ils doivent occuper et sont battus à coups de *mouton*.

Fig. 275.

Fig. 276.

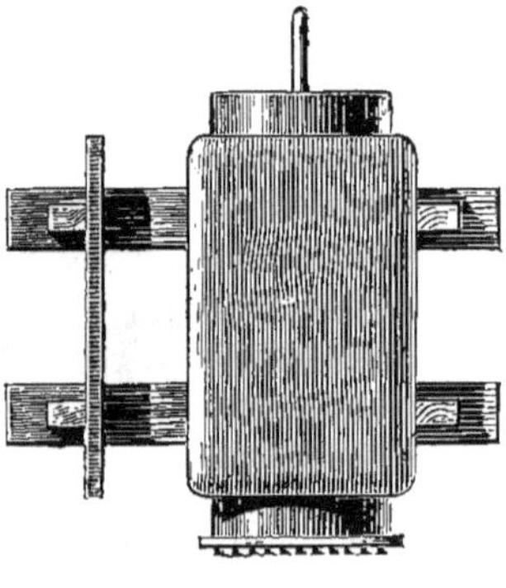

Le mouton (*fig.* 275 et 276) est une masse pesante généralement formée d'un bloc de bois bardé de fer que l'on élève au moyen d'une machine appelée *sonnette,* et qu'on laisse retomber sur la tête des pieux.

La *fig.* 277 donne les dispositions d'un panneau de palplanches en fiche, d'un panneau pendant le battage et d'un panneau battu.

Fig. 277.

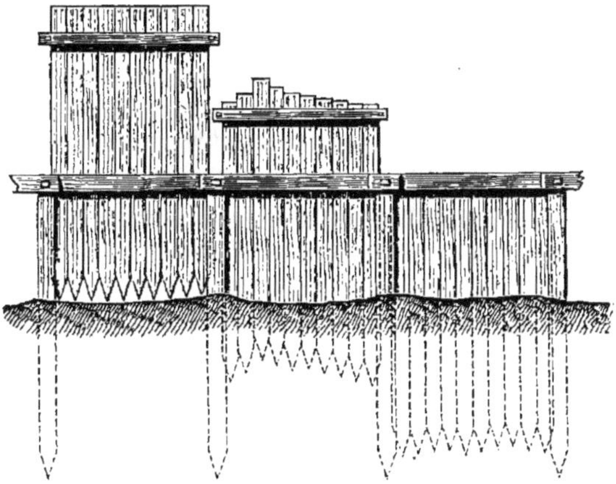

Les sonnettes sont à *tiraudes* ou à *déclic.*

1° *Sonnettes à tiraudes.* — Une sonnette à tiraudes se compose d'un système de charpente au sommet duquel est placée une poulie; une corde attachée au mouton passe sur la poulie et se termine d'autre part par des cordons appelés *tiraudes,* d'un plus faible diamètre, correspondant chacun à un ouvrier. Lorsque les ouvriers ont élevé le mouton aussi haut que cela leur est possible, ils le laissent retomber sans abandonner les tiraudes.

Un contre-maître, appelé *enrimeur,* conduit l'opération du battage, surveille et dirige la descente du pieu, règle le nombre de coups de chaque *volée* et mesure la hauteur dont une marque, tracée à l'avance, est descendue par rapport à un repère fixe.

Pour la mise en fiche, la pièce est soutenue par une poulie spéciale établie au sommet de la sonnette et est fixée aux jumelles de la sonnette pendant les premiers coups du mouton. La direction des pieux, comme celle des palplanches, est assurée par des moises.

On emploie ordinairement quinze hommes pour manœuvrer une sonnette à tiraudes dont le mouton pèse 300 kilogrammes; ils peuvent donner une hauteur de chute moyenne de $1^m,30$, en raison de la vitesse acquise et de l'élasticité des cordes, bien que le mouvement des bras ne soit que de $0^m,90$ environ. On bat généralement par volées de trente coups.

Cette sonnette offre l'avantage d'une facile installation et d'un battage à coups pressés, ce qui est utile dans certains cas, mais ce qui présente aussi des inconvénients, en ce que les ouvriers ne cessent pas en même temps de tirer; ceux qui tirent les derniers peuvent être enlevés par le mouton, d'où peuvent résulter de graves accidents. Aussi, pour agir tous exactement de la même manière, les tireurs ont-ils l'habitude de chanter et de régler leurs mouvements sur leur chant. D'un autre côté, le poids du mouton est limité, et sa hauteur de

Fig. 278.

chute n'est pas toujours suffisante. C'est pour obvier à ces divers inconvénients qu'on a imaginé la sonnette à déclic.

2° *Sonnette à déclic*. — Cette sonnette (*fig*. 278) diffère de la précédente en ce que 1° le poids du mouton est considérable et est généralement compris entre 500 et 1000 kilogrammes; 2° le mouton est élevé au moyen d'un treuil à engrenages qui permet de dépasser de beaucoup la limite ci-dessus de $1^m,30$; 3° un organe spécial appelé *déclic* laisse retomber le mouton dès qu'il est arrivé au sommet de sa course et permet de le ressaisir rapidement au bas pour l'élever de nouveau.

Cette machine offre, en raison de sa plus grande puissance, sur la sonnette à tiraudes l'avantage de pouvoir faire subir un enfoncement notable à des pieux qui opposaient à cette sonnette un refus absolu.

Il arrive souvent d'ailleurs que l'on emploie sur un même chantier les deux systèmes de sonnettes: la sonnette à tiraudes s'applique à la mise en fiche et au premier battage, et permet de donner à la direction du pieux la précision voulue; la sonnette à déclic lui succède et permet de traverser les bancs durs et de terminer l'opération.

Le système de déclic le plus simple est représenté par la *fig.* 279 et consiste en un crochet articulé à un anneau termi-

Fig. 279.

nant la corde, dont le prolongement forme un levier à l'extrémité duquel est attachée une autre corde. L'anneau du mouton est saisi par le crochet. En agissant par traction sur cette dernière corde, un ouvrier règle à volonté la hauteur de la chute du mouton. Cette chute peut d'ailleurs se produire automatiquement, pour une hauteur donnée, en attachant cette corde à un des montants de la machine, de manière qu'elle se tende d'elle-même et qu'elle fasse basculer le crochet. Immédiatement après la chute on fait subir au treuil un déplacement longitudinal qui dégage la roue du pignon, et le déclic retombe par son propre poids en entraînant la corde et faisant tourner le treuil. Ce système offre l'inconvénient d'imprimer une secousse au mouton à l'instant où on le décroche.

Le *déclic à tenaille*, représenté par la *fig.* 280, se compose

Fig. 280.

Fig. 281.

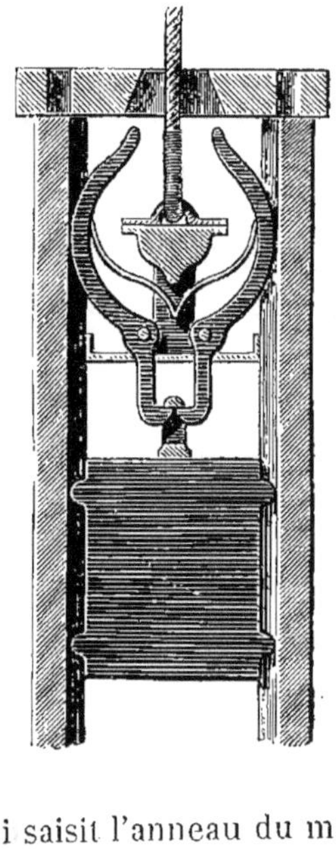

effectivement d'une tenaille qui saisit l'anneau du mouton; les deux branches de la tenaille, un peu au delà de l'articulation, sont réunies, par deux anneaux, à l'anneau qui termine la corde. En pénétrant dans une ouverture de forme trapézoïdale dont la grande base est au bas, les deux branches se rapprochent, la tenaille s'ouvre et le mouton tombe.

La *fig.* 281 représente un second déclic qui ne diffère en principe du précédent qu'en ce que, sous l'action d'un ressort, les deux branches restent appuyées contre les montants pendant toute la durée de l'ascension du mouton.

Un troisième système de déclic à tenaille est représenté par la *fig.* 282.

Le déclic le plus employé est représenté par la *fig.* 283; il se compose d'une tenaille dont l'une des branches est verticale et attachée à l'extrémité de la corde du treuil; l'autre branche,

Fig. 282.

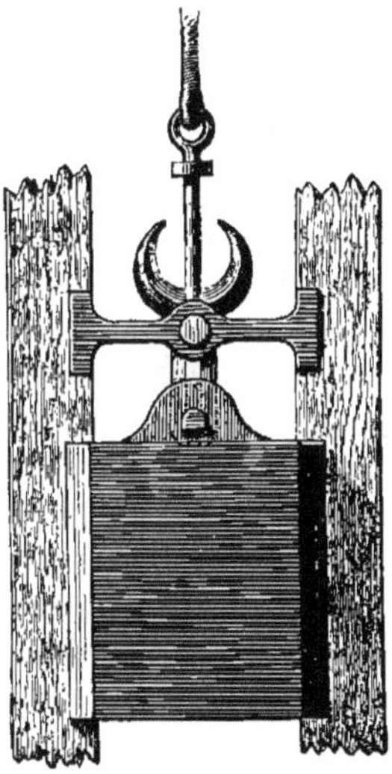

Fig. 283.

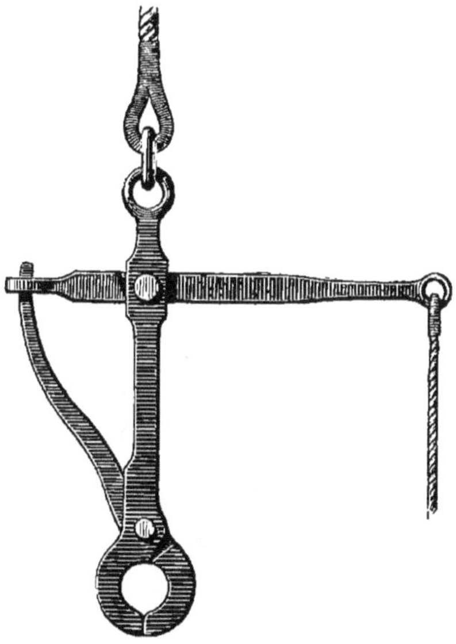

contournée en forme de demi S, s'engage, vers son autre extrémité, dans un œil ménagé dans un levier horizontal dont l'axe se trouve sur la première branche; une corde est attachée à l'extrémité opposée du levier; lorsque le mouton est arrivé à la hauteur jugée convenable, on tire sur cette corde: la seconde branche se dégage du levier, bascule, et la chute a lieu. Ce système offre le double avantage d'être très-simple et de régler la hauteur de chute selon les exigences du travail.

Dans les travaux importants, on remplace le treuil par une machine locomobile qui permet d'employer des moutons trèspesants, de les élever à de plus grandes hauteurs et d'abréger la durée du battage.

Quand les pieux sont descendus assez bas pour que le mouton n'en atteigne que difficilement la tête, sans qu'ils soient à leur limite d'enfoncement, on les surmonte d'un *faux pieux* plus ou moins long, qui leur transmet le choc.

Si le terrain incompressible, auquel on est arrivé, est assez résistant pour que les pieux ne puissent plus y pénétrer, on arrête le battage.

Lorsque le terrain est graveleux ou sablonneux, les pieux s'y enfoncent avec une difficulté toujours croissante, et l'on arrête l'opération dès qu'on juge que leur résistance à l'enfoncement est supérieure à la pression qu'ils ont à supporter.

D'après une longue expérience, on est arrivé à regarder un pieux comme étant susceptible de supporter une charge de 75000 kilogrammes lorsqu'il ne s'enfonce plus que de $0^{m},01$ environ par volée de dix coups d'un mouton de 600 kilogrammes tombant de $3^{m},60$ de hauteur, ou par volée de trente coups du même mouton pour une chute de $1^{m},20$.

202. *Machines à arracher les pieux.* — On est souvent obligé d'arracher les pieux, quand ils se sont brisés ou quand

Fig. 284.

Fig. 285.

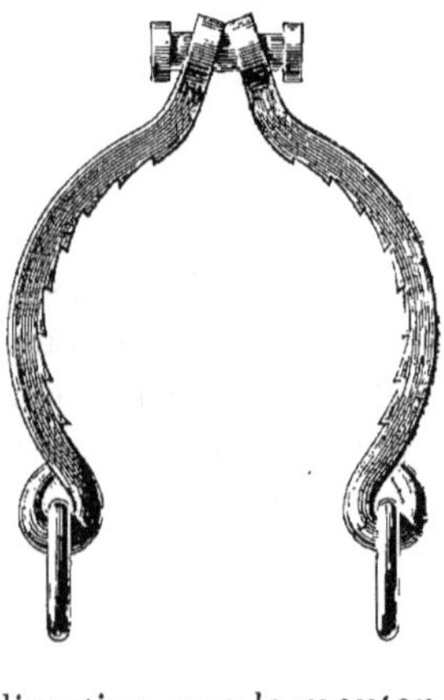

ils ont pris une mauvaise direction que le mouton est impuissant à rectifier.

Le moyen le plus simple pour arriver à ce but est de fixer à la tête du pieu une chaîne ou une corde, soit au moyen

Fig. 286.

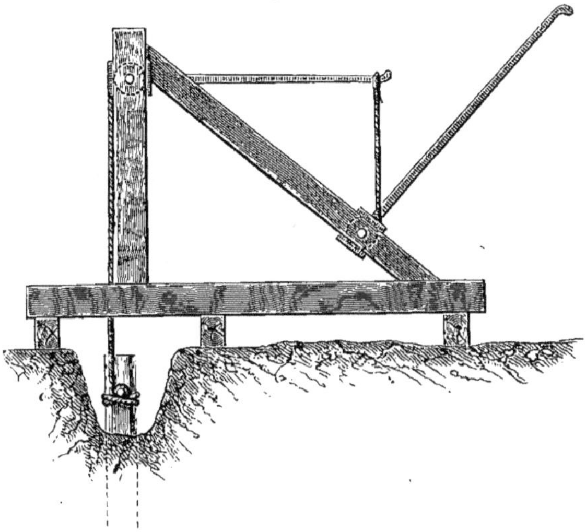

d'une cheville transversale, soit par un collier (*fig.* 284 et 285).

Fig. 287.

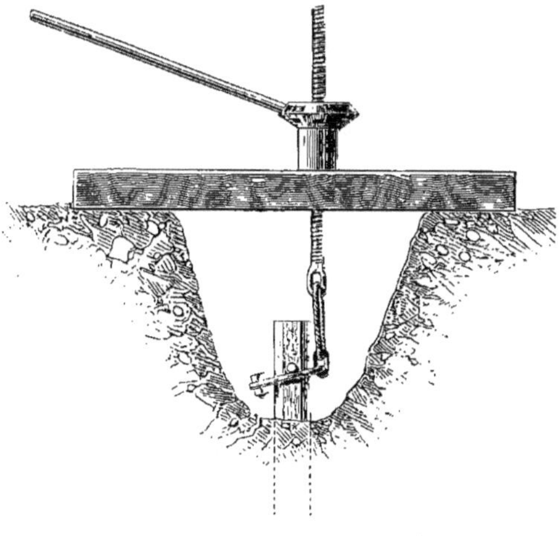

Les deux brins de cette chaîne ou corde se réunissent à l'extrémité d'un long levier sur lequel on agit par secousses. Le trou s'agrandit, l'adhérence sur le sol diminue, et bientôt on n'a plus que le poids du pieu à soulever.

Dans le cas de la *fig.* 286, on agit sur un second levier relié au premier par une chaîne, ce qui revient, comme il est facile de s'en rendre compte, à prendre, pour produire le même effet, des leviers de dimensions ordinaires et de rendre la machine moins embarrassante.

On peut aussi accrocher la corde à l'extrémité d'une vis (*fig.* 287) dont l'écrou est muni d'un levier.

On emploie encore deux vis verticales (*fig.* 288) dont l'é-

Fig. 288.

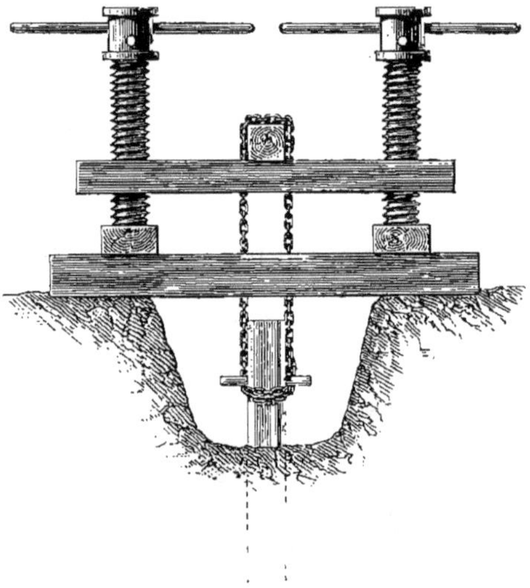

crou est une traverse horizontale, évidée dans le milieu, surmontée d'équerre par un morceau de bois sur lequel on fait passer la chaîne.

203. *Recépage des pieux.* — Le recépage des pieux ne présente de difficulté que lorsqu'il doit se faire sous l'eau et quelquefois à une grande profondeur.

L'opération se fait soit au moyen de scies circulaires ou

annulaires à axe vertical, soit au moyen de la *scie oscillante* représentée par la *fig.* 289; cette dernière scie consiste en une lame rectiligne formant la base d'un triangle isoscèle mixtiligne dont le sommet est l'axe d'un tourillon. Ce tourillon

Fig. 289.

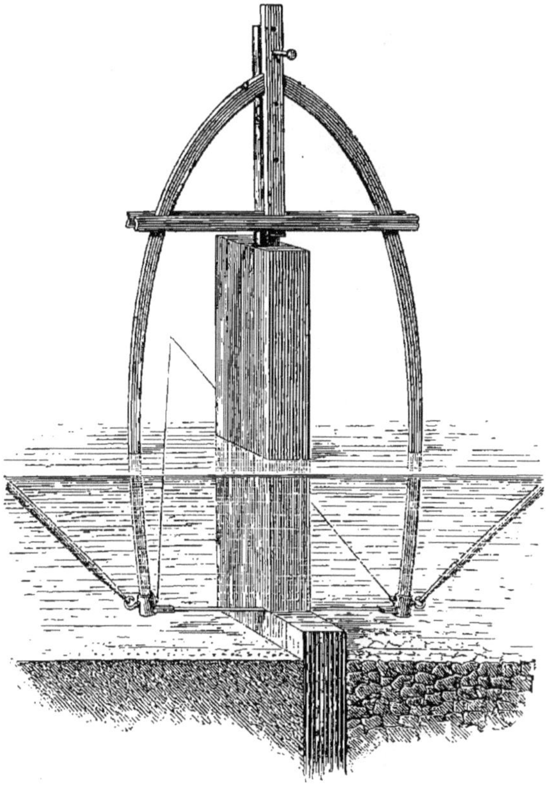

est placé à hauteur voulue sur le poteau d'axe du bâti. Ce bâti repose sur un radeau sur lequel les scieurs se placent. Le mouvement de va-et-vient est communiqué à la scie au moyen de deux perches ou de deux cordes fixées à ses extrémités.

204. *Pieux en fonte.* — On fait en Angleterre un très-grand usage de la fonte. Ainsi, à Blakall, on voit des quais

dont la paroi est entièrement revêtue de pieux et de plaques en fonte.

Pour les fondations du nouveau pont de Westminster, on a

Fig. 290.

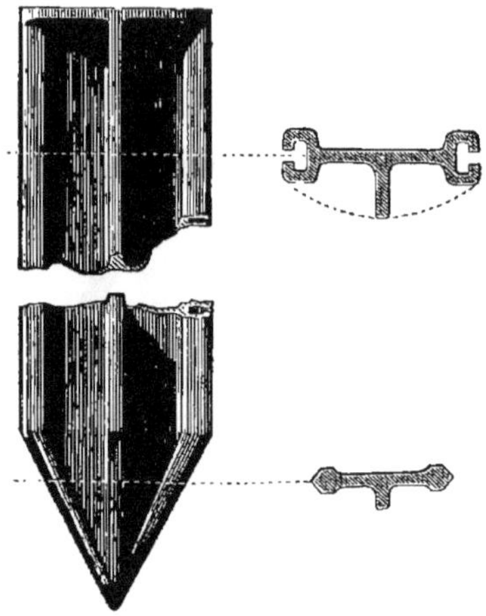

Fig. 291.

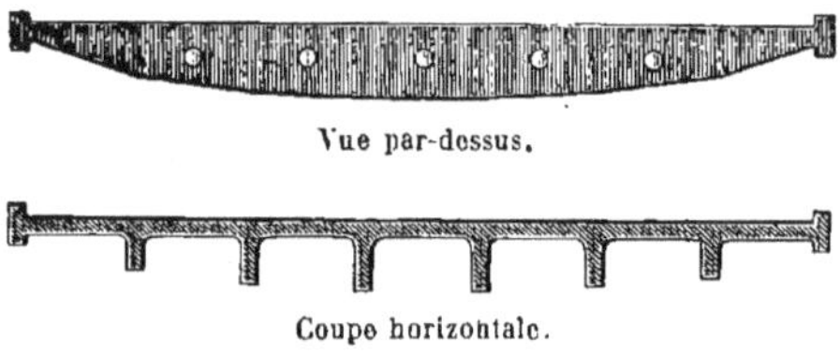

employé des pieux et palplanches en fonte représentés respectivement par les *fig.* 290 et 291.

Fig. 292.

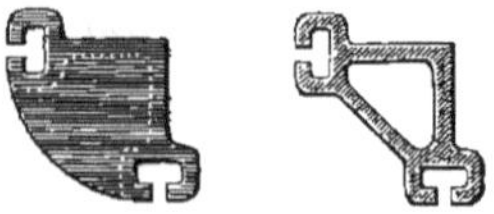

Les *fig.* 292 indiquent la vue par-dessus et une coupe horizontale d'un pieu d'angle.

205. *Pieux à vis de M. Mitchell.* — Ces pieux, qui sont en fer, se terminent par une sorte de vrille ou de tarière (*fig.* 293) que l'on fait pénétrer par un mouvement de rotation dans le terrain. Ils présentent une très-grande résistance à l'arrachement et à la compression et permettent d'établir des constructions solides sur la tête du pieu qui est carrée. Sur une hauteur de $0^m,20$ à $0^m,40$, on place un manchon en fer auquel on adapte

Fig. 293.

les barres du cabestan, qui permettent de faire tourner ce pieu comme une vrille et de l'enfoncer jusqu'au terrain suffisamment solide pour le poids à supporter.

Pour les terrains peu résistants, les vis sont larges et leurs filets font peu de tours. Au contraire, pour le rocher et plus généralement pour les terrains très-durs, on les réduit à une espèce de tarière conique à filets saillants faisant un certain nombre de tours.

§ V. — *Des radiers.*

206. Un *radier* est une maçonnerie reposant sur le sol, dont le parement extérieur présente une surface continue, et qui, sur une certaine étendue, doit former un sol artificiel à un cours d'eau total ou partiel.

Les radiers sont employés :

1° Sous les arches de pont en terrain douteux, pour empêcher les affouillements sous les piles et les culées, ce qui ne supprime en rien les enrochements en amont et en aval des piles lorsque le courant est rapide;

2° Dans la région des portes d'écluses, dont nous nous occuperons plus loin;

3° Pour régulariser l'allure d'un cours d'eau dans un terrain affouillable et éviter les érosions des rives, érosions qui causent souvent des préjudices considérables aux propriétés riveraines.

Dans ce cas, la crête est perpendiculaire à la ligne de thalweg. La surface du radier affecte à partir de là une courbure plus ou moins prononcée suivant les circonstances et est naturellement symétrique par rapport au plan passant par la ligne de thalweg.

4° Pour des barrages d'une certaine importance ayant pour objet d'utiliser un cours d'eau comme chute, le canal de dérivation se trouve naturellement sur l'une des rives.

Souvent, quand le cours d'eau est torrentiel, l'administration exige une vanne ou plusieurs vannes de décharge, dont nous parlerons plus loin, situées sur l'autre rive.

Le barrage est formé de madriers et est assis sur la crête du radier, laquelle crête est inclinée à partir du canal de dérivation en remontant vers l'amont, de manière à éviter les pertes de chute et à se trouver à peu près dans les conditions d'un ajutage conique.

En principe, les joints des éléments constituants d'un radier doivent être normaux à la surface.

Les têtes doivent être en pierres de taille alternativement en queue, pour établir la liaison voulue avec la maçonnerie intermédiaire.

En laissant de côté les radiers des ponts et des écluses, un radier doit être maintenu latéralement par des massifs en maçonnerie dont les parements sont parallèles au thalweg ou sont légèrement convergents en partant du sommet.

L'action de l'eau s'exerçant de l'amont vers l'aval, l'existence du radier dépend essentiellement de la solidité de la tête inférieure; c'est pourquoi il convient de donner à cette dernière la forme d'une voûte. La tête supérieure doit être disposée en voûte ou en plate-bande, en vue de soulager l'autre tête.

Lorsque le sol n'est pas affouillable, il suffit de garantir les maçonneries de l'action destructive de l'eau par des enrochements au sommet et à la base.

Lorsque le terrain est affouillable, il est indispensable de garnir la tête et la base.

Sous le nom de *parafouille* on désigne des murs ou massifs de pierres hourdés en mortier hydraulique, ou des massifs en béton hydraulique que l'on fait descendre jusque dans la région où les affouillements ne peuvent plus se produire, ce qui ne dispense en aucune façon d'établir des enrochements comme ci-dessous, au moins à la base. Ces enrochements, qui peuvent être maintenus à l'aide de pieux rangés en quinconce,

Fig. 294.

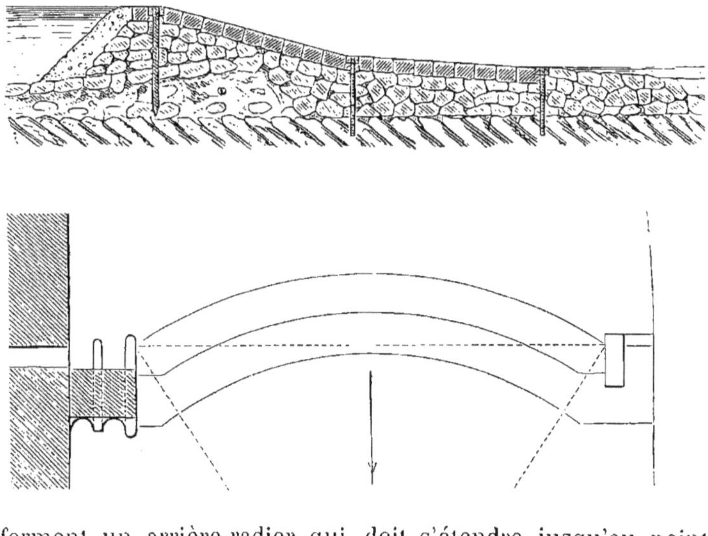

forment un arrière-radier qui doit s'étendre jusqu'au point où la vitesse de l'eau est suffisamment ralentie pour que des érosions ne soient plus à craindre. Quelquefois on forme les arrière-radiers à l'aide de fascines maintenues par des pieux.

Pour les radiers de cours d'eau d'une faible largeur que l'on veut barrer, on emploie souvent comme point d'appui inférieur une poutre simple ou composée de plusieurs pièces assemblées, et que l'on encastre solidement vers les deux rives. Ce procédé, simple et économique, n'est évidemment pas applicable aux terrains affouillables.

Les *fig.* 294 et 295 représentent deux radiers établis dans les environs de Besançon. La première se rapporte au bar-

Fig. 295.

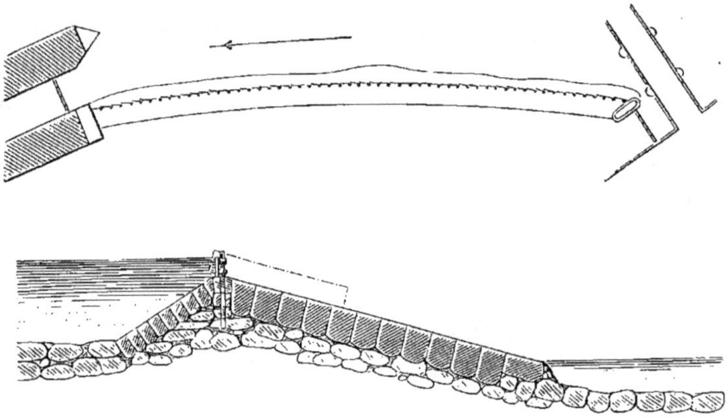

rage de la papeterie de Deluz, sur le Doubs; la longueur de sa corde est de $96^{m},10$, sa largeur de $14^{m},50$, et le rayon de ses arcs de 112 mètres. La *fig*. 295 représente le barrage de la tréfilerie de Quingey, sur la Loue; sa longueur est de 112 mètres.

CHAPITRE V.

DE LA POUSSÉE DES TERRES ET DE LA STABILITÉ DES MURS DE SOUTÈNEMENT.

§ I. — *De la poussée des terres.*

207. *Généralités.* — Le calcul de la poussée produite par un massif prismatique de terre sur un mur, basé sur les principes posés par Coulomb, présente, dans le cas le plus général, une assez grande complication pour que jusqu'à présent on n'ait pas essayé de l'effectuer. Poncelet (¹) a éludé la difficulté en ayant recours à une construction géométrique très-ingénieuse, mais que l'on retient difficilement, et qui, de plus, exige une main habile et un temps considérable lorsque l'on a à déterminer la poussée à différentes profondeurs, comme cela devient nécessaire, ainsi que nous le verrons dans la suite.

Si l'on choisit convenablement l'inconnue, la détermination de la poussée, par suite celle de la butée, deviennent relativement simples, comme nous allons le voir.

Nous considérerons, comme on le fait d'habitude, un massif de terre assez long pour que les conditions relatives à ses extrémités n'aient aucune influence sensible sur l'équilibre intérieur de la masse, en d'autres termes, pour qu'on puisse considérer le massif comme indéfini.

Mais, avant d'aborder la question, nous rappellerons les principes sur lesquels on fait reposer la théorie approximative de la poussée des terres, telle qu'elle est enseignée dans les Écoles d'application, et qui d'ailleurs a reçu la sanction de l'expérience (²).

(¹) *Mémoire sur la stabilité des revêtements et de leurs fondations* (*Mémorial de l'officier du génie*, n° 13). — *Voir* la Note placée à la fin de ce Chapitre.

(²) *Nouvelles expériences sur la poussée des terres*, par le lieutenant-colonel

On admet que : 1° lorsque les terres sont sur le point de glisser, la tendance au glissement a lieu suivant des plans parallèles aux arêtes du massif [1]; 2° chaque plan de glissement ou de tendance à la rupture (*plan de rupture*) correspond à celui des prismes, ayant une arête commune dans le plan intérieur du mur, qui exerce sur ce mur le maximum de pression (*poussée*).

On considérait autrefois la composante tangentielle de la réaction de la masse de terre extérieure au prisme de rupture sur ce prisme comme se composant de deux termes, l'un représentant le frottement, et l'autre, proportionnel à l'étendue de la surface de contact, la cohésion. Poncelet n'a pas tenu compte de ce dernier terme, et cela avec raison, puisque l'on fait le calcul de la poussée dans l'hypothèse où il y a tendance au glissement, c'est-à-dire en supposant que la cohésion est détruite. D'ailleurs, en opérant ainsi, on ne fait qu'améliorer les conditions de sécurité, puisqu'on ne peut qu'exagérer la valeur de la poussée et, par suite, l'épaisseur du mur.

Poncelet est le premier qui ait introduit dans la théorie de la poussée le frottement des terres sur le mur, dont le coefficient n'est que légèrement inférieur à celui des terres sur elles-mêmes.

---

du génie Audé. Additions à ce Mémoire par le capitaine du génie Domergue (*Mémorial de l'officier du génie*, n° 15).

[1] Par une analyse rigoureuse, M. Maurice Levy a démontré que cette hypothèse ne se réalise, dans le cas où la partie supérieure du massif est plane, qu'à la condition que l'inclinaison du parement est une fonction déterminée de la pente du talus et des angles de frottement de la terre sur elle-même et contre le mur (*Journal de Mathématiques pures et appliquées*, 2° série, t. XV).

Rankine commet deux erreurs en traitant le cas d'un simple talus. Il suppose d'abord, lorsque le massif est indéfini dans tous les sens, que la pression sur un plan parallèle au plan du talus lui est normale et est égale au poids du prisme vertical construit sur l'élément. La seconde partie de cet énoncé est inexacte, car il résulte de la théorie de M. Maurice Levy qu'il faut substituer au prisme de Rankine le prisme normal à l'élément.

Le savant anglais admet en outre que, lorsque les terres s'appuient contre un mur, la distribution des pressions est la même que si le massif était indéfini, ce qui évidemment est inexact, puisque l'on a à remplir une condition qu'il faut exprimer.

208. *Expression de la poussée.* — Nous considérerons une portion du massif et du mur limitée par deux plans menés perpendiculairement aux arêtes à 1 mètre de distance l'un de l'autre, de manière à être ramené à la considération de la section déterminée par l'un de ces plans.

Soient (*fig.* 296)

Fig. 296.

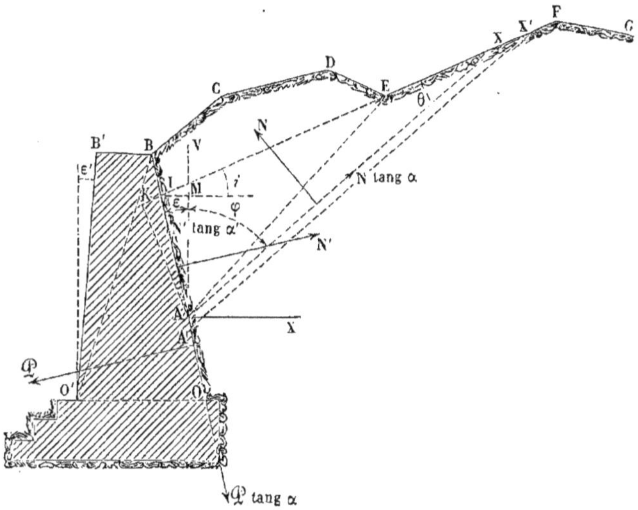

Π le poids du mètre cube de terre;

ABCDEFG le profil polygonal de la masse de terre;

AB la trace du parement intérieur du mur;

ε l'inclinaison de cette trace sur la verticale;

α, α' les angles de frottement de la terre sur elle-même et de la terre sur le mur [1].

---

[1] On a

$\alpha = 30°$,	soit $\tan\alpha =$	0,577	pour le gros sable sec (Audé),
16		0,286	pour le sable extra-fin (Audé),
36		0,727	pour la terre humectée (Morin),
55		1,282	pour les terres fortes et les plus denses (Morin),
30		0,577	pour l'argile sèche (Lesbros),
22		0,404	pour l'argile humide et ramollie (Lesbros),
26		0,488	pour la même argile recouverte de grosse grève (Lesbros),

Considérons un point déterminé A de la trace du parement intérieur du mur, et désignons par z sa distance AB au sommet B de ce parement.

Supposons, sauf vérification ultérieure, que le plan de rup-

---

puis

$\alpha' = 27°.\ 2'$, soit tang α' =	0,51	pour la pierre de libage sur un lit d'argile sèche,
18.47	0,34	pour la pierre de libage sur un lit d'argile humide et ramollie,
21.49	0,40	pour la pierre de libage sur un lit d'argile, cette argile étant recouverte de grosse grève,
26.34	0,500	pour le gros sable sur bois (Audé et Domergue),
15.25	0,257	pour le sable extra-fin (Audé et Domergue),
3.43	0,065	pour le mortier coulant (Audé et Domergue).

Dans les applications on prend ordinairement α' égal à α.

On a pour le poids du mètre cube :

De terre ou sable de bruyère	614kg à 643 kg	(Génieys)
De terreau	825 à 857	(id.)
De terre végétale	1214 à 1285	(id.)
De terre végétale légère	1400	(Poncelet)
De terre forte graveleuse	1357 à 1428	(Génieys)
De vase	1642	(id.)
De terre argileuse	1600	(Poncelet)
De terre glaise	1900	(id.)
D'un terrain formé d'argile et de glaise	1656 à 1756	(Génieys)
De marne	1571 à 1642	(id.)
De sable pur	1900	(Poncelet)
» terreux	1700	(id.)
» fin et sec	1399 à 1428	(Génieys)
» fin et humide	1900	(id.)
» fossile argileux	1713 à 1799	(id.)
» de rivière humide	1771 à 1856	(id.)
De gravier cailloutis	1371 à 1485	(id.)
De grosse terre mêlée de sable et de gravier	1860	(id.)
De terre mêlée de petites pierres	1910	(id.)
D'argile mêlée de tuf	1990	(id.)
De terre grasse mêlée de cailloux	2290	(id.)
De tourbe sèche	514	(id.)
De tourbe humide	785	(id.)

D'après M. Charles Mastony de Koszeg, major du génie autrichien, on aurait

ture passant par le point A rencontre le côté EF incliné de l'angle i sur l'horizon.

Soient

I et M les intersections de la direction de ce côté avec celles de AB et de la verticale AV du point A;
r la distance AE;
φ l'angle que forme sa direction avec AV;
$h = AK$ la perpendiculaire abaissée du point A sur EI;
B la base du triangle de hauteur h équivalant à l'aire ABCDE.

Pour chaque position du point A ou pour chaque valeur de z, les grandeurs r, φ, h, B seront complétement déterminées et pourront s'obtenir soit par le calcul, soit géométriquement.

Joignons un point quelconque X du côté EF au point A et appelons θ l'angle formé par la droite AX avec ce côté.

La figure donne les relations suivantes :

$$\widehat{IMA} = 90^\circ - i, \quad \widehat{IEA} = 90^\circ - i - \varphi, \quad \widehat{EAX} = 90^\circ - i - \varphi - \theta,$$

$$(a) \qquad EX = r\frac{\sin\widehat{EAX}}{\sin\theta} = r[\cos(i+\varphi)\cot\theta - \sin(i+\varphi)],$$

$$(b) \qquad \widehat{VAX} = 90^\circ - i - \theta,$$

et l'on a

$$\text{aire ABCDEXA} = \frac{h}{2}(B + EX) = \frac{h}{2}[B - r\sin(i+\varphi) + r\cos(i+\varphi)\cot\theta],$$

le Tableau suivant :

NATURE DU TERRAIN.	II		tang α.	α.
	meuble.	foulée et piétinée.		
Terre de digue naturellement humide..	1253 kg	1672 kg	0,909	42°17′
Argile sèche et poussiéreuse............	1507	1588	0,826	39.34
Argile un peu humide............	1377	1900	0,826	39.34
Sable sec ou un peu humide........ .	1710	»	0,714	35.32

par suite, pour le poids Q du prisme correspondant à cette aire,

$$(c)\qquad Q = \frac{\Pi h}{2}[B - r\sin(i+\varphi) + r\cos(i+\varphi)\cot\theta].$$

Ce poids faisant équilibre aux réactions normales N et N′ des plans **AB**, **AX** et aux frottements correspondants $N\operatorname{tang}\alpha$, $N'\operatorname{tang}\alpha'$, on a, en projetant successivement sur l'horizontale et la verticale,

$$N'\cos\varepsilon - N'\operatorname{tang}\alpha'\sin\varepsilon - N\cos\widehat{VAX} + N\operatorname{tang}\alpha\sin\widehat{VAX} = 0,$$

$$N'\sin\varepsilon + N'\operatorname{tang}\alpha'\cos\varepsilon + N\sin\widehat{VAX} + N\operatorname{tang}\alpha\cos\widehat{VAX} = Q,$$

ou

$$(d)\qquad \left\{\begin{aligned} &\frac{N}{\cos\alpha} = \frac{N'}{\cos\alpha'}\cdot\frac{\cos(\varepsilon+\alpha')}{\cos(\alpha+\widehat{VAX})},\\ &N'\frac{\sin(\varepsilon+\alpha')}{\cos\alpha'} + N\frac{\sin(\widehat{VAX}+\alpha)}{\cos\alpha} = Q. \end{aligned}\right.$$

En éliminant N entre les deux équations, on trouve

$$(e)\qquad \frac{N'}{\cos\alpha'} = Q\,\frac{\cos(\alpha+\widehat{VAX})}{\sin(\varepsilon+\alpha+\alpha'+\widehat{VAX})} = Q\,\frac{\sin(\theta+i-\alpha)}{\cos(\theta+i-\alpha-\alpha'-\varepsilon)}.$$

En remplaçant, dans cette formule, le poids Q par sa valeur (c), on trouve

$$(1)\qquad \left\{\begin{aligned} &\frac{N'}{\cos\alpha'}\,\frac{2\cos(\alpha+\alpha'+\varepsilon-i)}{\Pi h\sin(\alpha-i)}\\ &\quad = [B - r\sin(i+\varphi) + r\cos(i+\varphi)\cot\theta]\,\frac{\cot(\alpha-i)-\cot\theta}{\cot\theta+\operatorname{tang}(\alpha+\alpha'+\varepsilon-i)}. \end{aligned}\right.$$

Si nous posons maintenant

$$(2)\qquad \cot\theta = x - \operatorname{tang}(\alpha+\alpha'+\varepsilon-i),$$

$$(3)\qquad \lambda = \cot(\alpha-i) + r\operatorname{tang}(\alpha+\alpha'+\varepsilon-i) = \frac{\cos(\alpha'+\varepsilon)}{\sin(\alpha-i)\cos(\alpha+\alpha'+\varepsilon-i)},$$

$$(4)\qquad \left\{\begin{aligned} br\cos(i+\varphi) &= r\sin(i+\varphi) + r\cos(i+\varphi)\operatorname{tang}(\alpha+\alpha'+\varepsilon-i) - B\\ &= r\,\frac{\sin(\alpha+\alpha'+\varepsilon+\varphi)}{\cos(\alpha+\alpha'+\varepsilon-i)} - B, \end{aligned}\right.$$

la formule (1) devient

$$(5)\qquad \frac{N'}{\cos\alpha'}\,\frac{2\cos(\alpha+\alpha'+\varepsilon-i)}{\Pi h\sin(\alpha-i)\cos(i+\varphi)} = (x-b)\,\frac{\lambda-x}{x}.$$

Les dérivées première et seconde, par rapport à x, du second membre de cette dernière équation étant respectivement $\frac{b\lambda}{x^2}-1$ et $-\frac{2b\lambda}{x^3}$, on voit que le maximum de ce second membre correspond à la racine positive de l'équation obtenue en égalant à zéro la dérivée première, c'est-à-dire à

$$(d)\qquad x=\sqrt{b\lambda},$$

d'où

$$(d')\qquad \cot\theta=\sqrt{b\lambda}-\operatorname{tang}(\alpha+\alpha'+\varepsilon-i).$$

En portant la valeur (d) dans l'équation (5) et désignant par N'_1 le maximum N', c'est-à-dire la composante normale de la poussée, on trouve

$$N'_1=\frac{\Pi hr}{2}\,\frac{\cos\alpha'\sin(\alpha-i)\cos(i+\varphi)}{\cos(\alpha+\alpha'+\varepsilon-i)}\left(\sqrt{\lambda}-\sqrt{b}\right)^2,$$

ou, en remplaçant λ et b par leurs valeurs déduites des équations (3) et (4),

$$(6)\quad\left\{\begin{aligned} N'_1 &= \frac{\Pi hr}{2}\,\frac{\cos\alpha'\sin(\alpha-i)\cos(i+\varphi)}{\cos(\alpha+\alpha'+\varepsilon-i)}\\ &\times\left[\sqrt{\frac{\cos(\alpha+\varepsilon)}{\sin(\alpha-i)\cos(\alpha+\alpha'+\varepsilon-i)}}\right.\\ &\left.-\sqrt{\frac{\sin(\alpha+\alpha'+\varepsilon+\varphi)}{\cos(\alpha+\alpha'+\varepsilon-i)\cos(i+\varphi)}-\frac{B}{r\cos(i+\varphi)}}\right]^2.\end{aligned}\right.$$

Comme cette valeur doit être essentiellement positive, i ne peut pas être supérieur à l'angle α; dans le cas de l'égalité, la poussée serait nulle et le mur deviendrait inutile; en d'autres termes, l'angle α mesure la plus grande inclinaison que peut atteindre un talus ou la pente naturelle des terres dénuées de cohésion.

Pour que l'expression (6) représente bien la poussée, il faut que la valeur de θ correspondant à celle (d) de x donne pour EX une valeur au plus égale à celle du côté EF, que nous désignerons par c, ou que

$$(7) \qquad \cot\theta \leqq \frac{c}{r\cos(i+\varphi)} + \operatorname{tang}(i+\varphi).$$

Mais, comme la limite de l'angle θ, définie par cette formule, n'est autre chose que l'angle formé par EF avec la droite qui joint les points A et E, il sera plus simple de déterminer graphiquement cette limite. Il faudrait aussi que EX soit positif ou que $\cot\theta \geqq \operatorname{tang}(i+\varphi)$, ce qui définit l'angle IEA; mais il est inutile d'avoir égard à cette condition, en raison de la méthode que nous allons indiquer.

Portons sur BA, à partir du point B, les longueurs B.1, 1.2, 2.3, ... égales à une longueur donnée que l'on pourra prendre aussi petite que l'on voudra, et proposons-nous de calculer successivement les poussées exercées sur les portions B.1, B.2, B.3, ... du mur. On déterminera au moyen de la formule (7) la division à partir de laquelle on ne peut plus supposer que le plan de rupture coupe BC, soit par exemple la division n° 3; à partir de ce point, on supposera que le plan de rupture rencontre CD jusqu'à la division, soit par exemple le n° 7, pour laquelle la condition (7) n'est plus vérifiée, et ainsi de suite. Ces démarcations étant établies, on appliquera en conséquence la formule (6) pour calculer les poussées normales sur les longueurs B.1, B.2, B.3, ..., en attribuant respectivement à r, h, φ, B des valeurs convenables entre le point B et le point n° 3, entre ce dernier et le point n° 7, etc.

209. *Composantes horizontale et verticale et moment de la poussée.* — Considérons maintenant z comme variable et prenons sur le parement intérieur, à partir du point B, une longueur déterminée $BO = l$.

Désignons par $\mathfrak{P}$ la poussée normale sur OB. Si, n étant un nombre entier, on divise l en $2n$ parties égales, on pourra calculer successivement les poussées sur B.1, B.2, ... et enfin $\mathfrak{P}$. Les composantes horizontale et verticale de la poussée totale

$\frac{\mathfrak{P}}{\cos\alpha}$ auront respectivement pour valeurs

(8) $$X = \mathfrak{P}\cos\varepsilon - \mathfrak{P}\operatorname{tang}\alpha'\sin\varepsilon = \frac{\mathfrak{P}\cos(\alpha'+\varepsilon)}{\cos\alpha'},$$

(9) $$Y = \mathfrak{P}\sin\varepsilon + \mathfrak{P}\operatorname{tang}\alpha'\cos\varepsilon = \frac{\mathfrak{P}\sin(\alpha'+\varepsilon)}{\cos\alpha'}.$$

Proposons-nous maintenant de déterminer le moment, par rapport au point O, de la poussée sur OB. Soient (*fig.* 296) AX, A'X' les plans de rupture passant par les deux points consécutifs A, A' définis par $BA = z$, $BA' = z + dz$; la poussée normale sur BA' sera $N'_1 + \frac{dN'_1}{dz}dz$, et l'accroissement du moment de la poussée sera, par suite, $\frac{dN'_1}{dz}(l-z)dz$, d'où, pour le moment cherché,

$$\mathfrak{M} = \int_0^l (l-z)\,dN'_1.$$

La fonction N'_1 est généralement discontinue; mais, dans tous les cas, elle a la même valeur lorsque l'on passe d'un côté au suivant du profil BCDEF, de sorte que l'on peut effectuer l'intégration par parties entre les limites zéro et l, comme si N'_1 était continue, ce qui donne

$$\mathfrak{M}' = [N'_1(l-z)]_0^l + \int_0^l N'_1\,dz,$$

ou, comme N'_1 est nul pour $z = 0$,

(10) $$\mathfrak{M} = \int_0^l N'_1\,dz,$$

et, comme on connaît les valeurs de N'_1 pour les valeurs B.1, B.2, B.3, ..., une méthode de quadrature par approximation fera connaître $\mathfrak{M}$. Le *bras de levier moyen* p de la poussée est défini par la relation

(11) $$p = \frac{\mathfrak{M}}{\mathfrak{P}}.$$

Le point de OB qui se trouve à la distance p du point O est ce que l'on appelle le *centre de poussée*, parce que l'on peut supposer que la poussée totale lui est directement appliquée.

Nous ferons remarquer que l'on peut considérer la portion du mur correspondant à OB comme sollicitée par deux forces X, Y respectivement horizontale et verticale appliquées en O et par un couple dont le moment est $\mathfrak{M}$.

210. *Cas particulier où la surface extérieure du massif est plane.* — On a, dans cette hypothèse,

$$B = 0, \quad \varphi = -\varepsilon, \quad h = z\cos(i-\varepsilon), \quad r = z,$$

d'où

$$Q = \frac{\Pi z^2 \cos(i-\varepsilon)\cos(\varepsilon - i - \theta)}{2\sin\theta},$$

$$\cot\theta = \frac{1}{\cos(\alpha+\alpha'+\varepsilon-i)}\sqrt{\frac{\cos(\alpha'+\varepsilon)\sin(\alpha+\alpha')}{\sin(\alpha-i)\cos i}} - \operatorname{tang}(\alpha+\alpha'+\varepsilon-i).$$

L'angle θ étant indépendant de z, les plans de rupture sont tous parallèles.

La formule (6) donne

$$(6') \quad \left\{ \begin{aligned} N'_1 &= \frac{\Pi z^2 \cos^2(i-\varepsilon)\cos\alpha'\sin(\alpha-i)}{2\cos^2(\alpha+\alpha'+\varepsilon-i)} \\ &\quad \times \left[\sqrt{\frac{\cos(\alpha'+\varepsilon)}{\sin(\alpha-i)}} - \sqrt{\frac{\sin(\alpha+\alpha')}{\cos(i-\varepsilon)}}\right]^2 \end{aligned} \right. \text{ (1)},$$

et la poussée est ainsi de la forme kz^2, k étant une constante; la poussée correspondant à $z = l$ est donc

$$\mathfrak{P} = kl^2,$$

et, d'après la formule (10), son moment par rapport au point O a pour valeur

$$\mathfrak{M} = k\frac{l^3}{3},$$

d'où, pour le bras de levier de la poussée,

$$p = \frac{l}{3}.$$

(1) Si l'on fait passer le facteur $\sin(\alpha - i)$ sous les radicaux, que l'on suppose ensuite $\alpha = 0$, $\alpha' = 0$, $i = 0$, on retombe sur la formule relative à la poussée d'un liquide dont le poids spécifique serait Π, contre un mur incliné, sur la verticale de l'angle ε.

Ce bras de levier est ainsi égal au $\frac{1}{3}$ de la longueur de la portion considérée du parement intérieur, comme pour les liquides. En supposant nulles une, deux ou trois des quantités α', i, ε, on retombe sur des cas particuliers qui ont été l'objet d'études spéciales de plusieurs savants ingénieurs, notamment de Poncelet et d'Ardant [1].

211. *Cas où la surface supérieure du massif est plane et supporte une surcharge verticale uniforme.* — Représentons par $\Pi\eta$ la valeur de la surcharge par unité de surface.

Au poids du prisme de poussée il faudra ajouter

$$\Pi\eta \times \mathrm{IX} = \Pi\eta z \frac{\cos(\varepsilon - i - \theta)}{\sin\theta},$$

c'est-à-dire que l'on devra remplacer

$$\Pi z^2 \frac{\cos(i-\varepsilon)\cos(\varepsilon - i - \theta)}{2\sin\theta}$$

par

$$\frac{\Pi z^2}{2}\frac{\cos(\varepsilon - i)\cos(\varepsilon - i - \theta)}{\sin\theta}\left[1 + \frac{2\eta}{z\cos(\varepsilon - i)}\right],$$

ce qui revient à multiplier la formule (6′) par le facteur

$$1 + \frac{2\eta}{z\cos(\varepsilon - i)}.$$

Si nous posons

$$N'_1 = K z^2\left[1 + \frac{2\eta}{z\cos(\varepsilon - i)}\right],$$

nous aurons

$$\mathfrak{M} = \int_0^l N'_1\, dr = K f^2\left[\frac{l}{3} + \frac{\eta}{\cos(\varepsilon - i)}\right],$$

d'où il est facile de déduire le bras de levier de la poussée.

212. *Examen du cas où le sommet du mur est recouvert en partie ou en totalité par le massif de terre.* — Ce cas se

[1] *Nouvelles recherches sur le profil du revêtement le plus économique*, par le lieutenant-colonel Ardant (*Mémorial de l'officier du génie*, n° 15).

présente souvent dans les travaux de fortification permanente. Soient (*fig.* 297)

Fig. 297.

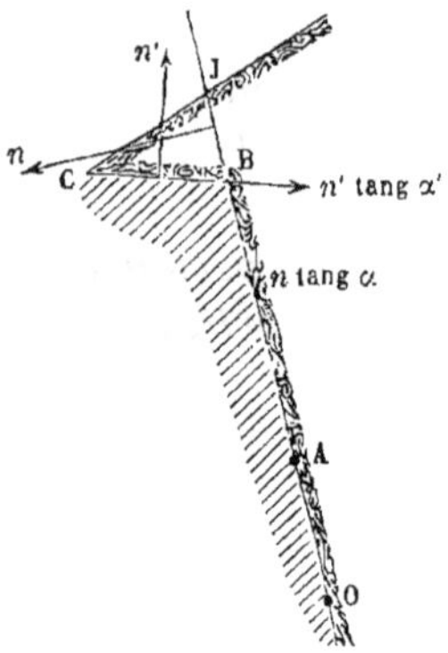

CB la portion de la largeur du sommet du mur recouverte par la terre ;

J le point où la direction du parement intérieur du mur rencontre le talus ;

y la longueur JB ;

n, n' les réactions normales des faces JB et CB sur le prisme CBJ.

Conservons d'ailleurs les notations du n° **208** ; nous avons

$$CB = y\,\frac{\cos(i-\varepsilon)}{\sin i},$$

et pour poids du prisme CJB

$$\frac{\Pi}{3}\,y^2\,\frac{\cos^2(i-\varepsilon)}{\sin i}.$$

En projetant les forces qui sollicitent le prisme CJB respectivement sur l'horizontale et la verticale, on trouve les relations suivantes,

$$n\cos\varepsilon - n\tang\alpha\sin\varepsilon - n'\tang\alpha' = 0,$$

$$n' - n\sin\varepsilon - n\tang\alpha\cos\varepsilon = \frac{\Pi y^2}{2}\,\frac{\cos^2(i-\varepsilon)}{\sin i},$$

ou

$$n' = n\cot\alpha\,\frac{\cos(\alpha+\varepsilon)}{\cos\alpha},\quad n' - n\,\frac{\sin(\alpha+\varepsilon)}{\cos\alpha} = \frac{\Pi}{2}\,y^2\,\frac{\cos^2(i-\varepsilon)}{\sin i},$$

d'où, par l'élimination de n',

$$n = \frac{\Pi}{2} y^2 \frac{\cos^2(i-\varepsilon)\sin\alpha'\cos\alpha}{\sin i \cos(\varepsilon+\alpha+\alpha')}.$$

La résultante ν de n et $n\tang\alpha$ peut être considérée comme appliquée au tiers de BJ à partir du point B. Pour obtenir la poussée sur BO, on pourra supposer que le mur se prolonge jusqu'en J; de la poussée obtenue on retranchera géométriquement ν, et de son moment celui de cette dernière force.

Mais, en général, on ne tient pas compte de la force ν, parce qu'elle est relativement faible et qu'en la négligeant on ne fait qu'améliorer les conditions de stabilité du mur, dont nous parlerons plus loin.

§ II. — *De la butée des terres.*

213. Poncelet a donné le nom de *butée* à la résistance qu'oppose un massif à un mur qui, sous l'action d'un effort extérieur, tendrait à faire remonter les terres. Cette résistance doit être considérée comme étant le minimum de celles qu'opposent les prismes au glissement de bas en haut.

L'équivalent de la formule (1), relatif à la butée des terres, s'obtiendra évidemment en y changeant les signes de α et α', puisque la seule différence consiste en ce que les frottements changent de sens. On a ainsi

$$(12)\quad \left\{\begin{aligned} \frac{N'}{\cos\alpha'} &= \frac{2\cos(\alpha+\alpha'+i-\varepsilon)}{\Pi h \sin(\alpha+i)} \\ &\quad\times[B - r\sin(i+\varphi) + r\cos(i+\varphi)\cot\theta]\,\frac{\cot\theta+\cot(\alpha+i)}{\cot\theta-\tang(\alpha+\alpha'+i-\varepsilon)}. \end{aligned}\right.$$

Si nous posons

$$x = \cot\theta - \tang(\alpha+\alpha'+i-\varepsilon),$$

$$\lambda' = \cot(\alpha+i) + \tang(\alpha+\alpha'+i-\varepsilon) = \frac{\cos(\alpha'-\varepsilon)}{\sin(\alpha+i)\cos(\alpha+\alpha'+i-\varepsilon)},$$

$$\begin{aligned} r\cos(i+\varphi)b' &= B - r\sin(i+\varphi) + r\cos(i+\varphi)\tang(\alpha+\alpha'+i-\varepsilon) \\ &= B - r\,\frac{\sin(\alpha+\alpha'-\varepsilon-\varphi)}{\cos(i+\varphi)\cos(\alpha+\alpha'+i-\varepsilon)}, \end{aligned}$$

l'équation (12) devient

$$\frac{N'}{\cos\alpha'}\,\frac{2\cos(\alpha+\alpha'+i-\varepsilon)}{\Pi hr\sin(\alpha+i)\cos(i+\varphi)}=(x+b')\,\frac{x+\lambda}{x}.$$

Si l'on cherche la valeur de x qui rend minimum le second membre de cette équation, on trouve

$$x=\sqrt{\lambda' b'}.$$

Si N'_2 est la valeur correspondante de N' ou l'intensité de la composante normale de la butée, on a

$$N'_2=\frac{\Pi hr}{2}\,\frac{\cos\alpha'\sin(\alpha+i)\cos(i+\varphi)}{\cos(\alpha+\alpha'+i-\varepsilon)}\left(\sqrt{\lambda'}+\sqrt{b'}\right)$$

ou

$$(13)\quad \left\{\begin{aligned} N'_2 &= \frac{\Pi hr}{2}\,\frac{\cos\alpha'\sin(\alpha+i)\cos(i+\varphi)}{\cos(\alpha+\alpha'+i-\varepsilon)} \\ &\times\left[\sqrt{\frac{\cos(\alpha'-\varepsilon)}{\sin(\alpha+i)\cos(\alpha+\alpha'+i-\varepsilon)}}\right. \\ &\left.+\sqrt{\frac{B}{r\cos(i+\varphi)}+\frac{\sin(\alpha+\alpha'-\varepsilon-\varphi)}{\cos(i+\varphi)\cos(\alpha+\alpha'+i-\varepsilon)}}\,\right]^2. \end{aligned}\right.$$

Dans le cas d'un simple talus, qui correspond au n° 210 pour la poussée, on a

$$(13')\quad N'_2=\frac{\Pi z^2\cos\alpha'\cos^2(i-\varepsilon)\sin(\alpha+i)}{2\cos^2(\alpha+\alpha'+i-\varepsilon)}\left[\sqrt{\frac{\cos(\alpha'-\varepsilon)}{\sin(\alpha+i)}}+\sqrt{\frac{\sin(\alpha+\alpha')}{\cos(i-\varepsilon)}}\right]^2.$$

En se reportant au numéro précité, on reconnaît sans peine que, toutes choses égales d'ailleurs, la butée sera généralement supérieure à la poussée.

Tout ce que nous avons dit sur la poussée, relativement aux composantes horizontale et verticale et au moment, étant applicable à la butée, nous n'avons pas à insister davantage sur ce sujet.

§ III. — *De la stabilité des murs de soutènement.*

214. Lorsque l'on veut calculer l'épaisseur d'un mur devant résister à une poussée déterminée, on fait abstraction de la cohésion de la maçonnerie, en vue d'obtenir une plus grande sécurité et de parer à toutes les éventualités : on considère alors le mur comme composé de tranches horizontales infiniment minces, exerçant l'une sur l'autre, au moment où il y a une tendance au glissement, un frottement dont le coefficient a été déterminé par des expériences préalables et dû à la composante verticale des efforts qui s'exercent sur la portion supérieure du mur qui tend à se déplacer.

Cette constitution hypothétique du mur permet également de supposer qu'une partie supérieure de ce mur tend à se déplacer par rotation autour du côté de sa base situé dans le plan du parement extérieur.

Nous avons donc deux modes de rupture à étudier : 1° par glissement suivant une assise; 2° par rotation autour d'une horizontale comprise dans le plan du parement extérieur.

Soient (*fig.* 296)

O'B' le parement extérieur;
ε' son inclinaison sur la verticale;
e_0, e les épaisseurs BB', OO' du mur au sommet et au point O;
f'' le coefficient de frottement de la maçonnerie sur elle-même [1];
H la hauteur de BB' au-dessus de OO';
Π' le poids du mètre cube de maçonnerie.

Conservons d'ailleurs les notations des numéros précédents; nous avons les relations

$$(14) \qquad H = l\cos\varepsilon, \quad e = e_0 + H(\operatorname{tang}\varepsilon + \operatorname{tang}\varepsilon').$$

---

(1) L'expérience a donné pour f'' les chiffres suivants :

Calcaire bouchardé sur lui-même	0,78
Muschelkalk bien dressé sur calcaire oolithique tendre	0,75
Calcaire oolithique tendre sur lui-même, sans ou avec interposition de mortier en sable fin	0,74
Grès sur grès uni	0,71
Calcaire dur bien dressé sur lui-même	0,70
Brique sur calcaire tendre ou dur	0,67
Grès uni sur grès uni avec interposition de mortier frais, granit bien dressé sur granit	0,66
Calcaire dur poli sur calcaire dur poli	0,58
Granit bien dressé sur granit bien dressé avec interposition de mortier frais	0,49

215. *Tendance à la rupture par glissement.* — S'il y avait tendance au glissement suivant OO′, le poids du mur et la composante verticale de la poussée donneraient lieu au frottement

$$f''\left[\Pi' \frac{(e+e_0)}{2} H + Y\right]$$
$$= f''\left\{\Pi' H\left[e_0 + \frac{H}{2}(\operatorname{tang}\varepsilon + \operatorname{tang}\varepsilon')\right] + \mathfrak{P}\frac{\sin(\alpha'+\varepsilon)}{\cos\alpha'}\right\}.$$

Pour que cette tendance n'ait pas lieu, il faut que ce frottement soit supérieur à la composante horizontale de la poussée, ou que l'on ait

$$f''\left\{\Pi'\left[e_0 + \frac{H}{2}(\operatorname{tang}\varepsilon + \operatorname{tang}\varepsilon')\right] + \mathfrak{P}\frac{\sin(\alpha'+\varepsilon)}{\cos\alpha'}\right\} > \mathfrak{P}\frac{\cos(\alpha'+\varepsilon)}{\cos\alpha'},$$

où

$$e_0 + \frac{H}{2}(\operatorname{tang}\varepsilon + \operatorname{tang}\varepsilon') > \frac{\mathfrak{P}}{\Pi'\cos\alpha'}\left[\frac{\cos(\alpha'+\varepsilon)}{f''} - \sin(\alpha'+\varepsilon)\right].$$

Le maximum du second membre de cette inégalité correspondra généralement au pied du mur, de sorte que nous supposerons dorénavant que H est la hauteur du mur au-dessus de sa fondation, et $\mathfrak{P}$ la poussée normale sur toute l'étendue du parement intérieur.

Nous pourrons donc poser

$$(15)\quad e_0 + \frac{H}{2}(\operatorname{tang}\varepsilon + \operatorname{tang}\varepsilon') = \mu\frac{\mathfrak{P}}{\Pi'\cos\alpha'}\left[\frac{\cos(\alpha'+\varepsilon)}{f''} - \sin(\alpha'+\varepsilon)\right],$$

μ étant un nombre supérieur à l'unité, appelé *coefficient de stabilité relatif au glissement*, et que l'on devra prendre d'autant plus grand que l'on devra obtenir de meilleures conditions de sécurité.

En prenant pour types des murs qui ont résisté à toutes les causes de dislocation pendant un grand nombre d'années, on déduira pour μ un certain nombre de valeurs dont le maximum devra être considéré comme suffisant. C'est ainsi que Poncelet a été conduit à proposer le chiffre

$$\mu = 1,912$$

pour obtenir une sécurité convenable.

Ce chiffre étant admis, la formule (15) fera connaître l'épaisseur que l'on doit donner au sommet, par suite à la base, à un mur qui doit se trouver dans des conditions déterminées.

216. *Tendance à la rupture par rotation.* — Si l'on décompose (*fig.* 296) le trapèze OBB'O' en deux triangles en menant la diagonale O'B, on trouve facilement que le moment de l'aire de ce trapèze par rapport au point O' a pour valeur

$$\frac{H}{6}[e_0(2H\tang\varepsilon' + e_0) + e(e - H\tang\varepsilon)].$$

Pour qu'il n'y ait pas de tendance à une rupture par rotation autour de l'horizontale projetée en O', il faut que

$$\frac{\Pi' H}{6}[e_0(2H\tang\varepsilon' + e_0) + e(e - H\tang\varepsilon)] + \frac{\mathfrak{P}e\sin(\alpha' + \varepsilon)}{\cos\alpha'} < \mathfrak{M}$$

ou

$$\frac{\Pi' H}{6}[2e_0^2 + 4(\tang\varepsilon + \tang\varepsilon')He_0 + (\tang\varepsilon + \tang\varepsilon')\tang\varepsilon' H^2]$$
$$+ \frac{\mathfrak{P}\sin(\alpha' + \varepsilon)}{\cos\alpha'}[e_0 + H(\tang\varepsilon + \tang\varepsilon')] > \mathfrak{M}.$$

On pourra donc poser

$$(16)\quad \left\{ \begin{aligned} &\frac{\Pi' H}{6}[2e_0^2 + 4(\tang\varepsilon + \tang\varepsilon')He_0^2 + (\tang\varepsilon + \tang\varepsilon')\tang\varepsilon' H^2] \\ &\quad = \mu'\left\{\mathfrak{M} - \frac{\mathfrak{P}\sin(\alpha' + \varepsilon)}{\cos\alpha'}[e_0 + H(\tang\varepsilon + \tang\varepsilon')]\right\} \text{ (1)}, \end{aligned} \right.$$

μ' étant un coefficient supérieur à l'unité, appelé *coefficient de stabilité relatif à la rotation,* et que l'on déterminera de la même manière que celui qui est relatif au glissement.

---

(1) Généralement, l'angle ε' est assez petit pour que l'on puisse négliger le carré de sa tangente. Dans le profil de Vauban ($H = 10^m$) on avait $\tang\varepsilon' = \frac{1}{5}$; mais, par suite de la faible pente du parement extérieur, les eaux pluviales ne se dégageaient pas suffisamment des joints et provoquaient la fécondation des semences végétales apportées par le vent et les courants d'air. Il résultait de là des végétations qui avaient pour effet de disloquer les éléments du parement. Pour obvier à cet inconvénient, il convient de prendre $\tang\varepsilon'$ inférieur à $\frac{1}{10}$. On admet généralement $\frac{1}{20}$.

D'après Poncelet, on peut prendre

$$\mu' = 1,86,$$

et l'équation (16) fera connaître e_0.

Il est clair que, pour que la double condition de stabilité par glissement et par rotation soit remplie, il faut prendre la plus grande des valeurs de e_0 données par les équations (15) et (16).

217. *Des contre-forts.* — On désigne sous ce nom des murs secondaires placés dans un massif de terre que doit soutenir un mur de soutènement auquel ils sont reliés. Ils sont généralement identiques, également espacés, et leurs faces latérales sont normales aux parements du mur principal. Ils ont pour effet d'assurer la stabilité de ce mur lorsque, par suite d'exigences particulières, on ne peut pas lui donner l'épaisseur calculée d'après la méthode exposée plus haut.

Soient

$\mathfrak{P}$, $\mathfrak{P}_1$ les poussées par mètre courant sur le mur de soutènement et un contre-fort, supposés tous deux indéfinis, et que nous savons calculer;

v, v_1 leurs bras de levier par rapport au côté extérieur de la base du mur;

Q, Q_1 les poids par unité de longueur horizontale du mur et d'un contre-fort;

q, q_1 leurs bras de levier par rapport au côté ci-dessus de la base du mur;

X, X_1 les composantes horizontales de $\mathfrak{P}$, $\mathfrak{P}_1$;

L, L_1 la distance des plans moyens de deux contre-forts consécutifs et la largeur de ces contre-forts.

Considérons la portion du mur de soutènement déterminée par deux plans perpendiculaires à ses arêtes, menés aux milieux des intervalles qui séparent un contre-fort de celui qui le précède et de celui qui le suit. Nous aurons pour les conditions de stabilité, en conservant à f'', μ, μ' les mêmes significations que ci-dessus,

$$\mu[X(L - L_1) + X_1 L_1] = f''(QL + QL_1 + Y),$$
$$\mu'[\mathfrak{P}(L - L_1)v + \mathfrak{P}_1 L_1 v_1] = QqL + Q_1 L_1 q_1.$$

Les quantités v, v_1, Q, Q_1, q, q_1 s'exprimeront facilement en fonction des épaisseurs à la base ou au sommet du mur et des contre-forts; on aura ainsi deux équations à deux inconnues que l'on pourra déterminer et qui devront être considérées comme des minima.

Si les parements intérieurs du mur et des contre-forts sont parallèles, on a évidemment

$$\mathfrak{P} = \mathfrak{P}_1, \quad X = X_1.$$

§ IV. — *Stabilité des fondations.*

218. Dans ce qui précède, nous n'avons admis une tendance à la destruction d'un mur par glissement et par rotation que dans le mur lui-même et spécialement à sa base; nous avons admis ainsi implicitement que cette base était reliée à un massif de maçonnerie ou *fondation* engagée dans le terrain, et dont l'épaisseur à la base est supérieure à celle du mur.

Le profil d'une fondation est naturellement limité par deux bases horizontales (*fig.* 296); chacun de ses côtés latéraux est vertical ou présente des gradins.

Dans ce dernier cas, on calcule, par approximation, la poussée et la butée des terres, en remplaçant le profil des gradins par une droite moyenne.

Nous rappellerons que les fondations doivent avoir pour effet :

1° De répartir le poids total de la maçonnerie sur une plus grande étendue de terrain, de manière à réduire la pression par mètre carré de surface et par suite le tassement;

2° D'augmenter le moment du poids total de la maçonnerie par rapport à l'arête inférieure et extérieure de la fondation sans augmenter sensiblement celui de la poussée, augmentation bien plus que compensée d'ailleurs par celui de la butée créée par le terrain inférieur.

On satisfera à ces conditions en donnant à la fondation un empatement suffisant sur le devant.

On voit d'ailleurs que, si la stabilité relative à la rotation du mur proprement dit est assurée, il en sera *a fortiori* de même pour le massif total.

La condition relative au glissement sur le terrain de l'ensemble de la maçonnerie s'établira dans chaque cas en suivant la méthode indiquée au n° 215, en affectant la poussée du coefficient de stabilité 1,912.

219. *Contre-forts extérieurs ou éperons butants.* — Lorsque le frottement de la maçonnerie sur le terrain est très-faible, comme cela a lieu, par exemple, quand le terrain est argilo-vaseux, on ne pourrait éviter de glissement qu'en donnant à la fondation une profondeur démesurée, nécessaire pour créer une butée suffisante.

On évite cet inconvénient, quand les circonstances le permettent, en reliant de distance en distance (par des châssis en charpente, ou mieux encore, au point de vue de la durée, par des voûtes renversées) la fondation du mur (*escarpe* en termes de fortification) à celle d'un second mur qui lui fait face (*contre-escarpe*), d'une hauteur moins élevée, accolé lui-même contre un massif de terre.

En donnant au second mur une hauteur suffisante, on pourra, par la butée qu'il développera, neutraliser, autant qu'on le voudra, les effets de la poussée sur le mur principal et assurer la stabilité de ce dernier.

La place de Bergues offre un exemple de l'emploi des éperons butants en charpente, dont l'idée première paraît due à Vauban.

220. *Développements sur la question des fondations sur sable rapporté.* — Nous avons déjà dit plus haut, ce que nous croyons devoir rappeler en quelques mots, en quoi consiste le système de fondation sur sable rapporté, dont nous avons déjà parlé au Chapitre IV.

On fait dans le terrain une tranchée dont on soutient les terres, si cela est nécessaire, par des palplanches légères; on remplit l'excavation par du sable de rivière, qui, comme on le sait, est peu compressible, et c'est sur la masse arénacée que l'on établit la fondation.

Il est facile de se rendre compte de l'effet produit : la pression totale sur le fond de la fouille est égale au poids du sable et de la maçonnerie, diminué du frottement dû à la poussée normale contre les parois latérales. Or, comme cette poussée, et par suite le frottement auquel elle donne lieu, croissent bien plus rapidement avec la profondeur que le poids du sable, on voit qu'en donnant à la tranchée une hauteur convenable on peut réduire la pression par mètre carré sur le fond, dans telle proportion que l'on voudra, et par suite rendre insensible le tassement du terrain. La poussée est d'ailleurs neutralisée par la butée de la terre contre le sable rapporté.

Supposons (*fig.* 298) que la charge sur le sable soit produite

Fig. 298.

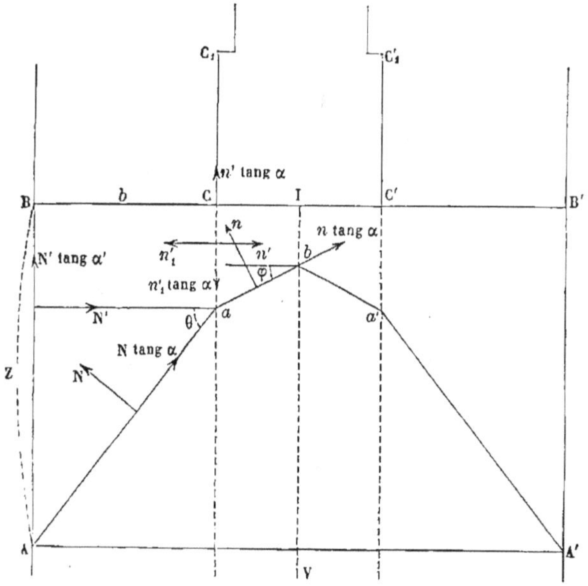

par le poids d'un prisme vertical assez long pour qu'on puisse le considérer comme indéfini, dont les faces CC_1, $C'C'_1$, parallèles à celles AB, A'B' de la tranchée, soient respectivement situées à une même distance $b = BC = B'C'$ de ces dernières. Nous serons, comme plus haut, ramené à considérer une section faite par un plan perpendiculaire aux longs côtés de la tranchée.

Soient

$2e$ la largeur CC′ de la base du prisme;
I son point milieu et IV la verticale de ce point;
$z =$ AB $=$ A′B′ la hauteur du prisme de sable;
η la hauteur du prisme $CC_1C'C'_1$ multipliée par le rapport de son poids spécifique à celui Π du sable.

La charge par unité de surface sera représentée par $\Pi\eta$.

Admettons que la hauteur z soit assez grande, sauf justification ultérieure, pour que le prisme de poussée sur AB rencontre la direction du côté CC_1 en un point a situé au-dessous de C, et que le prisme de poussée sur Ca rencontre IV en un point b situé en contre-bas de I. Les points a', b' sont les symétriques de a, b par rapport à IV. Nous pourrons, sans grande erreur et pour simplifier, supposer que l'angle du frottement contre les parois AB, A′B′ est égal à celui qui est relatif au sable sur lui-même.

Nous désignerons par n, n' les réactions normales de ab, aC sur le prisme arénacé aCIb, et par φ l'inclinaison de ab sur l'horizon. Si nous admettons qu'il y ait tendance au glissement de la droite vers la gauche du prisme ci-dessus, il y aura une tendance semblable de la gauche vers la droite de la part de la masse a'C′Ib'.

Nous devrons donc supposer que les deux masses tendent à se séparer suivant leur face commune Ib et que, par suite, elles n'exercent aucune action l'une sur l'autre.

En désignant par x la longueur aC, on a

$$\text{I}b = x - e\,\text{tang}\,\varphi, \quad \text{aire } a\text{CI}b = e\left(x - \frac{e}{2}\,\text{tang}\,\varphi\right)$$

et

$$\Pi e\left(\eta + x - \frac{e}{2}\,\text{tang}\,\varphi\right)$$

pour le poids du prisme aCIb augmenté de la charge sur CI.

Les conditions d'équilibre de translation du même prisme sont

$$n(\cos\varphi + \text{tang}\,\alpha \sin\varphi) + n'\,\text{tang}\,\alpha = \Pi e\left(\eta + x - \frac{e}{2}\,\text{tang}\,\varphi\right),$$

$$n(\sin\varphi - \text{tang}\,\alpha\cos\varphi) - n' = 0,$$

d'où, par l'élimination de n,

$$(h)\qquad \frac{n'}{\Pi e}=\frac{\left(\eta+x-\frac{e}{2}\operatorname{tang}\varphi\right)(\operatorname{tang}\varphi-\operatorname{tang}\alpha)}{1+2\operatorname{tang}\alpha\operatorname{tang}\varphi-\operatorname{tang}^2\alpha}.$$

Posant

$$1+2\operatorname{tang}\alpha\operatorname{tang}\varphi-\operatorname{tang}^2\alpha=u,$$

d'où

$$\operatorname{tang}\varphi=\frac{u-1+\operatorname{tang}^2\alpha}{2\operatorname{tang}\alpha}=\frac{u}{2}\cot\alpha-\cot 2\alpha,$$

$$\operatorname{tang}\varphi-\operatorname{tang}\alpha=\frac{u-1-\operatorname{tang}^2\alpha}{2\operatorname{tang}\alpha},$$

la formule (h) devient

$$(17)\qquad \begin{cases}\dfrac{4n'\operatorname{tang}^2\alpha}{\Pi e}=\left[2(\eta+x)\operatorname{tang}\alpha-\dfrac{e}{2}(u-1+\operatorname{tang}^2\alpha)\right]\dfrac{(u-1-\operatorname{tang}^2\alpha)}{u}\\[2ex] =\dfrac{\left\{\begin{array}{l}-\dfrac{e}{2}u^2+2u\left[(\eta+x)\operatorname{tang}\alpha+\dfrac{e}{2}\right]\\ -2(\eta+x)(1+\operatorname{tang}^2\alpha)\operatorname{tang}\alpha-\dfrac{e}{2}(1-\operatorname{tang}^4\alpha)\end{array}\right\}}{u}\ \text{[1]}.\end{cases}$$

Le maximum de cette fonction de u correspond à

$$(18)\qquad u=\sqrt{\frac{4(\eta+x)(1+\operatorname{tang}^2\alpha)\operatorname{tang}\alpha+e(1-\operatorname{tang}^4\alpha)}{e}},$$

et l'on a par suite, pour la poussée n'_1 sur aC,

$$n'_1=\frac{\Pi e\cot\alpha}{2}\left\{\eta+x+\frac{e}{2\operatorname{tang}\alpha}-\sqrt{\frac{e}{2\operatorname{tang}\alpha}\left[2(\eta+x)(1+\operatorname{tang}^2\alpha)+\frac{e}{2\operatorname{tang}\alpha}(1-\operatorname{tang}^4\alpha)\right]}\right\},$$

---

[1] Cette expression est de la forme

$$\frac{-au^2+2bu-c}{u}=-au+2b-\frac{c}{u}.$$

Ses dérivées première et seconde sont respectivement $-a+\frac{c}{u^2}$, $-\frac{2c}{u^3}$. Son maximum correspond à

$$u=\sqrt{\frac{c}{a}}$$

et a pour valeur

$$2\left(b-\sqrt{ca}\right).$$

expression que l'on peut, sans grande erreur, réduire à la suivante,

$$n'_1 = \frac{\Pi e \cot\alpha}{2}\left[\eta + x + \frac{e}{2\,\mathrm{tang}\,\alpha} - \sqrt{\frac{e}{\mathrm{tang}\,\alpha}(\eta + x)}\right],$$

attendu que $\sqrt{\dfrac{e\,\mathrm{tang}\,\alpha}{\eta + x}}$, $\dfrac{e}{4\,\mathrm{tang}\,\alpha}\,\dfrac{1 - \mathrm{tang}^2\alpha}{\eta + x}$ sont en général de petites fractions.

Soit maintenant θ l'inclinaison inconnue de $\mathrm{A}a$ sur l'horizon; on a

$$x = z - b\,\mathrm{tang}\,\theta,$$

par suite,

$$n'_1 = \frac{\Pi e}{2}\cot\alpha\left[\eta + z + \frac{e\cot\alpha}{2} - b\,\mathrm{tang}\,\theta - \sqrt{e(\eta + z - b\,\mathrm{tang}\,\theta)\cot\alpha}\right],$$

ou approximativement

$$(19)\quad n'_1 = \frac{\Pi e}{2}\cot\alpha\left[\eta + z + \frac{e\cot\alpha}{2} - b\,\mathrm{tang}\,\theta - \sqrt{e(\eta + z)\cot\alpha}\right],$$

en raison de ce que $\dfrac{b\,\mathrm{tang}\,\theta}{2(\eta + z)}$ est en général une faible fraction.

Soient maintenant N, N' les réactions normales des plans $\mathrm{A}a$, AB sur le prisme de sable $\mathrm{ABC}a$; ce prisme étant en équilibre sous l'action de ces forces, des frottements auxquels elles donnent lieu et de son poids, on a

$$\frac{\mathrm{N}\cos(\theta - \alpha)}{\cos\alpha} + \mathrm{N}'\,\mathrm{tang}\,\alpha - n'_1\,\mathrm{tang}\,\alpha = \Pi b\left(z - \frac{b\,\mathrm{tang}\,\theta}{2}\right),$$

$$\frac{\mathrm{N}\sin(\theta - \alpha)}{\cos\alpha} - \mathrm{N}' + n'_1 = 0;$$

d'où, par l'élimination de N,

$$\mathrm{N}' = n'_1 + \frac{\Pi b\left(z - \frac{b}{2}\,\mathrm{tang}\,\theta\right)(\mathrm{tang}\,\theta - \mathrm{tang}\,\alpha)}{1 + 2\,\mathrm{tang}\,\alpha\,\mathrm{tang}\,\theta - \mathrm{tang}^2\alpha}.$$

Si nous posons

$$1 + 2\,\mathrm{tang}\,\alpha\,\mathrm{tang}\,\theta - \mathrm{tang}^2\alpha = u,$$

le second terme de cette expression ne sera autre chose que la valeur que prendrait n' si l'on remplaçait dans la formule (17) e par b et $\eta + x$ par z, de sorte que, en ayant égard à la formule (19), on a, en négligeant la quatrième puissance de $\tan\alpha$,

$$\frac{4N' \operatorname{tang}^2\alpha}{\Pi b} = \frac{2e}{b}\left[\eta + z + \frac{e}{2}\cot\alpha + b\cot 2\alpha - \sqrt{e(\eta + z)\cot\alpha}\right]\operatorname{tang}\alpha$$
$$+ 2\left(z\operatorname{tang}\alpha + \frac{b}{2}\right) - \left(e + \frac{b}{2}\right)u - \frac{2z(1 + \operatorname{tang}^2\alpha)\operatorname{tang}\alpha + \frac{b}{2}}{u},$$

expression dont le maximum correspond à

$$(20) \qquad u = \sqrt{\frac{2z(1 + \operatorname{tang}^2\alpha)\operatorname{tang}\alpha + \frac{b}{2}}{e + \frac{b}{2}}},$$

et la poussée normale N'_1 sur AB sera donnée par la formule

$$(21) \left\{ \begin{aligned} \frac{2N'_1}{\Pi}\operatorname{tang}\alpha &= e\eta + z(e + b) + \frac{b}{2}\cot\alpha\,[b + e(1 - \operatorname{tang}^2\alpha)] - e\sqrt{e(\eta + z)\cot\alpha} \\ &\quad - b\sqrt{\left(e + \frac{b}{2}\right)\cot\alpha\left[2z(1 + \operatorname{tang}^2\alpha) + \frac{b}{2}\cot\alpha\right]}; \end{aligned} \right.$$

et l'on aura pour le rapport δ de la résultante du frottement sur les deux parois au poids total

$$(22) \left\{ \begin{aligned} \delta &= \frac{1}{2} + \frac{b}{4}\cot\alpha\,\frac{[b + c(1 - \operatorname{tang}^2\alpha)]}{e\eta + z(e + b)} \\ &\quad - \frac{e\sqrt{e(\eta + z)\cot\alpha} + b\sqrt{\left(e + \frac{b}{2}\right)\cot\alpha\left[z(1 + \operatorname{tang}^2\alpha) + \frac{b}{4}\cot^2\alpha\right]}}{2[e\eta + z(e + b)]}, \end{aligned} \right.$$

et ce rapport serait égal à $\frac{1}{2}$ si z était infini.

On reconnaît ainsi qu'en substituant à la terre du sable, qui a à peu près le même poids spécifique, on peut réduire considérablement la pression sur le fond de la tranchée, en donnant une hauteur convenable à cette dernière.

Si b est très-petit, comme cela a lieu le plus souvent, la formule (22) se réduit approximativement à la suivante,

$$\delta = \frac{1}{2}\left(1 - \sqrt{\frac{e\cot\alpha}{\eta + z}}\right),$$

qui est d'une facile application.

221. *Vérification des conditions de stabilité d'un mur de soutènement au moyen des courbes des pressions.* — Les ingénieurs des Ponts et Chaussées n'ont généralement pas recours aux conditions de stabilité que nous venons d'exposer, auxquelles cependant les officiers du génie attachent une importance capitale. Ces ingénieurs ont le plus souvent recours à la méthode graphique suivante, qui, sous un rapport, présente l'avantage de s'appliquer à la vérification de la stabilité d'un mur, quel que soit le profil de ses parements, pourvu que l'on puisse déterminer la poussée ainsi que son point d'application sur une longueur quelconque du parement intérieur à partir du sommet.

La partie du mur supérieure à une assise horizontale mm' est sollicitée par son poids et la poussée, forces dont la résultante $\mathfrak{R}$ rencontre le joint en un certain point n. Le lieu des points n, en faisant varier la position de mm', est la *courbe des pressions.*

Il est clair que, pour que le mur puisse tenir, il faut non-seulement que la courbe des pressions soit comprise entre les profils des deux parements, mais encore, d'après le n° 9, entre les lieux géométriques des points qui divisent les assises en trois parties égales.

Il faut de plus, pour qu'il n'y ait pas glissement ou tendance au glissement, que la résultante $\mathfrak{R}$ fasse avec la verticale un angle inférieur à l'angle de frottement.

Le même mode de vérification est applicable aux fondations, à la condition de faire intervenir la butée.

§ V. — *De l'équilibre des terres lorsque la rupture par glissement ne tend pas à se produire.*

222. Proposons-nous (*fig.* 299) de déterminer le minimum de l'inclinaison ε sur la verticale que l'on doit donner à un talus AB pratiqué dans un terrain BC incliné de l'angle i sur l'horizon pour que la terre ne tende pas à se désagréger.

Soient

BK, BI les perpendiculaires abaissées respectivement du point B sur la direction de BC et sur l'horizontale Ax de A;

C un point quelconque du profil du terrain;
φ l'angle CAx;
H la hauteur BI;
γ la cohésion de la terre par unité de surface (¹).

Fig. 299.

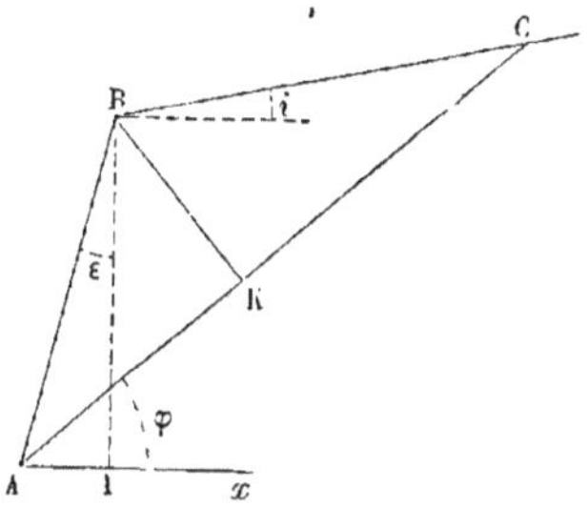

On a

$$\widehat{CAx} = \widehat{BAx} - \varphi = 90^\circ - \varepsilon - \varphi,\quad AB = \frac{H}{\cos\varepsilon},\quad BK = \frac{H}{\cos\varepsilon}\cos(\varphi+\varepsilon),$$

$$\text{aire}\,BAC = \frac{AC}{2}\,\frac{H}{\cos\varepsilon}\cos(\varphi+\varepsilon).$$

Si l'on exprime que la composante, suivant AC, du poids du prisme BAC est inférieure à la cohésion, on a

$$\frac{\Pi H}{2\cos\varepsilon}\cos(\varphi+\varepsilon)\,AC\sin\varphi < \gamma AC,$$

d'où

$$\operatorname{tang}\varepsilon < \cot\varphi - \frac{2\gamma}{\Pi H}(1+\cot^2\varphi).$$

Il faut donc que tang ε soit au moins égal au maximum par

(¹) On a, d'après Navier,

$\gamma = 136^{kg}$ pour les terres franches,
$\gamma = 568^{kg}$ pour les terres très-fortes.

D'après M. Ch. Mastony de Koszeg, dont nous avons déjà cité le nom dans la note de la page 366, on aurait

$\gamma = 560^{kg}$ pour la terre de digue,
$\gamma = 525^{kg}$ pour l'argile sèche et poussiéreuse,
$\gamma = 933^{kg}$ pour l'argile un peu humide.

rapport à $\cot\theta$ du second membre de cette inégalité. Nous avons ainsi pour la condition d'équilibre strict

$$\tang\varepsilon = \max.\left[\cot\varphi - \frac{2\gamma}{\Pi H}(1+\cot^2\varphi)\right]$$

ou

$$\tang\varepsilon = \frac{\Pi H}{8\gamma} - \frac{2\gamma}{\Pi H}.$$

On voit, d'après cela, que l'inclinaison minimum du talus sur la verticale est indépendante de l'angle i. Le talus sera vertical pour la hauteur H_1 donnée par la formule

$$H_1 = \frac{4\gamma}{\Pi}.$$

Si H croît indéfiniment, ε tendra vers 90°; mais, à partir du moment où ε atteindra $90° - \alpha$, les terres tiendront quand même, en raison du frottement; la valeur H_2 de H correspondant à cette limite est donnée par la formule

$$H_2 = \frac{4\gamma}{\Pi}\left(\cot\alpha + \frac{1}{\sin\alpha}\right) = H_1\left(\cot\alpha + \frac{1}{\sin\alpha}\right).$$

Pour les terres très-fortes on a

$$\gamma = 568^{kg},\quad \Pi = 1800^{kg},\quad \alpha = 55°$$

et

$$H_1 = 1^{m},26,\quad H_2 = 2^{m},42.$$

223. *Déterminer la forme que doit affecter le profil inférieur d'un massif prismatique de terre dont le sol est horizontal et dont le profil est rectiligne sur une hauteur donnée pour que le massif soit en équilibre strict sans qu'il y ait tendance au glissement.*

Conservons les notations qui précèdent. Soient, de plus (*fig.* 300),

Ox, Oy la verticale et l'horizontale de la trace O de l'arête supérieure dans une section droite quelconque;
OA la partie rectiligne du profil;
h sa hauteur verticale OC;

ε son inclinaison sur la verticale;

AmB le profil inférieur;

x, y les coordonnées de l'un quelconque m de ses points;

K, I les projections de ce point sur Ox et Oy;

mT une droite quelconque partant du point m, rencontrant Oy en T et Ox en J;

Fig. 300.

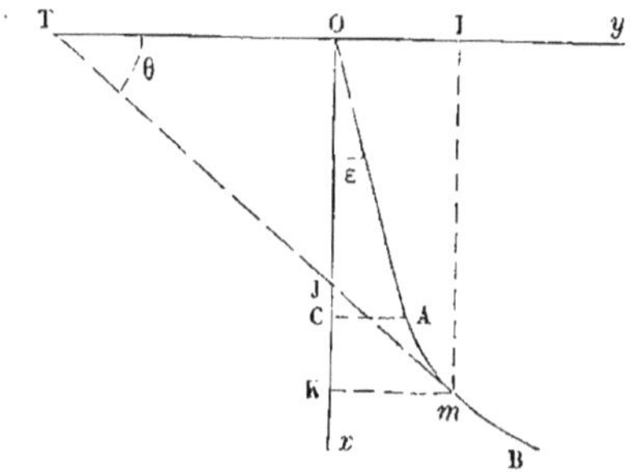

θ l'angle qu'elle forme avec l'horizon.

Nous avons

$$IT = x\cot\theta,\quad KJ = y\,\text{tang}\,\theta,\quad AC = h\,\text{tang}\,i,$$

$$mT = \frac{x}{\sin\theta},\quad OT = x\cot\theta - y,\quad OJ = x - y\,\text{tang}\,\theta,$$

$$\text{aire OJT} = \frac{OT \times OJ}{2} = \frac{x^2\cot\theta - 2xy + y^2\,\text{tang}\,\theta}{2},$$

$$\text{aire OCA} = \frac{h^2}{2}\,\text{tang}\,i,$$

$$\text{aire CA}m\text{K} = \int_h^x y\,dx,$$

$$\text{aire J}m\text{K} = \frac{y^2}{2}\,\text{tang}\,\theta,$$

$$\text{aire OT}m\text{A} = \text{OJT} + \text{OCA} + \text{CA}m\text{K} - \text{J}m\text{K}$$

$$= \frac{x^2\cot\theta - 2xy}{2} + \frac{h^2\,\text{tang}\,i}{2} + \int_h^x y\,dx.$$

Pour qu'il n'y ait pas tendance à la rupture suivant mT, il faut que l'on ait

$$\Pi\left(\frac{x^2\cot\theta - 2xy}{2} + \frac{h^2}{2}\,\text{tang}\,i + \int_h^x y\,dx\right) \leqq \frac{\gamma x}{\sin\theta}.$$

Si nous posons

$$\frac{x^2}{2} = a, \quad \int_h^x y\,dx - xy + \frac{h^2}{2}\operatorname{tang} i = b, \quad \lambda = \frac{2\gamma}{\Pi}, \quad u = \cot\theta,$$

nous aurons pour la condition d'équilibre strict, en faisant seulement varier u,

$$\max.\ \frac{au + b^2}{1 + u^2} = \lambda x.$$

Ce maximum correspondant à

$$u = \frac{-b + \sqrt{a^2 + b^2}}{a},$$

il vient

$$\frac{a^2}{\sqrt{a^2 + b^2} - b} = \lambda x,$$

d'où

$$b = \frac{\lambda^2 x^2 - a^2}{2\lambda x} = \frac{x}{2\lambda}\left(\lambda^2 - \frac{x^2}{4}\right)$$

et

$$\frac{db}{dx} = \frac{1}{2\lambda}\left(\lambda^2 - \frac{3x^2}{4}\right).$$

En nous reportant à la valeur de b, cette dernière équation devient

$$\frac{dy}{dx} = \frac{1}{2\lambda}\left(\frac{3x}{4} - \frac{\lambda^2}{x}\right).$$

Si nous intégrons cette équation en remarquant que nous avons $y = h \operatorname{tang} i$ pour $x = h$, nous obtenons, pour l'équation de la courbe AmB,

$$y - x\operatorname{tang} i = \frac{1}{2\lambda}\left[\frac{3}{8}(x^2 - h^2) - \lambda^2 \log\frac{x}{h}\right].$$

NOTE.

MÉTHODE DE PONCELET POUR OBTENIR GÉOMÉTRIQUEMENT LA POUSSÉE ET LA BUTÉE.

1° *Poussée.* — Soient (*fig.* 301)

AB le profil du mur;
ABCDEF celui du massif;
AX le plan de rupture passant par le point A, que l'on suppose devoir rencontrer le côté EF, sauf vérification ultérieure;
α, α' les angles de frottement de la terre sur elle-même et de la terre sur le mur;
AU, AU' deux droites partant du point A, extérieures à l'angle BAX et faisant respectivement des angles égaux à α, α' avec AX et AB;
$\mathcal{R}$, $\mathcal{R}'$ les réactions totales, perpendiculaires à AU, AU', du massif et du mur sur le prisme de poussée;
Q le poids du prisme ABCDEX;
AK la perpendiculaire abaissée du point A sur la direction de EF.

Fig. 301.

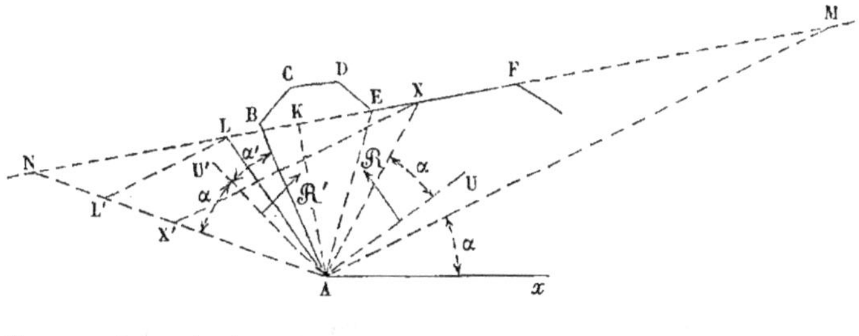

Portons à partir du point E, sur cette direction, une longueur EL déterminant un triangle LAE équivalent au polygone ABCDE. En continuant à désigner par Π le poids du mètre cube de terre, nous aurons

$$(1) \qquad Q = \frac{\Pi}{2} AK.LX.$$

La réaction $\mathfrak{R}$ faisant avec la verticale un angle égal à UAX, et $\mathfrak{R}$, $\mathfrak{R}'$ comprenant entre elles un angle supplémentaire de UAX', on a

(2) $$\mathfrak{R}' = Q\frac{\sin \mathrm{UAX}}{\sin \mathrm{UAU}'}.$$

Concevons que l'on fasse tourner l'angle UAU' autour de son sommet, de manière à faire coïncider la direction de AU avec celle de AX; AU sera venu se placer suivant la droite AL, qui fait un angle $\alpha + \alpha'$ avec AB et qui rencontre en N la direction de EF. Soient M le point où cette même direction est rencontrée par la droite AM partant du point A, faisant avec l'horizontale Ax l'angle α; X' le point où la parallèle en X à AM rencontre AN. Il est clair que l'on a

$$\widehat{\mathrm{UAX}} = \widehat{\mathrm{XAM}} = \widehat{\mathrm{X'XA}}, \quad \widehat{\mathrm{UAU'}} = \widehat{\mathrm{NAX}}.$$

On a donc, dans le triangle XAX',

$$\frac{\sin \widehat{\mathrm{UAX}}}{\sin \widehat{\mathrm{UAU'}}} = \frac{\mathrm{AX'}}{\mathrm{XX'}},$$

et la formule (2) devient, en ayant égard à la précédente,

(3) $$\mathfrak{R}' = \frac{\Pi}{2}\,\mathrm{AK.LX}\frac{\mathrm{AX'}}{\mathrm{XX'}}.$$

Menons par le point L une parallèle à AM ou XX' jusqu'à sa rencontre L' avec AN. Les parallèles XX', LL' à la base AM du triangle MNA donnent

$$\mathrm{LX} = \mathrm{L'X'}\times\frac{\mathrm{MN}}{\mathrm{AN}},$$

$$\mathrm{XX'} = \mathrm{NX'}\times\frac{\mathrm{AM}}{\mathrm{AN}};$$

en portant ces valeurs dans la formule (3), on trouve

$$\mathfrak{R}' = \frac{\Pi}{2}\,\frac{\mathrm{AK.MN}}{\mathrm{AM}}\,\frac{\mathrm{L'X'.AX'}}{\mathrm{NX'}}.$$

Mais on a, en identifiant deux expressions de l'aire du triangle MNA,

$$\mathrm{AK.MN} = \mathrm{AM.AN}\sin\widehat{\mathrm{NAM}},$$

par suite

(4) $$\mathfrak{R}' = \frac{\Pi}{2}\,\mathrm{AN}\sin\widehat{\mathrm{NAM}}\,\frac{\mathrm{L'X'.AX'}}{\mathrm{NX'}}.$$

Si nous posons AN $= a$, NL$' = b$, NX$' = x$, on a

$$\frac{L'X'.AX'}{NX'} = \frac{(x-b)(a-x)}{x},$$

dont le maximum correspond à

$$(5) \qquad x = \sqrt{ab} = \sqrt{AN.NL'}$$

et a pour valeur $a + b - 2\sqrt{ab}$; en substituant, la formule (4) donne, pour la poussée,

$$\mathfrak{P} = \frac{\Pi}{2}(a - \sqrt{ab}) \sin \widehat{NAM}$$

ou

$$(6) \qquad \mathfrak{P} = \frac{\Pi}{2} \sin \widehat{NAM}.\overline{AX'}^2.$$

On voit qu'il est facile de construire géométriquement la valeur de $x =$ NX, qui fixe la position de N', et la poussée se trouve ainsi complétement déterminée.

2° *Butée.* — Dans la *fig.* 302, relative à la butée, les mêmes lettres

Fig. 302.

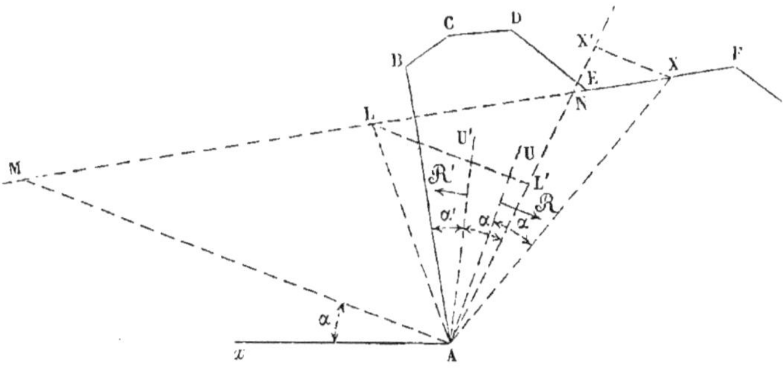

représentent les points correspondants de cette figure et celle du numéro précédent.

Les seules différences entre la figure actuelle et la *fig.* 301 consistent en ce que : 1° les droites AU, AU' sont dans l'intérieur de l'angle BAX au lieu de se trouver à l'extérieur; 2° AM se trouve à droite et AN à gauche du parement du mur, à l'inverse de ce qui avait lieu pour la poussée. La formule (4) s'applique à la butée; mais ici il faut chercher le minimum de $\mathfrak{R}'$, tandis que plus haut nous en avons déterminé le maximum.

Si nous posons $NX' = x$, $AN = a$, $NL' = b$, la formule (4) devient

$$\mathfrak{R}' = \frac{\Pi h'}{2} \frac{(x+b)(x+a)}{x},$$

dont le minimum ou la butée correspond à

$$x = \sqrt{ab}$$

et a pour valeur

$$\mathfrak{B} = \frac{\Pi}{2} \frac{h'}{a} (a + \sqrt{ab})^2 = \frac{\Pi}{2} \frac{h}{AN} \overline{AX'}^2.$$

CHAPITRE VI.

DES BARRAGES DÉTERMINANT DES RÉSERVOIRS.

224. *Barrages en terre.* — On donne à ces digues 5 à 6 mètres de largeur au sommet; ce sommet doit se trouver à $1^m,50$ au moins au-dessus du niveau de l'eau pour parer aux inconvénients que présenteraient les vagues en franchissant la levée et qui pourraient détériorer la levée, à moins qu'elle ne fût couronnée par un pavage et un parapet.

Les talus varient de 1,5 à 3; celui de l'extérieur, quand il s'agit de travaux qui doivent avoir une longue durée, doit être recouvert d'un perré en assises réglées ou à joints incertains, ou encore à pierres perdues, pour éviter les érosions.

On doit employer autant que possible, pour former une digue, des terres alumineuses et sableuses que l'on dame par couches de $0^m,10$ à $0^m,12$ d'épaisseur, en les arrosant si elles sont trop sèches.

En laissant de côté les causes de destruction dues aux infiltrations et faisant abstraction du perré s'il existe, on ne peut envisager qu'une tendance à la rupture par glissement. Il est alors facile d'établir l'inégalité exprimant la stabilité; mais elle est trop compliquée pour qu'on puisse en tirer des conséquences utiles, comme nous allons le faire voir.

Considérons une section droite faite dans la digue. Soient (*fig.* 303)

$A_0A'_0 = e_0$ la largeur au sommet;

A_0A, A'_0A' les profils latéraux d'aval et d'amont;

i, i' leurs inclinaisons respectives sur l'horizon;

h la hauteur verticale AJ d'un point quelconque A du profil d'aval en contre-bas de $A_0A'_0$;

A', K les intersections avec le profil d'amont de l'horizontale de A et d'une droite partant du même point sur l'horizon;

I le point où le niveau de l'eau vient rencontrer le profil d'aval;

η la hauteur de ce point en contre-bas de $A_0A'_0$;

Π, Π' les poids du mètre cube de terre et d'eau;

f le coefficient de frottement et de glissement de la terre sur elle-même.

Fig. 303.

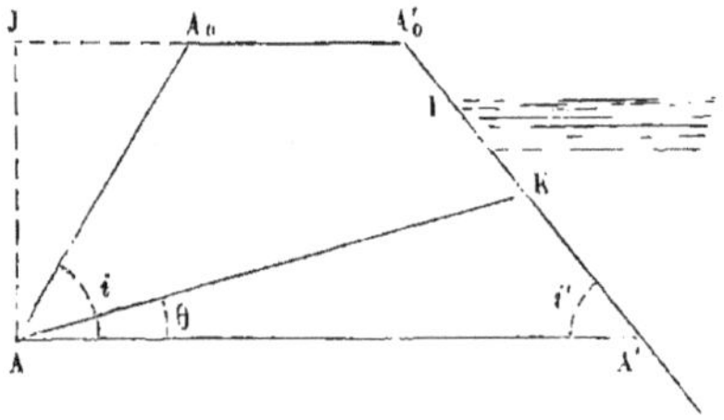

Il est évident que nous ne pouvons pas tenir compte des effets des infiltrations et que nous devons supposer que les terres seront suffisamment damées ou comprimées pour que ces effets ne se produisent pas.

Nous ferons, bien entendu, abstraction de la cohésion de la terre.

La figure donne

$$AA' = e_0 + h(\cot i + \cot i'),$$

$$AK = \frac{AA'\sin i'}{\sin(i'+\theta)} = [e_0 + h(\cot i + \cot i')]\frac{\sin i'}{\sin(i'+\theta)},$$

$$A'K = [e_0 + h(\cot i + \cot i')]\frac{\sin\theta}{\sin(i'+\theta)},$$

$$IK = \frac{h-\eta}{\sin i'} - [e_0 + h(\cot i + \cot i')]\frac{\sin\theta}{\sin(i'+\theta)},$$

$$\text{aire}\, AA_0A'_0A' = h\left[e_0 + \frac{h}{2}(\cot i + \cot i')\right],$$

$$\text{aire}\, KAA' = \frac{AA'\times AK}{2}\sin\theta = [e_0 + h(\cot i + \cot i')]^2\frac{\sin i'\sin\theta}{2\sin(i'+\theta)},$$

$$\text{aire}\, AA_0A'K = h\left[e_0 + \frac{h}{2}(\cot i + \cot i')\right] - [e_0 + h(\cot i + \cot i')]^2\frac{\sin i'\sin\theta}{2\sin(i'+\theta)}.$$

La pression exercée par l'eau sur IK est

$$\mathfrak{P} = \Pi' \frac{\mathrm{IK}^2}{2} \sin i',$$

et sa composante suivant KA

$$\mathfrak{P} \sin(\theta + i') = \Pi' \frac{\mathrm{IK}^2 \sin i'}{2} \sin(\theta + i').$$

Pour qu'il n'y ait pas de tendance au glissement ou à la rupture suivant KA, il faut que le frottement

$$f \times \Pi \times \text{aire } \mathrm{AA_0A'K}$$

soit supérieur à la composante ci-dessus. En posant, pour abréger,

$$\lambda = \frac{\Pi' \sin i'}{2\Pi f},$$

cette condition s'exprimera par l'inégalité

$$h \left\{ \left[e_0 + \frac{h}{2}(\cot i + \cot i') \right] - [e_0 + h(\cot i + \cot i')]^2 \frac{\sin i' \sin \theta}{2 \sin(i' + \theta)} \right\}$$
$$- \lambda \left\{ \frac{h - \eta}{\sin i'} - [e_0 + h(\cot i + \cot i')] \frac{\sin \theta}{\sin(i' + \theta)} \right\}^2 \sin(\theta + i') > 0.$$

Pour qu'il ne puisse pas y avoir de rupture en un point quelconque, il faudra déterminer le minimum du premier membre par rapport à θ, puis le minimum du résultat obtenu par rapport à h et égaler ce nouveau minimum à zéro pour obtenir la plus petite valeur que l'on doit attribuer à e_0; mais on voit, comme nous l'avons annoncé, que les difficultés de calcul qui se présentent sont insurmontables.

225. *Digues en remblais appuyés contre des murs.* — Nous n'insisterons pas sur ce système, qui, au point de vue de la stabilité, rentre en partie dans la question des murs de soutènement et en partie dans ce qui suit. Nous nous bornerons à faire remarquer que, pour réduire l'importance des

infiltrations et la tendance au glissement, il convient de donner aux fondations une certaine profondeur que l'on fixera selon les circonstances.

226. *Barrages en maçonnerie.* — Lorsque l'on adopte ce système, on peut, quand la hauteur ne doit atteindre que quelques mètres, employer un mur à parements verticaux (*fig.* 304).

Fig. 304.

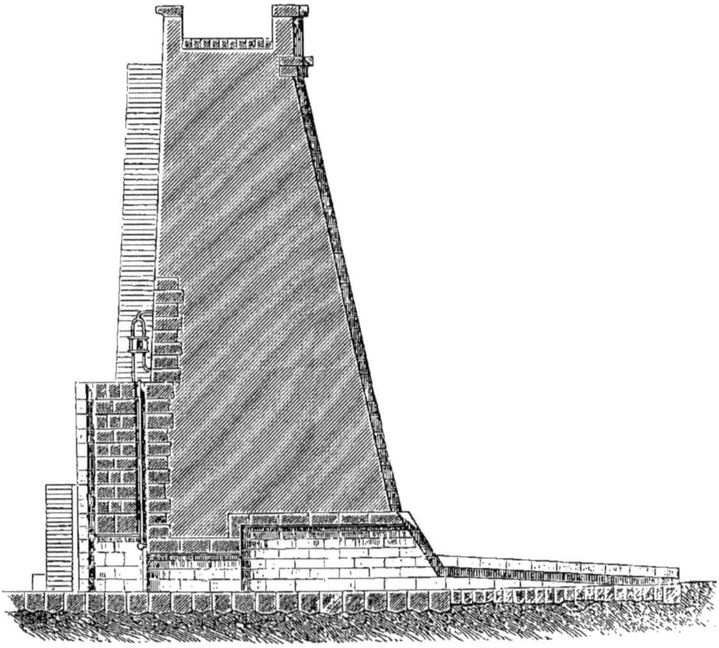

Pour des hauteurs plus considérables, mais cependant assez faibles pour que la résistance des matériaux mise en jeu par le poids de la maçonnerie ne puisse jouer qu'un rôle secondaire, il convient, au point de vue de la stabilité et de l'économie, de construire des murs avec ou à retraites de part et d'autre, ou seulement du côté de la masse d'eau, selon les circonstances. Le barrage doit être surmonté d'un mur à parements verticaux déterminant un chemin, sinon pour le public, du moins pour le personnel attaché au service du réservoir. L'épaisseur de ce dernier mur est généralement comprise entre le $\frac{1}{3}$ et le $\frac{1}{4}$ de la hauteur.

Lorsque le barrage doit atteindre une certaine hauteur (1), il convient, pour éviter l'écrasement des matériaux sous l'action de la pesanteur, de construire un mur d'égale résistance

---

(1) Exemples :

Fig. 305.

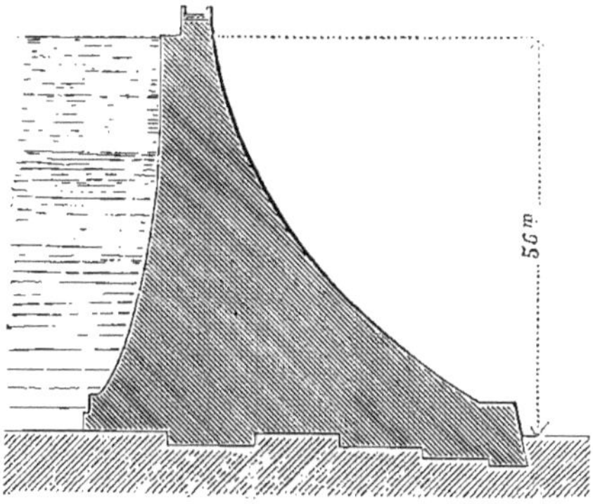

Fig. 306.

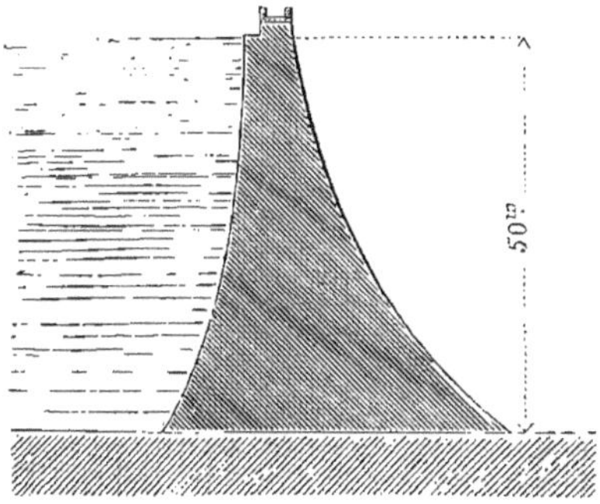

Fig. 307.

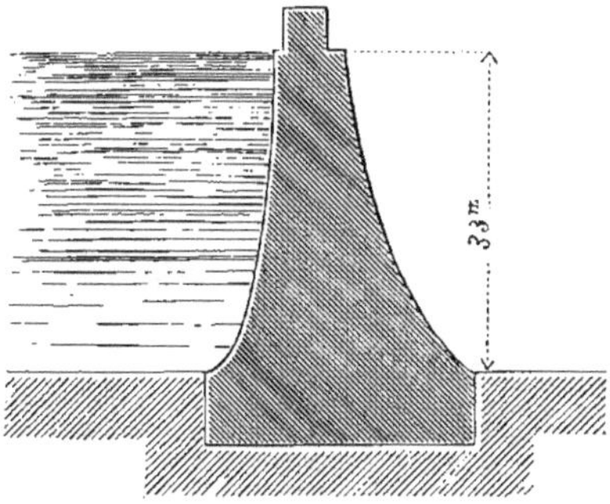

	Hauteur du mur.
	m
Réservoir de Rochetaillée (*fig.* 305)	53,32
» du Ban (*fig.* 306).......	52,10
» de Ternay (*fig.* 307).......	34,00

suivant les principes énoncés au n° 10, sauf vérification ultérieure des conditions de stabilité dont nous parlerons un peu plus loin.

Dans tous les cas, il est indispensable d'asseoir et d'enraciner les fondations de manière à empêcher l'eau de passer en dessous ou sur les côtés.

Une digue doit toujours être munie d'un déversoir assez étendu pour que le niveau ne puisse dépasser une certaine hauteur; ce déversoir se place généralement vers l'une des extrémités de la digue, pour lui donner sur le terrain une assiette plus solide et réduire la hauteur de la chute d'eau. La digue doit comporter plusieurs aqueducs de fond pour permettre de vider le réservoir, en vue de le curer et d'y faire les réparations nécessaires. L'eau est distribuée à l'aqueduc ou aux aqueducs de prise d'eau par des vannes placées à différentes hauteurs ou par des robinets de fort calibre.

227. *De la stabilité des digues en maçonnerie.* — Si les deux parements du mur sont plans, les conditions de stabilité se détermineront d'après les formules du n° 10, relatives aux murs de soutènement, en substituant l'eau à la terre et supposant par conséquent $i = 0$, et en supposant nuls les deux coefficients de frottement ($\alpha = 0$, $\alpha' = 0$) de la masse sur elle-même et sur la maçonnerie. Mais quelles sont les valeurs que l'on doit attribuer aux coefficients de stabilité? C'est ce que l'on ne peut préciser.

Lorsque les parois du mur sont courbes, la recherche de la stabilité suppose la solution du problème suivant.

228. *Détermination de la poussée de l'eau sur la portion d'un mur de réservoir limitée par deux sections verticales situées à l'unité de distance l'une de l'autre et par deux plans horizontaux.* — Considérons une section droite du mur.

Soient (*fig.* 308)

O l'extrémité supérieure du profil du parement intérieur du mur;

Ox, Oy la verticale et l'horizontale de ce point;

h la hauteur du niveau en contre-bas de Oy;
X, Y les composantes verticale et horizontale de la poussée;

Fig. 308.

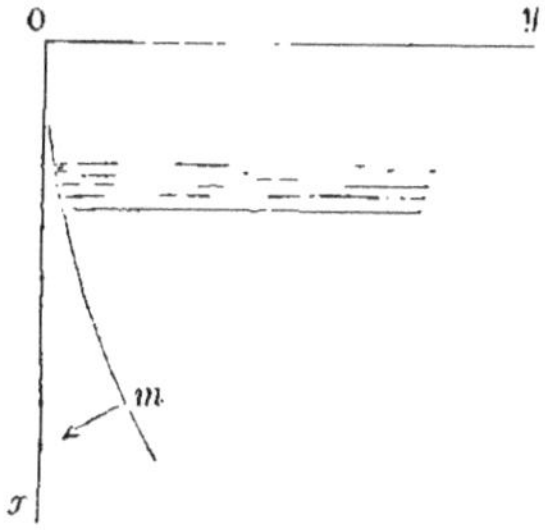

x_1, y_1 les coordonnées du point d'application de cette force; Π le poids spécifique du liquide.

On a

$$(1)\quad \begin{cases} X = -\Pi \displaystyle\int_h^x (x-h)\frac{dy}{dx}\,dx, \\ Y = \Pi \displaystyle\int_h^x (x-h)\,dx, \\ Yx_1 - Xy_1 = \Pi \left[\displaystyle\int_h^x (x-h)\,x\,dx + \int_h^x (x-h)\,y\frac{dy}{dx}\,dx \right]. \end{cases}$$

Ces formules, en y joignant l'équation du profil, feront connaître les inconnues X, Y, x_1, y_1 du problème.

Considérons en particulier le cas d'une portion rectiligne d'un profil incliné de l'angle i sur la verticale. Nous avons $y = x \tang i$ et

$$X = -\frac{\Pi}{2}(x-h)^2 \tang i,$$

$$Y = \frac{\Pi}{2}(x-h)^2,$$

$$x_1 = \frac{(2x^2 - hx + h^2)}{6(h-x)}.$$

La poussée a pour valeur

$$\frac{\Pi}{2\cos i}(x-h)^2.$$

S'il s'agit d'une portion polygonale d'un profil, on déterminera, au moyen des formules ci-dessus, les pressions sur chacun des côtés, puis leur résultante, soit par la Géométrie, soit par le calcul.

La poussée sur un profil courbe pourra s'obtenir approximativement en remplaçant ce profil par un polygone inscrit dont les côtés seront suffisamment petits.

En partant de là il sera facile, dans chaque cas particulier, d'établir les conditions de stabilité d'une digue.

Les ingénieurs des Ponts et Chaussées se rendent ordinairement compte de la stabilité d'un barrage en projet au moyen de la courbe des pressions, comme nous l'avons indiqué au n° **221** pour les murs de soutènement.

FIN DU TOME CINQUIÈME.

102 Paris. — Imprimerie de GAUTHIER-VILLARS, quai des Augustins, 55.

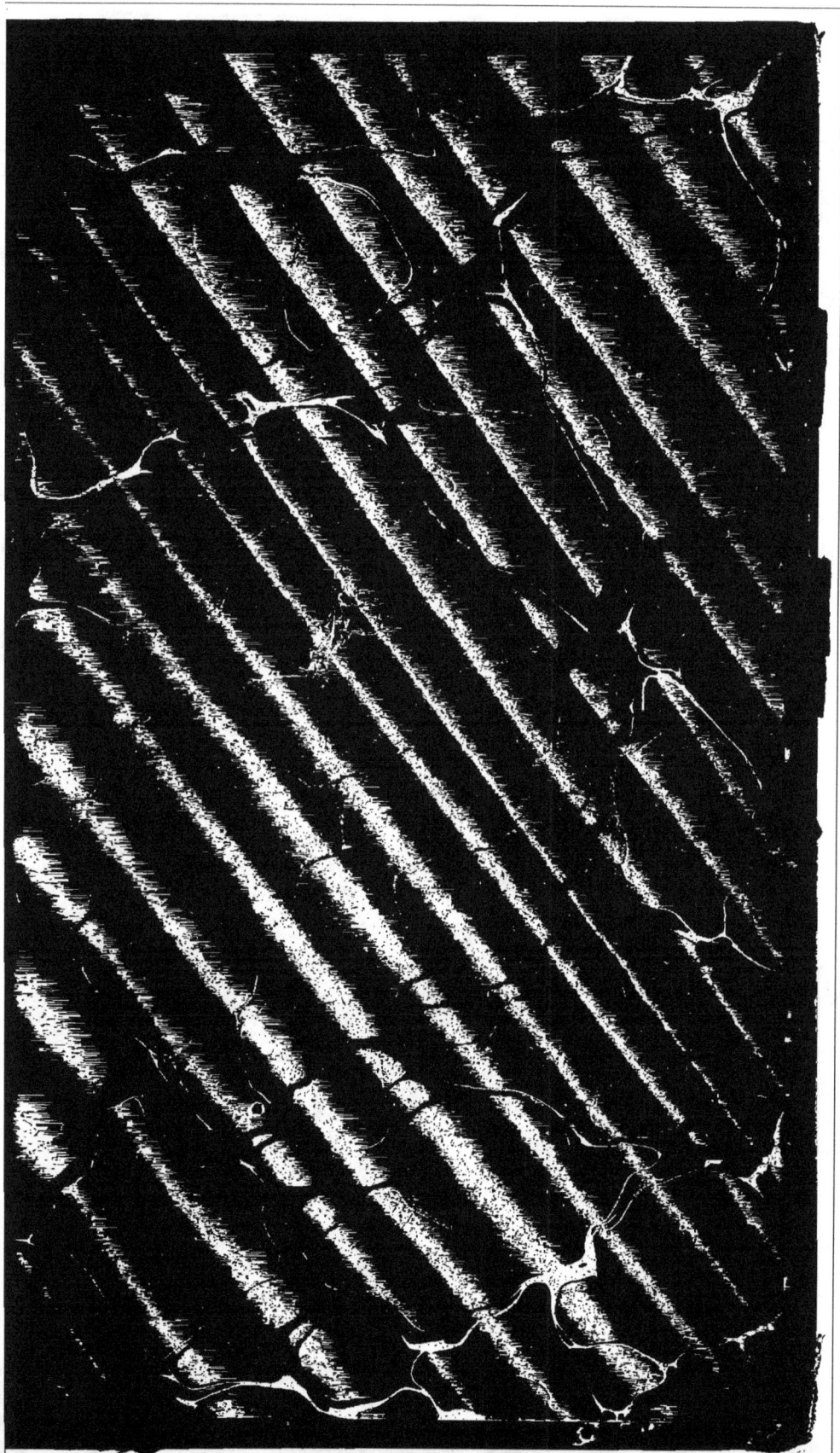

www.ingramcontent.com/pod-product-compliance
Lightning Source LLC
Chambersburg PA
CBHW060950220326
41599CB00023B/3658